COLLEGE MATHEMATICS

대학수학

고두원 · 권오상 · 김선광 · 김세정 · 박병도 · 신재민 · 양창훈
류미수 · 윤영호 · 이은정 · 정대웅 · 지운식 · 진상돈 · 황숙정 지음

KM 경문사

머리말

자연과학을 포함한 대다수의 이공계 전공 그리고 많은 인문사회과학 전공에서는 수학을 자연현상을 표현하기 위한 언어로서 사용하고 있으며, 인공지능과 같은 고도화된 기술이 일상화되어가는 지금 수학은 누구나 자유롭게 사용할 수 있는 언어로 자리잡아가고 있다. 이러한 이유로 많은 대학에서 1년 과정으로 교양 수학을 운영하고 있는데, 전공에 따라 배워야 하는 내용이 상이하여 보다 탄력적인 교과목을 필요로 한다.

이 책은 고등학교 (공통)수학과 수학I 정도의 교과를 이수한 대학의 자연계열 1학년 학생이 한 학기 정도를 학습하여 미분학과 적분학에 대한 기본 이론을 익힐 수 있도록 구성한 미적분학 교과서이다. 수학 이론을 많이 사용하지 않는 분야에서 교양 수학 교재로 사용할 수 있도록 일변수 함수에 대한 미적분학의 기본이론을 주로 다루고 있으며, 미래에 인공지능과 같은 분야를 학습할 학생들을 위하여 선형대수학의 기본 이론인 행렬에 관한 내용을 다루고 있다. 각 분야의 기본이론을 중심적으로 다루고 있으나 핵심을 빼놓지 않고 엄밀히 다루고 있으며, 학습자를 위해 충분히 많은 예제와 연습문제를 제공한다.

한 학기 과정을 목표로 교재를 구성하였으나, 전공에 따라 혹은 고등학교에서 기존에 배웠던 지식에 따라 여러 가지 이유로 분량이 많을 수 있으니 용도에 따라 적절히 내용을 취사선택하여 강의에 활용할 수 있기를 바라며, 학생들이 이 책을 통해 수학을 너무 어렵지 않게 친숙해질 수 있기를 희망한다.

2024년 2월
저자 일동

차례

부록 353

1장

함수

수학에서 함수는 두 집합 사이에서 특별한 조건을 만족하는 관계이다. 수학뿐 아니라 거의 모든 학분 분야에서 무언가를 표현하기 위해 혹은 중요한 문제를 풀기 위해 함수를 사용하는 데, 예를 들어 물체의 움직임, 온도 등 변화하는 대상을 모델링하는데 사용할 수 있으며, 이러한 방법으로 복잡한 문제를 함수로 단순화하여 보다 쉽게 접근할 수 있도록 한다. 함수는 보통 고등학교 교육과정에서 학습하지만, 이 챕터에서 더 높은 이해를 위해 함수와 그래프의 정의를 소개하고, 다양한 함수, 그리고 그것의 성질을 소개한다. 뿐만 아니라, 앞으로 공부할 미분, 적분을 위해 함수의 극한과 함수의 연속성을 학습한다.

1.1 함수

이 장에서는 함수와 그래프를 설명하는데 필요한 다양한 정의를 소개하며, 이와 관련된 다양한 개념들을 살펴본다.

정의 1.1 두 집합 X, Y에 대하여, X의 각 원소 x에 Y의 오직 하나의 원소 $f(x)$를 대응시키는 대응관계 f를 집합 X에서 집합 Y로의 **함수**(function)라 하고, $f : X \to Y$로 나타낸다. 이때, 집합 X를 f의 **정의역**(domain)이라 하고, 집합 Y를 f의 **공역**(codomain)이라 한다.

정의 1.1에서 함수 $f : X \to Y$의 대응관계를 명확히 나타내기 위하여

$$f : X \ni x \longmapsto f(x) \in Y, \qquad \text{또는} \qquad f : X \to Y,\ \ y = f(x) \tag{1.1}$$

로 표현하기도 하며, 이때 $y\ (= f(x))$를 x의 f에 의한 **상**(image) 또는 f의 x에서의 **값**(value)이라 하고, x를 f에 의한 $y\ (= f(x))$의 **원상**(preimage)(또는 **역상**)이라 한다. 또한, f에 의한 모든 상으로 구성된 Y의 부분 집합 $\{f(x) \mid x \in X\}$을 함수 f의 **치역**(range)이라 하고, $f(X)$ 또는 $\mathrm{Im}f$로 표기한다. 한편, 식 (1.1)에서 $y = f(x)$는 x에 의하여 결정되므로 x를 **독립변수**(independent variable), y를 **종속변수**(dependent variable)라 부른다.

함수의 그래프는 곱집합을 통해 다음과 같이 정의되며, 이를 잘 이해하기 위해 함수의 상등을 살펴보자.

정의 1.2 두 집합 X와 Y의 **곱집합**(product set) $X \times Y$는

$$X \times Y = \{(x, y) \mid x \in X \text{ 그리고 } y \in Y\}$$

로 정의하며, 원소 (x, y)를 x와 y의 **순서쌍**(ordered pair)이라 한다. 두 순서쌍 (x, y)와 (a, b)에 대하여 $x = a$이고 $y = b$일 때, $(x, y) = (a, b)$로 정의한다.

정의 1.3 함수 $f : X \to Y$의 **그래프**(graph) G_f는 다음과 같이 정의한다.

$$G_f = \{(x, f(x)) \in X \times Y \mid x \in X\}$$

정의 1.4 **함수의 상등**

두 함수 $f : X \to Y$, $g : Z \to W$에 대하여 $X = Z$, $Y = W$이고, 모든 $x \in X$에 대하여 $f(x) = g(x)$이면, 두 함수 f와 g는 같다고 하고 다음과 같이 나타낸다.

$$f = g$$

함수 $f : X \to Y$와 그 그래프 G_f에 대하여, 함수의 정의로부터 다음 두 성질이 성립함을 쉽게 알 수 있다.

(i) 모든 $x \in X$에 대하여 $(x, y) \in G_f$인 $y \in Y$가 존재한다.

(ii) $(x, y), (x, z) \in G_f$이면 $y = z$이다.

반대로 두 성질 (i)과 (ii)를 만족하는 곱집합 $X \times Y$의 부분집합 G_f가 주어졌다면, 이를 이용하여 함수 $g : X \to Y$를 정의할 수있다. 즉, 임의의 $x \in X$ 에서의 함수값 $g(x)$를 $(x, y) \in G_f$인 y로 정의하게 되면, 이는 함수가 됨을 확인할 수 있다. 뿐만 아니라 만약 G_f가 함수 f의 그래프였다면 함수 g는 f와 상등이다. 이처럼 함수는 위 두 성질 (i)과 (ii)에 의해 유일하게 결정되므로 두 성질 (i)과 (ii)를 만족하는 $X \times Y$의 부분집합 G_f를 함수라 정의하기도 한다.

다음을 통해 특별한 함수들의 유형을 살펴보자.

(1) 집합 X에 대하여 $i_X : X \ni x \mapsto x \in X$는 함수이고, 이를 X의 **항등함수**(identity function)라 한다.

(2) 집합 X의 부분집합 A에 대하여 $j_A : A \ni x \mapsto x \in X$는 함수이고, 이를 ($A$에서 X로의) **포함함수**(inclusion function)라 한다.[1]

[1]공집합 $\varnothing$는 모든 집합 X의 부분집합이므로 $j_\varnothing : \varnothing \to X$의 경우도 함수이다. $j_\varnothing$가 함수이기 위하여 "$\varnothing$의 모든 원소에 유일한 X의 원소가 대응"되어야 하는데, $\varnothing$는 공집합이므로 이것이 성립한다.

(3) 집합 X, Y와 $y_0 \in Y$에 대하여 $f : X \ni x \mapsto y_0 \in Y$는 함수이고, 이 함수를 y_0를 함숫값으로 갖는 **상수함수**(constant function)라 한다.

(4) 집합 X의 부분집합 A에 대하여, 함수 $\chi_A : X \ni x \mapsto \chi_A(x) \in \{0,1\}$를

$$\chi_A(x) = \begin{cases} 1, & (x \in A) \\ 0, & (x \notin A) \end{cases}$$

로 정의한다. 이때 함수 χ_A를 A의 **특성함수**(characteristic function)라 한다.

(5) 집합 X, Y에 대하여 두 함수

$$\pi_1 : X \times Y \ni (x,y) \longmapsto x \in X, \qquad \pi_2 : X \times Y \ni (x,y) \longmapsto y \in Y$$

를 정의할 수 있다. 이때 π_1을 **제1정사영**(first projection)이라 하고, π_2를 **제2정사영**(second projection)이라 한다.

(6) 함수 $f : X \to Y$와 X의 부분집합 A에 대하여 $f|_A : A \ni x \mapsto f(x) \in Y$를 f의 A에 **축소함수**(restriction function)라 한다. 이때 함수 f와 $f|_A$의 공역은 Y로 일치하고 모든 $x \in A$에 대하여 $f(x) = f|_A(x)$이므로, $A = X$인 경우 정의 1.4에 의하여 $f = f|_A$이고, $A \neq X$ 인 경우 $f \neq f|_A$이다.

(7) 함수 $f : X \to Y$와 $X \subset A$와 $Y \subset B$인 집합 A, B에 대하여 함수 $g : A \to B$가 모든 $x \in X$에 대하여 $g(x) = f(x)$일 때, g를 f의 A로의 **확대함수**(extension function)라 한다.

참고 1.5

함수 $f : X \to Y$와 $f(X) \subset Z$인 모든 집합 Z에 대하여 $\tilde{f} : X \ni x \mapsto \tilde{f}(x) = f(x) \in Z$는 함수이다. 이때 함수 f와 $\tilde{f}$의 정의역은 X로 일치하고 모든 $x \in X$에 대하여 $f(x) = \tilde{f}(x)$이므로 만약, $Z = Y$이면 정의 1.4에 의하여 $f = \tilde{f}$이고, 만일 $Z \neq Y$이면, $f \neq \tilde{f}$이다.

축소함수와 참고 1.5에서 확인 한 것과 같이 가능한 경우 함수 $f : X \to Y$에 대하여 정의역 X는 가능한 큰 집합으로 공역 Y는 가능한 작은 집합으로 선택한다. 실제로 함수 f의 치역 $f(X)$를 명확하게 알고 있다면 함수 f를 $f : X \ni x \mapsto f(x) \in f(X)$로 이해할 때 유리한 점이 많다. 하지만 함수 f의 값(상)이 실험의 예측 데이터이거나 잘 알지 못하는 미래 현상에 대한 측정값이라면 f의 공역을 취할 수 있는 모든 집합으로 택하기도 한다.

실제로 "공집합의 모든 원소는 어떠한 성질도 만족한다." 이것을 **공의 진실**(vacuous truth)이라 한다. 함수 $j_\varnothing$를 **공함수**(empty function)라 한다. $f : X \to \varnothing$가 함수이기 위해서는 $X = \varnothing$일 수밖에 없고, 이때 $f = i_\varnothing$이다. 이 책에서는 특별한 언급이 없는 한 공집합이 아닌 두 집합 X와 Y에 대한 함수 $f : X \to Y$를 다룬다.

다음은 함수를 이용해 새로운 함수를 만드는 방법에 관한 내용이다.

정의 1.6 집합 X, Y, Z와 두 함수 $f : X \to Y$와 $g : Y \to Z$에 대하여 f와 g의 **합성함수**(composite function) $g \circ f$ 를 다음과 같이 정의한다.

$$g \circ f : X \ni x \mapsto g(f(x)) \in Z \tag{1.2}$$

예제 1.7

다음의 두 함수에 대하여 질문에 답하시오.

$$f : \mathbb{R} \ni x \mapsto |x| \in \mathbb{R}, \qquad g : \mathbb{R} \ni x \mapsto x + 1 \in \mathbb{R}$$

(1) $g \circ f$와 $f \circ g$를 구하시오.

(2) $g \circ f \neq f \circ g$임을 확인하시오.

풀이 (1) 임의의 $x \in \mathbb{R}$에 대하여

$$(g \circ f)(x) = g(f(x)) = g(|x|) = |x| + 1,$$
$$(f \circ g)(x) = f(g(x)) = f(x + 1) = |x + 1|$$

이므로 합성함수는 다음과 같이 쓸 수 있다.

$$g \circ f : \mathbb{R} \ni x \mapsto x^2 + 1 \in \mathbb{R}, \qquad f \circ g : \mathbb{R} \ni x \mapsto (x + 1)^2 \in \mathbb{R}$$

(2) $(g \circ f)(-1) = 2 \neq 0 = (f \circ g)(-1)$이므로 $g \circ f \neq f \circ g$이다. ■

정리 1.8 함수 $f : X \to Y$, $g : Y \to Z$, $h : Z \to W$에 대하여 다음이 성립한다.

(1) $f \circ i_X = f = i_Y \circ f$ **(항등법칙)**

(2) $h \circ (g \circ f) = (h \circ g) \circ f$ **(결합법칙)**

증명 (1) 임의의 $x \in X$에 대하여 다음이 성립한다.

$$(f \circ i_X)(x) = f(i_X(x)) = f(x) = i_Y(f(x)) = (i_Y \circ f)(x).$$

(2) 임의의 $x \in X$에 대하여

$$(h \circ (g \circ f))(x) = h((g \circ f)(x)) = h(g(f(x)))$$
$$((h \circ g) \circ f)(x) = (h \circ g)(f(x)) = h(g(f(x)))$$

이므로 $h \circ (g \circ f) = (h \circ g) \circ f$이다. ■

정리 1.8 의 (2) 에서 $h\circ(g\circ f)=(h\circ g)\circ f$가 성립하므로 괄호를 생략하여 간단히 $h\circ g\circ f$와 같이 나타내기도 한다.

특별히 공역이 실수인 경우 다음과 같이 연산을 활용하여 함수를 정의할 수 있다.

정의 1.9 두 집합 Y와 Z가 실수 $\mathbb{R}$의 부분집합일 때, 두 함수 $f: X\to Y$와 $g: X\to Z$의 **합** $f+g$, **차** $f-g$, **곱** fg, **몫** $\frac{f}{g}$을 다음과 같이 정의한다.

$$\begin{aligned} f+g &: X\ni x\mapsto f(x)+g(x)\in\mathbb{R} \\ f-g &: X\ni x\mapsto f(x)-g(x)\in\mathbb{R} \\ fg &: X\ni x\mapsto f(x)g(x)\in\mathbb{R} \\ \frac{f}{g} &: A\ni x\mapsto \frac{f(x)}{g(x)}\in\mathbb{R},\ A=\{x\in X\ :\ g(x)\neq 0\} \end{aligned}$$

예제 1.10

함수 $f:\mathbb{R}\ni x\mapsto (x^2+1)^3\in\mathbb{R}$를 세 개의 함수 $g,\ h,\ k$

$$g:\mathbb{R}\ni x\mapsto x^2\in\mathbb{R},\quad h:\mathbb{R}\ni x\mapsto 1\in\mathbb{R},\quad k:\mathbb{R}\ni x\mapsto x^3\in\mathbb{R}$$

를 모두 활용하여 표현하시오.

풀이 등식 $f=k\circ(g+h)$이 성립한다. 즉, 함수 f와 $k\circ(g+h)$의 정의역과 공역은 모두 $\mathbb{R}$이고, 임의의 실수 x에 대하여

$$(k\circ(g+h))(x)=k\big(g(x)+h(x)\big)=k(x^2+1)=(x^2+1)^3=f(x)$$

이 성립한다. ■

예제 1.10의 풀이에서 k를 이용하지 않고 f를 $(g+h)(g+h)(g+h)$로 표현할 수 있는데, 이와 같이 함수를 표현할 수 있는 방법은 일반적으로 유일하지 않다. 또한 이와 같은 방법으로 임의의 **다항식**(polynomial) $a_0+a_1x+\cdots+a_nx^n$ $(a_i\in\mathbb{R},\ n\in\mathbb{N})$을 상수함수와 항등함수의 합, 차, 곱을 이용해 표현하는 것이 가능하다. 한편, 이와 같이 다소 복잡한 형태의 함수를 간단한 함수들을 이용해 생각하는 것은 대단히 중요한데, 이에 함수의 합성을 이용하는 방법을 **함수의 분해**(factorization of function)라 하는데, 예제 1.10에서는 f가 $g+h,\ k$로 분해되었다고 말 할 수 있다.

정의 1.11 함수 $f: X\to Y$에 대하여

(1) $f(X)=Y$일 때, f를 **전사함수**(surjective function) 또는 Y **위로의 함수**

(onto function)라 한다.

(2) 임의의 x_1, $x_2 \in X$에 대하여 $x_1 \neq x_2$일 때, $f(x_1) \neq f(x_2)$이면, f를 **단사함수**(injective function) 또는 **일대일함수**(one-to-one function)라 한다. 대우 명제를 활용하여 임의의 x_1, $x_2 \in X$에 대하여 $f(x_1) = f(x_2)$일 때 $x_1 = x_2$가 성립하는 함수를 단사함수로 정의할 수 있다.

(3) f가 전사함수이고 단사함수일 때, f를 **전단사함수**(bijective function) 또는 **일대일대응함수**(one-to-one and onto function)라 한다.

참고 1.12

항등함수 i_X는 전단사 함수이며, 제 1,2 정사영함수 π_1, π_2는 전사함수, 그리고 포함함수 j_A는 단사함수이다.

정리 1.13 함수 $f : X \to Y$에 대하여 f가 전단사함수일 필요충분조건은

$$g \circ f = i_X, \qquad f \circ g = i_Y \tag{1.3}$$

를 만족하는 함수 $g : Y \to X$가 존재한다는 것이다.
뿐만아니라, 식 (1.3)을 만족하는 g가 존재한다면 그것은 유일하다.

증명 ($\Rightarrow$) $f : X \to Y$가 전단사함수이므로 각각의 $y \in Y$에 대하여 $f(x_y) = y$를 만족시키는 $x_y \in X$가 유일하게 존재한다. 따라서 함수 g를 $g(y) = x_y$로 정의하면, 임의의 $x \in X$ 와 $y_x = f(x)$에 대하여 $x = x_{y_x}$ 임을 알 수 있기 때문에

$$(g \circ f)(x) = g\big(f(x)\big) = x$$

가 성립한다. 한편, 임의의 $y \in Y$에 대하여

$$(f \circ g)(y) = f\big(g(y)\big) = f(x_y) = y$$

가 성립하므로 g는 식 (1.3) 을 만족한다.
($\Leftarrow$) 임의의 $y \in Y$에 대하여 $f \circ g(y) = i_Y(y) = y$ 이므로 $x = g(y)$라고 하면 $f(x) = y$가 성립하게 되어 f가 전사함수라는 사실을 알 수 있다. 한편, 임의의 x_1, $x_2 \in X$에 대하여 $f(x_1) = f(x_2)$이 성립한다면

$$\begin{aligned} x_1 &= i_X(x_1) = (g \circ f)(x_1) = g\big(f(x_1)\big) \\ &= g\big(f(x_2)\big) = (g \circ f)(x_2) = i_X(x_2) = x_2 \end{aligned}$$

이다. 따라서 f는 단사함수이다.

(g의 유일성) 식 (1.3)을 만족하는 g가 유일하게 존재한다는 것을 증명하기 위해 함수 $h : Y \to X$가 $h \circ f = i_X$ 와 $f \circ h = i_Y$, $h \circ f = i_X$를 만족한다고 하자. 이때,

$$h = h \circ i_Y = h \circ (f \circ g) = (h \circ f) \circ g = i_X \circ g = g$$

가 성립하므로 g는 유일하게 존재한다. ∎

전단사 함수 f에 대한 식 (1.3) 을 이용해 다음과 같이 역함수를 정의한다.

정의 1.14 함수 $f : X \to Y$에 대하여 $g \circ f = i_X$, $f \circ g = i_Y$를 만족하는 함수 $g : Y \to X$ 가 존재하는 경우 g를 f의 **역함수**(inverse function)라 하고, 이를 $f^{-1} : Y \to X$로 기술한다.

정의 1.14와 정리 1.13로 부터 함수 $f : X \to Y$ $(X, Y \subset \mathbb{R})$가 전단사함수라는 것과 f의 역함수 f^{-1}이 존재한다는 것이 동치 명제임을 알 수 있으며, f^{-1}의 역함수가 f가 됨을 확인할 수 있다. 또한, 이 경우 $y = f(x)$에 대하여 $x = f^{-1}(y)$가 성립하게 되는데, 이는 함수 f와 f^{-1}의 그래프가 그림 1.1에서와 같이 $y = x$에 관하여 대칭인 관계에 있음을 말 해 준다.

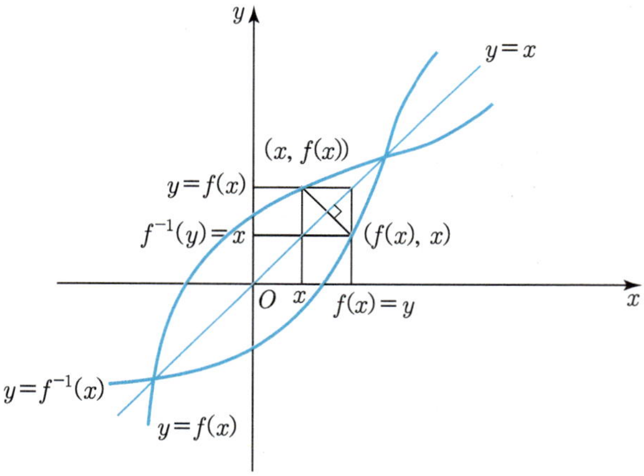

그림 1.1 함수 f와 f^{-1}의 관계

정리 1.15

(1) 집합 X와 $i_X : X \to X$에 대하여 $i_X^{-1} = i_X$가 성립한다.

(2) 함수 $f : X \to Y$가 전단사함수이면 $f^{-1} : Y \to X$ 또한 전단사함수이고, 이때 $(f^{-1})^{-1} = f$가 성립한다.

(3) 함수 $f : X \to Y$와 $g : Y \to Z$가 전단사함수이면 $g \circ f : X \to Z$도 전단사함수이고, 이때 $(g \circ f)^{-1} = f^{-1} \circ g^{-1}$이 성립한다.

증명 (1) 자명하게 i_X는 전단사함수이면서 $i_X \circ i_X = i_X$이므로 정의 1.14와 정리 1.13로 부터 $i_X^{-1} = i_X$를 알 수 있다.

(2) $f^{-1} \circ f = i_X$이고 $f \circ f^{-1} = i_Y$이므로 정의 1.14와 정리 1.13로 부터 $f^{-1} : Y \to X$ 또한 전단사함수이고 $(f^{-1})^{-1} = f$를 알 수 있다.

(3) 주어진 전단사함수 $f : X \to Y$와 $g : Y \to Z$에 대하여

$$(f^{-1} \circ g^{-1}) \circ (g \circ f) = f^{-1} \circ (g^{-1} \circ g) \circ f = f^{-1} \circ i_Y \circ f = f^{-1} \circ f = i_X,$$

$$(g \circ f) \circ (f^{-1} \circ g^{-1}) = g \circ (f \circ f^{-1}) \circ g^{-1} = g \circ i_Y \circ g^{-1} = g \circ g^{-1} = i_Z$$

가 성립하므로 정의 1.14와 정리 1.13로 부터 $g \circ f$도 전단사함수이고 $(g \circ f)^{-1} = f^{-1} \circ g^{-1}$를 알 수 있다. ■

끝으로 증가, 감소 함수에 대해 알아보자.

정의 1.16 함수 $f : X \to Y$ $(X, Y \subset \mathbb{R})$와 $x_1 < x_2$를 만족하는 임의의 수 x_1, $x_2 \in X$에 대하여

(1) $f(x_1) \le f(x_2)$가 성립하면, 함수 f를 **증가함수**(increasing function)라 한다. 만약 $f(x_1) < f(x_2)$가 성립하면, 함수 f를 **순증가함수**(strictly increasing function)라 한다.

(2) $f(x_1) \ge f(x_2)$가 성립하면, 함수 f를 **감소함수**(decreasing function)라 한다. 만약 $f(x_1) > f(x_2)$가 성립하면, 함수 f를 **순감소함수**(strictly decreasing function)라 한다.

(3) 증가함수와 감소함수를 통칭하여 **단조함수**(monotone function)라 하며, 순증가함수와 순감소함수를 통칭하여 **순단조함수**(strictly monotone function)라 한다.

정리 1.17 전사함수 $f : X \to Y$ $(X, Y \subset \mathbb{R})$가 순단조함수이면 역함수 f^{-1}가 존재한다.

증명 정의역 X의 임의의 원소 x_1, x_2에 대하여 $x_1 \ne x_2$이면 $x_1 < x_2$ 또는 $x_2 < x_1$이 성립하고, f가 순단조함수이므로 $f(x_1) < f(x_2)$ 또는 $f(x_2) < f(x_1)$이 성립한다. 즉, $f(x_1) \ne f(x_2)$이므로 f는 단사함수이다. 가정에 의해 f는 전단사함수가 되어 정리 1.13에 의해 f의 역함수가 존재한다. ■

1.1 연습문제

1. 다음 함수들의 짝 중에서 함수가 같은 것을 말하시오.

   (1) $f(x) = \dfrac{x^2+1}{x^2+1}, \qquad g(x) = 1$

   (2) $f(x) = \dfrac{x^2+x}{x+1}, \qquad g(x) = x$

2. 함수 $f : X \to Y$와 $g : Y \to Z$에 대하여 다음을 증명하시오.

   (1) f와 g가 단사함수이면, $g \circ f : X \to Z$도 단사함수이다.

   (2) f와 g가 전사함수이면, $g \circ f : X \to Z$도 전사함수이다.

3. 실수 $x \in \mathbb{R}$에 대하여 $[x]$는 x이하인 가장 큰 정수를 나타내고, $\lceil x \rceil$는 x이상인 가장 작은 정수를 나타낸다. 함수

$$f(x) = \begin{cases} [x], & (x \geq 0) \\ \lceil x \rceil, & (x < 0) \end{cases}$$

   의 그래프를 구하시오.

4. 전사함수 $f : X \to Y$ $(X, Y \subset \mathbb{R})$가 순감소함수이면 f의 역함수가 존재함을 증명하시오 (정리 1.17의 증명을 완성하시오).

5. 정리 1.17에서 전사함수 $f : X \to Y$ $(X, Y \subset \mathbb{R})$가 순단조함수이면 f의 역함수가 존재함을 증명하였다. 이때 f의 역함수 f^{-1} 또한 순단조함수임을 증명하시오.

1.2 삼각함수

이미 살펴 본 바와 같이 다항식과 같은 기본적인 형태의 함수는 실수값을 갖는 함수의 합, 차, 곱, 몫으로 쉽게 만들 수 있다. 하지만, 지수 로그 함수처럼 이러한 방법으로 표현하기 어려운 보다 다양한 함수가 많이 알려져 있으며 보다 많은 것들을 이해하고 표현하기 위해 이런 함수들을 아는것은 매우 중요하다. 이번 절에서는 그 중에서도 특별히 삼각함수를 대상으로 한다. 삼각함수는 직각삼각형의 세 변과 세 각 사이의 관계를 설명하기 위해 만들어진 함수로 과거 천문학이나 측량 등에 많이 이용되었으며, 현대에는 양자역학, 신호처리 등 매우 넓게 활용되고 있다.

일반적으로 각의 크기를 나타내는 방법은 °로 표현하는 60분법과 **호도법**(circular measure)이 있다. 호도법에서는 호도라는 단위를 사용하는데, 반지름이 r인 원에서 호의 길이가 r인 호의 중심각의 크기를 1 **라디안**(radian) 또는 1 호도라 정의하며 1 rad로 표현한다. 60분법과 호도법 사이에 다음과 같은 관계를 만족한다.

$$1^\circ = \frac{\pi}{180}\,\text{rad}, \qquad 1\,\text{rad} = \frac{180^\circ}{\pi}.$$

일반적으로 호도법에서는 단위 rad를 생략한다.

직각삼각형에서 서로 다른 두 변의 길이의 비를 **삼각비**(trigonometric ratio)라 하며, 구체적으로 다음과 같이 정의한다.

정의 1.18 $\angle C$가 직각인 직각삼각형 ABC에서 $\angle A = \theta$, $\overline{BC} = a$, $\overline{CA} = b$, $\overline{AB} = c$일 때, θ에 대한 각각의 삼각비는 다음과 같다.

(1) $\sin\theta = \dfrac{a}{c}$ (2) $\cos\theta = \dfrac{b}{c}$

(3) $\tan\theta = \dfrac{a}{b}$ (4) $\csc\theta = \dfrac{1}{\sin\theta} = \dfrac{c}{a}$

(5) $\sec\theta = \dfrac{1}{\cos\theta} = \dfrac{c}{b}$ (6) $\cot\theta = \dfrac{1}{\tan\theta} = \dfrac{b}{a}$

정의 1.18에서 $\angle A = \theta$의 크기만 일정하면 크기가 다른 직각삼각형의 삼각비는 도형의 닮음의 성질에 의해 일정함을 알 수 있다. 다음은 많이 사용하는 특수각의 삼각비 값을 표현한 표이다.

	0	$\pi/6$	$\pi/4$	$\pi/3$	$\pi/2$
sin	0	$1/2$	$\sqrt{2}/2$	$\sqrt{3}/2$	1
cos	1	$\sqrt{3}/2$	$\sqrt{2}/2$	$1/2$	0
tan	0	$1/\sqrt{3}$	1	$\sqrt{3}$	undefined

삼각함수를 정의하기 위해 그림 1.2와 같이 원점 O가 중심이고 반지름이 $r > 0$인 원주 S_r을 고려하자.

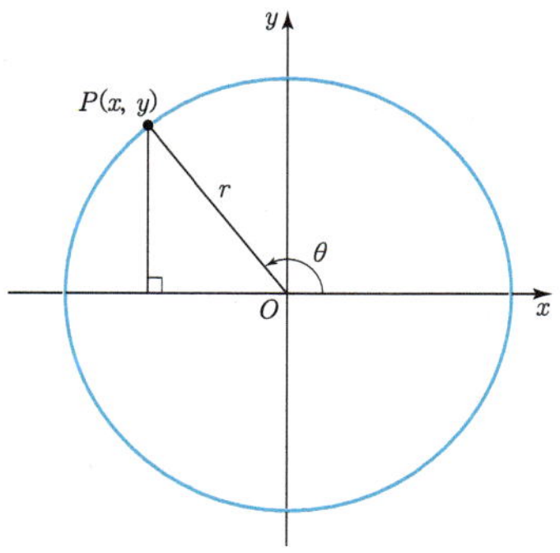

그림 1.2 원주 S_r

정의 1.19 θ가 평면의 직교좌표계에서 원점 O를 시점, 원주 S_r 위의 점 $P(x, y)$를 종점으로 하는 동경 $\overline{OP}$와 x축의 양의 방향이 이루는 일반각일 때, θ에 대한 **삼각함수**(trigonometric function)는 다음과 같다. (그림 1.2 참조).[2]

(1) $\sin\theta = \dfrac{y}{r}$ (2) $\cos\theta = \dfrac{x}{r}$

(3) $\tan\theta = \dfrac{y}{x}$ (4) $\csc\theta = \dfrac{1}{\sin\theta} = \dfrac{r}{y}$

(5) $\sec\theta = \dfrac{1}{\cos\theta} = \dfrac{r}{x}$ (6) $\cot\theta = \dfrac{1}{\tan\theta} = \dfrac{x}{y}$

삼각함수는 θ가 예각인 경우에 정의된 삼각비를 일반각으로 일반화한 형태이다. 즉, 정의 1.18의 삼각비는 정의 1.19의 삼각함수에서 θ가 예각 $(0 < \theta < \pi/2)$인 경우의 값과 일치한다.

삼각함수의 정의로부터 자명하게 $x = r\cos\theta$와 $y = r\sin\theta$가 성립한다. 따라서

$$r^2 = x^2 + y^2 = r^2\left(\cos^2\theta + \sin^2\theta\right)$$

[2]앞으로 함수의 정의역과 공역에 대한 특별한 언급이 없는 경우는 실수의 부분집합에서 정의되고 실숫값을 가지는 함수로 이해한다. 한편, 그림 1.2에서 원 위의 점 P의 좌표 (x, y)의 성분 x와 y는 원의 반지름 r에 비례하므로 반지름의 길이가 1인 단위원 S_1을 이용하여 삼각함수를 정의해도 된다.

가 성립하고, $\cos^2\theta + \sin^2\theta = 1$이다.[3] 이 식의 좌우 양변을 $\cos^2\theta$와 $\sin^2\theta$로 나누면 $1 + \tan^2\theta = \sec^2\theta$와 $1 + \cot^2\theta = \csc^2\theta$가 성립함을 알 수 있다.

정리 1.20 삼각함수는 다음과 같은 성질을 만족한다.

(1) $\sin^2 x + \cos^2 x = 1$ (2) $1 + \tan^2 x = \sec^2 x$ (3) $1 + \cot^2 x = \csc^2 x$

정의로부터 삼각함수가 특별한 주기성과 대칭성을 가지고 있음을 알 수 있는데, 그림 1.3에서는 각 θ와 $2\pi + \theta$의 동경이 같음을 말해준다. 따라서 각 θ와 $2n\pi + \theta$ (n은 정수)에 대한 삼각함수 값이 같게 되고, 이를 삼각함수의 주기성이라 한다.

정의 1.21 함수 f가 정의역의 모든 x에 대하여

$$f(x + p) = f(x) \tag{1.4}$$

를 만족시키는 양수 p가 존재할 때, f를 **주기함수**(periodic function)라 하고, 이때 존재하는 최소의 양수 p를 **기본주기**(fundamental period) 또는 간단히 **주기**(period)라 한다.

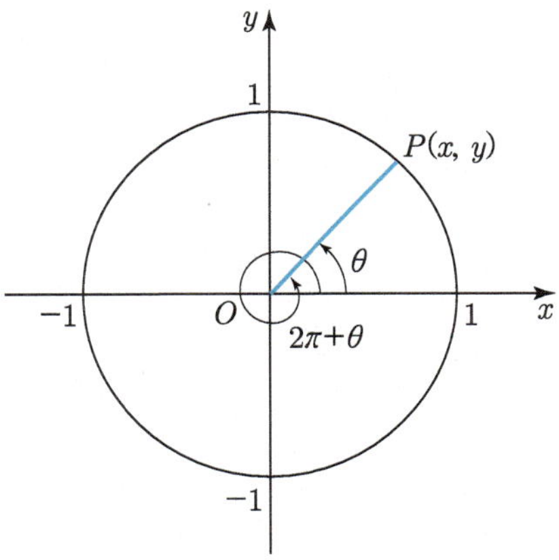

그림 1.3

정리 1.22 임의의 정수 n과 모든 실수 θ에 대하여 다음이 성립한다.

(1) $\sin(2n\pi + \theta) = \sin\theta$ (2) $\cos(2n\pi + \theta) = \cos\theta$ (3) $\tan(2n\pi + \theta) = \tan\theta$

그림 1.4은 각 θ의 동경과 각 $-\theta$의 동경이 x축에 대하여 대칭임을 말해준다. 따라서 다음과 같은 등식을 얻을 수 있다.

[3] t에 관한 함수 $x = \cos t$, $y = \sin t$에 대하여 $x^2 + y^2 = 1$이므로 사인함수와 코사인함수는 원의 그래프와 밀접한 관계가 있다. 따라서 가끔은 삼각함수를 **원함수**(circular function)라고 부르기도 한다.

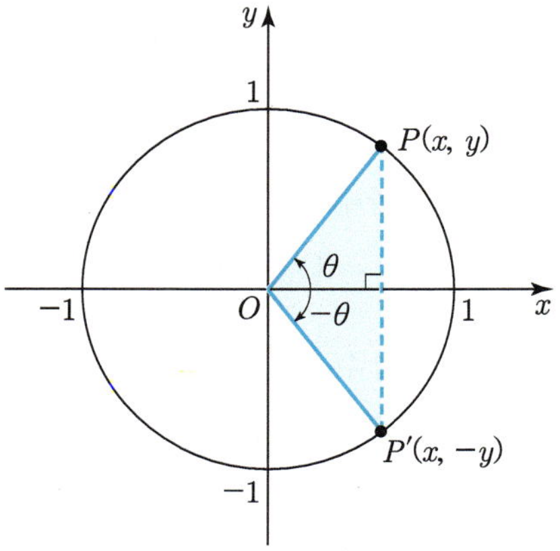

그림 1.4

정리 1.23 모든 실수 θ에 대하여 다음이 성립한다.

(1) $\sin(-\theta) = -\sin\theta$ (2) $\cos(-\theta) = \cos\theta$ (3) $\tan(-\theta) = -\tan\theta$

정리 1.23는 $\sin\theta$와 $\tan\theta$가 기함수, $\cos\theta$가 우함수임을 말해준다. 즉, 함수 $\sin\theta$와 $\tan\theta$의 그래프는 원점에 대칭이고 함수 $\cos\theta$의 그래프는 y축에 대칭이다.

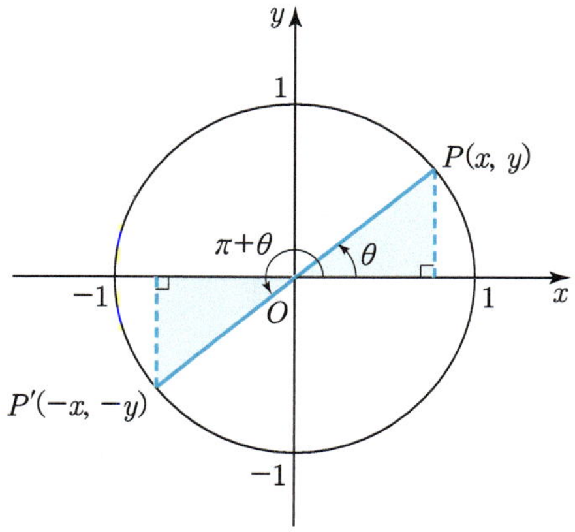

그림 1.5

그림 1.5은 각 θ의 동경과 각 $\pi+\theta$의 동경이 원점에 대하여 대칭임을 보여준다.

정리 1.24 모든 실수 θ에 대하여 다음이 성립한다.

(1) $\sin(\pi \pm \theta) = \mp\sin\theta$ (2) $\cos(\pi \pm \theta) = -\cos\theta$ (3) $\tan(\pi \pm \theta) = \pm\tan\theta$

한편, 그림 1.6과 같이 각 θ의 동경과 단위원과의 교점을 $P(x, y)$라 하고 각 $\frac{\pi}{2}+\theta$의 동경과 단위원과의 교점을 $P'(x', y')$이라고 하자. 만약 $x=0$ 이거나 $y=0$이면, x'과 y'을 쉽게 구할 수 있으므로 $x \neq 0$이고 $y \neq 0$이라 하자. 그러면 $\overline{OP} \perp \overline{OP'}$이

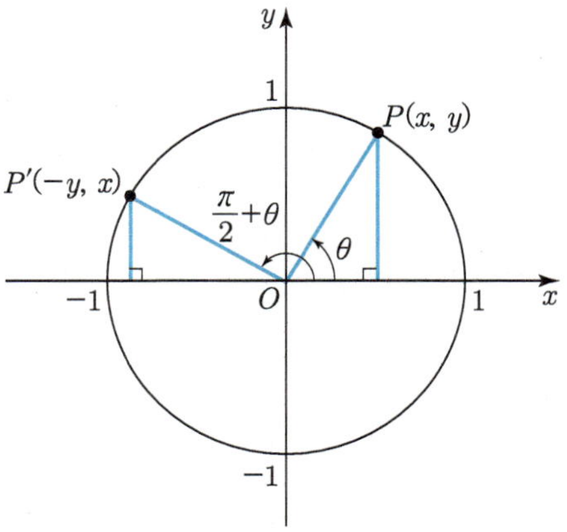

그림 1.6

므로 선분 $\overline{OP}$를 포함하는 직선의 기울기 $\dfrac{y}{x}$와 선분 $\overline{OP'}$을 포함하는 직선의 기울기 $\dfrac{y'}{x'}$의 곱은 -1이다. 즉, x'과 y'은 다음 식을 만족한다.

$$xx' + yy' = 0$$

또한 선분 $\overline{OP'}$의 길이가 1이므로 $(x')^2 + (y')^2 = 1$을 만족한다. 따라서 두 방정식을 연립하여 풀면 점 P'의 좌표는 $(-y,\ x)$가 된다.

정리 1.25 모든 실수 θ에 대하여 다음이 성립한다.

(1) $\sin\left(\dfrac{\pi}{2} + \theta\right) = \cos\theta$ (2) $\sin\left(\dfrac{\pi}{2} - \theta\right) = \cos\theta$

(3) $\cos\left(\dfrac{\pi}{2} + \theta\right) = -\sin\theta$ (4) $\cos\left(\dfrac{\pi}{2} - \theta\right) = \sin\theta$

(5) $\tan\left(\dfrac{\pi}{2} + \theta\right) = -\cot\theta$ (6) $\tan\left(\dfrac{\pi}{2} - \theta\right) = \cot\theta$

지금까지 삼각함수는 일정한 주기를 갖는 대표적인 주기함수이면서 특별한 대칭성을 갖는 함수라는 것을 확인 하였다. 특히 사인(sin)함수와 코사인(cos)함수의 주기는 2π이고 탄젠트(tan)함수의 주기는 π이다. 이를 고려하여 단위원을 이용해 각 θ의 값에 대응하는 삼각함수의 그래프를 그려보면 다음과 같다.

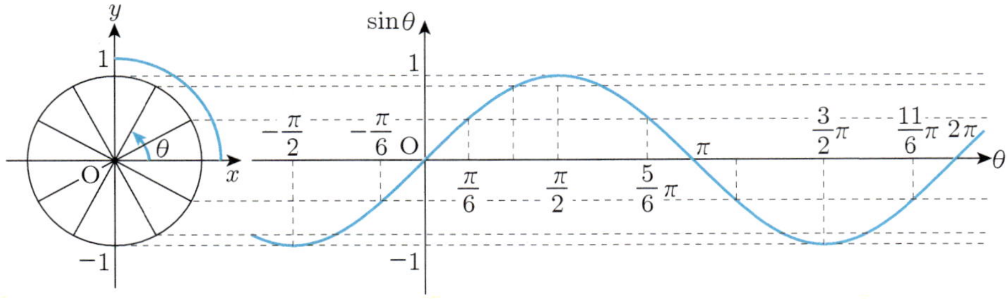

그림 1.7　$\sin\theta$ 함수

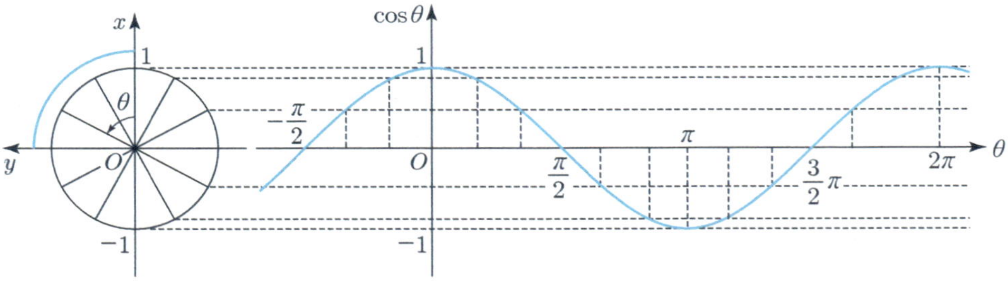

그림 1.8　$\cos\theta$ 함수

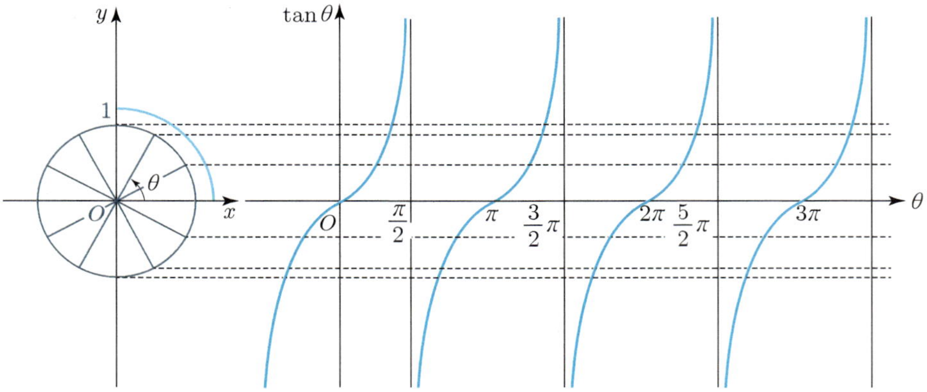

그림 1.9　$\tan\theta$ 함수

끝으로, 삼각함수를 다루는데 매우 유용한 공식들을 살펴본다. 사실, 앞서 살펴본 다양한 공식들은 아래의 덧셈정리의 특수한 형태라 할 수 있다. 이 삼각함수의 덧셈정리는 코사인 제 1 법칙, 코사인 제 2 법칙, 삼각형의 면적 등을 이용하여 증명할 수 있다.

예를 들어 $0 < \alpha - \beta < \pi$를 만족하는 각 α와 β에 대하여 각 각들에 대한 동경이 단위 원주 S_1과 만나는 점을 P_α와 P_β라고 한다면, $P_\alpha = (\cos\alpha, \sin\alpha)$와 $P_\beta = (\cos\beta, \sin\beta)$가 된다. 이에 코사인 제 2법칙을 각 동경의 사잇각 $\alpha - \beta$에 대해 적용하면

$$(\cos\beta - \cos\alpha)^2 + (\sin\beta - \sin\alpha)^2 = 2 - 2\cos(\alpha - \beta)$$

가 성립함을 알 수 있고, 등식 $\cos^2\alpha + \sin^2\alpha = 1 = \cos^2\beta + \sin^2\beta$을 적용하면

$$\cos(\alpha - \beta) = \cos\alpha\cos\beta + \sin\alpha\sin\beta$$

가 성립함을 알 수 있다. 이 외의 범위에 대해서는 앞서 살펴본 삼각함수의 주기성과 대칭성을 이용하면 모든 범위로 확장하는 것이 가능하다. 또한 다른 공식들도 이 공식으로부터 어렵지 않게 유도가 가능하다.

정리 1.26 삼각함수의 덧셈정리

모든 실수 α, β에 대하여 다음이 성립한다.

(1) $\sin(\alpha \pm \beta) = \sin\alpha\cos\beta \pm \cos\alpha\sin\beta$

(2) $\cos(\alpha \pm \beta) = \cos\alpha\cos\beta \mp \sin\alpha\sin\beta$

(3) $\tan(\alpha \pm \beta) = \dfrac{\tan\alpha \pm \tan\beta}{1 \mp \tan\alpha \cdot \tan\beta}$

삼각함수의 덧셈정리 1.26에서 $\alpha = \beta$라 두면, 다음의 배각공식을 얻는다.

정리 1.27 삼각함수의 배각공식

모든 실수 α에 대하여 다음이 성립한다.

(1) $\sin 2\alpha = 2\sin\alpha\cos\alpha$

(2) $\cos 2\alpha = \cos^2\alpha - \sin^2\alpha = 1 - 2\sin^2\alpha = 2\cos^2\alpha - 1$

(3) $\tan 2\alpha = \dfrac{2\tan\alpha}{1 - \tan^2\alpha}$

코사인의 배각공식 (2)로 부터 다음의 반각공식을 얻는다.

정리 1.28 삼각함수의 반각공식

모든 실수 α에 대하여 다음이 성립한다.

(1) $\sin^2\dfrac{\alpha}{2} = \dfrac{1 - \cos\alpha}{2}$ (2) $\cos^2\dfrac{\alpha}{2} = \dfrac{1 + \cos\alpha}{2}$ (3) $\tan^2\dfrac{\alpha}{2} = \dfrac{1 - \cos\alpha}{1 + \cos\alpha}$

삼각함수의 덧셈정리 1.26로부터 다음 곱을 합 또는 차로 고치는 공식을 얻는다.

정리 1.29 임의의 실수 α, β에 대하여 다음이 성립한다.

(1) $\sin\alpha\cos\beta = \dfrac{1}{2}\{\sin(\alpha + \beta) + \sin(\alpha - \beta)\}$

(2) $\cos\alpha\sin\beta = \dfrac{1}{2}\{\sin(\alpha + \beta) - \sin(\alpha - \beta)\}$

(3) $\cos\alpha\cos\beta = \dfrac{1}{2}\{\cos(\alpha + \beta) + \cos(\alpha - \beta)\}$

(4) $\sin\alpha\sin\beta = -\frac{1}{2}\{\cos(\alpha+\beta) - \cos(\alpha-\beta)\}$

삼각함수의 곱을 합 또는 차로 고치는 공식으로부터 다음의 합 또는 차를 곱으로 고치는 공식을 얻을 수 있다. 정리 1.29로부터 임의의 실수 x, y에 대하여

$$\sin x\cos y = \frac{1}{2}\{\sin(x+y) + \sin(x-y)\}$$

이 성립한다. 따라서 $\alpha = x+y$, $\beta = x-y$라 놓으면 $x = \frac{\alpha+\beta}{2}$이고 $y = \frac{\alpha-\beta}{2}$이다. 그러므로 등식

$$\sin\alpha + \sin\beta = 2\sin\left(\frac{\alpha+\beta}{2}\right)\cos\left(\frac{\alpha-\beta}{2}\right)$$

이 성립한다. 유사하게 합 또는 차를 곱으로 고치는 공식의 나머지 공식들을 유도할 수 있다.

정리 1.30 임의의 실수 α, β에 대하여 다음이 성립한다.

(1) $\sin\alpha + \sin\beta = 2\sin\frac{\alpha+\beta}{2}\cos\frac{\alpha-\beta}{2}$

(2) $\sin\alpha - \sin\beta = 2\cos\frac{\alpha+\beta}{2}\sin\frac{\alpha-\beta}{2}$

(3) $\cos\alpha + \cos\beta = 2\cos\frac{\alpha+\beta}{2}\cos\frac{\alpha-\beta}{2}$

(4) $\cos\alpha - \cos\beta = -2\sin\frac{\alpha+\beta}{2}\sin\frac{\alpha-\beta}{2}$

1.2 연습문제

1. 삼각함수의 가법정리를 이용하여 $\sin\dfrac{5\pi}{12}, \cos\dfrac{5\pi}{12}, \tan\dfrac{5\pi}{12}$의 값을 구하시오.

2. 삼각함수의 가법정리를 이용하여 정리 1.29를 증명하시오.

3. 삼각함수의 가법정리를 이용하여 정리 1.30를 증명하시오.

4. 코사인함수의 배각공식을 이용하여 아래의 반각공식을 유도하시오.

$$\sin^2 x = \frac{1-\cos 2x}{2}, \qquad \cos^2 x = \frac{1+\cos 2x}{2}.$$

5. 그림과 같이 높이가 30m인 건물의 옥상 A에서 높이가 120m인 아파트의 아래 끝지점 C를 내려다 본 각의 크기가 θ, 아파트의 위 끝지점 B를 올려다 본 각의 크기가 2θ일 때, C와 D 사이의 거리를 구하시오.

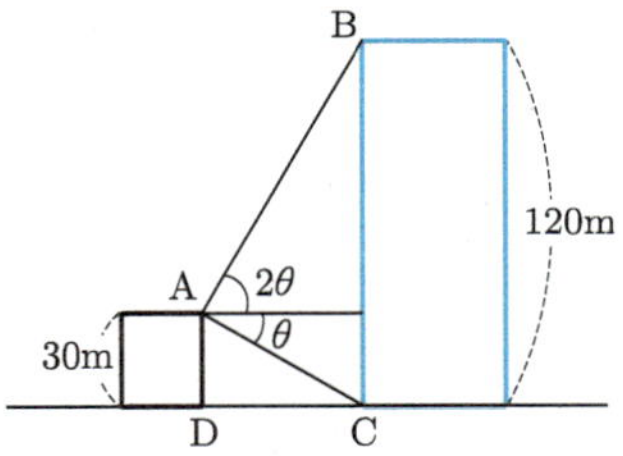

그림 1.10

6. $\sin\theta = \dfrac{5}{13}$ $(0 < \theta < \pi/2)$일 때 $\cos\theta, \tan\theta, \sec\theta, \csc\theta, \cot\theta$를 각각 구하시오.

7. 주어진 함수 $f : \mathbb{R} \to \mathbb{R}$, $f(x) = \cos^2 x$에 대하여 함수 f의 그래프를 그리시오.

1.3 함수의 극한

함수 $f(x)$의 극한은 함수의 독립변수 x가 특정 값에 접근할 때 함수 값 $f(x)$가 어떻게 변화하는 가를 설명하는 개념이다. 함수의 극한은 앞으로 미분과 적분을 설명하는 가장 기본적인 도구가 되기 때문에 이를 잘 이해하는 것은 매우 중요하다. 함수의 극한은 본래 $\varepsilon-\delta$ 표현법을 이용해 정의하지만 이러한 엄밀한 정의를 이해하기에 어려움이 있을 수 있기에 보다 직관적으로 설명하고자 한다.

정의 1.31 함수 $f : D \to \mathbb{R}$ $(D \subset \mathbb{R})$와 $a \in \mathbb{R}$에 대하여 $I \setminus \{a\} \subset D$이며 $a \in I$인 개구간 I가 존재한다고 가정하자.
$x \in \mathbb{R}$가 a에 한없이 가까이 갈 때 함숫값 $f(x)$가 $L \in \mathbb{R}$에 한없이 가까이 접근한다면, x가 a로 가까이 갈 때 $f(x)$는 L에 **수렴**(converge)한다고 한다. 이때 L을 x가 a로 가까이 갈 때 $f(x)$의 **극한**(limit) 혹은 극한값이라 하고

$$x \to a \Longrightarrow f(x) \to L \text{ 또는 } \lim_{x \to a} f(x) = L.$$

로 표기한다.

참고 1.32

정의 1.31에서 $x \to a$의 뜻은 $x \neq a$이면서 x가 a에 가까이 접근한다는 것을 의미한다. 다시 말해서, 함수 f가 $x = a$에서 정의되지 않아도 극한을 정의할 수 있다는 뜻이고, 이러한 이유로 $I \setminus \{a\}$을 D가 포함한다고 하고 정의해도 무방하다.

함수의 극한을 잘 다루기 위해서는 앞에서 언급한 $\varepsilon-\delta$ 표현법을 이용하는 수학적인 극한의 정의를 이해해야 하지만, 직관적인 정의를 사용한 만큼 함수의 극한을 엄밀하게 따져보기에 어려움이 있다. 이에 앞으로의 내용을 이해하기 위해서 직관적으로 받아들일 수 있는 몇가지 기본적 사실을 살펴보고 이를 활용하여 대수적인 방법으로 복잡하고 다양한 함수들의 극한을 다루려 한다.

우선 직관적으로 함수값이 서로 다른 두 값에 동시에 다가갈 수는 없을 것 같은데, 실제로 극한값이 존재하는 경우 그 값은 유일하게 존재한다.

정리 1.33 **극한의 유일성**

$\lim_{x \to a} f(x) = L$이고 $\lim_{x \to a} f(x) = M$이면 $L = M$이다.

한편, 기본적인 함수들의 경우 극한은 함수의 그래프를 이용하여 직관적으로 추측할 수 있는데, 예를 들어, 그림 1.11과 같이 상수 c와 실수 a에 대하여 다음의 극한이 성립한다.

$$\lim_{x \to a} c = c \qquad \lim_{x \to a} x = a$$

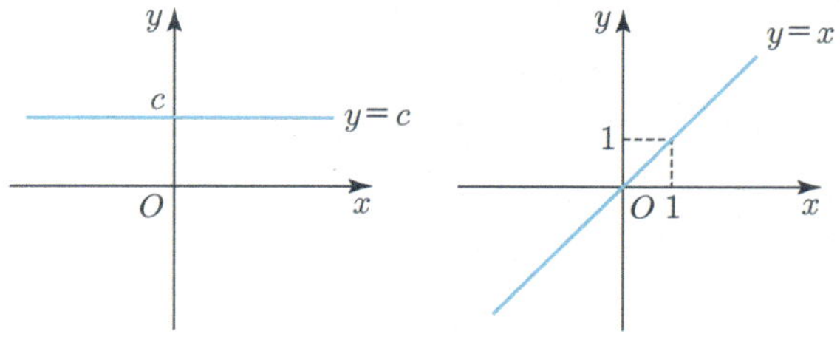

그림 1.11

이를 이용해 다음과 같이 보다 복잡한 함수의 극한을 구할 수 있다.

예제 1.34

다음 극한을 구하시오.

$$\lim_{x \to 1} \frac{x^2 - x}{x - 1}$$

풀이 $x \neq 1$에 대해서

$$\frac{x^2 - x}{x - 1} = \frac{x(x-1)}{x-1} = x$$

이므로, $\lim_{x \to 1} \frac{x^2 - x}{x - 1} = \lim_{x \to 1} x = 1$이다. ■

x가 a로 한없이 다가간다는 표현에서는 a를 기준으로 오른쪽에서 또 왼쪽에서 다가오는 걸 상상 해 볼 수 있을 것이다. 정의 1.31에서 극한을 정의할 때 a를 포함하는 개구간 I를 고려한다는 것은 임의의 방향에서 다가가는것을 고려했다는 의미이다. 하지만, 때때로 특정 방향에서만 다가오는 것을 고려해야할 필요가 있는데, 이를 우극한과 좌극한이라 한다.

정의 1.35 함수 $f(x)$와 실수 a에 대하여

(1) x가 $x > a$이면서 a에 한없이 가까이 갈 때 $f(x)$가 어떤 수 L에 한없이 가까이 접근한다면, L을 $x \to a^+$일 때의 $f(x)$의 **우극한**(right-hand limit)이라 하고, 다음과 같이 나타낸다.

$$x \to a^+ \Longrightarrow f(x) \to L \text{ 또는 } \lim_{x \to a^+} f(x) = L \tag{1.5}$$

(2) x가 $x < a$이면서 a에 한없이 가까이 갈 때 $f(x)$가 어떤 수 L에 한없이 가까이 접근한다면, L을 $x \to a^-$일 때의 $f(x)$의 **좌극한**(left-hand limit)이라 하고, 다음과 같이 나타낸다.

$$x \to a^- \Longrightarrow f(x) \to L \text{ 또는 } \lim_{x \to a^-} f(x) = L \tag{1.6}$$

함수의 우극한과 좌극한을 잘 알고 있다면, 다음의 정리를 이용해 극한의 존재를 간단히 판정할 수 있다.

정리 1.36 극한 $\lim_{x \to a} f(x)$가 존재하기 위한 필요충분조건은

$$\lim_{x \to a^+} f(x) = \lim_{x \to a^-} f(x) \tag{1.7}$$

이다. 이때

$$\lim_{x \to a} f(x) = \lim_{x \to a^+} f(x) = \lim_{x \to a^-} f(x) \tag{1.8}$$

이 성립한다.

예제 1.37

$\lim_{x \to 0} |x| = 0$임을 보이시오.

풀이 절댓값 함수의 정의로부터

$$\lim_{x \to 0^+} |x| = \lim_{x \to 0^+} x = 0, \qquad \lim_{x \to 0^-} |x| = \lim_{x \to 0^-} (-x) = 0$$

이므로 정리 1.36에 의하여 $\lim_{x \to 0} |x| = 0$이다. ■

예제 1.38

함수

$$f(x) = \begin{cases} 0, & (x < 0) \\ 1, & (x \geq 0) \end{cases}$$

에 대하여 극한 $\lim_{x \to 0} f(x)$가 존재하지 않음을 보이시오.

풀이 함수 $f(x)$의 정의로부터

$$\lim_{x \to 0^+} f(x) = 1, \qquad \lim_{x \to 0^-} f(x) = 0$$

임을 알 수 있다. 따라서 정리 1.36에 의하여 극한 $\lim_{x\to 0} f(x)$가 존재하지 않는다. ■

다음의 정리를 활용하면 보다 다양한 함수의 극한을 구할 수 있다.

정리 1.39 $x \to a$일 때 함수 $f(x)$, $g(x)$가 각각 수렴하면,

(1) 상수 k에 대해서, $x \to a$일 때 함수 $kf(x)$도 수렴하고 다음이 성립한다.

$$\lim_{x\to a}\left(kf(x)\right) = k\lim_{x\to a} f(x)$$

(2) $x \to a$일 때 함수 $f(x)+g(x)$도 수렴하고 다음이 성립한다.

$$\lim_{x\to a}\left(f(x)+g(x)\right) = \lim_{x\to a} f(x) + \lim_{x\to a} g(x)$$

(3) $x \to a$일 때 함수 $f(x)g(x)$도 수렴하고 다음이 성립한다.

$$\lim_{x\to a}\left(f(x)g(x)\right) = \left(\lim_{x\to a} f(x)\right)\left(\lim_{x\to a} g(x)\right)$$

(4) $x \to a$일 때 함수 $\dfrac{f(x)}{g(x)}$도 수렴하고 다음이 성립한다.

$$\lim_{x\to a}\frac{f(x)}{g(x)} = \frac{\lim_{x\to a} f(x)}{\lim_{x\to a} g(x)} \qquad (\text{단, } \lim_{x\to a} g(x) \neq 0)$$

예제 1.40

다음 함수의 극한을 구하시오.

(1) $\lim_{x\to 4}(3x-7)$

(2) $\lim_{x\to 2}\dfrac{3x}{5x-2}$

풀이 정리 1.39를 이용하면 다음과 같이 극한을 구할 수 있다.

(1) $\lim_{x\to 4}(3x-7) = 3\lim_{x\to 4} x - \lim_{x\to 4} 7 = 3\cdot 4 - 7 = 5$

(2) $\lim_{x\to 2}\dfrac{x}{5x-2} = \dfrac{3\lim_{x\to 2} x}{5\lim_{x\to 2} x - \lim_{x\to 2} 2} = \dfrac{3\cdot 2}{5\cdot 2 - 2} = \dfrac{3}{4}$

■

정의 1.41 $x \to a$일 때 함수 $f(x)$가 수렴하지 않으면 $f(x)$는 $x \to a$일 때 **발산**(diverge)한다고 한다. 특별히,

(1) $x \to a$일 때 함수 $f(x)$가 무한히 증가하면서 발산하는 경우 (그림 1.12(a)

참조)는 다음과 같이 나타낸다.

$$x \to a \Longrightarrow f(x) \to \infty \quad \text{또는} \quad \lim_{x \to a} f(x) = \infty$$

(2) $x \to a$일 때 함수 $f(x)$가 무한히 감소하면서 발산하는 경우 (그림 1.12(b) 참조)는 다음과 같이 나타낸다.

$$x \to a \Longrightarrow f(x) \to -\infty \quad \text{또는} \quad \lim_{x \to a} f(x) = -\infty$$

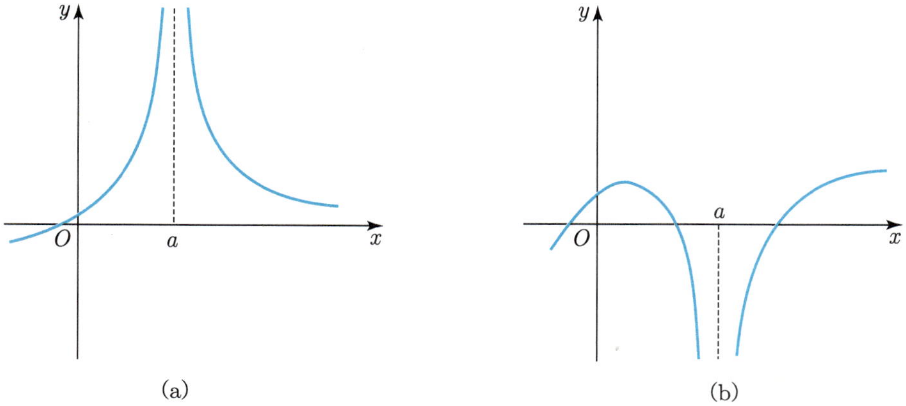

그림 1.12 무한대로의 발산 함수

$\pm\infty$로의 발산은 좌, 우극한에 대해서도 정의할 수 있다.

정의 1.42 함수 $f(x)$에 대하여

(1) $x > a$이면서 $x \to a$일 때 함수 $f(x)$가 무한히 증가하면서 발산하는 경우 다음과 같이 나타낸다.

$$x \to a^+ \Longrightarrow f(x) \to \infty \quad \text{또는} \quad \lim_{x \to a^+} f(x) = \infty$$

(2) $x > a$이면서 $x \to a$일 때 함수 $f(x)$가 무한히 감소하면서 발산하는 경우 다음과 같이 나타낸다.

$$x \to a^+ \Longrightarrow f(x) \to -\infty \quad \text{또는} \quad \lim_{x \to a^+} f(x) = -\infty$$

이와 같은 방법으로 $\lim_{x \to a^-} f(x) = \infty$와 $\lim_{x \to a^-} f(x) = -\infty$도 정의한다.

참고로, 그림 1.12의 (a)는 $\lim_{x \to a^+} f(x) = \infty = \lim_{x \to a^-} f(x)$인 경우에 해당하고, (b)는 $\lim_{x \to a^+} f(x) = -\infty = \lim_{x \to a^-} f(x)$에 해당한다. 하지만 이 경우 엄연히 극한이 실수값이

아닌 ∞와 $-\infty$이므로 이 함수는 극한이 발산하는 경우에 해당한다. 이를 바탕으로 다음의 예시를 살펴보자.

예제 1.43

함수 $f(x) = \dfrac{1}{x}$에 대하여 $\lim_{x \to 0^+} f(x)$와 $\lim_{x \to 0^-} f(x)$를 구하고 $\lim_{x \to 0} \dfrac{1}{x}$가 존재하지 않음을 확인하시오.

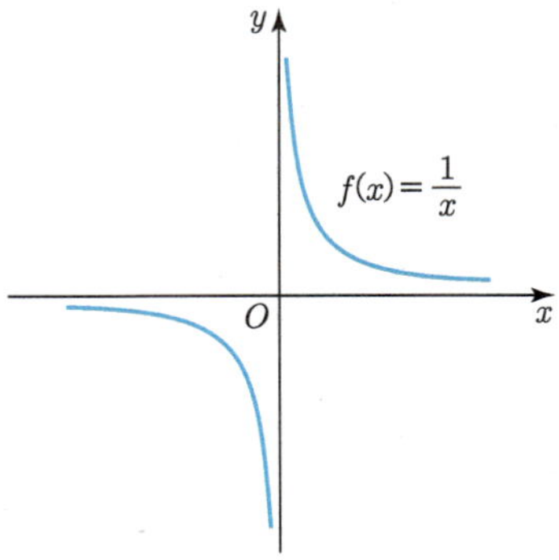

그림 1.13

풀이 함수 $f(x) = \dfrac{1}{x}$의 그래프(그림 1.13)로부터

$$\lim_{x \to 0^+} f(x) = \infty, \qquad \lim_{x \to 0^-} f(x) = -\infty$$

임을 알 수 있고, 따라서 $\lim_{x \to 0} \dfrac{1}{x}$가 존재하지 않음은 자명하다. ■

극한은 변수 x가 $\pm\infty$로 발산하는 경우에도 정의할 수 있다.

정의 1.44 함수 $f(x)$에 대하여

(1) $x \to \infty$일 때 $f(x)$가 L에 한없이 가까이 가면, $x \to \infty$일 때 $f(x)$는 L에 수렴한다고 하고, 다음과 같이 나타낸다.

$$x \to \infty \Longrightarrow f(x) \to L \quad \text{또는} \quad \lim_{x \to \infty} f(x) = L$$

(2) $x \to -\infty$일 때 $f(x)$가 L에 한없이 가까이 가면, $x \to -\infty$일 때 $f(x)$는 L에 수렴한다고 하고, 다음과 같이 나타낸다.

$$x \to -\infty \Longrightarrow f(x) \to L \quad \text{또는} \quad \lim_{x \to -\infty} f(x) = L$$

이 경우에도 정리 1.33에서와 같이 극한이 존재하는 경우 그 극한 값은 유일하다. 그림 1.14는 정의 1.44의 기하학적 설명을 보여준다.

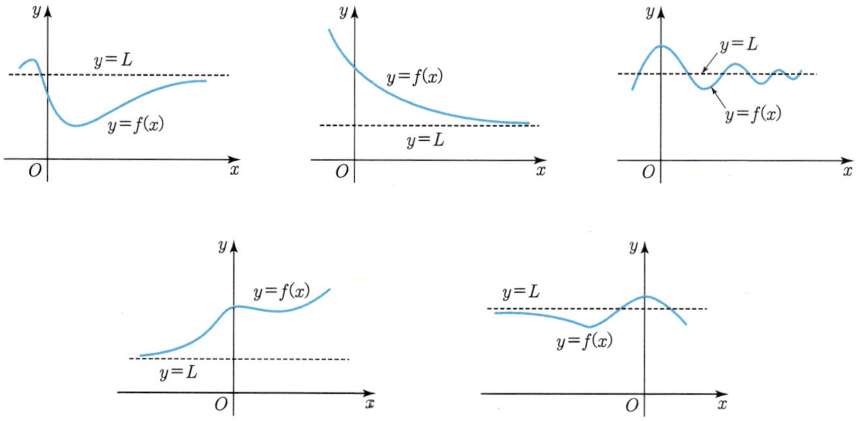

그림 1.14

예제 1.45

함수 $f(x)=\dfrac{1}{x}$에 대하여 $\displaystyle\lim_{x\to\infty} f(x)$와 $\displaystyle\lim_{x\to-\infty} f(x)$을 구하시오.

풀이 함수 $f(x)=\dfrac{1}{x}$의 그래프(그림 1.13)로부터

$$\lim_{x\to\infty} f(x)=0, \qquad \lim_{x\to-\infty} f(x)=0$$

임을 알 수 있다. ■

예제 1.46

함수 $f(x)=e^x$에 대하여 $\displaystyle\lim_{x\to-\infty} f(x)$을 구하시오.

풀이 함수 $f(x)=e^x$의 그래프(그림 1.15)로부터

$$\lim_{x\to-\infty} f(x)=0$$

임을 알 수 있다. ■

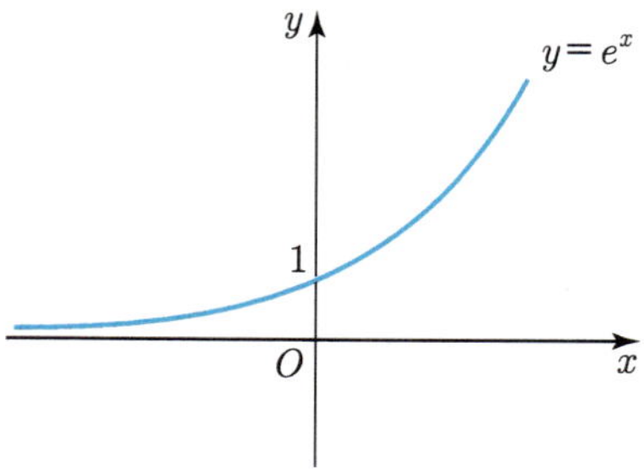

그림 1.15

정리 1.39와 같이 $x \to \infty$일 때 함수의 극한에 대하여 다음의 정리가 성립한다.

정리 1.47 $x \to \infty$일 때 함수 $f(x)$, $g(x)$가 각각 수렴하면,

(1) 상수 k에 대해서, $x \to \infty$일 때 함수 $kf(x)$도 수렴하고 다음이 성립한다.

$$\lim_{x\to\infty} \left(kf(x)\right) = k \lim_{x\to\infty} f(x)$$

(2) $x \to \infty$일 때 함수 $f(x) + g(x)$도 수렴하고 다음이 성립한다.

$$\lim_{x\to\infty} \left(f(x) + g(x)\right) = \lim_{x\to\infty} f(x) + \lim_{x\to\infty} g(x)$$

(3) $x \to \infty$일 때 함수 $f(x)g(x)$도 수렴하고 다음이 성립한다.

$$\lim_{x\to\infty} \left(f(x)g(x)\right) = \left(\lim_{x\to\infty} f(x)\right)\left(\lim_{x\to\infty} g(x)\right)$$

(4) $x \to \infty$일 때 함수 $\frac{f(x)}{g(x)}$도 수렴하고 다음이 성립한다.

$$\lim_{x\to\infty} \frac{f(x)}{g(x)} = \frac{\lim_{x\to\infty} f(x)}{\lim_{x\to\infty} g(x)} \qquad (\text{단, } \lim_{x\to\infty} g(x) \neq 0)$$

$x \to -\infty$에 대한 극한도 비슷한 방식으로 성립한다.

예제 1.48

극한 $\lim_{x\to\infty} \dfrac{3x^2 + 2x + 1}{2x^3 + 1}$을 구하시오.

풀이 $\lim_{x\to\infty} \dfrac{1}{x} = 0$임을 이용하면 정리 1.47에 따라 모든 자연수 n에 대하여 $\lim_{x\to\infty} \dfrac{1}{x^n} = 0$임을 알 수 있다. 그리고, 정리 1.47를 다시 사용하면 다음과 같이 극한을 얻을 수 있다.

$$\begin{aligned}
\lim_{x\to\infty} \frac{3x^2 + 2x + 1}{2x^3 + 1} &= \lim_{x\to\infty} \frac{3(1/x) + 2(1/x^2) + (1/x^3)}{2 + (1/x^3)} \\
&= \frac{\lim_{x\to\infty} 3(1/x) + \lim_{x\to\infty} 2(1/x^2) + \lim_{x\to\infty} (1/x^3)}{\lim_{x\to\infty} 2 + \lim_{x\to\infty} (1/x^3)} \\
&= \frac{0 + 0 + 0}{2 + 0} = 0
\end{aligned}$$

■

예제 1.45와 정리 1.47의 극한에 대한 곱의 법칙을 결합하면 다음의 정리 1.49를 얻는다.

정리 1.49

(1) r이 $r>0$인 유리수이면 $\lim_{x\to\infty}\frac{1}{x^r}=0$이다.

(2) r이 모든 x에 대하여 x^r이 정의되는 양의 유리수이면 $\lim_{x\to-\infty}\frac{1}{x^r}=0$이다.

예제 1.50

극한 $\lim_{x\to\infty}\frac{\sqrt{x}}{x+1}$을 구하시오.

풀이 정리 1.49로부터 $\lim_{x\to\infty}\frac{1}{\sqrt{x}}=0$임을 알 수 있다. 따라서

$$\lim_{x\to\infty}\frac{\sqrt{x}}{x+1}=\lim_{x\to\infty}\frac{1/\sqrt{x}}{1+(1/x)}$$

$$=\frac{\lim_{x\to\infty}1/\sqrt{x}}{\lim_{x\to\infty}1+\lim_{x\to\infty}(1/x)}=\frac{0}{1+0}=0$$

이다. ■

다음 정리들은 함수의 극한에 대한 성질을 말해줄 뿐만아니라, 앞에서 학습한 대수적인 방법을 이용한 극한값 계산하기가 어려운 경우 유용하게 사용할 수 있다. 또한 추후 함수의 연속, 미분을 이해하기 위해 매우 필요한 정리이다.

정리 1.51 a를 포함하는 적당한 열린 구간의 모든 x에 대하여 $f(x)\le g(x)$이고 극한값 $\lim_{x\to a}f(x)$, $\lim_{x\to a}g(x)$가 각각 존재하면

$$\lim_{x\to a}f(x)\le\lim_{x\to a}g(x)$$

가 성립한다.

정리 1.52 **함수에 관한 조임정리(squeeze theorem)**

a를 포함하는 적당한 열린 구간의 모든 x에 대하여

$$f(x)\le g(x)\le h(x)$$

이고 $\lim_{x\to a}f(x)=\lim_{x\to a}h(x)=L$이면 $\lim_{x\to a}g(x)=L$이다.

조임정리를 **샌드위치 정리**(sandwich theorem) 또는 **압축정리**라고도 한다. 또한, $x\to\pm\infty$인 경우에도 동일한 정리들이 성립함을 알 수 있는데, 예를 들어 구간

(a, ∞)의 모든 x에 대하여 $f(x) \le g(x) \le h(x)$이고 $\lim_{x \to \infty} f(x) = \lim_{x \to \infty} h(x) = L$이면 $\lim_{x \to \infty} g(x) = L$이 성립하며, 이 또한 조임정리라 부른다.

예제 1.53

극한 $\lim_{x \to 0} x \sin \frac{1}{x^2}$을 구하시오.

풀이 $g(x) = x \sin \frac{1}{x^2}$이라고 놓으면

$$|g(x)| = \left| x \sin \frac{1}{x^2} \right| = |x| \left| \sin \frac{1}{x^2} \right| \le |x|$$

이므로 함수 $f(x) = -|x|$, $h(x) = |x|$에 대하여 $f(x) \le g(x) \le h(x)$이고 $\lim_{x \to 0} f(x) = \lim_{x \to 0} h(x) = 0$이다. 따라서 정리 1.52로부터

$$\lim_{x \to 0} g(x) = \lim_{x \to 0} x \sin \frac{1}{x^2} = 0$$

이다. ■

끝으로 $x \to \pm\infty$일 때 $f(x) \to \infty$ 혹은 $f(x) \to -\infty$에 대한 정의를 살펴보자.

정의 1.54 함수 $f(x)$에 대하여 $x \to \infty$일 때

(1) 함수 $f(x)$가 무한히 증가하면서 발산하는 경우 다음과 같이 나타낸다.

$$x \to \infty \Longrightarrow f(x) \to \infty \quad \text{또는} \quad \lim_{x \to \infty} f(x) = \infty$$

(2) 함수 $f(x)$가 무한히 감소하면서 발산하는 경우 다음과 같이 나타낸다.

$$x \to \infty \Longrightarrow f(x) \to -\infty \quad \text{또는} \quad \lim_{x \to \infty} f(x) = -\infty$$

이와 같은 방법으로 $\lim_{x \to -\infty} f(x) = \infty$와 $\lim_{x \to -\infty} f(x) = -\infty$도 정의한다.

함수의 그래프로부터 다음과 같은 성질들이 성립함을 알 수 있다(그림 1.16 참조).

$$\lim_{x \to \infty} x^n = \infty \quad (n : \text{양의 정수}), \qquad \lim_{x \to -\infty} x^n = \begin{cases} \infty, & (n : \text{짝수}) \\ -\infty, & (n : \text{홀수}) \end{cases} \tag{1.9}$$

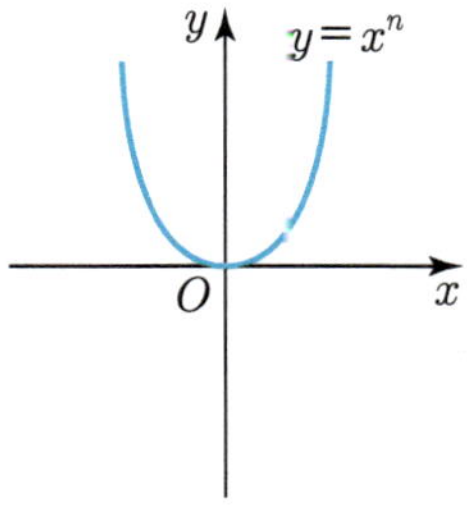

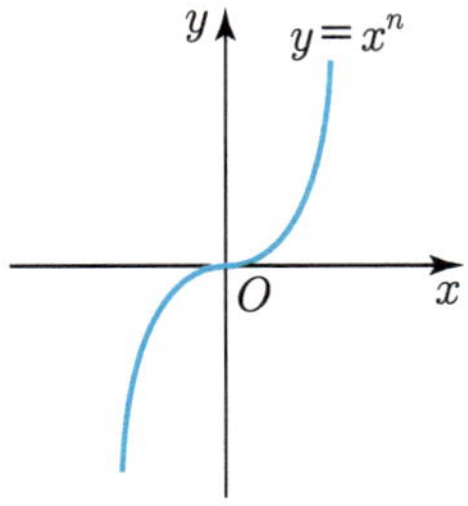

그림 1.16

1.3 연습문제

1. 다음 극한을 구하시오.

(1) $\lim_{x\to a} x^n$ (2) $\lim_{x\to a} \dfrac{x^3+7x^2}{x^2+1}$ (3) $\lim_{x\to 1} \dfrac{x^2-1}{x-1}$

2. 다음 극한을 구하시오.

(1) $\lim_{x\to\infty} \dfrac{2}{x-3}$ (2) $\lim_{x\to\infty} \dfrac{x}{3x+2}$

(3) $\lim_{x\to\infty} \dfrac{2x^2+x-1}{x^2-x+4}$ (4) $\lim_{x\to\infty} \dfrac{x}{\sqrt{x}+2x}$

3. 1기압 아래에서 온도가 t(°C)일 때의 기체의 부피를 V(L), 온도가 0(°C)일 때의 기체의 부피를 V_0(L)라고 하면 관계식

$$V = V_0\left(1+\frac{t}{273.15}\right)$$

가 성립한다. 부피가 0(L)일 때, 온도 t(°C)의 우극한 $\lim_{V\to 0+} t$을 구하시오.[4]

4. 극한 $\lim_{x\to 0} \dfrac{|x|}{x}$가 존재하지 않음을 보이시오.

[4]이때 우극한 $\lim_{V\to 0+} t$을 **절대 영도**라고 한다. 절대온도(단위는 켈빈, K이다.)는 절대 영도를 기준점으로 정하고 눈금의 간격을 섭씨온도와 같게 한 것이다. 따라서 절대온도 T(K)와 섭씨온도 t(°C) 사이에는 다음의 관계식이 성립한다.

$$T = 273.15 + t$$

5. 함수 $f : \mathbb{R} \to \mathbb{R}$가 $\lim_{x\to0} f(x) = 0$를 만족하면 $\lim_{x\to0} f(x)\cos\left(\frac{1}{x}\right) = 0$임을 보이시오.

6. $x - \frac{x^3}{6} \le \sin x \le x \ (x \ge 0)$를 이용하여 극한 $\lim_{x\to0} \frac{\sin x}{x}$를 구하시오.

1.4 함수의 연속

함수의 연속성은 개념적으로 변수가 매우 조금 변화할 때 함숫값 또한 매우 조금 변화하는 성질을 가진 함수를 설명하기 위해 만들어진 수학 용어로서, 다항식, 지수 함수와 같이 우리가 잘 알고 많이 사용하는 함수들은 대부분 연속성을 갖고 있다. 연속성은 수학적으로는 미분 가능성, 적분 가능성 등을 판별할 때 매우 중요하게 사용하며, 그 외에도 온도 변화 혹은 물체의 움직임 등 자연현상을 기술할 때 연속성을 갖는 함수로 모델링을 하는 것이 일반적이다.

정의 1.55 함수 $f : D \to \mathbb{R}$ $(D \subset \mathbb{R})$와 $a \in D$에 대하여 극한 $\lim_{x \to a} f(x)$가 존재하며 등식 $\lim_{x \to a} f(x) = f(a)$이 성립할 때, f는 $x = a$에서 **연속**(continuous)이라 한다. 반면에 함수 f가 $x = a$에서 연속이 아닐 때, f는 $x = a$에서 **불연속**(discontinuous)이라 한다. 또한 함수 f가 정의역 D안의 모든 점에서 연속이면, f를 **연속함수**(continuous function) 혹은 f가 D에서 연속이라고 한다.

정의에 따라 함수 f가 다음 중 하나를 만족하면 f는 $x = a$에서 불연속이라는 것을 알 수 있다.

(i) 함수 f가 $x = a$에서 정의되지 않는다. 즉, a가 f의 정의역의 원소가 아니다.

(ii) f에 대하여 극한 $\lim_{x \to a} f(x)$가 존재하지 않는다.

(iii) $\lim_{x \to a} f(x) \neq f(a)$이다.

예제 1.56

$\mathbb{R} \setminus \{0\}$에서 정의된 함수 $f(x) = x \sin \frac{1}{x^2}$가 $x = 0$에서 연속이 되도록 함숫값 $f(0)$을 결정하시오.

풀이 $f(x)$는 0에서 정의가 되어있지 않으므로 0에서 불연속 함수이다. 하지만, $f(0) = 0$으로 정의하면, 예제 1.53에서 살펴본 바에 따라

$$f(0) = 0 = \lim_{x \to 0} x \sin \frac{1}{x^2}$$

가 성립하여 f가 0에서 연속이 된다. ■

정리 1.57 함수 $f(x)$, $g(x)$가 각각 $x = a$에서 연속이면, 다음의 함수들도 $x = a$에서 연속이다.

(1) $kf(x)$ (단, k는 상수)

(2) $f(x) + g(x)$

(3) $f(x)g(x)$

(4) $f(x)/g(x)$ (단, $g(a) \neq 0$)

증명 (2) 가정에서 함수 $f(x)$와 $g(x)$가 각각 $x = a$에서 연속이므로, 연속함수의 정의 1.55로부터

$$\lim_{x\to a} f(x) = f(a), \qquad \lim_{x\to a} g(x) = g(a)$$

이 성립한다. 따라서 정리 1.39의 (1)에 의해

$$\lim_{x\to a}\big(f(x)+g(x)\big) = \lim_{x\to a} f(x) + \lim_{x\to a} g(x) = f(a)+g(a)$$

이 성립한다. 따라서 $f(x)+g(x)$는 $x = a$에서 연속이다.

(1), (3), (4)의 경우도 정리 1.39을 이용해 증명할 수 있다. ■

그림 1.11에서 살펴본 바와 같이 항등함수 $y = x$는 연속함수인데, 정리 1.57를 적용하면 아래와 같이 모든 다항식이 실수 전체에서 연속함수가 됨을 알 수 있다. 또한, 유리함수의 경우에도 분모가 0이 아닌 영역에서 연속함수가 된다.

정리 1.58

(1) 실수 전체의 집합을 정의역으로 하는 x에 관한 n차 다항식 $p(x)$, 즉

$$p(x) = \alpha_n x^n + \cdots + \alpha_1 x + \alpha_0 \quad (\text{단, } \alpha_k\ (k=0,1,\ldots,n) : \text{상수}) \tag{1.10}$$

는 정의역의 모든 점에서 연속이다.

(2) x에 관한 유리함수 $f(x)$, 즉

$$f(x) = \frac{p(x)}{q(x)} \quad (\text{단, } p(x),\ q(x)\text{는 } x\text{에 관한 다항식}), \tag{1.11}$$

의 정의역을 $D = \{x\in\mathbb{R} \mid q(x)\neq 0\}$라 하면, $f(x)$는 정의역 D의 모든 점에서 연속이다.

다음은 연속함수의 합성함수의 연속성에 관한 정리이다.

정리 1.59 함수 g가 $x = a$에서 연속이고, 함수 f가 $u = g(a)$에서 연속이면, 합성함수 $f\circ g$는 $x = a$에서 연속이다.

이 정리를 극한을 이용해 다시 기술하면, $\lim_{x\to a} g(x) = g(a)$과 $\lim_{u\to g(a)} f(u) = f\big(g(a)\big)$이 성립할 때 $\lim_{x\to a}(f\circ g)(x) = (f\circ g)(a)$이 성립한다는 것으로 쓸수 있고, 마지막 등식은 다음과 같이 $\lim_{x\to a}$이 연속함수 f안으로 들어가는 것으로

$$\lim_{x\to a} f(g(x)) = \lim_{x\to a}(f\circ g)(x) = (f\circ g)(a) = f\big(g(a)\big) = f\left(\lim_{x\to a} g(x)\right)$$

로 표현하기도 한다.

이러한 방식으로 정의 1.55에서 등식 $\lim_{x\to a} f(x) = f(a)$을

$$\lim_{x\to a} f(x) = f\left(\lim_{x\to a} x\right)$$

으로 쓸 수 있으며, 이를 f와 연속함수 $g(h) = a + h$를 이용해 다시 쓰면 a에서 연속인 함수 f는

$$\lim_{h\to 0} f(a+h) = f(a) = f\left(\lim_{h\to 0}(a+h)\right)$$

를 만족하는 것을 알 수 있다.

좌,우극한과 마찬가지로 각각의 방향으로부터의 연속을 다음과 같이 정의한다.

정의 1.60 함수 $f: D \to \mathbb{R}$ $(D \subset \mathbb{R})$와 $a \in D$에 대하여

(1) 극한 $\lim_{x\to a^-} f(x)$가 존재하며 등식 $\lim_{x\to a^-} f(x) = f(a)$이 성립할 때, 함수 f는 $x = a$에서 **왼쪽으로부터 연속**(continuous from the left)이라 한다.

(2) 극한 $\lim_{x\to a^+} f(x)$가 존재하며 등식 $\lim_{x\to a^+} f(x) = f(a)$이 성립할 때, 함수 f는 $x = a$에서 **오른쪽으로부터 연속**(continuous from the right)이라 한다.

(3) f가 왼쪽 혹은 오른쪽으로부터 연속이면 **한쪽 방향으로의 연속**이라 한다.

만약 함수 f가 폐구간 $[\alpha, \beta]$에서 정의가 되었다면, $[\alpha, \beta]$는 α 또는 β를 포함하는 개구간을 포함하지 않기 때문에 정의상 α나 β에서 연속을 따질 수 없다. 하지만, 필요에 의해 f가 $[\alpha, \beta]$에서 연속이다 라고 한다면, 이는 f가 개구간 (α, β)에서 연속이고 $x = \alpha$에서 오른쪽으로부터 연속이며, $x = \beta$에서 왼쪽으로부터 연속인 것으로 정의한다.

또한, 정리 1.57와 같이 함수 $f(x)$, $g(x)$가 각각 $x = a$에서 왼쪽으로부터 연속(또는 오른쪽으로부터 연속)이면, 함수 $kf(x)$, $f(x) + g(x)$, $f(x)g(x)$ 그리고 $\dfrac{f(x)}{g(x)}$ (단, $g(a) \neq 0$)는 $x = a$에서 왼쪽으로부터 연속 (또는 오른쪽으로부터 연속)이다.

예제 1.61

함수 $f(x) = \sqrt{x}$는 $x = 0$에서 오른쪽으로부터 연속임을 설명하시오.

풀이 함수 $f(x) = \sqrt{x}$의 그래프(그림 1.17)로부터

$$\lim_{x\to 0^+} \sqrt{x} = 0 = \sqrt{0}$$

임을 알 수 있다. ∎

폐구간에서 연속인 함수는 매우 중요한 성질들을 가지는데, 그 중 중간값정리와 최대최소정리, 그리고 역함수의 연속성에 관한 정리를 소개하고자 한다.

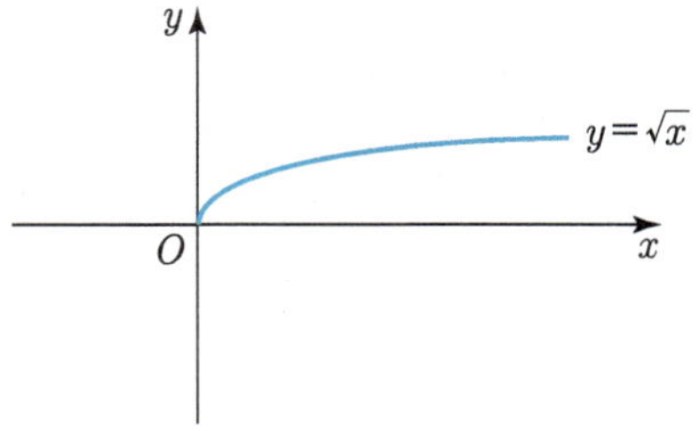

그림 1.17

정리 1.62 중간값정리(intermediate value theorem)

폐구간 $I = [\alpha, \beta]$에서 연속인 함수 f가 $f(\alpha) \le f(\beta)$ ($f(\beta) \le f(\alpha)$)를 만족하면, $f(\alpha) \le c \le f(\beta)$ ($f(\beta) \le c \le f(\alpha)$)인 임의의 c에 대하여 $f(t) = c$를 만족하는 $t \in I$가 존재한다.

정리 1.63 함수에 관한 최대최소정리(maximum-minimum theorem)

함수 f가 폐구간 $I = [\alpha, \beta]$에서 연속이면, 임의의 $x \in I$에 대하여

$$f(c) \le f(x) \le f(d) \tag{1.12}$$

를 만족하는 $c, d \in I$가 존재한다. 이때 $f(c)$와 $f(d)$를 각각 구간 I에서의 f의 **최솟값**(minimum value)과 **최댓값**(maximum value)이라고 한다.

정리 1.64 폐구간 $I = [\alpha, \beta]$에서 정의된 전단사함수 f가 연속함수이면, 역함수 f^{-1}는 $f(I)$에서 연속함수이다.

위 정리들에서 공통적으로 가정한 두 가지 중요한 사실은 구간이 폐구간이라는 것과 함수가 연속함수라는 것이다. 만약 일반적인 집합을 고려하거나, 연속이 아닌 함수를 고려하게되면 이 정리들의 내용은 일반적으로 성립하지 않는다. 이 정리들은 향후 미분, 적분 이론을 학습할 때 매우 중요하게 사용되므로 반드시 기억하자.

1.4 연습문제

1. 함수

$$f(x) = \begin{cases} x\sin\dfrac{1}{x}, & (x \neq 0) \\ a, & (x = 0) \end{cases}$$

의 연속성을 조사하시오.

2. 다음을 증명하시오.

(1) $\sin x$와 $\cos x$가 원점에서 연속이다. (힌트. $|\sin x| \le |x|$, $|1-\cos x| \le |x|$)

(2) $\sin x$가 모든 점에서 연속이다.

3. 다음에 주어진 함수가 연속함수임을 설명하시오.

(1) $f(x) = \sin^2 x$

(2) $f(x) = \tan x \quad \left(|x| < \dfrac{\pi}{2}\right)$

(3) $f(x) = -\dfrac{1}{\sqrt{1-x^2}} \quad (|x| < 1)$

4. 방정식 $g(x) = x^8 + x - 1 = 0$이 $(0, \infty)$에서 실근을 가짐을 보이시오.

5. 함수 $f, g : [a, b] \to \mathbb{R}$가 $[a, b]$ 위에서 연속이고 $f(a) < g(a)$, $f(b) > g(b)$를 만족하면 $f(x) = g(x)$를 만족하는 점 $c \in (a, b)$가 존재함을 보이시오.

2장

미분법

현대의 미분 개념은 17세기에 뉴턴(I. Newton, 1642-1727)과 라이프니츠(G. W. Leibniz, 1646-1716)에 의해 개발되었으며, 독립적으로 미분과 적분의 역 관계를 밝혀내었다. 뉴턴은 운동과 관련해서 일어나는 속도나 가속도의 개념을 수학적으로 나타내는 미분적분학인 유율법(fluxion)을 만들어 물리학의 기초를 다지는데 크게 기여하였고, 라이프니츠는 1684년에 출판된 '접선 및 최댓값과 최솟값을 찾는 새로운 방법, 이 방법은 분수 또는 무리수에 의해서 제약을 받지 않으며, 이것을 위한 뛰어난 계산법'이라는 논문에서 미분법의 간결한 해설을 발표하였다. 오늘날 사용되고 있는 미분법의 표기와 도함수를 계산하는 일반적인 많은 법칙이 이 논문에서 제시되었다.

미분이란 어떤 물체의 움직임의 순간속도나 가속도와 같은 순간적인 변화율을 기술하는데 사용하며, 대부분의 자연과학과 경제학에서 기본적인 도구로 사용하고 있다. 이 장에서 여러 함수의 미분을 비롯해 다양한 미분공식을 살펴볼 것이다.

2.1 미분계수

도로 위를 달리는 자동차의 속도계는 바늘이 잠시도 멈추지 않고 계속 움직이다. 다시 말해 달리는 자동차의 속도는 일반적으로 일정하지 않은데, 어떤 장소에 설치된 과속카메라가 있고 이 자동차가 그곳을 지난다면, 과속카메라는 이 자동차의 특정한 순간의 속도를 측정하게 된다. 이를 우리는 순간속도라 말하는데, 이는 어떻게 기술할 수 있을까?

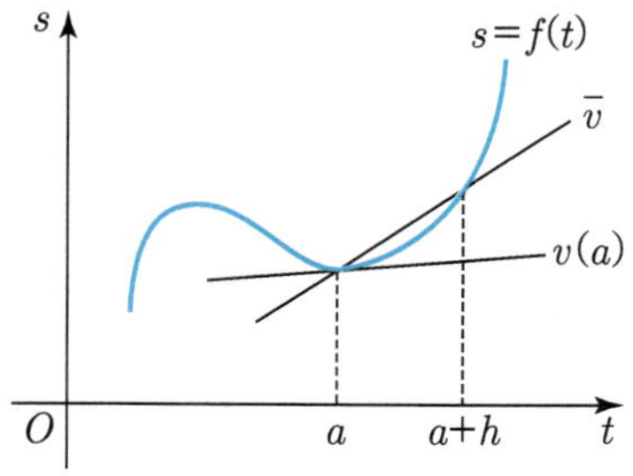

그림 2.1 순간속도와 평균속도

편의상 어떤 물체가 시간에 따라 수직선위를 움직이고 있다고 하자. 이때 시간 t에 대해 그 위치를 나타내는 위치함수를 $s = f(t)$라 하면, $t = a$에서부터 $t = a + h$까지의 시간구간에 대한 위치변화는 $f(a + h) - f(a)$이고, 우리는 $t = a$에서의 순간속도를 측정하고 싶으므로 $t = a$에서 $t = a + h$ 사이의 평균속도의 극한으로 이를 기술한다. (그림 2.1 참조). 즉,

$$\text{평균속도 } \overline{v} = \frac{f(a+h) - f(a)}{h}, \quad \text{순간속도 } v(a) = \lim_{h \to 0} \frac{f(a+h) - f(a)}{h}$$

이다.

예를 들어, 공을 30m/s의 속도로 공중에 던졌을 때 t초 후의 높이 $s = f(t) = 30t - 4.9t^2$(m)에 대한 $t = 5$ 일 때의 순간속도를 구해보자.

$$\begin{aligned} v(5) &= \lim_{h\to 0} \frac{f(5+h) - f(5)}{h} \\ &= \lim_{h\to 0} \frac{[30(5+h) - 4.9(5+h)^2] - [30(5) - 4.9(5^2)]}{h} \\ &= \lim_{h\to 0} \frac{-19h - 4.9h^2}{h} = \lim_{h\to 0}(-19 - 4.9h) = -19(\text{m/s}). \end{aligned}$$

이는 19m/s의 속력만큼 공이 지상으로 떨어지고 있음을 의미한다.

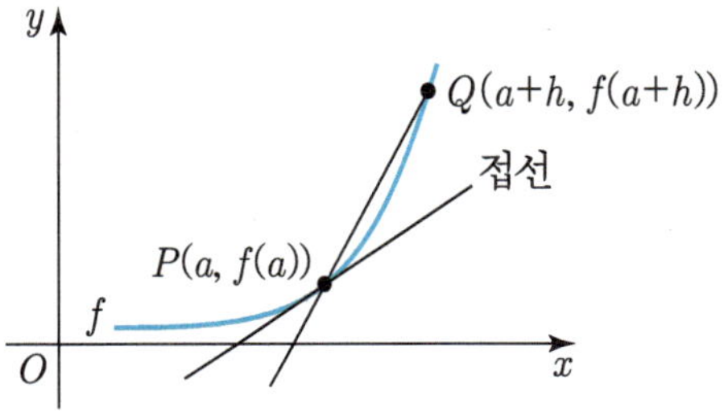

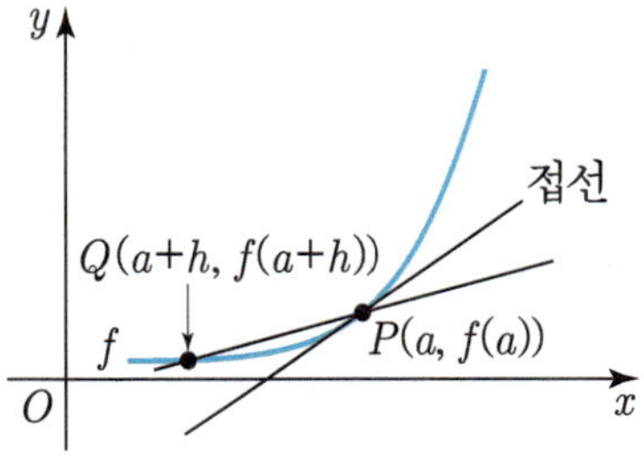

그림 2.2 기울기와 접선

그림 2.1에서 보는 바와 같이 순간속도는 함수 $y = f(x)$가 주어졌을 때 그래프 위의 한 점 $P(a, f(a))$에서 접선의 기울기로 할선의 기울기의 극한이다 (그림 2.2 참조). $h \in \mathbb{R} \setminus \{0\}$에 대하여 점 P 에서 $Q(a+h, f(a+h))$로의 할선의 기울기 $\dfrac{f(a+h) - f(a)}{h}$를 P와 Q의 **평균변화율**(average rate of change)라 하며, P에서 $y = f(x)$에 그은 접선의 **기울기**(slope) m은

$$m = \lim_{h\to 0} \frac{f(a+h) - f(a)}{h} \tag{2.1}$$

로 정의하며 이를 점 P에서의 **순간변화율**(instantaneous rate of change)이라고 한다.

정의 2.1 함수 $f : D \to \mathbb{R}$ $(D \subset \mathbb{R})$와 $a \in D$, 극한 $\displaystyle\lim_{h\to 0} \frac{f(a+h) - f(a)}{h}$에 대하여,

(1) 이 극한이 존재할 때, 함수 f는 a에서 (또는 $f(x)$는 $x = a$에서) **미분가능**(differentiable)하다고 하며 그 극한

$$f'(a) = \lim_{h\to 0} \frac{f(a+h) - f(a)}{h} \tag{2.2}$$

를 a에서 f의 (또는 $x = a$에서 $f(x)$의) **미분계수**(differential coefficient)라

한다.

(2) 이 극한이 존재하지 않을 때, 함수 f는 a에서 (또는 $f(x)$는 $x = a$에서) **미분불가능**(non-differentiable)하다고 한다.

함수 f가 정의역 D에 있는 모든 점에서 미분가능할 때, 그 함수 f를 **미분가능한 함수**(differentiable function)라고 하며, D의 부분집합인 구간 (α, β)의 모든 점에서 미분가능하면, 그 함수 f는 구간 (α, β)에서 미분가능하다고 한다.

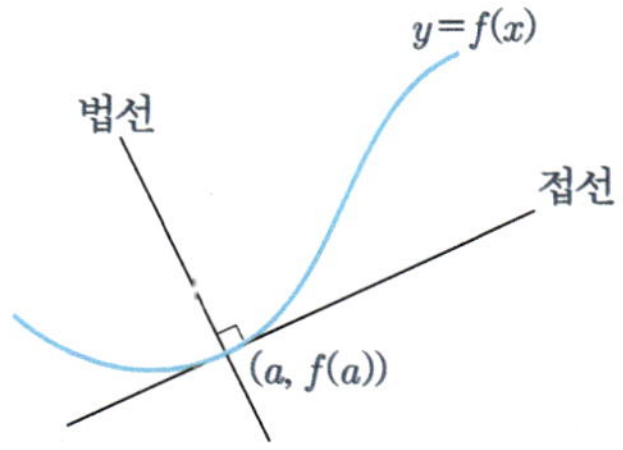

그림 2.3 접선과 법선

정의 2.1의 미분계수는 순간변화율과 같기 때문에, 미분계수 $f'(a)$가 존재하면 점 $P(a, f(a))$에서 곡선 $y = f(x)$에 접하는 접선의 기울기가 존재한다고 말 할 수 있다. 이를 이용해 점 P를 지나면서 곡선 $y = f(x)$에 접하는 **접선의 방정식**(equation of the tangent line)을 구하면

$$y - f(a) = f'(a)(x - a) \tag{2.3}$$

이다. 또한 $f'(a) \neq 0$일 때 이 접선에 수직인 직선, 즉 법선이 존재하고, 이 **법선의 방정식**(equation of the normal line)은 다음과 같다.

$$y - f(a) = -\frac{1}{f'(a)}(x - a) \tag{2.4}$$

예제 2.2

함수 $f(x) = \dfrac{2}{x}$은 $x = 2$에서 미분 가능함을 보이고, 점 $(2, 1)$에서 곡선 $y = f(x)$의 접선과 법선의 방정식을 구하시오.

풀이 미분계수의 정의에 의해

$$\begin{aligned} f'(2) &= \lim_{h \to 0} \frac{f(2+h) - f(2)}{h} \\ &= \lim_{h \to 0} \frac{\frac{2}{2+h} - 1}{h} = \lim_{h \to 0} \frac{-h}{h(2+h)} = \lim_{h \to 0} \frac{-1}{2+h} = -\frac{1}{2} \end{aligned}$$

이고, 따라서 점 $(2, 1)$에서 접선의 기울기는 $f'(2) = -\frac{1}{2}$이다. 이에 점 $(2, 1)$에서 접선의 방정식을 구하면

$$y - 1 = -\frac{1}{2}(x - 2) \ \left(\text{간단히 표현하면 } y = -\frac{1}{2}x + 2\right)$$

이다. 또한 법선의 기울기는 $-\dfrac{1}{f'(2)} = 2$이므로 점 $(2, 1)$에서 법선의 방정식은 $y = 2x - 3$ 임을 알 수 있다. ■

예제 2.3

함수 $f(x) = x^{\frac{2}{3}}$은 $x = 0$에서 미분불가능함을 보이시오.

풀이 미분계수의 정의에 의해

$$f'(0) = \lim_{h \to 0} \frac{f(0 + h) - f(0)}{h} = \lim_{h \to 0} \frac{h^{\frac{2}{3}} - 0}{h} = \lim_{h \to 0} \frac{1}{h^{\frac{1}{3}}}$$

이다. 그런데 극한 $\lim_{h \to 0} \dfrac{1}{h^{\frac{1}{3}}}$은 존재하지 않으므로 $f(x)$는 $x = 0$에서 미분불가능하다. ■

함수 $f(x)$가 $x = a$에서 미분가능인 경우 정의 2.1의 식 (2.2)에서 $x = a + h$로 놓으면, $h = x - a$이고 $h \to 0$는 $x \to a$와 같음을 알 수 있다. 따라서 식 (2.2)의 미분계수 $f'(a)$는

$$f'(a) = \lim_{x \to a} \frac{f(x) - f(a)}{x - a} \tag{2.5}$$

로 기술할 수 있다. 이렇게 변수의 변형을 이용해 극한을 다시 표현하는 방법은 다음 예시와 같이 다양한 극한을 구하는데 적용이 가능하다.

예제 2.4

함수 $f(x)$가 $x = 1$에서 미분가능하며 $f'(1) = 3$일 때, 다음의 극한값을 구하시오.

$$\lim_{x \to 1} \frac{f(x^2) - f(1)}{x - 1}$$

풀이 $x^2 = y$라 놓으면, $x \to 1$일 때 $y \to 1^+$이다. 극한값은 다음과 같다.

$$\begin{aligned}
\lim_{x \to 1} \frac{f(x^2) - f(1)}{x - 1} &= \lim_{x \to 1} \frac{f(x^2) - f(1)}{x - 1} \cdot \frac{x + 1}{x + 1} \\
&= \lim_{x \to 1} \frac{f(x^2) - f(1)}{x^2 - 1} \cdot (x + 1)
\end{aligned}$$

$$= \left(\lim_{y \to 1^+} \frac{f(y) - f(1)}{y - 1} \right) \left(\lim_{x \to 1} (x + 1) \right)$$
$$= 2 \left(\lim_{y \to 1} \frac{f(y) - f(1)}{y - 1} \right)$$
$$= 2f'(1) = 6$$ ■

예제 2.4의 풀이에서는 함수의 극한이 존재하는 것과 그 함수의 좌,우극한이 모두 같다는 것이 동치이며 이 경우 세가지 극한이 모두 같다는 사실 (정리 1.36 참고)을 중요하게 사용했다. 이 사실은 이미 살펴본 바와 같이 함수의 극한의 존재성을 확인하는데 유용하게 사용할 수 있는데, 이를 미분계수에 적용해 볼 수 있다. 즉, 정의 2.1의 식 (2.2)에서 이용한 극한을 양수인 h로 제한한 경우에 우극한

$$\lim_{h \to 0^+} \frac{f(a+h) - f(a)}{h}$$

이 존재하면, 그 극한값을 $x = a$에서 함수 $f(x)$의 **우미분계수**(right differential coefficient)라 하고 $f'_+(a)$와 같이 나타낸다. 또한, 이 경우에도 $x = a + h$로 놓으면, $h \to 0^+$는 $x \to a^+$와 같음을 알 수 있으므로 다음과 같은 등식이 성립함을 알 수 있다.

$$f'_+(a) = \lim_{h \to 0^+} \frac{f(a+h) - f(a)}{h} = \lim_{x \to a^+} \frac{f(x) - f(a)}{x - a} \tag{2.6}$$

반면에 식 (2.2)에서 음수인 h로 제한한 경우에 좌극한

$$\lim_{h \to 0^-} \frac{f(a+h) - f(a)}{h}$$

이 존재하면, 그 극한값을 $x = a$에서 함수 $f(x)$의 **좌미분계수**(left differential coefficient)라 하고 $f'_-(a)$와 같이 나타내며, 마찬가지로 다음의 등식이 성립하게 된다.

$$f'_-(a) = \lim_{h \to 0^-} \frac{f(a+h) - f(a)}{h} = \lim_{x \to a^-} \frac{f(x) - f(a)}{x - a} \tag{2.7}$$

식 (2.2), (2.6), (2.7)와 정리 1.36에 다음의 정리를 얻을 수 있다.

정리 2.5 함수 $f : (\alpha, \beta) \to \mathbb{R}$ 와 $a \in (\alpha, \beta)$에 대하여, f가 a에서 미분가능할 필요충분조건은 $f'_+(a) = f'_-(a)$이며, 이 경우 $f'(a) = f'_+(a) = f'_-(a)$가 성립한다.

만약 함수 f가 폐구간 $[\alpha, \beta]$에서 정의가 되었다면, $[\alpha, \beta]$는 α 또는 β를 포함하는 개구간을 포함하지 않기 때문에 정의상 α나 β에서 미분가능성을 따질 수 없다.

하지만, 필요에 의해 f가 $[\alpha, \beta]$에서 미분 가능하다 라고 한다면, 이는 f가 개구간 (α, β)에서 미분 가능이고 동시에 $x = \alpha$에서 우미분계수 $f'_+(a)$와 $x = \beta$에서의 좌미분계수 $f'_-(\beta)$가 존재한다는 것으로 정의한다.

예제 2.6

함수 $f(x) = |x|$가 $x = 0$에서 미분불가능함을 보이시오.

풀이 주어진 함수 f는 정의역의 모든 점에서 연속이고

$$f(x) = \begin{cases} x, & x \geq 0 \\ -x, & x < 0 \end{cases}$$

와 같이 나타낼 수 있다. 그런데 $x = 0$에서의 $f(x)$의 우·좌미분계수는 각각

$$f'_+(0) = \lim_{h \to 0^+} \frac{h - 0}{h} = 1, \qquad f'_-(0) = \lim_{h \to 0^-} \frac{-h - 0}{h} = -1$$

이므로 $f'_+(0) \neq f'_-(0)$이다. 따라서 $f(x)$는 $x = 0$에서 미분불가능하다. ■

끝으로, 미분 가능 함수는 연속 함수가 된다는 사실을 확인하자.[1]

정리 2.7 함수 $f(x)$가 $x = a$에서 미분가능하면 $f(x)$는 $x = a$에서 연속이다.

증명 함수 $f(x)$가 $x = a$에서 연속임을 보이기 위해서는 정의 1.55에 따라 $\lim_{x \to a} f(x) = f(a)$임을 보이면 충분하다. $x \neq a$에 대하여

$$f(x) - f(a) = \frac{f(x) - f(a)}{x - a}(x - a)$$

가 성립하므로, 양변에 $x \to a$인 극한을 취하면

$$\begin{aligned} \lim_{x \to a} \left(f(x) - f(a)\right) &= \lim_{x \to a} \frac{f(x) - f(a)}{x - a}(x - a) \\ &= \left(\lim_{x \to a} \frac{f(x) - f(a)}{x - a}\right)\left(\lim_{x \to a}(x - a)\right) \\ &= f'(a) \cdot 0 = 0 \end{aligned}$$

을 얻는다. 따라서, 다음이 성립한다.

$$\lim_{x \to a} f(x) = \lim_{x \to a} \left(f(a) + \left(f(x) - f(a)\right)\right) = f(a)$$

■

[1]단, 예제 2.6에서 확인한 바와 같이 그 역은 성립하지 않음을 기억하자.

2.1 연습문제

1. 높이 200m에서 자유낙하하는 공의 높이는 t초 후 $s(t) = 200 - 4.9t^2$(m)이다.
   (1) 5초에서 5.1초 사이의 공의 평균속도를 구하시오.
   (2) 5초일 때 공의 순간속도를 구하시오.

2. 주어진 점 P에서 아래 곡선의 접선과 법선의 방정식을 구하시오.
   (1) $y = x^3, \quad P(-2, -8)$　　(2) $y = \sqrt{x}, \quad P(9, 3)$

3. 함수 $f(x)$가

$$f(x) = \begin{cases} \dfrac{x}{1+e^{\frac{1}{x}}}, & x \neq 0 \\ 0, & x = 0 \end{cases}$$

   일 때 $x = 0$에서의 좌미분계수 $f'_-(0)$와 우미분계수 $f'_+(0)$을 각각 구하시오.

4. 함수 $f(x)$가

$$f(x) = \begin{cases} x^2 \sin \dfrac{1}{x}, & x \neq 0 \\ 0, & x = 0 \end{cases}$$

   일 때 $f(x)$는 $x = 0$에서 미분가능함을 보이시오.

5. 다음 각각의 함수 $y = f(x)$에 대하여 $x = 0$에서의 미분계수가 존재하면 구하고, 존재하지 않는다면 그 이유를 적으시오.
   (1) $y = x^3 + x + 1$　　(2) $y = \sqrt{x^2 + x^4}$
   (3) $y = x^{\frac{2}{3}}$　　(4) $y = x|x|$

6. $x = 1$에서 미분가능인 함수 f에 대하여 $f'(1) = 2$일 때, 다음 극한값을 구하시오.
   (1) $\displaystyle\lim_{x\to1} \frac{f(x^4) - f(1)}{x^2 - 1}$　　(2) $\displaystyle\lim_{x\to1} \frac{f(x^2) - f(1)}{x + 1}$
   (3) $\displaystyle\lim_{x\to1} \frac{f(x^3) - f(1)}{x^2 - 1}$　　(4) $\displaystyle\lim_{x\to1} \frac{f(x^2) - f(1)}{x^3 - 1}$

7. 미분가능한 함수 $f(x)$가 모든 실수 x, y에 대하여

$$f(x+y) = f(x) + f(y) + xy$$

   를 만족하고 $f'(0) = 1$일 때, $f'(2)$의 값을 구하시오.

2.2 도함수와 미분법

정리 1.33에서 확인한 바와 같이 함수의 극한이 존재하는 경우 그 값은 유일하게 결정이 되므로, 함수의 극한이라고 볼 수 있는 미분계수는 그것이 존재하는 경우 유일하게 존재하게 된다. 따라서, 어떤 함수 f가 주어졌을 때 정의역에 있는 미분가능한 각 점들에 미분계수를 대응시키는 함수인 도함수를 고려할 수 있다.

정의 2.8 함수 $f : D \to \mathbb{R}$ $(D \subset \mathbb{R})$가 주어진 경우 이로 부터 만들어지는 집합 $A = \{a \in D \ : \ f$가 a에서 미분가능$\}$에 대하여 다음과 같이 정의된 함수 $f' : A \to \mathbb{R}$을 f의 **도함수**(derivative)라고 한다.

$$f'(x) = \lim_{h\to 0} \frac{f(x+h) - f(x)}{h} \tag{2.8}$$

함수 f로부터 그의 도함수 f'를 구하는 것을 함수 f를 **미분한다**(differentiate)라고 하고, 그 연산 방법을 **미분법**(differentiation)이라고 한다.

$y = f(x)$로 주어진 함수 f의 도함수 f'를 표현하는 방법은 매우 많은데 모두 소개하는 것은 불가능하므로 다음과 같이 대표 유형만 소개한다.

$$y', \quad \frac{dy}{dx}, \quad f'(x), \quad f(x)', \quad \frac{df}{dx}, \quad \frac{d}{dx}f(x), \quad Df(x), \quad D_x f(x)$$

예제 2.9

도함수의 정의를 이용하여 다음 함수의 도함수를 구하시오.

(1) $f(x) = c$ (단, c는 상수)　　(2) $f(x) = \sqrt{x}$

풀이 (1) 도함수의 정의를 이용하면 다음을 얻을 수 있다.

$$f'(x) = \lim_{h\to 0} \frac{f(x+h) - f(x)}{h} = \lim_{h\to 0} \frac{c-c}{h} = \lim_{h\to 0} 0 = 0$$

(2) 도함수의 정의를 이용하면 다음을 얻을 수 있다.

$$\begin{aligned} f'(x) &= \lim_{h\to 0} \frac{f(x+h) - f(x)}{h} = \lim_{h\to 0} \frac{\sqrt{x+h} - \sqrt{x}}{h} \\ &= \lim_{h\to 0} \frac{\sqrt{x+h} - \sqrt{x}}{h} \cdot \frac{\sqrt{x+h} + \sqrt{x}}{\sqrt{x+h} + \sqrt{x}} \\ &= \lim_{h\to 0} \frac{1}{\sqrt{x+h} + \sqrt{x}} = \frac{1}{2\sqrt{x}} \end{aligned}$$

■

2.1절에서 살펴본 바와 같이 시간 t에 대하여 수직선 위에서 움직이는 물체의 위치함수를 $s = f(t)$라고 하면, 이 것의 도함수는 $f'(t)$는 물체의 **속도**(velocity) $v(t)$를 나타낸다. 즉, 속도함수는

$$v(t) = f'(t) = \frac{ds}{dt}$$

이다. 한편, 이 속도함수의 순간변화율을 물리학에서는 **가속도**(acceleration) $a(t)$라고 한다.

$$a(t) = \frac{dv}{dt} = \frac{d}{dt}\left(\frac{ds}{dt}\right) = \frac{d}{dt}\left(f'(t)\right)$$

따라서 가속도함수는 위치함수를 두번 미분하여 얻은 함수가 되는데, 이처럼 도함수의 도함수를 고려하는 것은 매우 자연스럽다.

함수 f의 도함수 f'이 미분가능한 영역에서, f'의 도함수를 f''으로 나타내고 이를 f의 **이계도함수**(derivative of the second order)라고 한다. 예를 들어 $f(x) = 3x$일 때

$$f'(x) = \lim_{h\to 0}\frac{f(x+h)-f(x)}{h} = \lim_{h\to 0}\frac{3x+3h-3x}{h} = 3$$

이므로 예제 2.9에 따라 f의 이계도함수 $f''(x) = 0$를 얻을 수 있다.

기하학적으로 $f''(x)$는 점 $(x, f'(x))$에서 곡선 $y = f'(x)$의 접선의 기울기로 설명될 수 있는데, 즉 $f''(x)$는 최초 곡선 $y = f(x)$의 기울기의 변화율이라 할 수 있다. 추후 3.4절에서 주어진 곡선 $y = f(x)$에 대해 이계도함수가 미치는 영향에 대해 살펴볼 것이다.

보다 일반적으로, 주어진 자연수 n에 대하여 함수 $y = f(x)$가 n번 미분가능한 경우에 $y = f(x)$를 n번 미분한 함수를 $y = f(x)$의 n**계도함수**(derivative of nth order)라 하고, 기호로는

$$y^{(n)}, \quad \frac{d^n y}{dx^n}, \quad f^{(n)}(x), \quad \frac{d^n f}{dx^n}, \quad \frac{d^n}{dx^n}f(x), \quad D^n f(x), \quad D_x^n f(x)$$

와 같이 나타낸다. 특히 $n \geq 2$일 때 $f^{(n)}(x)$를 $f(x)$의 **고계도함수**(derivative of the higher order)라고 한다.

이와 같이 주어진 함수에 대하여 다수의 미분을 계산하는 것은 매우 일반적인 일인데 이때마다 매번 도함수의 정의를 사용하는 것은 다소 번거로울 수 있다. 이러한 이유로 보다 편리하게 도함수를 유도할 수 있도록 자주 사용하는 함수들에는 정형화된 도함수 공식을 사용하는 것이 보편적이다. 이 절의 나머지 부분에서는 이와 관련한 미분법의 여러 공식들을 소개한다.

2.2.1 기초 미분법, 다항식 미분법

미분법의 기초라 할 수 있는 함수들의 합, 차, 곱, 몫에 대한 미분법을 살펴보자.

정리 2.10 두 함수 f와 g가 모두 x에서 미분가능하고, k는 상수라 하자.

(1) $\left(kf(x)\right)' = kf'(x)$

(2) $\left(f(x)+g(x)\right)' = f'(x)+g'(x)$

(3) $\left(f(x)g(x)\right)' = f'(x)g(x)+f(x)g'(x)$ (곱의 미분법)

(4) $\left(\dfrac{f(x)}{g(x)}\right)' = \dfrac{f'(x)g(x)-f(x)g'(x)}{\left(g(x)\right)^2}$ 단, $g(x)\neq 0$ (몫의 미분법)

증명 (1) 도함수의 정의와 정리 1.39로부터 다음이 성립한다.

$$\left(kf(x)\right)' = \lim_{h\to 0}\frac{kf(x+h)-kf(x)}{h} = k\lim_{h\to 0}\frac{f(x+h)-f(x)}{h} = kf'(x)$$

(2) 도함수의 정의와 정리 1.39로부터 다음이 성립한다.

$$\begin{aligned}\left(f(x)+g(x)\right)' &= \lim_{h\to 0}\frac{\left(f(x+h)+g(x+h)\right)-\left(f(x)+g(x)\right)}{h}\\ &= \lim_{h\to 0}\left(\frac{f(x+h)-f(x)}{h}+\frac{g(x+h)-g(x)}{h}\right)\\ &= \lim_{h\to 0}\frac{f(x+h)-f(x)}{h}+\lim_{h\to 0}\frac{g(x+h)-g(x)}{h}\\ &= f'(x)+g'(x)\end{aligned}$$

(3) 도함수의 정의와 정리 1.39로부터 다음이 성립한다.

$$\begin{aligned}&\left(f(x)g(x)\right)' = \lim_{h\to 0}\frac{f(x+h)g(x+h)-f(x)g(x)}{h}\\ &= \lim_{h\to 0}\frac{f(x+h)g(x+h)-f(x+h)g(x)+f(x+h)g(x)-f(x)g(x)}{h}\\ &= \lim_{h\to 0}\left(f(x+h)\frac{g(x+h)-g(x)}{h}+g(x)\frac{f(x+h)-f(x)}{h}\right)\\ &= \lim_{h\to 0}f(x+h)\cdot\lim_{h\to 0}\frac{g(x+h)-g(x)}{h}+\lim_{h\to 0}g(x)\cdot\lim_{h\to 0}\frac{f(x+h)-f(x)}{h}\\ &= f(x)g'(x)+g(x)f'(x)\end{aligned}$$

정리 2.7로부터 함수 $f(x)$가 연속이기 때문에 위 식에서 $\lim_{h\to 0}f(x+h) = f(x)$가 성립한다.

(4) 도함수의 정의와 정리 1.39로부터 다음이 성립한다.

$$\left(\frac{1}{g(x)}\right)' = \lim_{h\to 0}\frac{\dfrac{1}{g(x+h)}-\dfrac{1}{g(x)}}{h} = \lim_{h\to 0}\frac{g(x)-g(x+h)}{hg(x+h)g(x)}$$
$$= \frac{-1}{g(x)}\cdot\lim_{h\to 0}\frac{g(x+h)-g(x)}{h}\cdot\lim_{h\to 0}\frac{1}{g(x+h)} = -\frac{g'(x)}{(g(x))^2}$$

정리 2.7로부터 함수 g가 x에서 연속임을 알기 때문에 가정에 따라 위 식에서 $\lim_{h\to 0} g(x+h) = g(x) \neq 0$가 성립한다. 끝으로, 곱의 미분법을 적용하여 다음을 얻는다.

$$\left(\frac{f(x)}{g(x)}\right)' = \left(f(x)\frac{1}{g(x)}\right)' = \frac{f'(x)g(x)-f(x)g'(x)}{(g(x))^2}$$

■

정리 2.10은 특정한 함수의 미분법과 함께 사용하면 매우 많은 함수의 도함수를 얻을 수 있게 해준다. 예를 들어 상수함수의 도함수가 상수 함수 0이라는 사실과 (예제 2.9) 다음 정리 2.11인 거듭제곱함수 $f(x) = x^n$ (n은 양의 정수)의 미분법을 이용하면 다항식과 유리함수의 도함수를 얻을 수 있다.

정리 2.11 정수 $n > 0$에 대하여 $f(x) = x^n$의 도함수는 $f'(x) = nx^{n-1}$이다.

증명 도함수의 정의에 의하면, 다음이 성립한다.[2]

$$f'(x) = \lim_{h\to 0}\frac{f(x+h)-f(x)}{h} = \lim_{h\to 0}\frac{(x+h)^n - x^n}{h}$$
$$= \lim_{h\to 0}\frac{\left(x^n + nx^{n-1}h + \frac{n(n-1)}{2!}x^{n-2}h^2 + \cdots + nxh^{n-1} + h^n\right) - x^n}{h}$$
$$= \lim_{h\to 0}\left(nx^{n-1} + \frac{n(n-1)}{2!}x^{n-2}h + \cdots + nxh^{n-2} + h^{n-1}\right)$$
$$= nx^{n-1}$$

■

[2] $(x+h)^n$은 이항정리를 이용해 전개한것이다. 임의의 실수 a, b와 양의 정수 n에 대하여 $(a+b)^n$을 전개하면

$$(a+b)^n = \sum_{r=0}^{n} {}_nC_r a^{n-r}b^r = \sum_{r=0}^{n} {}_nC_r a^r b^{n-r} \tag{2.9}$$

이 성립하는데, 이때 식 (2.9)를 일컬어 **이항정리**(binomial theorem) 라 한다. 여기서 ${}_nC_r$ $(n \geq r)$은 **조합**(combination)의 수로서 다음을 의미한다.

$${}_nC_r = \frac{n!}{r!(n-r)!}, \qquad {}_nC_r = {}_nC_{n-r}, \qquad {}_nC_0 = 1 \quad (n \geq r)$$

예제 2.12

다음 함수의 도함수를 구하시오.

(1) $f(x) = 4x^3 + 3x^2 - 2x + 2$ (2) $f(x) = (2x+3)(x^2 - x + 3)$

풀이 정리 2.10, 2.11와 예제 2.9에 의해 다음을 얻을 수 있다.

(1) $f'(x) = 12x^2 + 6x - 2$

(2) $f'(x) = 2(x^2 - x + 3) + (2x+3)(2x-1) = 6x^2 + 2x + 3$

■

예제 2.13

다음 유리 함수의 도함수를 구하시오.

(1) $f(x) = \dfrac{x^3 + x}{x^2 - 3}$ (2) $f(x) = \dfrac{2x^2 + x}{x}$

풀이 정리 2.10, 2.11와 예제 2.9에 의해 다음을 얻을 수 있다.

(1) $$f'(x) = \frac{(x^3+x)'(x^2-3) - (x^3+x)(x^2-3)'}{(x^2-3)^2} = \frac{(3x^2+1)(x^2-3) - (x^3+x)2x}{(x^2-3)^2} = \frac{x^4 - 10x^2 - 3}{(x^2-3)^2}$$

(2) [3] $$f'(x) = \frac{(2x^2+x)'x - (2x^2+x)(x)'}{x^2} = \frac{(4x+1)x - (2x^2+x)}{x^2} = \frac{2x^2}{x^2} = 2$$

■

예제 2.14

물체의 운동방정식이 $s = 2t^3 - 5t^2 + 3t + 4$라고 할 때 2초 후의 속도와 가속도를 구하시오. 단, t의 단위는 sec이고, s의 단위는 cm라 한다.[4]

[3] 예제 2.13 (2) 풀이에서 미분공식을 쓰기 전에 $f(x) = 2x + 1$을 유도 한 후 $f'(x) = 2$를 얻을 수 있다. 다만, 함수 $f(x) = \dfrac{2x^2 + x}{x}$을 $x \neq 0$에서 고려했다면, $f(x) = 2x + 1$을 얻을 때도 $x \neq 0$에서 고려해야 하고 $f'(x) = 2$ $(x \neq 0)$라고 해야 한다.

[4] 이 경우 속도의 단위는 cm/sec이고, 가속도의 단위는 cm/sec^2이다.

풀이 속도와 가속도는 각각

$$v(t) = \frac{ds}{dt} = 6t^2 - 10t + 3, \qquad a(t) = \frac{dv}{dt} = 12t - 10$$

이다. 따라서 $t = 2$일 때 속도는 $v(2) = 7$ cm/sec이고, 가속도는 $a(2) = 14$ cm/sec^{2}이다. ■

정리 2.11에서는 $f(x) = x^n$의 도함수를 n이 양의 정수인 경우만 고려하고 있으나, $x > 0$인 범위에서 n이 모든 실수인 경우로 확장되며 그 경우에도 같은 공식이 성립한다.[5] 다음의 예제에서 특별히 n이 음의 정수인 경우만 살펴보자.

예제 2.15

음의 정수 n에 대하여 함수 $f(x) = x^n$의 도함수가 $f'(x) = nx^{n-1}$임을 증명하시오.

풀이 $m = -n$이라 하면 $f(x) = 1/x^m$이므로 다음이 성립한다.

$$f'(x) = \frac{(1)'x^m - 1(x^m)'}{(x^m)^2} = \frac{-mx^{m-1}}{x^{2m}} = -mx^{-m-1} = nx^{n-1}$$

■

이 사실을 사용하여 다음의 고계도함수를 구해보자.

예제 2.16

함수 $f(x) = \dfrac{1}{x}$의 n계도함수 $f^{(n)}(x)$를 구하시오.

풀이 주어진 함수 $f(x) = x^{-1}$에 대하여 다음이 성립한다.

$$\begin{aligned}
f'(x) &= (-1) \cdot x^{-2} \\
f''(x) &= (-2) \cdot (-1) \cdot x^{-3} = (-1)^2 \cdot 2 \cdot 1 \cdot x^{-3} \\
f'''(x) &= (-3) \cdot (-2) \cdot (-1) \cdot x^{-4} = (-1)^3 \cdot 3 \cdot 2 \cdot 1 \cdot x^{-4} \\
f^{(4)}(x) &= (-4) \cdot (-3) \cdot (-2) \cdot (-1) \cdot x^{-5} = (-1)^4 \cdot 4 \cdot 3 \cdot 2 \cdot 1 \cdot x^{-5} \\
f^{(5)}(x) &= (-5) \cdot (-4) \cdot (-3) \cdot (-2) \cdot (-1) \cdot x^{-6} = (-1)^5 \cdot 5 \cdot 4 \cdot 3 \cdot 2 \cdot 1 \cdot x^{-6} \\
&\ \vdots \\
f^{(n)}(x) &= (-1)^n n! x^{-(n+1)} = \frac{(-1)^n n!}{x^{n+1}}
\end{aligned}$$

■

[5] n이 음의 정수인 경우(50쪽, 예제 2.15), 유리수인 경우(52쪽, 예제 2.19와 56쪽, 예제 2.25), 실수인 경우(65쪽, 예제 2.34) 참조.

2.2.2 합성함수의 미분법

이번에는 함수가 미분가능함수들의 합성 함수로 표현되는 경우에 적용할 수 있는 합성함수의 미분법(연쇄법칙)을 공부한다. 예를 들어 함수 $F(x) = \sqrt{x^4+1}$의 도함수를 구하고자 하는 경우 F가 거듭제곱함수와 같은 기본 함수들의 합, 차, 곱, 몫으로 구성되어 있지 않아 앞서 살펴본 기초 미분법을 적용하기 어렵다. 하지만 $F(x)$는 두 함수 $g(u) = \sqrt{u}$ 와 $f(x) = x^4+1$의 합성함수 $F(x) = (g \circ f)(x)$로 표현되기에 f와 g 의 미분을 이용하여 합성함수 $F = g \circ f$의 미분을 알 수 있다면 F의 도함수를 구하는 것이 가능할 것이다.

정리 2.17 연쇄법칙(chain rule)

함수 $f(x)$가 $x = a$에서 미분가능하고, 함수 $g(u)$가 $u = f(a)$에서 미분가능하면, 합성함수 $(g \circ f)(x)$는 $x = a$에서 미분가능하고 다음 등식이 성립한다.

$$(g \circ f)'(a) = g'\big(f(a)\big) f'(a) \tag{2.10}$$

증명 (증명의 핵심 아이디어만 소개한다.[6])

극한과 관련한 정리 1.39의 (2)와 주어진 조건으로부터 다음을 얻는다.

$$\begin{aligned}(g \circ f)'(a) &= \lim_{x \to a} \frac{(g \circ f)(x) - (g \circ f)(a)}{x-a} \\ &= \lim_{x \to a} \left(\frac{(g \circ f)(x) - (g \circ f)(a)}{f(x) - f(a)} \cdot \frac{f(x)-f(a)}{x-a} \right) \\ &= \left(\lim_{x \to a} \frac{(g \circ f)(x) - (g \circ f)(a)}{f(x) - f(a)} \right) \left(\lim_{x \to a} \frac{f(x)-f(a)}{x-a} \right) \\ &= \left(\lim_{y \to f(a)} \frac{g(y) - g\big(f(a)\big)}{y - f(a)} \right) \left(\lim_{x \to a} \frac{f(x)-f(a)}{x-a} \right) \\ &= g'\big(f(a)\big) f'(a)\end{aligned}$$

■

정리 2.17의 연쇄법칙에 해당하는 도함수 공식은

$$(g \circ f)'(x) = g'\big(f(x)\big) f'(x)$$

와 같이 나타낼 수 있다. 특히 $y = g(u)$, $u = f(x)$에 대해 라이프니츠[7] 기호를 사용하여 다음과 같이 나타내기도 한다.

---

[6] $f(x) = f(a)$가 성립할 수 있기 때문에 계산 과정에서 $\lim_{x \to a} \frac{(g \circ f)(x) - (g \circ f)(a)}{f(x) - f(a)}$ 를 사용하는 것이 불가능하다. 이 문제를 해결하기 위해서는 극한의 엄밀한 정의를 사용해야 하므로 자세한 증명은 생략한다.

[7] 라이프니츠(Leibniz, 1646 ~ 1716) : 독일의 철학자·수학자

$$\frac{dy}{dx} = \frac{dy}{du}\frac{du}{dx}$$

위 식을 살펴보면 마치 du가 나눠져 사라지는 것과 같은 형태로 볼 수 있는데, 이는 더 많은 함수들로 합성이 되어 있는 경우에도 관찰 할 수 있다. 이를테면 미분가능한 함수 f, g, h에 대하여 $y = f(u)$, $u = g(v)$, $v = h(x)$라고 하자. 이때 x에 대한 $y = f \circ g \circ h(x)$의 도함수를 구하면 $u = g \circ h(x)$가 성립하므로 연쇄법칙을 반복해서 적용하면 다음을 얻는다.

$$\frac{dy}{dx} = \frac{dy}{du}\frac{du}{dx} = \frac{dy}{du}\frac{du}{dv}\frac{dv}{dx} \tag{2.11}$$

이렇게 합성함수의 미분에서는 변수가 연쇄적으로 사라지는 형태를 보이기에 이 법칙을 연쇄법칙이라고 한다.

예제 2.18

다음 함수의 도함수를 구하시오.

(1) $y = (x^3 - x + 1)^5$　　(2) $y = \left(\frac{1}{x+1}\right)^2$

풀이 (1) $u = x^3 - x + 1$이라고 놓으면 $y = u^5$이다. 따라서 정리 2.17의 연쇄법칙을 적용하면 다음을 얻는다.

$$\frac{dy}{dx} = \frac{dy}{du}\frac{du}{dx} = 5u^4(3x^2 - 1) = 5(x^3 - x + 1)^4(3x^2 - 1)$$

(2) $u = 1/(x+1)$이라고 놓으면 $y = u^2$이다. 따라서 정리 2.17의 연쇄법칙을 적용하면 다음을 얻는다.

$$\frac{dy}{dx} = \frac{dy}{du}\frac{du}{dx} = 2u \cdot \frac{-1}{(x+1)^2} = -\frac{2}{(x+1)^3}$$

■

예제 2.19

0이 아닌 유리수 n과 함수 $f(x) = x^n$에 대하여, $x > 0$인 범위에서 $f'(x) = nx^{n-1}$이 성립함을 증명하시오.

풀이 n이 0이아닌 유리수이므로 어떤 0이 아닌 정수 p와 q에 대하여 $n = p/q$가 성립한다. 이를 이용해 $u = x^{1/q}$, $y = u^p$라 놓으며 정리 2.17의 연쇄법칙에 의해 다음을 얻을 수 있다.

$$\frac{dy}{dx} = \frac{dy}{du}\frac{du}{dx} = pu^{p-1}\frac{du}{dx} = px^{\frac{p-1}{q}}\frac{du}{dx}$$

이때, $v = u^q$라 하면, $v = x$이므로 연쇄법칙을 다시 적용하면

$$1 = \frac{dv}{dx} = \frac{dv}{du}\frac{du}{dx} = qu^{q-1}\frac{du}{dx} = qx^{\frac{q-1}{q}}\frac{du}{dx}$$

을 얻는다. 따라서,

$$\frac{dy}{dx} = px^{\frac{p-1}{q}}q^{-1}x^{\frac{1-q}{q}} = \frac{p}{q}x^{\frac{p-q}{q}} = nx^{n-1}$$

이다. 즉, $f'(x) = nx^{n-1}$이 성립한다. ■

예제 2.20

다음 함수의 도함수를 구하시오.

(1) $y = \sqrt[3]{x^3+1}$ (2) $y = \dfrac{x+1}{\sqrt{x}}$

풀이 (1) $u = x^3+1$라 놓으면 $y = \sqrt[3]{u} = u^{1/3}$이다. 따라서 정리 2.17의 연쇄법칙과 예제 2.19를 적용하면 다음을 얻는다.

$$\frac{dy}{dx} = \frac{dy}{du}\frac{du}{dx} = \frac{1}{3}u^{-2/3}\cdot 3x^2 = \frac{x^2}{\sqrt[3]{u^2}} = \frac{x^2}{\sqrt[3]{(x^3+1)^2}}$$

(2) 몫의 미분법과 예제 2.19을 이용하면 다음을 얻을 수 있다.

$$\frac{dy}{dx} = \frac{\sqrt{x} - \frac{x+1}{2\sqrt{x}}}{x} = \frac{x-1}{2x\sqrt{x}}$$

이 방법 외에도 주어진 함수를 $y = \frac{x+1}{\sqrt{x}} = x^{1/2} + x^{-1/2}$로 표현한다면 예제 2.19를 적용하여 다음과 같이 구할 수 있다.

$$\frac{dy}{dx} = \frac{1}{2}x^{-1/2} - \frac{1}{2}x^{-3/2} = \frac{x-1}{2x\sqrt{x}}$$ ■

2.2.3 역함수의 미분법

정의 1.14와 정리 1.13을 통해 역함수의 존재성을 알아보았다. 예를 들어 함수 $f(x) = x^2$ 은 $(0, \infty)$에서 전단사함수이므로 역함수가 존재하며 구체적으로 역함수가 $f^{-1}(x) = \sqrt{x}$임을 알 수 있다. 이 경우 역함수의 도함수를 구할 수 있는데, 앞서 배운 방법들을 적용하면 $(f^{-1})'(x) = \dfrac{1}{2\sqrt{x}}$가 성립한다. 하지만 주어진 함수가 전단사함수라 할 지라도 일반적으로 역함수를 구하기 어렵기 때문에 역함수의 도함수를 구할 때 이와 같은 방법을 항상 사용할 수 있는 것은 아니다. 이번 절에서는 역함수의

미분법을 학습한다.

정리 2.21 역함수의 미분법(differentiation of inverse function)

점 a를 포함한 개구간 (α, β)에 대하여 폐구간 $I = [\alpha, \beta]$에서 정의된 연속함수 f가 $J = f(I)$에서 역함수 f^{-1}를 갖는다고 하자. 이때 f가 a에서 미분가능하고 $f'(a) \neq 0$, $f(a) = b$이면 다음이 성립한다.

$$(f^{-1})'(b) = \frac{1}{f'(a)} = \frac{1}{f'\big(f^{-1}(b)\big)} \tag{2.12}$$

증명 $f^{-1}(b) = a$이므로, 미분계수의 식 (2.5)로부터

$$(f^{-1})'(b) = \lim_{y \to b} \frac{f^{-1}(y) - f^{-1}(b)}{y - b} = \lim_{y \to b} \frac{f^{-1}(y) - a}{f\big(f^{-1}(y)\big) - f(a)}$$

이다. 그런데 정리 1.64에 따라 $f^{-1}(y)$가 $y = b$에서 연속이므로 $\lim_{y \to b} f^{-1}(y) = f^{-1}(b) = a$이다. 즉, $x = f^{-1}(y)$라고 놓으면, $y \to b$일 때 $x \to a$이기 때문에,

$$\begin{aligned}(f^{-1})'(b) &= \lim_{y \to b} \frac{f^{-1}(y) - a}{f\big(f^{-1}(y)\big) - f(a)} = \lim_{x \to a} \frac{x - a}{f(x) - f(a)} \\ &= \lim_{x \to a} \frac{1}{\dfrac{f(x) - f(a)}{x - a}} = \frac{1}{\displaystyle\lim_{x \to a} \frac{f(x) - f(a)}{x - a}} = \frac{1}{f'(a)}\end{aligned}$$

이 성립한다. 따라서, 식 (2.12)을 얻는다. ■

예제 2.22

함수 $f(x) = x^3 + 4x - 2$에 대하여 $(f^{-1})'(-2)$를 구하시오.

풀이 함수 f는 다항식이기 때문에 $\mathbb{R}$에서 연속함수이다. 뿐만 아니라 f는 순증가 함수이므로 정리 1.17에 의해 역함수를 갖는다. 즉, $u < v$일 때, $u^3 < v^3$이고 $4u < 4v$이므로 $f(u) < f(v)$를 만족한다.
이때, $f(0) = -2$, $f'(0) = 4$이므로 정리 2.21의 식 (2.12)를 적용하여 $(f^{-1})'(-2)$에 의해 다음이 성립한다.

$$(f^{-1})'(-2) = \frac{1}{f'\big(f^{-1}(-2)\big)} = \frac{1}{f'(0)} = \frac{1}{4}$$ ■

2.2.4 음함수의 미분법

함수란 변수 y와 x의 관계를 설명 하는 것으로 이해할 수 있는데 이는 다양한 형태로 정의하는 것이 가능하다. 가장 보편적으로 사용하는 $y = f(x)$형태를 **양함수**(explicit function)라 하고, 변수간의 관계를 $F(x, y) = 0$형태로 주는 것을 **음함수**(implicit function)라고 한다. 가장 대표적인 음함수 표현은 원의 방정식 $x^2 + y^2 - 1 = 0$이 있다. 참고로, 모든 양함수는 음함수 형태로 바꿀 수 있지만 음함수를 양함수로 바꾸는 것은 일반적으로 잘 되지 않는다. 즉, 양함수 $y = f(x)$가 주어진 경우에는 $F(x, y) = f(x) - y$를 이용해 $F(x, y) = 0$라는 음함수를 고려할 수 있으나, 원의 방정식과 같이 양함수 표현이 잘 안되는 음함수가 있다. 보편적으로는 $F(x, y) = 0$로 주어진 형태를 음함수라고 말하지만, $H(x, y) = G(x, y)$로 주어진 경우에 $F(x, y) = H(x, y) - G(x, y)$를 이용해 음함수로 바꿀 수 있기 때문에 $H(x, y) = G(x, y)$ 형태 또한 음함수라고 부른다.

이번 절에서는 음함수 $F(x, y) = 0$으로부터 도함수 $\frac{dy}{dx}$를 구하는 **음함수의 미분법**(implicit differentiation)을 공부한다. 음함수의 미분에서는 y를 x에 관한 양함수로 생각하고, $F(x, y) = 0$의 양변을 x에 관해서 미분한 후 $\frac{dy}{dx}$에 관해 정리하여 $\frac{dy}{dx}$를 구한다. 예를 들어, 음함수 $x^3 + y^3 = 2xy$ 를 양함수의 형태로 나타내는 것이 간단하지 않아 기존의 방법으로 도함수를 구하는 것이 쉽지 않지만 음함수의 미분법을 적용하면 간단하게 구할 수 있다.

예제 2.23

음함수

$$x^3 + y^3 = 2xy$$

에 대하여 y의 도함수 $\frac{dy}{dx}$를 구하고, 위 음함수로 주어진 곡선 위의 점 $(1, 1)$에서의 접선의 방정식을 구하시오.

풀이 주어진 음함수의 양변을 x에 관하여 미분하면

$$3x^2 + 3y^2\frac{dy}{dx} = 2y + 2x\frac{dy}{dx}$$

이고, 이를 $\frac{dy}{dx}$에 관해서 정리하면

$$\begin{aligned}(3y^2 - 2x)\frac{dy}{dx} &= 2y - 3x^2, \\ \frac{dy}{dx} &= \frac{2y - 3x^2}{3y^2 - 2x} \quad (3y^2 - 2x \neq 0)\end{aligned}$$

를 얻는다.

점 $(1,1)$에서 접선의 기울기는 위의 식 $\frac{dy}{dx}$에 $x=1, y=1$을 대입하여 얻은 $m=-1$이다. 따라서 접선의 방정식은 $y=-x+2$ 이다. ■

예제 2.24

방정식 $4x^2y+1=x^3+3y$에 대하여 y의 도함수 $\frac{dy}{dx}$를 양함수에 대한 미분과 음함수에 대한 미분을 이용하여 각각 구하고, 그 결과를 비교하시오.

풀이 1. (양함수에 대한 미분) 주어진 음함수로부터 양함수를 얻은 후에 도함수를 구하면 다음과 같다.

$$y(4x^2-3)=x^3-1,$$
$$y=\frac{x^3-1}{4x^2-3} \quad (4x^2-3\neq 0),$$
$$\frac{dy}{dx}=\frac{4x^4-9x^2+8x}{(4x^2-3)^2} \quad (4x^2-3\neq 0)$$

2. (음함수에 대한 미분) 주어진 음함수의 양변을 x에 관하여 미분하면

$$4x^2\frac{dy}{dx}+8xy=3x^2+3\frac{dy}{dx},$$
$$(4x^2-3)\frac{dy}{dx}=3x^2-8xy,$$
$$\frac{dy}{dx}=\frac{3x^2-8xy}{4x^2-3} \quad (4x^2-3\neq 0)$$

이다. 따라서 위의 결과에 $y=\frac{x^3-1}{4x^2-3}$을 대입한 후에 정리하면 다음을 얻는다.

$$\frac{dy}{dx}=\frac{4x^4-9x^2+8x}{(4x^2-3)^2} \quad (4x^2-3\neq 0)$$ ■

n이 유리수일 때 $f(x)=x^n$의 도함수를 예제 2.19에서 이미 증명한 바 있는데, 음함수의 미분법을 이용하면 보다 쉽게 같은 결과를 얻을 수 있다.

예제 2.25

0이 아닌 유리수 n과 함수 $f(x)=x^n$에 대하여, $x>0$인 범위에서 $f'(x)=nx^{n-1}$이 성립함을 증명하시오.

풀이 n이 0이아닌 유리수이므로 어떤 0이 아닌 정수 p와 q에 대하여 $n = p/q$가 성립한다. 식 $y = x^n = x^{p/q}$의 양변에 q제곱을 취하여 음함수 $y^q = x^p$를 얻고 음함수의 미분법을 적용하면

$$qy^{q-1}\frac{dy}{dx} = px^{p-1}$$

이 성립한다. 따라서, 다음을 얻을 수 있다.

$$\frac{dy}{dx} = \frac{px^{p-1}}{qy^{q-1}} = \frac{px^{p-1}}{qx^{p(q-1)/q}} = \frac{p}{q}x^{p-1-p+p/q} = \frac{p}{q}x^{p/q-1} = nx^{n-1}$$ ■

$x = f(t)$, $y = g(t)$와 같이 표현되어진 방정식을 **매개변수**(parameter)를 t로 하는 곡선의 **매개변수 방정식**(parametric equation) 또는 곡선의 **매개변수 표현**이라고 한다. 반지름이 1인 원 S_1, 즉 $x^2 + y^2 = 1$, 에 대하여 $x = \cos t$, $y = \sin t$를 정의하면 $t \in [0, 2\pi]$가 순차적으로 변화함에 따라 (x, y)는 S_1 위의 모든 점을 지나게 된다. 다시 말해 $x = \cos t$, $y = \sin t$는 곡선 $x^2 + y^2 = 1$의 매개변수 표현인 것이다. 매개변수 표현은 주로 2차원, 혹은 3차원 공간에서 일어나는 어떤 현상의 변화를 기술할 때 매우 유용하게 사용된다.

한편 앞선 예시에서 사용된 함수 $x = \cos t$, $y = \sin t$는 모두 t에 관해 미분이 가능한 함수인데, 간단한 계산을 통해 두 함수의 도함수가 $\frac{dy}{dt} = \cos t = -\frac{x}{y}\frac{dx}{dt}$라는 관계를 만족함을 알 수 있다. 이 계산에서는 매개변수의 구체적인 방정식을 이용했는데, 사실 매개변수에 대한 음함수의 미분법을 사용하면 구체적인 방정식 없이도 관계를 구할 수 있고, 이는 복잡한 문제를 쉽게 해석하는데 도움을 줄 수 있다.

예제 2.26

식 $x^2 + y^2 = 1$을 만족하는 x와 y가 모두 t에 대한 미분가능함수일 때 $\dfrac{dy}{dt}$를 $\dfrac{dx}{dt}$를 이용해 표현하시오.

풀이 주어진 음함수의 양변을 t에 관하여 음함수의 미분법을 적용하면

$$2x\frac{dx}{dt} + 2y\frac{dy}{dt} = 0$$

이다. 따라서 $\dfrac{dy}{dt} = -\dfrac{x}{y}\dfrac{dx}{dt}$ $(y \neq 0)$이다. ■

예제 2.27

구 형태인 대형 풍선에 분당 4m^3의 헬륨을 불어 넣고 있다. 이 풍선의 표면적이 $400\pi\text{m}^2$가 될 대 시간에 대한 반지름의 변화율과 표면적의 변화율을 구하시오.

풀이 반지름이 r일 때 표면적과 부피는 각각

$$S = 4\pi r^2, \qquad V = \frac{4}{3}\pi r^3$$

이다. 문제의 조건으로부터 반지름, 표면적, 그리고 부피는 모두 시간에 대한 미분가능한 함수임을 알 수 있다. 또한 표면적이 $400\pi\text{m}^2$ 일 때 반지름은 $r = 10\text{m}$이고, 부피의 시간에 따른 변화율은 $\frac{dV}{dt} = 4\text{m}^3/\text{min}$이다. 표면적과 부피의 식에 t에 관하여 음함수의 미분법을 적용하면

$$\frac{dS}{dt} = 8\tau r\frac{dr}{dt}, \qquad \frac{dV}{dt} = 4\pi r^2\frac{dr}{dt}$$

이다. 주어진 조건을 대입하면, 반지름과 표면적의 변화율은 다음과 같다.

$$\frac{dr}{dt} = \frac{1}{100\pi}\text{m/min} \qquad \frac{4}{5}\ \text{m}^2/\text{min}$$

■

2.2 연습문제

1. 도함수의 정의를 이용하여 다음 함수의 도함수를 구하시오.
   (1) $y = x - x^2$　　(2) $y = \frac{1}{x}$

2. 다음 함수의 도함수를 구하시오.
   (1) $y = -2x^3 + 8x + 5$　　(2) $y = \frac{x^2}{2} + \frac{2}{x^2}$

3. 다음 함수로 주어지는 곡선 위의 지정된 점 P에서의 접선의 기울기를 구하시오.
   (1) $y = x^2 + 2x - 6,\ \ P(2, 2)$　　(2) $y = \sqrt{x},\ \ P(9, 3)$
   (3) $xy = 16,\ \ P(4, 4)$　　(4) $y = x^3 - 4x,\ \ P(1, -3)$

4. $f'(2) = -1,\ g(3) = 2,\ g'(3) = -4$일 때 $(f \circ g)'(3)$의 값을 구하시오.

5. 다음 식에서 $(f^{-1})'(c)$의 값을 구하시오.

(1) $f(x) = \sqrt{3x+1},\ \ c = 1$ (2) $f(x) = x^3 + 5,\ \ c = -3$

(3) $f(x) = 3x^5 + 2x^3,\ \ c = 5$ (4) $f(x) = 2x^2+8x+7,\ \ x \le -2,\ \ c = 1$

6. 함수 f가 역함수를 갖는다고 하자. 만일 $f'(a) = 0$이라면 f^{-1}는 $f(a)$에서 미분 가능하지 않음을 보이시오(힌트: $(f^{-1} \circ f)(x) = x$).

7. 음함수의 미분법을 적용하여 $\dfrac{dy}{dx}$를 구하시오.

(1) $x^2 + y^2 = 16$ (2) $\sqrt[3]{x} + \sqrt[3]{xy} = 4y^2$

(3) $\sqrt{xy} + 2x = \sqrt{y}$ (4) $\dfrac{y}{\sqrt{x-y}} = 2 + x^2$

(5) $x^3 + y^3 = 8xy$ (6) $\dfrac{1}{x} + \dfrac{1}{y} = 1$

8. 다음 곡선의 주어진 점 P에서의 접선의 기울기를 구하시오.

(1) $y = \left(\dfrac{x-1}{x+1}\right)^2,\ \ P\left(3, \dfrac{1}{4}\right)$ (2) $\dfrac{x-y}{x-2y} = 2,\ \ P(3,1)$

(3) $x^2 + xy + 2y^2 = 28,\ \ P(2,3)$ (4) $x^3 - 3xy^2 - y^3 = 1,\ \ P(2,1)$

9. 타원 $\dfrac{x^2}{a^2} + \dfrac{y^2}{b^2} = 1$ 상의 점 (x_0, y_0) 에서의 접선의 방정식을 구하시오. 단, a 와 b는 양의 상수이고 $y_0 \neq 0$이다.

10. 다음과 같이 주어진 점 P에서의 곡선의 접선과 법선의 방정식을 구하시오.

(1) $x^2 + xy + y^2 = 7,\ \ P(1,2)$

(2) $y^2 - 6x^2 + 4y + 19 = 0,\ \ P(2,1)$

(3) $x^2y^2 = 9,\ \ P(-1,3)$

(4) $(y-x)^2 = 2x + 4,\ \ P(6,2)$

(5) $x^2 + xy + y^2 - 3y = 10,\ \ P(2,3)$

(6) $x^3 + y^3 = 3xy,\ \ P\left(\dfrac{3}{2}, \dfrac{3}{2}\right)$

11. 어떤 입자의 운동방정식이 $s(t) = 100 + 50t - 4.9t^2$라고 하자. 이때 t의 단위는 sec이고, s의 단위는 cm이다. 5초 후의 속도와 가속도를 구하시오.

12. 다음 함수의 일계, 이계 및 삼계도함수를 구하시오 (단, a는 상수).

(1) $f(x) = \sqrt{1+x}$ (2) $f(x) = \dfrac{1}{1+x^2}$ (3) $f(x) = \dfrac{1}{a^2 - x^2}$

13. 함수 $f(x)=\dfrac{1}{\sqrt{2-x}}$ 에 대하여 $f(0)$, $f'(0)$, $f''(0)$를 구하시오.

14. 음함수 $x^3+y^3=6xy$ 에 대하여 $\dfrac{d^2y}{dx^2}$ 을 구하시오.

15. 반지름이 2m이고 높이가 10m인 원기둥 모양의 물탱크에서 분당 100L의 물이 바닥의 구멍을 통하여 빠져 나오고 있다. 물의 높이의 변화율을 구하시오. 단, $1\text{m}^3=1000\text{L}$이다.

16. 이계도함수를 가지는 함수 $f(x)$에 대하여 다음을 증명하시오.

(1) f가 우함수(even function)이면 f''도 우함수이다.

(2) f가 기함수(odd function)이면 f''도 기함수이다.

2.3 지수함수와 로그함수의 도함수

지수와 로그 함수는 수학 뿐만 아니라 대부분의 공학, 물리학 등에서 모델링과 데이터 분석하는데 사용하는 매우 중요한 도구이다. 특히 인공지능과 빅데이터가 인간의 삶에 거대한 영향을 주고 있는 지금, 정규분포와 같은 확률 분포를 사용할 수 있게 해주는 지수 함수와 데이터 분포를 정규화하는데 사용할 수 있는 로그함수에 익숙해지는 것은 필수라고 할 수 있다. 이번 장에서는 고등학교에서 공부하는 지수, 로그함수의 기본 성질들을 바탕으로 이에 대한 극한과 미분법을 공부한다.

1이 아닌 양수 a에 대하여, a를 밑으로 하는 지수함수는 임의의 유리수 n에 대하여 함수값이 a^n 이며 실수에서 정의된 연속함수[8]를 말하며 다음과 같이 표기한다.

$$y = a^x \quad (a > 0,\ a \neq 1) \tag{2.13}$$

이 지수함수는 0보다 큰 모든 값을 공역으로 하는 전단사함수이기 때문에 해당 범위에서 역함수가 존재하고 이를 a를 밑으로 하는 로그함수라 한다.[9]

$$y = \log_a x \quad (a > 0,\ a \neq 1,\ x > 0) \tag{2.14}$$

특별히 밑을 10으로 하는 로그를 **상용로그**(common logarithm)라 하고, 이 경우에 일반적으로 밑을 생략하여 $y = \log x$와 같이 나타낸다. 또한 다음과 같이 정의하는 **오일러 수**(Euler's number)[10] e를 밑으로 하는 로그를 **자연로그**(natural logarithm)라 하고 $y = \ln x$와 같이 나타낸다.[11]

$$e = \lim_{n\to\infty}\left(1 + \frac{1}{n}\right)^n \tag{2.15}$$

여기서는 식 (2.15)의 극한이 존재한다는 것은 증명없이 받아들이고 이후 7.1절의 연습문제 **8**번에서 살펴보자. 다음은 e의 또 다른 유용한 표현이다.

정리 2.28 (1) $\displaystyle\lim_{x\to\pm\infty}\left(1 + \frac{1}{x}\right)^x = e$ (2) $\displaystyle\lim_{x\to 0}(1 + x)^{\frac{1}{x}} = e$

---

[8]유리수는 실수에서 조밀하게 분포하므로 임의의 유리수 n에 대하여 함수값이 a^n 이면서 $\mathbb{R}$에서 연속인 함수는 유일하게 존재한다.

[9]지수함수가 연속함수 이기 때문에 로그함수도 역시 연속함수가 된다. (정리 1.64 참고)

[10] 오일러(L. Euler, 1707 ~ 1783, 스위스의 수학자)의 상수 e는 식 (2.15)에서와 같이 극한으로 정의되는 무리수로서 오일러의 이름 첫 문자를 기호화시켰다.

[11]많은 미적분학 및 전공 서적과 계산기에서 $\ln x$를 자연로그의 기호로 사용하고 있으나, 더 고급의 수학과 과학, 그리고 컴퓨터 언어에서는 자연로그의 기호로 $\log x$를 사용하고 있다.

증명 (1) ($x \to \infty$인 경우)

임의의 양의 실수 x에 대하여 $n-1 < x \le n$을 만족시키는 자연수 n이 존재하며 이는 다음의 부등식을 만족한다.

$$1+\frac{1}{n} \le 1+\frac{1}{x} < 1+\frac{1}{n-1}$$

$a > 1$인 경우 지수함수 $y = a^x$는 증가함수이고, $1 < a \le b$이면 $a^x \le b^x$이므로, 다음이 성립한다.

$$\left(1+\frac{1}{n}\right)^{n-1} < \left(1+\frac{1}{x}\right)^{x} < \left(1+\frac{1}{n-1}\right)^{n}$$

이때, $n \to \infty$이면 $x \to \infty$이고,

$$\lim_{n\to\infty}\left(1+\frac{1}{n}\right)^{n-1} = \lim_{n\to\infty}\left(1+\frac{1}{n}\right)^{n}\left(1+\frac{1}{n}\right)^{-1} = e\cdot 1 = e,$$

$$\lim_{n\to\infty}\left(1+\frac{1}{n-1}\right)^{n} = \lim_{n\to\infty}\left(1+\frac{1}{n-1}\right)^{n-1}\left(1+\frac{1}{n-1}\right) = e\cdot 1 = e.$$

이므로, 조임정리 1.52에 의해 $\lim_{x\to\infty}\left(1+\frac{1}{x}\right)^{x} = e$ 성립한다.

($x \to -\infty$인 경우)

$z = -x$라 하면, $x \to -\infty$이면 $z \to \infty$이고

$$\left(1+\frac{1}{x}\right)^{x} = \left(1-\frac{1}{z}\right)^{-z} = \left(\frac{z}{z-1}\right)^{z} = \left(1+\frac{1}{z-1}\right)^{z-1}\left(1+\frac{1}{z-1}\right)$$

을 얻는다. 따라서

$$\lim_{x\to-\infty}\left(1+\frac{1}{x}\right)^{x} = \lim_{z\to\infty}\left(1+\frac{1}{z-1}\right)^{z-1}\cdot\lim_{z\to\infty}\left(1+\frac{1}{z-1}\right) = e$$

(2) $x = \frac{1}{y}$이라고 놓으면, $x \to 0^+$이면 $y \to \infty$이고, $x \to 0^-$이면 $y \to -\infty$이다. 따라서 (1)에 의해

$$\lim_{x\to 0^+}(1+x)^{\frac{1}{x}} = \lim_{y\to\infty}\left(1+\frac{1}{y}\right)^{y} = e = \lim_{y\to-\infty}\left(1+\frac{1}{y}\right)^{y} = \lim_{x\to 0^-}(1+x)^{\frac{1}{x}}$$

이 성립하게 되어 $\lim_{x\to 0}(1+x)^{\frac{1}{x}} = e$이다. ∎

다음의 정리는 지수, 로그함수의 미분법에 중요하게 사용하는 극한 계산이다.

정리 2.29 1이 아닌 양수 a에 대하여, 다음이 성립한다.

(1) $\lim_{x\to 0}\frac{\log_a(1+x)}{x}=\log_a e$ (2) $\lim_{x\to 0}\frac{a^x-1}{x}=\ln a$ (3) $\lim_{x\to 0}\frac{e^x-1}{x}=1$

증명 (1) 로그함수 $y=\log_a x$는 연속이기 때문에, 정리 2.28의 (2)를 이용하면

$$\lim_{x\to 0}\frac{\log_a(1+x)}{x}=\lim_{x\to 0}\log_a(1+x)^{\frac{1}{x}}=\log_a\left(\lim_{x\to 0}(1+x)^{\frac{1}{x}}\right)=\log_a e$$

이 성립한다.

(2) $t=a^x-1$이라고 놓으면 $a^x=1+t$이므로 $x=\log_a(1+t)$이다. 또한, $x\to 0$이면 $t\to 0$이므로 다음을 얻을 수 있다.

$$\lim_{x\to 0}\frac{a^x-1}{x}=\lim_{t\to 0}\frac{1}{\frac{1}{t}\log_a(1+t)}=\lim_{t\to 0}\frac{1}{\log_a(1+t)^{\frac{1}{t}}}=\frac{1}{\log_a e}=\ln a$$

(3) (2)에서 $a=e$인 경우이다. ■

다음은 지수함수의 도함수 공식이다.

정리 2.30 지수함수의 도함수

1이 아닌 양수 a에 대하여, 다음이 성립한다.

(1) $\frac{d}{dx}(a^x)=a^x\ln a$ (2) $\frac{d}{dx}(e^x)=e^x$

증명 (1) 도함수의 정의와 정리 2.29의 (2)에 의해

$$\frac{d}{dx}(a^x)=\lim_{h\to 0}\frac{a^{x+h}-a^x}{h}=a^x\lim_{h\to 0}\frac{a^h-1}{h}=a^x\ln a$$

이 성립한다.

(2) (1)에서 $a=e$인 경우이다. ■

예제 2.31

다음 함수의 도함수를 구하시오.

(1) $y=4^{\sqrt{x}}$ (2) $y=e^{-x^3}$

풀이 (1) $f(u)=4^u$, $g(x)=\sqrt{x}$라 정의하면, $4^{\sqrt{x}}=f\circ g(x)$이므로 정리 2.30과 합성함수의 미분법을 적용하면 다음을 얻을 수 있다.

$$\frac{dy}{dx}=\left(4^{\sqrt{x}}\ln 4\right)\frac{d}{dx}\sqrt{x}=\left(4^{\sqrt{x}}\ln 4\right)\cdot\frac{1}{2\sqrt{x}}=\frac{4^{\sqrt{x}}\ln 4}{2\sqrt{x}}$$

(2) $f(u)=e^u$, $g(x)=-x^3$라 정의하면, $e^{-x^3}=f\circ g(x)$이므로 정리 2.30과 합성함수의 미분법을 적용하면 다음을 얻을 수 있다.

$$\frac{dy}{dx}=e^{-x^3}\frac{d}{dx}(-x^3)=e^{-x^3}(-3x^2)=-3x^2e^{-x^3}$$

■

다음은 로그함수의 도함수 공식이다.

정리 2.32 로그함수의 도함수

1이 아닌 양수 a에 대하여, $x>0$인 범위에서 다음이 성립한다.

(1) $\dfrac{d}{dx}(\log_a x)=\dfrac{1}{x\ln a}$ (2) $\dfrac{d}{dx}(\ln x)=\dfrac{1}{x}$

증명 (1) 도함수의 정의로부터

$$\begin{aligned}\frac{d}{dx}(\log_a x)&=\lim_{h\to 0}\frac{\log_a(x+h)-\log_a x}{h}=\lim_{h\to 0}\frac{\log_a\left(1+\frac{h}{x}\right)}{h}\\&=\lim_{h\to 0}\frac{1}{x}\frac{x}{h}\log_a\left(1+\frac{h}{x}\right)=\frac{1}{x}\lim_{h\to 0}\frac{x}{h}\log_a\left(1+\frac{h}{x}\right)\end{aligned}$$

이다. 여기서 $t=\dfrac{h}{x}$라고 놓으면 정리 2.29의 (1)에 의해

$$\lim_{h\to 0}\frac{x}{h}\log_a\left(1+\frac{h}{x}\right)=\lim_{t\to 0}\frac{\log_a(1+t)}{t}=\log_a e=\frac{\ln e}{\ln a}=\frac{1}{\ln a}$$

이므로 다음을 얻는다.

$$\frac{d}{dx}(\log_a x)=\frac{1}{x}\log_a e=\frac{1}{x\ln a}$$

(2) (1)에서 $a=e$인 경우이다.

■

예제 2.33

함수 $y=\log(x^3+2)$의 도함수를 구하시오.

풀이 $u = x^3 + 2$으로 놓고, 정리 2.32와 연쇄법칙을 적용하면 다음을 얻는다.

$$\frac{dy}{dx} = \frac{1}{(x^3+2)\ln 10} \cdot 3x^2 = \frac{3x^2}{(x^3+2)\ln 10}$$ ■

정리 2.32의 (1)을 음함수의 미분법을 이용하여 다르게 증명할 수 있다. 즉, $y = \log_a x$라 두면 역함수 관계로부터 $a^y = x$임을 알 수 있다. 양변을 x에 관하여 미분하면 정리 2.30의 (1)에 의해 $a^y \ln a \frac{dy}{dx} = 1$이 성립하므로 다음의 동일한 도함수를 얻는다.

$$\frac{dy}{dx} = \frac{1}{a^y \ln a} = \frac{1}{x \ln a}$$

이와 비슷하게 주어진 함수의 양변에 자연로그를 취해 함수를 단순화 한 후 음함수의 미분법을 적용하여 도함수를 구하는 방법이 있는데, 이런 방법을 특별히 **로그미분법**(logarithmic differentiation)이라고 한다. 로그미분법은 도함수를 구하려는 함수가 여러 개의 인수들의 곱으로 되어 있거나,

$$y = \big(f(x)\big)^{g(x)}$$

처럼 지수가 함수로 구성되어 있는 경우에 적용하면 효과적이다.

예제 2.34

임의의 실수 n과 $f(x) = x^n$에 대하여, $x > 0$인 범위에서 $f'(x) = nx^{n-1}$가 성립함을 증명하시오.

풀이 $y = x^n$이라 놓고, 로그미분법을 적용하자. 즉, 양변에 자연로그를 취하면 $\ln y = n \ln x$이 성립하고, 이 등식에 음함수의 미분법을 적용하여 $\frac{1}{y}\frac{dy}{dx} = \frac{n}{x}$을 얻는다. 따라서, 다음의 등식이 성립한다.

$$\frac{dy}{dx} = y\left(\frac{n}{x}\right) = nx^{n-1}$$ ■

예제 2.35

다음 함수들의 도함수를 구하시오.

(1) $y = \dfrac{x^{\frac{1}{4}}\sqrt{x^2+1}}{(2x+1)^3}$　　(2) $y = x^{\sqrt{x}}$　$(x > 0)$

풀이 (1) 양변에 자연로그를 취하면

$$\ln y = \frac{1}{4}\ln x + \frac{1}{2}\ln(x^2+1) - 3\ln(2x+1)$$

이다. 음함수의 미분법을 적용하면

$$\frac{1}{y}\frac{dy}{dx} = \frac{1}{4x} + \frac{x}{x^2+1} - \frac{6}{2x+1}$$

이다. 따라서 구하는 도함수는 다음과 같다.

$$\frac{dy}{dx} = \frac{x^{\frac{1}{4}}\sqrt{x^2+1}}{(2x+1)^3}\left(\frac{1}{4x} + \frac{x}{x^2+1} - \frac{6}{2x+1}\right)$$

(2) 양변에 자연로그를 취하면

$$\ln y = \sqrt{x}\ln x$$

이다. 음함수의 미분법에 의하면

$$\frac{1}{y}\frac{dy}{dx} = \frac{1}{2\sqrt{x}}\ln x + \sqrt{x}\cdot\frac{1}{x} = \frac{\ln x + 2}{2\sqrt{x}}$$

이다. 따라서 구하는 도함수는 다음과 같다.

$$\frac{dy}{dx} = x^{\sqrt{x}}\left(\frac{\ln x + 2}{2\sqrt{x}}\right)$$

■

참고 2.36

예제 2.35에서 함수 $y = x^{\sqrt{x}}$의 도함수를 구할 때 아래와 같이 잘못된 답을 구하는 경우가 있다.

$$\sqrt{x}\cdot x^{\sqrt{x}-1} \text{ 혹은 } x^{\sqrt{x}}\ln x$$

이는 예제 2.34 또는 정리 2.30의 (1)을 바로 적용하였을 때 얻을 수 있는 답인데, $y = x^{\sqrt{x}}$는 함수의 밑과 지수가 모두 변수이기 때문에 이 방법이 통하지 않음에 주의하자.

2.3 연습문제

1. 다음 함수의 일계, 이계 및 삼계도함수를 구하시오.

(1) $f(x) = \ln x$ (2) $f(x) = x^3\ln x$ (3) $f(x) = e^{-x^2}$

2. 아래 함수에 대하여 $f^{(3)}(0)$을 구하시오.

(1) $f(x) = e^{x^2}$ (2) $f(x) = \ln(1-x)$

3. 다음 함수의 도함수를 구하시오(단, a는 상수).

(1) $y = 5^x$ (2) $y = 10^{5x-7}$

(3) $y = 5\ln x^3$ (4) $y = x^2 \ln x$

(5) $y = (\ln x)^3$ (6) $y = \log_2(x^2+6)$

(7) $y = \log\left(x + \sqrt{x^2+a^2}\right)$

4. 로그미분법을 적용하여 주어진 함수의 도함수를 구하시오.

(1) $y = x^x \ (x > 0)$ (2) $y = x^{\frac{2}{x}} \ (x > 0)$ (3) $y = \dfrac{(2x+1)^3(x^4-8)^5}{\sqrt{x^2+1}}$

5. 변수 y가 x에 대한 함수로써 등식 $e^x + e^y = e^{x+y}$을 만족할 때, 다음 등식이 성립함을 증명하시오.

$$\frac{dy}{dx} = -e^{y-x}$$

6. 음함수 $e^{xy} = x + y$ 에 대하여 $\dfrac{d^2y}{dx^2}$을 구하시오.

7. 함수 $f(x) = \ln x$에 대하여 처음 몇 개의 도함수를 관찰하고 $f^{(n)}(x)$를 구하시오.

8. 실험실에서 박테리아를 키운다고 하자. 공간과 영양이 충분하게 제공되면 박테리아의 개체수는 한시간에 두 배로 늘어난다는 사실이 알려져 있다. 이로부터 초기 박테리아 개체수가 P_0일 때, 일반적으로 임의의 실수 t에 대하여 개체수 함수는

$$P(t) = 2^t P_0$$

로 표현되어진다.[12] 초기 개체수가 $P_0 = 25$일 때 5시간 후 개체수의 성장률을 구하시오. 단, $\ln 2 \approx 0.69$.

[12]엄밀히 말하자면 이 표현은 정확한 것이 아니다. 왜냐하면 개체수는 자연수 집합을 정의역으로 하는 계단함수이므로 불연속점에서는 미분가능하지 않기 때문이다. 하지만 개체수가 큰 경우 계단함수를 부드러운 곡선으로 근사시킬 수 있고 여기서 이 부드러운 곡선을 뜻하는 지수함수를 사용한다.

2.4 삼각함수의 도함수

이 절에서 이전에 학습했던 삼각함수에 대한 미분법을 학습한다. 효율적인 설명을 위해 특별한 설명이 없는 한 각도는 호도법에 의한 라디안으로 간주한다.

정리 2.37 함수 $f(x) = \sin x$는 0에서 미분 가능하며 다음이 성립한다.

$$f'(0) = \lim_{x\to 0} \frac{\sin x}{x} = 1$$

증명 (i) $0 < x < \frac{\pi}{2}$ 인 경우 :

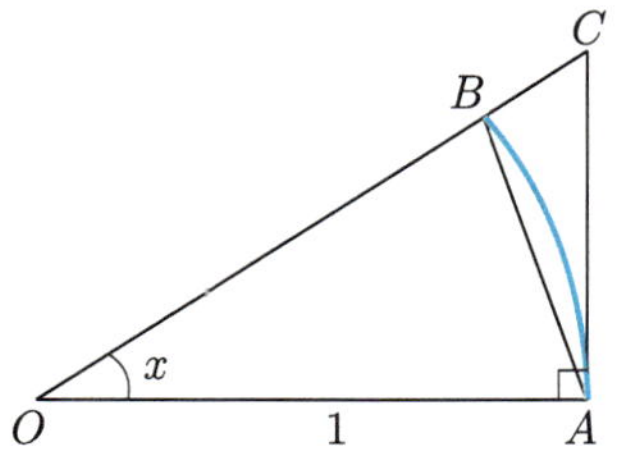

그림 2.4 $0 < x < \frac{\pi}{2}$ 인 경우

그림 2.4의 원점 $O(0,0)$이 중심이고 반지름이 1인 원에서 점 $A(1,0)$로부터 중심각이 x라디안에 대응하는 원주상의 점을 B라 하고, 점 A에서 원에 접하는 접선이 점 O와 점 B를 지나는 직선과 만나는 교점을 C라 하자. 이 경우 이 점들에 의해 만들어지는 삼각형 OAB, 부채꼴 OAB, 삼각형 OAC의 넓이는 자경하게 다음의 부등식을 만족한다.

$$(\text{삼각형 } OAB\text{의 면적}) < (\text{부채꼴 } OAB\text{의 면적}) < (\text{삼각형 } OAC\text{의 면적}) \tag{2.16}$$

그리고, 각 넓이는 아래의 등식을 만족한다.

$$(\text{삼각형 } OAB\text{의 면적}) = \frac{1}{2}\sin x,$$
$$(\text{부채꼴 } OAB\text{의 면적}) = \frac{x}{2\pi}\cdot(\text{원의 면적}) = \frac{x}{2\pi}\cdot\pi = \frac{x}{2},$$
$$(\text{삼각형 } OAC\text{의 면적}) = \frac{1}{2}\cdot\tan x = \frac{\sin x}{2\cos x}$$

따라서, 부등식 (2.16)에 의해

$$\frac{\sin x}{2} < \frac{x}{2} < \frac{\sin x}{2\cos x} \quad \left(0 < x < \frac{\pi}{2}\right) \tag{2.17}$$

를 얻고, 부등식 (2.17)은 다음과 같이 변형할 수 있다.

$$\cos x < \frac{\sin x}{x} < 1 \quad \left(0 < x < \frac{\pi}{2}\right) \tag{2.18}$$

한편, $\lim_{x\to 0+} \cos x = 1$, $\lim_{x\to 0+} 1 = 1$ 이므로, 식 (2.18)에 조임정리 1.52를 적용하면 다음의 등식을 얻을 수 있다.

$$\lim_{x\to 0+} \frac{\sin x}{x} = 1 \tag{2.19}$$

(ii) $-\frac{\pi}{2} < x < 0$인 경우 :

$\theta = -x$라 두면, $x \to 0^-$ 인 경우 $\theta \to 0^+$가 된다. 따라서 (i)의 식 (2.19)을 적용하면 다음이 성립한다.

$$\lim_{x\to 0^-} \frac{\sin x}{x} = \lim_{\theta\to 0^+} \frac{\sin(-\theta)}{-\theta} = \lim_{\theta\to 0^+} \frac{-\sin\theta}{-\theta} = \lim_{\theta\to 0^+} \frac{\sin\theta}{\theta} = 1 \tag{2.20}$$

(i)와 (ii)에 의하여 $\lim_{x\to 0} \frac{\sin x}{x} = 1$이 성립한다. ■

정리 2.38 함수 $f(x) = \cos x$는 0에서 미분 가능하며 다음이 성립한다.

$$f'(0) = \lim_{x\to 0} \frac{\cos x - 1}{x} = 0$$

증명 $\sin^2 x + \cos^2 x = 1$과 정리 2.37을 이용하면 다음을 얻을 수 있다.

$$\begin{aligned}\lim_{x\to 0} \frac{\cos x - 1}{x} &= \lim_{x\to 0} \left(\frac{\cos x - 1}{x} \cdot \frac{\cos x + 1}{\cos x + 1}\right) = \lim_{x\to 0} \frac{\cos^2 x - 1}{x(\cos x + 1)} \\ &= \lim_{x\to 0} \frac{-\sin^2 x}{x(\cos x + 1)} = -\left(\lim_{x\to 0} \frac{\sin x}{x}\right)\left(\lim_{x\to 0} \frac{\sin x}{\cos x + 1}\right) \\ &= -1 \cdot \frac{0}{1+1} = 0\end{aligned}$$

■

예제 2.39

다음의 극한을 구하시오.

(1) $\lim_{x\to 0} \frac{\sin 2x}{3x}$ (2) $\lim_{x\to 0} \frac{\sin 2x}{\sin 3x}$ (3) $\lim_{x\to 0} \frac{\tan^2 x}{x^2}$

풀이 (1) $\theta = 2x$라두고 정리 2.37을 이용하면 다음을 얻을 수 있다.

$$\lim_{x\to 0} \frac{\sin 2x}{3x} = \lim_{x\to 0} \left(\frac{\sin 2x}{2x} \cdot \frac{2}{3}\right) = \frac{2}{3} \lim_{\theta\to 0} \frac{\sin\theta}{\theta} = \frac{2}{3}$$

(2) (1)의 풀이를 응용하여 정리 2.37을 이용하면 다음을 얻을 수 있다.

$$\lim_{x\to 0}\frac{\sin 2x}{\sin 3x} = \lim_{x\to 0}\left(\frac{\sin 2x}{2x}\cdot\frac{2}{3}\cdot\frac{3x}{\sin 3x}\right)$$
$$= \frac{2}{3}\left(\lim_{x\to 0}\frac{\sin 2x}{2x}\right)\cdot\left(\lim_{x\to 0}\frac{\sin 3x}{3x}\right)^{-1} = \frac{2}{3}$$

(3) 정리 2.37을 이용하면 다음을 얻을 수 있다.

$$\lim_{x\to 0}\frac{\tan^2 x}{x^2} = \lim_{x\to 0}\frac{\sin^2 x}{x^2\cos^2 x} = \lim_{x\to 0}\left(\frac{\sin x}{x}\cdot\frac{\sin x}{x}\cdot\frac{1}{\cos^2 x}\right)$$
$$= \left(\lim_{x\to 0}\frac{\sin x}{x}\right)\left(\lim_{x\to 0}\frac{\sin x}{x}\right)\left(\lim_{x\to 0}\frac{1}{\cos^2 x}\right) = 1$$

정리 2.37과 2.38을 이용해 삼각함수의 도함수에 대해 알아보자.

정리 2.40 삼각함수의 도함수

(1) $\frac{d}{dx}(\sin x) = \cos x$ (2) $\frac{d}{dx}(\cos x) = -\sin x$

(3) $\frac{d}{dx}(\tan x) = \sec^2 x$ (4) $\frac{d}{dx}(\cot x) = -\csc^2 x$

(5) $\frac{d}{dx}(\sec x) = \sec x\tan x$ (6) $\frac{d}{dx}(\csc x) = -\csc x\cot x$

증명 (1) 삼각함수의 덧셈정리와 정리 2.37, 2.38를 이용하면 다음을 얻는다.

$$\frac{d}{dx}(\sin x) = \lim_{h\to 0}\frac{\sin(x+h)-\sin x}{h}$$
$$= \lim_{h\to 0}\frac{(\sin x\cos h+\cos x\sin h)-\sin x}{h}$$
$$= \lim_{h\to 0}\frac{\sin x(\cos h-1)+\cos x\sin h}{h}$$
$$= \lim_{h\to 0}\left(\sin x\frac{\cos h-1}{h}+\cos x\frac{\sin h}{h}\right)$$
$$= \lim_{h\to 0}\left(\sin x\frac{\cos h-1}{h}\right)+\lim_{h\to 0}\left(\cos x\frac{\sin h}{h}\right)$$
$$= \sin x\lim_{h\to 0}\frac{\cos h-1}{h}+\cos x\lim_{h\to 0}\frac{\sin h}{h}$$
$$= (\sin x)\cdot 0+(\cos x)\cdot 1 = \cos x$$

(2) 삼각함수의 덧셈정리와 정리 2.37, 2.38를 이용하면 다음을 얻는다.

$$\frac{d}{dx}(\cos x) = \lim_{h\to 0}\frac{\cos(x+h)-\cos x}{h}$$
$$= \lim_{h\to 0}\frac{(\cos x\cos h-\sin x\sin h)-\cos x}{h}$$

$$\begin{aligned}
&= \lim_{h\to 0} \frac{\cos x(\cos h - 1) - \sin x \sin h}{h} \\
&= \lim_{h\to 0} \left(\cos x \frac{\cos h - 1}{h} - \sin x \frac{\sin h}{h} \right) \\
&= \lim_{h\to 0} \left(\cos x \frac{\cos h - 1}{h} \right) - \lim_{h\to 0} \left(\sin x \frac{\sin h}{h} \right) \\
&= (\cos x)\cdot 0 - (\sin x)\cdot 1 = -\sin x
\end{aligned}$$

(3) (1), (2)와 몫의 미분법을 이용하면 다음을 얻는다.

$$\begin{aligned}
\frac{d}{dx}(\tan x) = \frac{d}{dx}\left(\frac{\sin x}{\cos x}\right) &= \frac{(\sin x)'\cos x - \sin x(\cos x)'}{\cos^2 x} \\
&= \frac{\cos x \cos x - \sin x(-\sin x)}{\cos^2 x} \\
&= \frac{\cos^2 x + \sin^2 x}{\cos^2 x} = \frac{1}{\cos^2 x} = \sec^2 x
\end{aligned}$$

(4), (5), (6)의 경우도 (3)과 유사한 방법으로 증명할 수 있으므로 생략한다. ■

예제 2.41

다음 함수의 도함수를 구하시오.

(1) $y = \dfrac{\sin x}{1+\cos x}$ (2) $y = \sec^4(2x^2)$ (3) $y = \sin(\cos(\tan^5 x))$

풀이 (1) $\sin^2 x + \cos^2 x = 1$과 정리 2.40을 이용하면 다음을 얻는다.

$$\begin{aligned}
\frac{dy}{dx} = \frac{d}{dx}\left(\frac{\sin x}{1+\cos x}\right) &= \frac{(\sin x)'(1+\cos x) - (1+\cos x)'\sin x}{(1+\cos x)^2} \\
&= \frac{\cos x(1+\cos x) + \sin^2 x}{(1+\cos x)^2} = \frac{\cos x + \cos^2 x + \sin^2 x}{(1+\cos x)^2} \\
&= \frac{\cos x + 1}{(1+\cos x)^2} = \frac{1}{1+\cos x}
\end{aligned}$$

(2) 미분의 연쇄법칙(정리 2.17)을 적용하면 다음을 얻는다.

$$\begin{aligned}
\frac{dy}{dx} &= \frac{d}{dx}(\sec^4(2x^2)) = 4\sec^3(2x^2)\frac{d}{dx}(\sec(2x^2)) \\
&= 4\sec^3(2x^2)(\sec(2x^2)\tan(2x^2))\frac{d}{dx}(2x^2) \\
&= 4\sec^3(2x^2)(\sec(2x^2)\tan(2x^2))(4x) \\
&= 16x\sec^4(2x^2)\tan(2x^2)
\end{aligned}$$

(3) 미분의 연쇄법칙(식 (2.11))을 적용하면 다음을 얻는다.

$$\frac{dy}{dx} = \frac{d}{dx}\left(\sin(\cos(\tan^5 x))\right)$$

$$= \left(\cos\left(\cos(\tan^5 x)\right)\right) \cdot \left(-\sin(\tan^5 x)\right) \cdot (5\tan^4 x) \cdot \sec^2 x$$ ■

참고 2.42

참고로, $\sin^8 x$와 $\sin x^8$을 혼동하여 계산하는 경우가 있다. 두 함수의 도함수는

$$\frac{d}{dx}\sin^8 x = 8\sin^7 x \cos x, \qquad \frac{d}{dx}\sin x^8 = 8x^7 \cos x^8$$

이므로 반드시 구분하기 바란다.

예제 2.43

음함수 $\sin x + \sin y = xy$에 대하여, 도함수 $\dfrac{dy}{dx}$를 구하고, 점 $(0,0)$에서 이 곡선의 접선의 방정식을 구하시오.

풀이 음함수의 미분법을 이용하여 등식

$$\cos x - \cos y \frac{dy}{dx} = y + x\frac{dy}{dx}$$

을 얻고, 이를 정리 하면

$$\frac{dy}{dx} = \frac{\cos x - y}{x - \cos y} \quad (x - \cos y \neq 0)$$

를 얻을 수 있다. 점 $(0,0)$에서 접선의 기울기는 $m = -1$이므로 접선의 방정식은 $y = -x$이다. ■

예제 2.44

시간 t를 따라 수직선 위를 움직이는 물체의 위치함수가 $s(t) = A\sin(at+b)$일 때, 가속도가 위치와 비례관계가 있음을 보이시오. 단, A, a, b는 모두 상수이다.

풀이 속도와 가속도는 각각

$$v(t) = \frac{ds}{dt} = aA\cos(at+b), \qquad a(t) = \frac{dv}{dt} = -a^2 A\sin(at+b)$$

이다. 그러므로 $a(t) = -a^2 s(t)$이다. 따라서 $-a^2$이 비례상수가 되어 가속도는 위치와 비례관계가 있음을 알 수 있다. ■

2.4 연습문제

1. 다음 주어진 함수의 도함수를 구하시오. (단, $a > 0, a \neq 1$, b는 모두 상수).

(1) $y = x^2 \cos x - 2x \sin x - 2\cos x$ (2) $y = \sec x \tan x$

(3) $y = \dfrac{1 + \sin x}{1 - \sin x}$ (4) $y = \csc x \cot^2 x$

(5) $y = \sec^2 x \tan^2 x$ (6) $y = \cot^4 x - \csc^4 x$

(7) $y = \dfrac{\sin x}{\cos^2 x + 1}$ (8) $y = 4\cos(\sin x)$

(9) $y = a^x \sin bx$ (10) $y = \ln(\csc^2 x)$

(11) $y = \dfrac{\sin^2 x \cos^3 x}{(x+1)^3}$

2. 연쇄법칙을 사용하여 $D_x w$를 구하시오.

(1) $w = \sin^4(x^2 + x)$ (2) $w = \sin^3(\cos x)$

(3) $w = \cos^4(\sin x^2)$ (4) $w = \sin(\cos(\sin 2x))$

3. 함수 $f(x) = x^{\sin x}$ $(x > 0)$에 대하여 $f'(1)$을 구하시오.

4. 함수 $f(x) = (1 + x)^{\cos x}$로 주어진 곡선 위의 점 $(0, 1)$에서의 접선의 방정식을 구하시오.

5. 다음 식에서 $(f^{-1})'(c)$의 값을 구하시오.

(1) $f(x) = \dfrac{\cos^2 x}{2}$, $0 < x < \pi/2$, $c = 1/4$

(2) $f(x) = 2\cot x$, $0 < x < \pi$, $c = 2$

(3) $f(x) = 2x + \cos x$, $0 < x < \pi$, $c = \pi$

6. 다음 식에서 $\dfrac{dy}{dx}$를 구하시오.

(1) $\sin(x + y) + \sin(x - y) = 1$ (2) $xy + \tan y = 0$

7. 다음 주어진 각 문제의 (a), (b) 두 함수의 도함수가 서로 같음을 보이시오.

(1) (a) $y = 2\sin x \cos x$ (b) $y = \sin(2x)$

(2) (a) $y = \dfrac{2\tan x}{1 - \tan^2 x}$ (b) $y = \tan(2x)$

8. 다음 함수의 일계, 이계 및 삼계도함수를 구하시오(단, a는 상수).

(1) $f(x) = \ln(\sin ax)$

(2) $f(x) = e^x \sin x$

(3) $f(x) = e^{\cos x}$

(4) $f(x) = \tan x$

9. 함수 $f(x) = \tan(2x)$에 대하여 $f^{(3)}(0)$을 구하시오.

10. 함수 $f(x) = \cos(2x)$에 대하여 처음 몇 개의 도함수를 관찰하고 $f^{(50)}(x)$를 구하시오.

11. 함수 $f(x) = \cot x$에 대하여 $f'''\left(\frac{\pi}{6}\right)$를 구하시오.

12. 함수 $f(x) = e^{ax}\sin bx$에 대하여 $f''(x) = e^{ax}(3\sin bx - 4\cos bx)$일 때, 순서쌍 (a, b)를 모두 구하시오.

13. 정리 2.40의 (4), (5), (6)을 각각 증명하시오.

3장

도함수의 응용

이번 장에서는 앞서 학습한 미분의 정의와 여러가지 미분법을 바탕으로 미분의 응용을 공부하여 미분을 더 깊이있게 알아볼 것이다. 미분은 뉴턴과 라이프니츠에 의해 이론적으로 개념이 정립된후, 코시(A. L. Cauchy, 1789-1857)를 거쳐 현재와 같은 미분적분학의 형태가 갖추어졌다. 이후 많은 수학자들이 이 연구를 발전시켜 최적화 문제, 곡선의 오목 볼록 등 다양한 대상을 관찰하는데 미분법을 적용하게 되었다.

3.1 최댓값과 최솟값

미분법은 함수의 최댓값과 최솟값을 구하는 문제로 응용될 수 있는데, 이 문제는 실생활의 많은 영역에서 실질적으로 응용이 된다. 예를 들어, 사업가는 최소의 비용으로 최대의 이윤을 남기길 바라고 여행자는 이동시간을 최소화하길 원한다. 이러한 문제들은 **최적화 문제**(optimization problem)라고 불리며, 일반적으로 최대화 또는 최소화하고자 하는 대상을 어떤 변수에 대한 함수로 모델링하여 수학 문제로 변경하여 해결한다. 최적화 문제는 인공지능과 빅데이터이론의 근간이 되기에 그 중요성이 더 강조되고 있다. 최댓값과 최솟값의 엄밀한 정의는 다음과 같다.

정의 3.1 함수 $f : D \to \mathbb{R}$ $(D \subset \mathbb{R})$와 $c \in D$에 대하여,

(1) 모든 $x \in D$가 부등식 $f(x) \le f(c)$를 만족하면 $f(c)$를 D상에서 함수 f의 **최댓값**(maximum value)이라고 한다.

(2) 모든 $x \in D$가 부등식 $f(x) \ge f(c)$를 만족하면 $f(c)$를 D상에서 함수 f의 **최솟값**(minimum value)이라고 한다.

최대값을 산의 높이에 비유하면 지구 상에서 가장 높은 산은 에베레스트이므로 에베레스트의 높이가 지구의 대지 높이의 최대값이라 할 수 있다. 하지만, 대지를 제주도로 한정하는 경우 가장 높은 산은 한라산이므로 한라산의 높이는 지구에서의 최대 높이는 아니지만 한라산 근처에서는 최대 높이가 된다 할 수 있다. 이렇게 어떤 함수값을 따져볼 때 특정 점 근처에서긴 생각하는 것은 매우 일반적인 일인데, 이를 극대라는 이름으로 표현할 수 있다.

정의 3.2 함수 $f : D \to \mathbb{R}$ $(D \subset \mathbb{R})$와 $c \in D$에 대하여,

(1) 모든 $x \in I \cap D$가 $f(x) \le f(c)$를 만족하면서 c를 원소로 하는 개구간 $I = (\alpha, \beta)$가 존재하면 $f(c)$를 함수 f의 **극댓값**(local maximum value)이라

고 한다.

(2) 모든 $x \in I \cap D$가 $f(x) \leq f(c)$를 만족하면서 c를 원소로 하는 개구간 $I = (\alpha, \beta)$가 존재하면 $f(c)$를 함수 f의 **극솟값**(local minimum value)이라고 한다.

(3) $f(c)$가 f의 극댓값이거나 극솟값이면 $f(c)$를 함수 f의 **극값**(local extreme value)이라고 한다.

정의 3.1과 정의 3.2로부터 최댓값과 최솟값이 존재하는 경우, 최댓값은 모든 극댓값 중 가장 큰 값이며 최솟값은 모든 극솟값 중 가장 작은 값임을 알 수 있다(그림 3.1 참조).

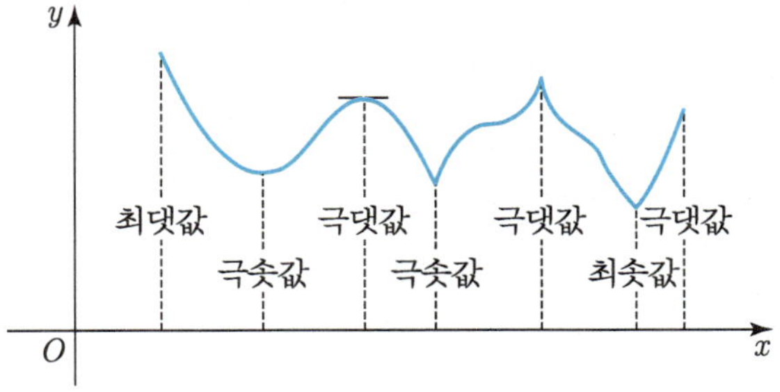

그림 3.1

예제 3.3

$\mathbb{R}$에서 $\sin x$의 최댓값과 최솟값을 구하시오.

풀이 정의에의해 $-1 \leq \sin x \leq 1$인데, $x_n = \frac{\pi}{2} + 2n\pi$ (n은 정수)에 대해 $\sin x_n = 1$이고 $y_n = -\frac{\pi}{2} + 2n\pi$ (n은 정수)에 대해 $\sin y_n = -1$이므로 최댓값은 1, 최솟값은 -1이다. ■

예제 3.4

$\mathbb{R}$에서 함수 $f(x) = x^2$의 극값을 구하시오.

풀이 $f(x) \geq 0$이며 $f(0) = 0$이므로 f는 $x = 0$일 때 최솟값 0을 갖는다. 즉 0은 f의 극값이다. 한편 임의의 0이 아닌 c와 c를 원소로 하는 개구간 $I = (\alpha, \beta)$가 있다면 $(c-\delta, c+\delta) \subset I$인 $0 \notin (c-\delta, c+\delta)$인 $\delta > 0$가 존재한다. 이 경우

$$f\left(c - \frac{\delta}{2}\right) < f(c) < f\left(c + \frac{\delta}{2}\right) \text{ 혹은 } f\left(c - \frac{\delta}{2}\right) > f(c) > f\left(c + \frac{\delta}{2}\right)$$

이 성립하므로 $f(c)$는 극값이 아니다. 따라서 f의 극값은 0 하나 뿐이다. [1] ■

정리 3.5 페르마의 정리(Fermat's theorem)[2]

c를 원소로 하는 개구간 $I = (\alpha, \beta)$에서 정의된 함수 f가 c에서 미분가능하고 $f(c)$가 극값이면 $f'(c) = 0$이다.

증명 (i) 함수 f가 c에서 극댓값을 값는 경우 :

함수 f가 c에서 미분가능므로 $f'_+(c) = f'(c) = f'_-(c)$, 즉

$$\lim_{h\to 0^+} \frac{f(c+h) - f(c)}{h} = f'(c) = \lim_{h\to 0^-} \frac{f(c+h) - f(c)}{h}, \tag{3.1}$$

이 성립한다. 이때 $f(c)$가 극댓값이기 때문에 모든 $x \in U \cap I$에 대해 $f(x) \le f(c)$이 성립하는 c를 원소로 하는 개구간 U가 존재하고, h가 0에 충분히 가깝다면 $c + h \in U \cap I$가 되어 $f(c+h) \le f(c)$라고 볼 수 있으므로

$$\lim_{h\to 0^+} \frac{f(c+h) - f(c)}{h} \le 0, \qquad \lim_{h\to 0^-} \frac{f(c+h) - f(c)}{h} \ge 0 \tag{3.2}$$

이 성립한다. 따라서 식 (3.1)과 식 (3.2)에 의하여 $f'(c) = 0$이다.

(ii) 함수 f가 c에서 극솟값을 값는 경우 :

함수 f가 c에서 극솟값을 갖는 경우 자명하게 $-f$가 c에도 극댓값을 갖는다. 이에 (ii)를 적용하면 $f'(c) = 0$을 얻을 수 있다.

■

페르마의 정리는 함수의 극값을 구할 때 그 값이 발생할 가능성이 있는 위치를 찾는 용도로 자주 사용한다. 즉, 함수가 정의역 전체에서 미분이 잘 된다면 미분했을 때 0이 나오는 점을 찾아서 그 값이 극값인지를 판정하여 극값을 찾는 것이 보편적이다. 하지만, 여기에 주의할 점이 있는데, 첫째는 페르마의 정리의 역이 항상 참인 것이 아니기 때문에 미분했을 때 0이 되는 위치라고 해서 그 해당 위치의 값이 항상 극값이 된다고는 말할 수 없다는 것이며 두번째는 함수가 미분불가한 위치가 있는 경우 그 위치에서도 극값이 발생하는지 아닌지를 판정해야 한다는 것이다.

함수 $f(x) = x^3$의 경우 $f'(0) = 0$이지만 $f(0)$은 극값이 아님을 쉽게 알 수 있는데, 이를 통해 페르마의 정리의 역이 항상 성립하는 것은 아니라는 것을 알 수 있다.

---

[1] $f(x) = x^2$이 최댓값을 갖지 않는다는 것을 그래프를 그려 추측하는 것이 가능한데 예제 3.4의 풀이를 통해 극값이 0밖에 없다는 것을 알고 있으므로 $f(x) = x^2$이 실제로 최댓값을 갖지 않는다는 것을 볼 수 있다.

[2] 페르마(P. Fermat, 1601 ~ 1665): 프랑스의 수학자

또한, $f(x) = |x|$의 경우 $f'(0)$은 존재하지 않지만 $x = 0$에서 극솟값이자 최솟값을 가짐을 알 수 있다. 따라서 페르마의 정리를 이용해 함수 f의 극값을 구하고자 한다면, $f'(c) = 0$이거나 $f'(c)$가 존재하지 않는 점 c를 모두 찾고 c에서의 값이 극값이 되는지를 추가로 판정해야 한다.

정의 3.6 함수 $f : D \to \mathbb{R}$ $(D \subset \mathbb{R})$와 $c \in D$에 대하여,

(1) 미분계수 $f'(c)$가 존재하고 $f'(c) = 0$인 경우 c를 **정점**(stationary point)이라 한다.

(2) 미분계수 $f'(c)$ 가 존재하지 않는다면 점 c를 **특이점**(singular point)이라고 한다.

(3) c가 정점이거나 특이점이면 c를 f의 **임계점**(critical point)이라고 한다.

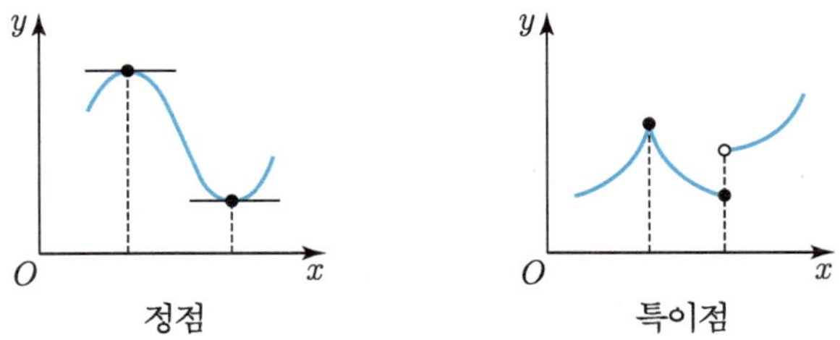

그림 3.2

일반적으로 함수 f의 그래프가 뾰족한 모서리를 갖거나 그 점에서의 접선이 수직이거나 또는 점프하는 점들이 특이점이 된다. (그림 3.2 참조).

참고 3.7

정점, 특이점, 그리고 임계점을 책과 저자에 따라서는 곡선 위의 점 $(c, f(c))$로 정의하기도 한다. 따라서 주어진 교재와 문제의 의도에 따라서 주의가 필요하다. 이 책에서는 일관성을 유지하여 정의역의 점 c로 정의하여 설명한다.

예제 3.8

다음 함수들의 임계점을 모두 구하시오.

(1) $f(x) = x^3 - 3x^2 - 9x + 1$ (2) $f(x) = x^{1/3}(x - 4)$

풀이 (1) $f(x)$의 도함수는

$$f'(x) = 3x^2 - 6x - 9 = 3(x^2 - 2x - 3) = 3(x + 1)(x - 3)$$

으로 모든 점에서 미분이 가능하다. 따라서 특이점은 없으며, $f'(x) = 0$을

만족하는 x는 -1과 3이므로 이 두 점이 정점이다. 즉, 임계점의 모임은 $\{-1, 3\}$이다.

(2) $f(x)$의 도함수는

$$f'(x) = \frac{1}{3}x^{-2/3}(x-4) + x^{1/3} = \frac{x-4+3x}{3x^{2/3}} = \frac{4(x-1)}{3x^{2/3}}$$

으로 $x = 0$에서 미분이 불가능하고 이를 제외한 모든 곳에서 미분이 가능하다. 따라서 특이점은 0이며, $f'(x) = 0$을 만족하는 x는 1이므로 1이 정점이다. 즉, 임계점의 모임은 $\{0, 1\}$이다. ■

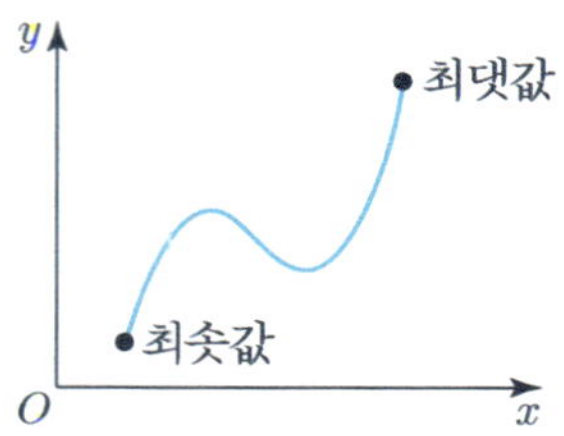

그림 3.3

함수 f의 정의역이 $[\alpha, \beta]$, $(\alpha, \beta]$, $[\alpha, \beta)$인 경우 각 구간의 끝점이 정의역에 포함되는 상황이 발생하는데, 페르마의 정리를 이용해 극점을 찾는 경우 끝점은 미분이 불가능한 점으로 보는 것이 옳다. 페르마의 정리 증명에서는 미분이 가능하다는 것을 논 할 때 좌미분계수와 우미분계수가 같음을 사용하고 있으므로 구간의 끝점에서는 좌, 우미분계수 중 하나를 논할 수 없는 것이 그 이유이다. 참고로 함수의 최댓값 또는 최솟값은 당연히 끝점에서도 발생할 수 있다. (그림 3.3 참조).

정리 3.9 c를 포함하는 구간 I에서 정의된 함수 f에 대하여 $f(c)$가 최댓값 또는 최솟값이면 c는 다음 중 하나에 해당한다.

(i) 함수 f의 정점 (ii) 함수 f의 특이점

단, c가 구간 I의 끝점에 해당하는 경우 이는 특이점으로 본다.

증명 만약 c가 특이점이라면 증명이 끝나므로, c가 특이점이 아니라고 가정한다. 증명을 위해 구간 I에 끝점이 존재하는 경우 이를 제외하여 개구간 U를 만들고, 그렇지 않다면 $U = I$라 하자. 이때 f를 개구간 U에서 정의된 함수라고 생각하면, c가 특이점이 아니므로 $c \in U$이고 $f'(c)$가 존재한다.

한편, 가정에 따라 $f(c)$는 최댓값 혹은 최솟값이므로 $f(c)$는 극값이되기 때문에 페르마의 정리를 적용하면 $f'(c) = 0$을 얻을 수 있다. 즉, c는 f의 정점이다. ■

폐구간 $[\alpha, \beta]$에서 정의된 연속함수 f에 대하여 최대최소정리(정리 1.63)는 이 함수가 $[\alpha, \beta]$ 에서 항상 최댓값과 최솟값을 갖는다는 것을 말해준다. 하지만 그 값이나 그 값이 발생하는 위치에 대한 정보를 알려주지는 않는데, 지금까지 학습한 내용을 정리한 다음 세 단계의 과정을 거치면 f의 최댓값과 최솟값에 대한 구체적 정보를 얻을 수 있다.

1. 개구간 (α, β) 안에서 함수 f의 임계점을 찾고 그 점에서의 함숫값을 구한다.
2. 구간의 양 끝점인 $x = \alpha$와 $x = \beta$에서의 함숫값을 구한다.
3. 위의 1단계와 2단계에서 구한 함숫값들 중, 가장 큰 값이 최댓값이고 가장 작은 값이 최솟값이다.

예제 3.10

구간 $[-2, 1]$에서 함수 $f(x) = \frac{1}{5}x^5 - 4x^2 + 1$의 최댓값과 최솟값을 구하시오.

풀이 위에서 소개한 세 단계를 이용하여 함수 f의 최댓값과 최솟값을 구해보자.

1. 함수 f는 다항식이기 때문에 모든 실수에서 미분가능하므로 구간 $(-2, 1)$에서는 특이점이 존재하지 않는다. 한편, f의 도함수는

$$f'(x) = x^4 - 8x = x(x^3 - 8)$$

   이므로 구간 $(-2, 1)$ 안에서 정점은 0 뿐 이다. 따라서 $(-2, 1)$에서 함수 f의 임계점에서의 함숫값은 $f(0) = 1$이다.
2. 구간의 양 끝점에서의 함숫값은 $f(-2) = -\frac{107}{5}$, $f(1) = -\frac{14}{5}$이다.
3. 따라서 위의 함숫값들 중 최댓값은 $f(0) = 1$이고 최솟값은 $f(-2) = -\frac{107}{5}$이다. ■

참고로, 최대최소정리의 조건에서 함수의 연속성이나 구간이 폐구간이라는 것 중 어느 하나라도 빠진다면, 함수가 최댓값 또는 최솟값을 갖지 않을 수 있다는 것을 그림 3.4을 통해 알 수 있다.

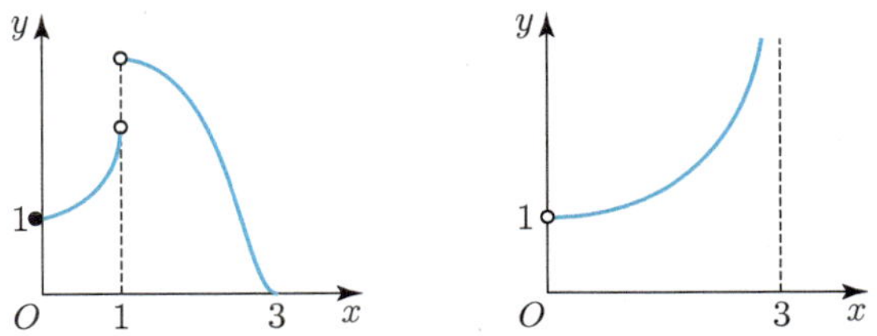

그림 3.4

이번 절의 나머지 부분에서는 간단한 최적화 문제를 살펴보고 이를 해결하는 과정을 학습한다. 이 과정에는 미분계수 부호에 따른 함수의 증감을 알 수 있게 해주는 다음의 정리가 유용하게 사용될 수 있는데, 증명은 앞으로 살펴볼 평균값 정리(정리 3.14)를 사용해야 하므로 지금은 일단 증명없이 사용한다.

정리 3.11 개구간 (α, β)에서 미분가능하고 폐구간 $[\alpha, \beta]$에서 연속인 함수 f가

(1) 모든 $x \in (\alpha, \beta)$에 대하여 $f'(x) \geq 0$이면, f는 개구간 $[\alpha, \beta]$에서 증가함수이다.

(2) 모든 $x \in (\alpha, \beta)$에 대하여 $f'(x) \leq 0$이면, f는 개구간 $[\alpha, \beta]$에서 감소함수이다.

예제 3.12

겉넓이가 $1200\ \text{cm}^2$이며 윗면이 없고 밑면이 정사각형인 상자를 만들고자 한다. 이 상자가 가질 수 있는 최대 부피를 구하시오.

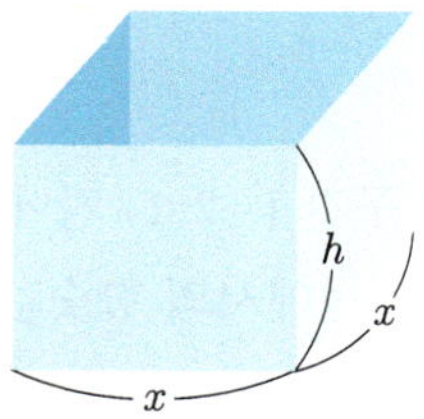

풀이 정사각형 밑면의 한변의 길이를 $x > 0$라 하고, 상자의 높이를 h라고 하자. 겉넓이가 $1200\ \text{cm}^2$이므로 등식

$$x^2 + 4xh = 1200 \tag{3.3}$$

을 얻는다. 우리가 최적화하고자 하는 이 상자의 부피 V를 이 변수로 표현하면 $V = x^2h$이므로 식 (3.3)을 h로 정리하여 V에 대입하면 연속함수

$$V(x) = x^2\left(\frac{1200 - x^2}{4x}\right) = 300x - \frac{1}{4}x^3,\ x > 0$$

을 얻는다. $V(x)$를 미분하면

$$V'(x) = 300 - \frac{3}{4}x^2$$

이므로 $x = 20$은 $x > 0$인 범위에서 $V(x)$의 유일한 임계점이다. 또한 $0 < x <$

20일 때 $V'(x) > 0$이고 $x > 20$일 때 $V'(x) < 0$이므로 $V(x)$는 정리 3.11에 의해 범위 $0 < x < 20$에서 증가, 범위 $x > 20$에서 감소하는 함수이다. 따라서 $V(20)$이 V의 $x > 0$인 범위에서의 최대값이 되어 $V(20) = 4000\text{cm}^3$이 상자의 최대 부피가 된다. ■

예제 3.13

현재 신발 매장 A에서 운동화 B를 한 켤레에 5만원에 판매하여 일주일에 총 30 켤레를 판매한다고 하자. 만약, B의 가격을 5천원 할인할 때마다 일주일 동안 10 켤레 더 팔 수 있다고 한다면, A가 다음 한주 동안 B를 판매하여 최대 매출을 얻기 위해서는 B의 가격을 얼마로 책정해야 하겠는가? 단, 판매 증가량은 가격할인 폭에 정비례한다고 가정한다.

풀이 x를 다음 일주일동안 판매할 신발의 개수라 하면, 다음주의 판매 증가량은 $x - 30$으로 표현이 가능하다. 판매 증가량에 대한 가격할인 폭은 $\frac{1}{10} \times 5000$이므로 다음 주 판매량 x에 대한 가격 $p(x)$는 다음과 같이 쓸 수 있다.

$$p(x) = 50000 - \frac{5000}{10}(x - 30) = 65000 - 500x$$

다음주의 예상 총 매출은

$$R(x) = xp(x) = x(65000 - 500x) = 65000x - 500x^2$$

로 쓸 수 있으므로, 다음주 매출의 최대값을 구하기위해 $R(x)$을 미분을 하면

$$R'(x) = 65000 - 1000x$$

이다. 따라서 $x = 65$는 실수 전체에서 $R(x)$의 유일한 임계점이다. 또한 $x < 65$일 때 $R'(x) > 0$이고 $x > 65$일 때 $R'(x) < 0$이므로, $R(x)$는 정리 3.11에 의해 범위 $0 < x < 65$에서 증가, 범위 $x > 65$에서 감소하는 함수이다. 따라서 $R(65) = 2112500$은 최대 소득이 되고, 이때 B의 가격은 $p(65) = 32500$이다. ■

3.1 연습문제

1. 다음 함수 $y = f(x)$의 그래프로부터 최댓값과 최솟값, 그리고 극댓값과 극솟값이 있다면 구하시오.

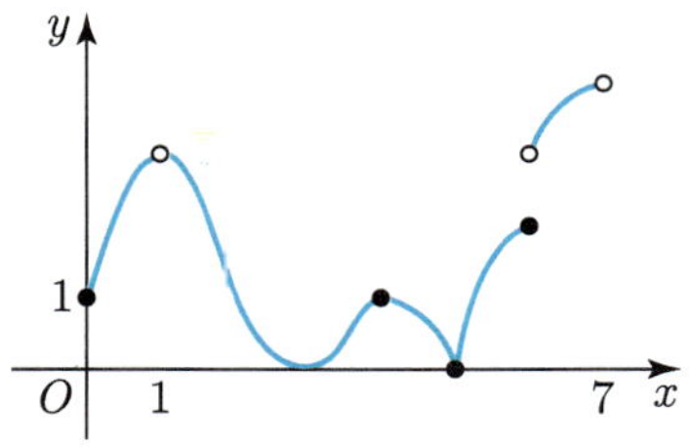

그림 3.5

2. 다음 함수의 임계점을 구하시오.

(1) $y = x^3 + 3x^2 - 24x + 8$ (2) $y = x^2 e^x$

(3) $y = x^{3/4} - 2x^{1/4}$

3. 주어진 구간에서 함수 f의 최댓값과 최솟값을 구하시오.

(1) $f(x) = 2x^3 - 3x^2 + 5,\ [-1, 1]$ (2) $f(x) = \dfrac{x}{x^2+1},\ [0, 2]$

(3) $f(x) = x\sqrt{25 - x^2},\ [-3, 4]$ (4) $f(x) = 2\cos x + \sin 2x,\ [0, \pi/2]$

(5) $f(x) = xe^{-x^2},\ [0, 1]$ (6) $f(x) = \ln(x^2 + x + 1),\ [-1, 1]$

4. a와 b가 양수일 때, 구간 $[0, 1]$에서 함수 $f(x) = x^a(1-x)^b$의 최댓값을 구하시오.

5. 함수 $f(x) = x^{101} + x^{11} + x + 1$는 극값을 갖지 못함을 보이시오.

6. 400m의 울타리를 가지고 한 농부가 직사각형의 땅을 두르고자 한다. 이때 우리의 넓이가 최대가 되는 가로와 세로의 길이를 구하시오.

7. 철을 재료로 1L의 기름을 담을 수 있는 한 개의 밀폐형 원통을 만들고자 한다. 이 원통을 만드는데 드는 철의 소요량을 최소화하도록 하는 원통의 밑면의 반지름과 높이를 각각 구하시오.

8. 농작물의 수확량 Y를 적당한 단위로 측정된 토양의 질소량 N의 함수로 나타낼 때 사용되는 모델은

$$Y = \frac{kN}{1+N^2}$$

이다. 여기서 k는 양의 상수이다. 수확량이 최대일 때의 질소량을 구하시오.

9. R옴의 저항기가 내부저항이 r옴인 E볼트의 배터리에 연결되었을 때 외부저항에 걸리는 힘(와트)은

$$P = \frac{E^2R}{(R+r)^2}$$

이다. E와 r은 상수이고 R이 변할 때, 힘의 최댓값을 구하시오.

10. 어떤 회사에서 하나에 450만원하는 냉장고를 한 주에 1,000개 팔고 있다. 시장 조사에 따르면 구매자들에게 10만원 할인할 때마다 냉장고의 판매량은 주당 100개씩 증가한다고 한다. 이때 회사가 소득을 최대로 하기 위해 얼마나 할인하여야 하는가?

3.2 평균값의 정리

앞서 살펴본 바와 같이 최적화 문제를 해결하는데 도함수를 이용해 함수의 대략적인 움직임을 파악하는 것은 매우 유용하다. 이번 절에서는 이를 가능하게 해주는 미분에 관한 평균값의 정리를 살펴보고 이것을 이용해 부정형의 극한을 구하는 방법인 로피탈의 정리를 학습한다.

평균값의 정리를 설명하기위해 우선 개구간 (α, β)에서 미분가능하고 폐구간 $I = [\alpha, \beta]$ 에서 연속인 함수 f를 생각해보자. 이때 I의 양 끝점에서의 함숫값이 등식 $f(\alpha) = f(\beta)$를 만족하도록 그래프를 그려본다면 그림 3.6에서처럼 (α, β)의 어떤 점에서 x축에 평행한 접선이 존재한다는 것을 추측 할 수 있다.

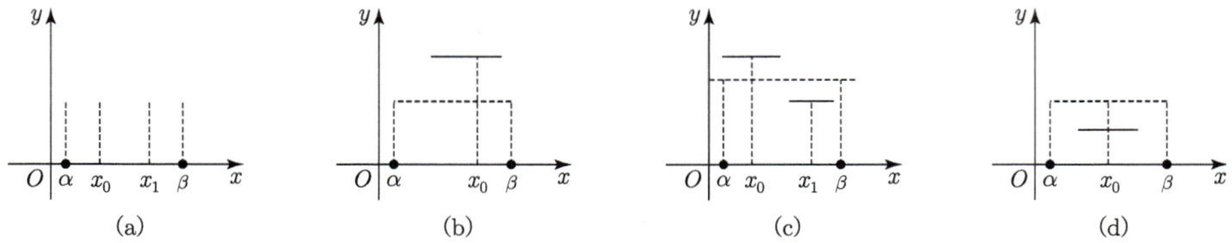

그림 3.6 롤의 정리

예를 들어, $I = [0, 2\pi]$에서 정의된 함수 $f(x) = 2\sin x + 1$를 생각해면 양 끝점에서의 함숫값은 $f(0) = 1 = f(2\pi)$이고, 이는 도함수 $f'(x) = 2\cos x$의 $\frac{\pi}{2}, \frac{3\pi}{2} \in (0, 2\pi)$에서의 값과 일치한다. 이러한 현상은 미분가능함수들에 대해서 보편적으로 일어나는 현상이고 이를 롤의 정리라고 부른다. 한편, 이 예시에서 x축의 기울기를 f의 I에서의 평균 변화율 $\frac{f(2\pi) - f(0)}{2\pi - 0} = 0$로 본다면, 이 현상을 구간에서의 평균변화율이 해당 구간 안의 특정 위치에서의 미분계수와 같아지게 된다는 것으로 해석할 수 있다. 이 현상은 양끝점에서의 함숫값이 일치하지 않는 경우에도 미분가능함수들에 대해서 보편적으로 일어나게 된다. 즉, 그림 3.7에서처럼 직선 AB의 기울기인 평균변화율 $\frac{f(\beta) - f(\alpha)}{\beta - \alpha}$은 어떤 점 $(c, f(c))$ $(c \in (\alpha, \beta))$에서 곡선 f에 접하는 접선의 기울기인 미분계수 $f'(c)$가 되는데, 이를 평균값의 정리라 한다.

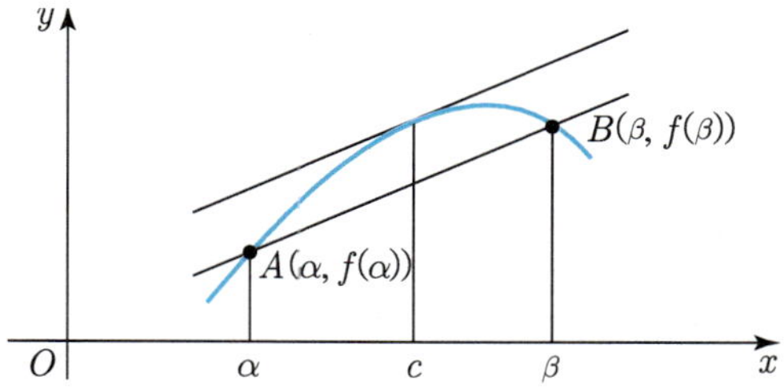

그림 3.7 미분에 관한 평균값의 정리

정리 3.14 (α,β)에서 미분가능하고 $[\alpha,\beta]$에서 연속인 함수 f에 대하여

(1) [**롤의 정리**(Rolle's theorem)[3]]

$f(\alpha)=f(\beta)$이면, $f'(c)=0$인 $c\in(\alpha,\beta)$가 존재한다.

(2) [**미분에 관한 평균값의 정리**(mean value theorem)]

$f'(c)=\dfrac{f(\beta)-f(\alpha)}{\beta-\alpha}$인 $c\in(\alpha,\beta)$가 존재한다.

증명 (1) 함수 f가 $[\alpha,\beta]$에서 상수함수이면 정리가 명백히 성립하므로 함수 f가 $[\alpha,\beta]$에서 상수함수가 아니라 하자. 이 경우 $f(\alpha) < f(x_0)$이거나 $f(x_0) < f(\alpha)$ 인 $x_0 \in (\alpha,\beta)$가 존재하게 되므로 다음과 같이 나누어 증명하자.

(i) $f(\alpha) < f(x_0)$인 경우:

함수 f가 $[\alpha,\beta]$에서 연속이므로, 최대최소정리(정리 1.63)에 의해 f는 어떤 $c\in[\alpha,\beta]$에서 최댓값 $f(c)$을 갖는다. 가정 $f(\beta)=f(\alpha)<f(x_0)$으로 부터 $c\in(\alpha,\beta)$를 알 수 있기 때문에, f는 c에서 미분가능하다. $f(c)$는 f의 극값이므로 페르마의 정리 3.5에 의해 $f'(c)=0$이다.

(ii) $f(x_0) < f(\alpha)$인 경우:

$-f$에 대하여 (i)를 적용하거나, (i)의 증명을 $f(c)$가 최솟값이 되는 c에 대하여 적용한다.

(2) 함수 g를 $[\alpha,\beta]$에서

$$g(x)=f(x)-\left(\frac{f(\beta)-f(\alpha)}{\beta-\alpha}(x-\alpha)+f(\alpha)\right)$$

로 정의하자. 그러면 함수 g는 (α,β)에서 미분가능하고, $[\alpha,\beta]$에서 연속이며 $g(\alpha)=g(\beta)=0$이다. 따라서 (1) (롤의 정리)에 의해 $g'(c)=0$이 되는 점 $c\in(\alpha,\beta)$가 존재한다. 즉,

$$0=g'(c)=f'(c)-\frac{f(\beta)-f(\alpha)}{\beta-\alpha}$$

가 되는 $c\in(\alpha,\beta)$가 존재한다.

■

[3]롤(M. Rolle, 1652 ~ 1719): 프랑스의 수학자, 롤의 정리는 평균값의 정리의 특정한 경우에 해당하는 것으로 볼 수 있다.

예제 3.15

함수 $f(x) = 4\sqrt{x}$에 대하여 $[0, 4]$에서 평균값의 정리를 만족하는 c를 구하시오.

풀이 함수 $f(x) = 4\sqrt{x}$는 개구간 $(0, 4)$에서 미분가능하고 폐구간 $[0, 4]$에서 연속이므로 평균값의 정리 3.14 (2)의 가정을 모두 만족한다. 따라서 평균값의 정리를 적용할 수 있는데, 이는

$$\frac{f(4) - f(0)}{4 - 0} = f'(c)$$

를 만족하는 $c \in (0, 4)$가 존재한다는 것을 의미한다. 한편,

$$\frac{f(4) - f(0)}{4 - 0} = 2, \qquad f'(x) = \frac{2}{\sqrt{x}}$$

이므로 $c = 1$이 $\frac{f(4)-f(0)}{4-0} = f'(c)$을 만족한다. ■

예제 3.16

구간 $[-8, 27]$에서 정의된 함수 $f(x) = x^{\frac{2}{3}}$에 대하여 평균값의 정리가 성립하지 않음을 확인하여, 미분 불가능한 함수에 대해서는 평균값의 정리를 적용할 수 없음을 보이시오.

풀이 주어진 함수 f의 도함수는 $f'(x) = \dfrac{2}{3}x^{-1/3}$ $(x \neq 0)$이고 $f'(0)$는 존재하지 않는다. 따라서 정리 3.14의 조건을 만족하지 않는다. 한편, 구간 $[-8, 27]$에서 평균변화율은

$$\frac{f(27) - f(-8)}{27 - (-8)} = \frac{9 - 4}{35} = \frac{1}{7}$$

인데, 등식

$$\frac{2}{3}c^{-\frac{1}{3}} = \frac{1}{7}$$

을 만족하는 c는 다음 부등식을 만족한다.

$$c = \left(\frac{14}{3}\right)^3 > 4^3 = 64$$

이러한 c는 $(-8, 27)$안에 없으므로 미분불가능함수에 대해서는 평균값의 정리를 적용할 수 없다는 것을 알 수 있다. ■

예제 3.17

임의의 $x \in \mathbb{R}$에 대하여 $|\cos x - 1| \leq |x|$임을 증명하시오.

풀이 $x = 0$인 경우 자명하므로 $x \neq 0$이라고 가정하자. $f(x) = \cos x$는 $\mathbb{R}$에서 미분가능이므로 평균값의 정리에 의해

$$\left|\frac{\cos x - 1}{x}\right| = \left|\frac{f(x) - f(0)}{x - 0}\right| = |f'(c)| = |-\sin c|$$

를 만족하는 c가 0과 x에 존재하게 되고, $|-\sin c| \leq 1$이므로 $\left|\frac{\cos x - 1}{x}\right| \leq 1$이다. 즉, $|\cos x - 1| \leq |x|$이 성립한다. ■

평균값의 정리의 대표적인 응용은 개구간에서 도함수가 0인 함수는 상수함수밖에 없다는 사실이다. 이는 적분이론에서 매우 중요하게 사용되므로 반드시 기억하자.

정리 3.18 (α, β)에서 미분가능한 함수 f가 모든 $x \in (\alpha, \beta)$에 대해 $f'(x) = 0$이면, f는 (α, β)에서 상수함수이다.

증명 f가 상수함수라는 것을 보이기 위해 $x_1 < x_2$을 만족하는 임의의 $x_1, x_2 \in (\alpha, \beta)$에 대하여 $f(x_1) = f(x_2)$을 증명하자.

f는 (α, β)에서 미분가능하므로, (x_1, x_2)에서도 미분가능하고 정리 2.7에 의해 $[x_1, x_2]$에서 연속이다. 이에 평균값 정리를 구간 $[x_1, x_2]$에 적용하면,

$$f'(c) = \frac{f(x_2) - f(x_1)}{x_2 - x_1}$$

인 c가 (x_1, x_2)에 존재한다. 가정에 의해 $f'(c) = 0$이므로 $f(x_2) - f(x_1) = 0$, 즉 $f(x_2) = f(x_1)$이다. ■

다음은 부정형의 극한 계산에 사용하는 로피탈의 정리를 살펴보기 위해 평균값의 정리를 일반화한 정리이다.

정리 3.19 **코시의 평균값의 정리(Cauchy's mean value theorem)**[4]

(α, β)에서 미분가능하고 $[\alpha, \beta]$에서 연속인 함수 f와 g에 대하여, 만약 모든 $x \in (\alpha, \beta)$에 대하여 $g'(x) \neq 0$라면

$$\frac{f(\beta) - f(\alpha)}{g(\beta) - g(\alpha)} = \frac{f'(c)}{g'(c)} \tag{3.4}$$

[4] 코시(Cauchy, 1789 ~ 1857) : 프랑스의 수학자

을 만족하는 $c \in (\alpha, \beta)$가 존재한다.

증명 우선, 롤의 정리(의 대우명제)를 g와 $[\alpha, \beta]$에 적용하면 모든 $x \in (\alpha, \beta)$에 대하여 $g'(x) \neq 0$이므로 $g(\alpha) \neq g(\beta)$임을 알 수 있다. 만약 함수 $\phi(x)$를

$$\phi(x) = f(x) - f(\alpha) - \frac{f(\beta) - f(\alpha)}{g(\beta) - g(\alpha)}(g(x) - g(\alpha)) \quad (x \in (\alpha, \beta))$$

로 정의하면 $\phi(x)$도 (α, β)에서 미분가능하고 $[\alpha, \beta]$에서 연속인 함수가 된다. 또한, $\phi(\alpha) = \phi(\beta) = 0$가 만족하므로, 롤의 정리를 적용하여 $\phi'(c) = 0$인 점 $c \in (\alpha, \beta)$를 찾는다. 한편,

$$0 = \phi'(c) = f'(c) - \frac{f(\beta) - f(\alpha)}{g(\beta) - g(\alpha)} g'(c)$$

이므로 다음이 성립한다.

$$\frac{f(\beta) - f(\alpha)}{g(\beta) - g(\alpha)} = \frac{f'(c)}{g'(c)}$$

■

함수의 극한을 계산할 때 그 계산이 간단하지 않은 경우가 많다. 대표적으로,

$$\frac{f(x)}{g(x)}, \quad f(x)g(x), \quad f(x) - g(x), \quad (f(x))^{g(x)} \tag{3.5}$$

형태는 함숫값의 극한에 따라 그 극한이 존재할 수도 존재하지 않을 수도 있다. 이러한 상황을 편의상[5]

$$\frac{0}{0}, \quad \pm\frac{\infty}{\infty}, \quad 0 \cdot \infty, \quad \infty - \infty, \quad 1^{\infty}, \quad 0^0, \quad \infty^0 \tag{3.6}$$

형태로 구분하여 표현하며 이러한 형태의 극한을 **부정형의 극한**이라고 한다. 간혹

$$\infty - \infty = 0\ , \quad 1^{\infty} = 1$$

와 같이 생각하는 경우가 있으나, 이는 잘못된 계산이므로 주의하자.

정리 3.20 로피탈의 정리(L'Hospital's theorem)

구간 $I = (\alpha, \beta)$와 실수 $c \in I$에 대하여, 함수 f와 g가 구간 $I \setminus c$에서 미분가능하

[5]예를들어, $x \to a$ (또는 $x \to a^{\pm}$ 이거나 $x \to \pm\infty$)일 때 $f(x) \to 0$, $g(x) \to 0$인 경우 $\frac{f(x)}{g(x)}$의 형태를 $\frac{0}{0}$ 형태라 표기한 것이며 그 외의 경우도 동일한 방법으로 표기한 것이다..

고, 모든 $x \in I$에 대하여 $g'(x) \neq 0$이며 극한 $\lim_{x\to c} \frac{f'(x)}{g'(x)}$이 존재 한다고 가정하자.

(1) $[\frac{0}{0}$형태의 부정형$]$: $\lim_{x\to c} f(x) = 0$, $\lim_{x\to c} g(x) = 0$이면 다음이 성립한다.

$$\lim_{x\to c} \frac{f(x)}{g(x)} = \lim_{x\to c} \frac{f'(x)}{g'(x)}$$

(2) $[\frac{\infty}{\infty}$형태의 부정형$]$: $\lim_{x\to c} f(x) = \infty$, $\lim_{x\to c} g(x) = \infty$이면 다음이 성립한다.

$$\lim_{x\to c} \frac{f(x)}{g(x)} = \lim_{x\to c} \frac{f'(x)}{g'(x)}$$

증명 (1) (i) $\left(\lim_{x\to c^+} \frac{f(x)}{g(x)} = \lim_{x\to c^+} \frac{f'(x)}{g'(x)}\text{ 증명}\right)$

이를 위해 편의상 $f(c) = 0 = \lim_{x\to c^+} f(x)$, $g(c) = 0 = \lim_{x\to c^+} g(x)$라 가정하고, $c < x < \beta$인 x를 선택하면, f와 $[c, x]$에 대해 코시의 평균값의 정리를 적용할 수 있다. 따라서,

$$\frac{f(x) - f(c)}{g(x) - g(c)} = \frac{f'(\xi)}{g'(\xi)}$$

$x \to c^+$일 때 $\xi \to c^+$이므로 다음을 얻는다.

$$\lim_{x\to c^+} \frac{f(x)}{g(x)} = \lim_{\xi\to c^+} \frac{f'(\xi)}{g'(\xi)} = \lim_{x\to c^+} \frac{f'(x)}{g'(x)}$$

(ii) $\left(\lim_{x\to c^-} \frac{f(x)}{g(x)} = \lim_{x\to c^-} \frac{f'(x)}{g'(x)}\text{ 증명}\right)$

함수 $F(x) = f(-x)$와 $G(x) = g(-x)$, 구간 $(-c, -\alpha)$에 대하여 (i)를 적용하면 다음을 얻는다.

$$\begin{aligned}\lim_{x\to c^-} \frac{f(x)}{g(x)} &= \lim_{x\to -c^+} \frac{F(x)}{G(x)} \\ &= \lim_{\xi\to -c^+} \frac{F'(x)}{G'(x)} = \lim_{x\to -c^+} \frac{-f'(-x)}{-g'(-x)} = \lim_{x\to c^-} \frac{f'(x)}{g'(x)}\end{aligned}$$

(i),(ii)를 통해 $\lim_{x\to c} \frac{f(x)}{g(x)} = \lim_{x\to c} \frac{f'(x)}{g'(x)}$를 증명할 수 있다.

(2) 정확한 증명은 엄밀한 극한의 정의를 사용해야하므로 $\lim_{x\to c} \frac{f(x)}{g(x)}$가 존재하고 $\frac{1}{f(x)}$의 미분이 I에서 0이 아니다 라는 조건 하에서 등식을 살펴보자.

$\dfrac{f(x)}{g(x)} = \dfrac{1/g(x)}{1/f(x)}$ 이고 $\lim\limits_{x\to c}\dfrac{1}{g(x)} = 0$, $\lim\limits_{x\to c}\dfrac{1}{f(x)} = 0$ 이므로, (1)에 의해

$$\lim_{x\to c}\frac{f(x)}{g(x)} = \lim_{x\to c}\left[\frac{1}{g(x)}\bigg/\frac{1}{f(x)}\right] = \lim_{x\to c}\left[\frac{-g'(x)}{(g(x))^2}\bigg/\frac{-f'(x)}{(f(x))^2}\right]$$

$$= \lim_{x\to c}\left[\left(\frac{f(x)}{g(x)}\right)^2\bigg/\frac{f'(x)}{g'(x)}\right] = \left(\lim_{x\to c}\frac{f(x)}{g(x)}\right)^2\bigg/\lim_{x\to c}\frac{f'(x)}{g'(x)}$$

이 성립하여

$$\lim_{x\to c}\frac{f(x)}{g(x)}\cdot\lim_{x\to c}\frac{f'(x)}{g'(x)} = \left(\lim_{x\to c}\frac{f(x)}{g(x)}\right)^2 \tag{3.7}$$

(i) $\lim\limits_{x\to c}\dfrac{f(x)}{g(x)} \neq 0$ 인 경우

식 (3.7)를 $\lim\limits_{x\to c}\dfrac{f(x)}{g(x)}$ 로 나누면 다음 등식 $\lim\limits_{x\to c}\dfrac{f(x)}{g(x)} = \lim\limits_{x\to c}\dfrac{f'(x)}{g'(x)}$ 을 얻는다.

(ii) $\lim\limits_{x\to c}\dfrac{f(x)}{g(x)} = 0$ 인 경우

가정 $\lim\limits_{x\to c} f(x) = \infty$, $\lim\limits_{x\to c} g(x) = \infty$ 을 통해 등식

$$\lim_{x\to c}\left(f(x)+g(x)\right) = \infty \text{ 과 } \lim_{x\to c}\frac{f(x)+g(x)}{g(x)} = 1 \neq 0$$

를 얻는다. 따라서 (i)를 $f+g$ 와 g 에 적용하면 등식

$$\lim_{x\to c}\frac{f(x)+g(x)}{g(x)} = \lim_{x\to c}\frac{f'(x)+g'(x)}{g'(x)}$$

을 얻을 수 있고, 이를 통해 $\lim\limits_{x\to c}\dfrac{f(x)}{g(x)} = \lim\limits_{x\to c}\dfrac{f'(x)}{g'(x)}$ 을 증명한다.

■

참고 3.21

로피탈의 정리는 다음의 경우에도 성립하니 필요한 경우 증명없이 사용하도록 하자.

(i) 극한 $\lim\limits_{x\to c}\dfrac{f'(x)}{g'(x)}$ 가 $\pm\infty$ 인 경우

(ii) $x\to c$ 가 $x\to c^{\pm}$ 인 경우

(iii) $x\to c$ 가 $x\to\pm\infty$ 인 경우

(iv) $f(x)\to\pm\infty$, $g(x)\to\pm\infty$ 인 경우

예제 3.22

다음의 극한값을 구하시오.

(1) $\lim_{x\to 0} \frac{\tan x}{x}$ (2) $\lim_{x\to 0} \frac{1-\cos x}{x+3x^2}$

(3) $\lim_{x\to 0} \frac{1-\cos x}{x^2}$ (4) $\lim_{x\to \infty} \frac{x^3}{e^x}$

풀이 (1) [0/0 형태의 부정형의 극한] 로피탈의 정리 3.20로부터 다음을 얻는다.

$$\lim_{x\to 0} \frac{\tan x}{x} = \lim_{x\to 0} \frac{\sec^2 x}{1} = 1$$

(2) [0/0 형태의 부정형의 극한] 로피탈의 정리 3.20로부터 다음을 얻는다.

$$\lim_{x\to 0} \frac{1-\cos x}{x+3x^2} = \lim_{x\to 0} \frac{\sin x}{1+6x} = 0$$

(3) [0/0 형태의 부정형의 극한] 로피탈의 정리 3.20를 두번 적용하면 다음을 얻는다.

$$\lim_{x\to 0} \frac{1-\cos x}{x^2} = \lim_{x\to 0} \frac{\sin x}{2x} = \lim_{x\to 0} \frac{\cos x}{2} = \frac{1}{2}$$

(4) [∞/∞ 형태의 부정형의 극한] 로피탈의 정리 3.20를 세번 적용하면 다음을 얻는다.

$$\lim_{x\to \infty} \frac{x^3}{e^x} = \lim_{x\to \infty} \frac{3x^2}{e^x} = \lim_{x\to \infty} \frac{6x}{e^x} = \lim_{x\to \infty} \frac{6}{e^x} = 0$$ ■

예제 3.22에서 처럼 0/0 또는 $\pm\infty/\infty$와 같은 형태의 극한을 계산할 때 필요하면 로피탈의 정리를 반복적으로 적용하여 극한값을 구할 수 있다. 이 외의 부정형의 극한, 즉 $0\times\infty$, $\infty-\infty$, 1^∞, 0^0, ∞^0 등과 같은 형태의 부정형의 극한에 대해서는 아래와 같이 0/0 또는 $\pm\infty/\infty$와 같은 형태로 변형시킨 후에 로피탈의 정리를 적용한다.

(i) [$g(x)f(x)$가 $0\cdot\infty$ 형태의 부정형의 극한인 경우]

$$g(x)f(x) = \frac{g(x)}{\frac{1}{f(x)}}$$

로 변형하면 0/0 형태의 부정형이 된다.

(ii) [$f(x)-g(x)$가 $\infty-\infty$ 형태의 부정형의 극한인 경우]

$$f(x)-g(x) = \frac{\frac{1}{g(x)} - \frac{1}{f(x)}}{\frac{1}{f(x)g(x)}}$$

로 변형하면 0/0 형태의 부정형이 된다.

(iii) $[(f(x))^{g(x)}$가 1^{∞}, 0^0 또는 ∞^0 형태의 부정형의 극한인 경우]

$$(f(x))^{g(x)} = e^{g(x)\ln f(x)}$$

로 변형하면 지수부분 $g(x)\ln f(x)$에 대하여 (i)의 방법을 적용할 수 있다.

예제 3.23

다음 극한을 구하시오.

(1) $\displaystyle\lim_{x\to\frac{\pi}{2}}\left(x-\frac{\pi}{2}\right)\tan x$ (2) $\displaystyle\lim_{x\to 0}\left(\frac{2}{x}-\frac{2}{\sin x}\right)$

(3) $\displaystyle\lim_{x\to 0+} x^2\ln x$ (4) $\displaystyle\lim_{x\to 0+} x^x$

풀이 (1) $[0\times\infty$ 형태의 부정형의 극한]

$$\left(x-\frac{\pi}{2}\right)\tan x = \frac{x-\frac{\pi}{2}}{\cot x}$$

은 $0/0$ 형태의 부정형이므로 로피탈의 정리 3.20로부터 다음을 얻는다.

$$\lim_{x\to\frac{\pi}{2}}\left(x-\frac{\pi}{2}\right)\tan x = \lim_{x\to\frac{\pi}{2}}\frac{x-\frac{\pi}{2}}{\cot x} = \lim_{x\to\frac{\pi}{2}}\frac{1}{-\csc^2 x} = -1$$

(2) $[\infty-\infty$ 형태의 부정형의 극한]

$$\frac{2}{x}-\frac{2}{\sin x} = \frac{2(\sin x - x)}{x\sin x}$$

은 $0/0$ 형태의 부정형이므로 로피탈의 정리 3.20로부터 다음을 얻는다.

$$\begin{aligned}\lim_{x\to 0}\left(\frac{2}{x}-\frac{2}{\sin x}\right) &= \lim_{x\to 0}\frac{2(\sin x - x)}{x\sin x} = \lim_{x\to 0}\frac{2(\cos x - 1)}{\sin x + x\cos x}\\ &= \lim_{x\to 0}\frac{-2\sin x}{2\cos x - x\sin x} = 0\end{aligned}$$

(3) $[0\times(-\infty)$ 형태의 부정형의 극한]

$$x^2\ln x = \frac{\ln x}{\frac{1}{x^2}}$$

은 $-\infty/\infty$ 형태의 부정형이므로 로피탈의 정리 3.20로부터 다음을 얻는다.

$$\lim_{x\to 0+} x^2\ln x = \lim_{x\to 0+}\frac{\ln x}{\frac{1}{x^2}} = \lim_{x\to 0+}\frac{\frac{1}{x}}{-\frac{2}{x^3}} = \lim_{x\to 0+}\left(-\frac{x^2}{2}\right) = 0$$

이다.

(4) [0^0 형태의 부정형의 극한]

$$x^x = e^{x \ln x}$$

로 변형하면 지수 부분 $x \ln x$은 $0 \times (-\infty)$ 형태의 부정형이므로 로피탈의 정리 3.20로부터 다음을 얻는다.

$$\lim_{x\to 0+} x \ln x = \lim_{x\to 0+} \frac{\ln x}{\frac{1}{x}} = \lim_{x\to 0+} \frac{\frac{1}{x}}{-\frac{1}{x^2}} = \lim_{x\to 0+} (-x) = 0$$

따라서 다음의 등식이 성립한다.

$$\lim_{x\to 0+} x^x = e^0 = 1$$

■

3.2 연습문제

1. 함수 $f(x) = 2\sqrt{x} - x$는 구간 $[0, 4]$에서 롤의 정리의 가정을 모두 만족시킴을 보이고 그 정리를 만족하는 점 c를 구하시오.

2. 다음 함수의 주어진 구간에서 평균값의 정리의 가정을 모두 만족시킴을 보이고 그 정리를 만족하는 점 c를 구하시오.
(1) $f(x) = 3x^2,\ [1, 2]$ (2) $f(x) = e^x,\ [0, 2]$ (3) $f(x) = \sin x,\ [0, \pi/2]$

3. $f(x) = |x - 1|$는 구간 $[0, 3]$에서 평균값의 정리를 만족하는 c가 존재하지 않음을 보이고 그 이유를 설명하시오.

4. 평균값의 정리를 이용하여 $|\cos x - \cos y| \le |x - y|$을 증명하시오. 여기서, x와 y는 임의의 실수이다.

5. 함수 $f(x)$가 정의역의 모든 점에서 미분가능일 때 로피탈의 정리를 적용하여 다음 등식이 성립함을 보이시오.
(1) $\displaystyle\lim_{x\to 2} \frac{f(x^2) - f(4)}{x - 2} = 4f'(4)$
(2) $\displaystyle\lim_{x\to 1} \frac{x^2 f(1) - f(x^2)}{x - 1} = 2(f(1) - f'(1))$

6. 모든 양의 정수 n에 대하여

$$\lim_{x \to \infty} \frac{x^n}{e^x} = 0$$

임을 설명하시오.

7. 다음의 극한값을 구하시오.

(1) $\displaystyle\lim_{x \to 0} \frac{e^x - 10^x}{x}$ (2) $\displaystyle\lim_{x \to \infty} (\sqrt{x^2 + 2x} - x)$ (3) $\displaystyle\lim_{x \to 0} \frac{x - \sin x}{x^3}$

(4) $\displaystyle\lim_{x \to 0+} x^{\tan \frac{\pi x}{2}}$ (5) $\displaystyle\lim_{x \to 0+} (\cot x)^{\sin x}$ (6) $\displaystyle\lim_{x \to 0} \left(\frac{\sin x}{x}\right)^{1/x^2}$

(7) $\displaystyle\lim_{x \to 0} (1 + x)^{\cot x}$ (8) $\displaystyle\lim_{x \to 0+} x \ln x$

8. $\tan^{-1} x + \cot^{-1} x = \dfrac{\pi}{2}$ 임을 보이시오.

9. 미분가능한 함수 f에 대하여 $a \leq x \leq b$일 때, $f'(x) \leq M$이면

$$|f(b) - f(a)| \leq M(b - a)$$

임을 보이시오. 단, M은 양의 상수이다.

3.3 함수의 그래프 : 증가·감소, 오목·볼록, 점근선

이번절에서는 도함수를 통해 함수의 증가·감소[6]와 오목·볼록을 판단하는 방법을 살펴보고 이를 통해 함수의 극대값과 극솟값을 찾는 방법을 알아본다. 추가로 함수의 극한을 설명하는 점근선을 학습하여 최종적으로 함수의 그래프를 그려본다.

정리 3.24 함수 f가 개구간 (α, β)에서 미분가능하고 폐구간 $[\alpha, \beta]$에서 연속이라 하자.

(1) 모든 $x \in (\alpha, \beta)$에 대하여 $f'(x) \geq 0$이면, f는 폐구간 $[\alpha, \beta]$에서 증가함수이다.

(2) 모든 $x \in (\alpha, \beta)$에 대하여 $f'(x) \leq 0$이면, f는 폐구간 $[\alpha, \beta]$에서 감소함수이다.

증명 함수 f는 (α, β)에서 미분가능하므로 $x_1 < x_2$를 만족하는 임의의 $x_1, x_2 \in [\alpha, \beta]$에 대하여 f는 개구간 (x_1, x_2)에서 미분가능하고 폐구간 $[x_1, x_2]$에서 연속이다. 이때 $[x_1, x_2]$에 대하여 평균값의 정리 3.14를 적용하면

$$f(x_2) - f(x_1) = f'(c)(x_2 - x_1)$$

인 $c \in (x_1, x_2)$가 존재한다. 따라서

(1) 모든 $x \in (\alpha, \beta)$에 대하여 $f'(x) > 0$인 경우 $f'(c) \geq 0$이고 $x_2 - x_1 > 0$이므로 $f(x_2) - f(x_1) \geq 0$이다. 이를 통해 f가 폐구간 $[\alpha, \beta]$에서 증가함수라는 것을 알 수 있다.

(2) 모든 $x \in (\alpha, \beta)$에 대하여 $f'(x) < 0$인 경우 $f'(c) \leq 0$이고 $x_2 - x_1 > 0$이므로 $f(x_2) - f(x_1) \leq 0$이다. 이를 통해 f가 폐구간 $[\alpha, \beta]$에서 감소함수라는 것을 알 수 있다. ■

참고 3.25

정리 3.24와 동일한 증명으로 개구간 (α, β)에서 미분가능하고 폐구간 $[\alpha, \beta]$에서 연속인 함수 f가 모든 $x \in (\alpha, \beta)$에 대하여 $f'(x) > 0$인 경우에는 f는 개구간 (α, β)에서 순증가함수, 모든 $x \in (\alpha, \beta)$에 대하여 $f'(x) < 0$인 경우에는 f는 개구간 (α, β)에서 순감소함수라는 것을 알 수 있다.

---

[6] 함수의 증가와 감소는 어떤 구간을 기준으로 한 표현이고, 반면에 함수의 증가상태와 감소상태는 어느 한 점을 기준으로 한 표현이란 점에서 이들을 서로 구별하여 사용한다.

페르마 정리 (정리 3.5)는 미분가능함수 f가 점 c에서 극대나 극소를 갖는다면 c가 f의 임계점이어야 함을 말해준다. 하지만, 이미 살펴본 $f(x) = x^3$의 경우 처럼 모든 임계점이 극대나 극소가 되는 것은 아니다. 따라서 최적화 문제를 해결하기 위해서는 함수가 임계점에서 극대나 극소가 되는지 판정할 수 있어야 한다. 다음의 예제에서는 정리 3.24를 통해 살펴본 함수의 증감을 이용해 극값을 구하는 방법을 보여주고 있다.

예제 3.26

함수 $f(x) = \frac{1}{3}x^3 - 3x^2 + 8x$가 증가하는 구간과 감소하는 구간을 구하고, 이를 이용해 $f(x)$의 극값을 모두 구하시오.

풀이 f의 도함수는 $f'(x) = x^2 - 6x + 8 = (x-2)(x-4)$이므로 임계점인 $x = 2$, $x = 4$를 기점으로 $f'(x)$의 부호가 달라진다. 즉 구간 $(-\infty, 2)$, $(2, 4)$, $(4, \infty)$에서 $f'(x)$의 부호와 그에 따른 함수의 증감을 표로 나타내면 다음과 같다.

구간	$x < 2$	$2 < x < 4$	$x > 4$
$f'(x)$의 부호	$+$	$-$	$+$
f의 증감	증가	감소	증가

함수 f는 $\mathbb{R}$에서 연속이므로 정리 3.24에 의해 $(-\infty, 2]$에서 증가, $[2, 4]$에서 감소, $[4, \infty)$에서 증가한다고 말할 수 있다. 그리고 이를 통해 $f(2) = 20/3$는 극댓값, $f(4) = 16/3$는 극솟값임을 알 수 있다. ■

이 방법을 도함수에 대한 판정법으로 정리한 것이 다음의 일계도함수 판정법이다.

정리 3.27 일계도함수 판정법(First derivative test)

구간 $I = (\alpha, \beta)$와 실수 $c \in I$에 대하여, 함수 f가 I에서 연속이며 $I \setminus c$에서는 미분가능하다고 하자. $c \in (\alpha, \beta)$가 f의 임계점인 경우,

(1) 만약 모든 $x \in (\alpha, c)$에 대하여 $f'(x) \geq 0$이고 모든 $x \in (c, \beta)$에 대하여 $f'(x) \leq 0$이면 $f(c)$는 극댓값이다.

(2) 만약 모든 $x \in (\alpha, c)$에 대하여 $f'(x) \leq 0$이고 모든 $x \in (c, \beta)$에 대하여 $f'(x) \geq 0$이면 $f(c)$는 극솟값이다.

(3) 만약 모든 $x \in (\alpha, c) \cup (c, \beta)$에 대하여 $f'(x) > 0$ 또는 $f'(x) < 0$ 둘 중 하나가 성립하면 f는 c에서 극값을 갖지 않는다.

증명

(1) 임의의 $x_1 \in (\alpha, c)$에 대하여 정리 3.24를 적용하면 f가 $[x_1, c]$에서 증가함수라는 것을 알 수 있다. 따라서 $f(x_1) \le f(c)$이다. 또한, 같은 방법으로 임의의 $x_2 \in (c, \beta)$에 대해 $f(x_2) \le f(c)$라는 것을 확인할 수 있다. 이는 임의의 $x \in (\alpha, \beta)$에 대하여 $f(x) \le f(c)$라는 것이므로 정의 3.2에 의해 함수 f가 $x = c$에서 극댓값 $f(c)$를 갖게 된다.

(2) $-f$에 대하여 (1)을 적용하면 $-f(c)$가 $-f$의 극댓값이 되므로 $f(c)$가 f의 극솟값이 된다.

(3) 정리 3.24의 참고 3.25에 의해, 모든 $x \in (\alpha, c) \cup (c, \beta)$에 대하여 $f'(x) > 0$인 경우에는 f가 (α, β)에서 순증가, 모든 $x \in (\alpha, c) \cup (c, \beta)$에 대하여 $f'(x) < 0$인 경우에는 f는 (α, β)에서 순감소가 된다. 따라서, f는 c에서 극값을 갖지 않는다. ■

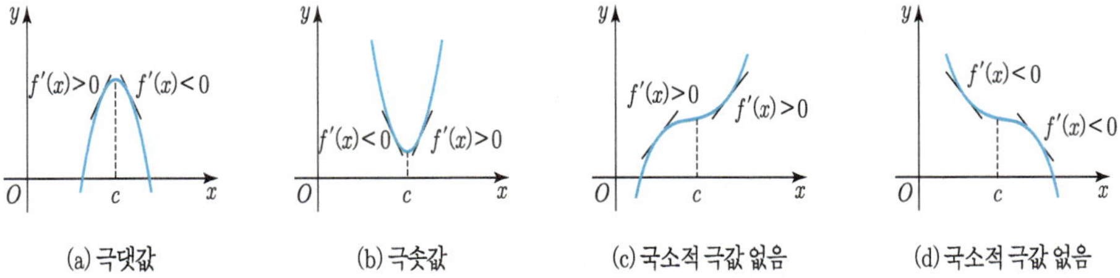

그림 3.8

그림 3.8을 보면 정리 3.27의 내용을 쉽게 이해할 수 있다. 또한 이 그림의 (a)와 (b)를 보면, 정점에서 함수의 그래프가 볼록한 모양으로 되어있어, 볼록함과 극값 사이에 어떤 연관성이 있지 않을까 추측 할 수 있는데 실제로 이계도함수를 이용하여 이를 설명할 수 있다.

정의 3.28 함수 f가 c를 포함하는 개구간 (α, β)에서 미분가능하다 하고, 점 $P(c, f(c))$에서의 f의 접선을 L이라 하자. 만약 $c \in I \subset (\alpha, \beta)$인

(1) 어떤 개구간 I 위에서 f의 그래프가 L 위쪽에만 있으면 f는 점 $P(c, f(c))$에서 **위로 오목**(concave upward) 또는 **아래로 볼록**(convex downward)하다고 한다(그림 3.9(a) 참조).

(2) 어떤 개구간 I 위에서 f의 그래프가 L 아래쪽에만 있으면 f는 점 $P(c, f(c))$에서 **아래로 오목**(concave downward) 또는 **위로 볼록**(convex upward)하다고 한다(그림 3.9(b) 참조).

(3) 모든 개구간 I 위에서 f의 그래프가 L 위에 있지 않은 L 위쪽에 있는 점과 L

위에 있지 않은 L 아래쪽에 있는 점을 동시에 가진다면 f는 점 $P(c, f(c))$에서 **변곡**(inflect)한다고 하고, 이때의 점 $P(c, f(c))$를 곡선 f의 **변곡점**(point of inflection)이라고 한다(그림 3.9(c) 참조).

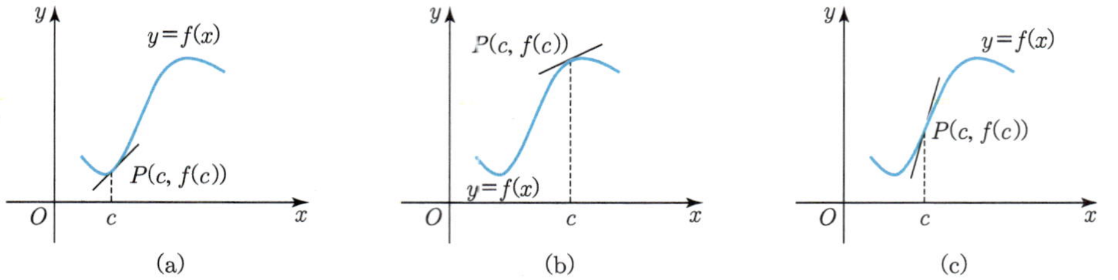

그림 3.9

c를 포함하는 개구간 (α, β)에서 미분가능한 함수 f에 대하여 f의 그래프의 점 $(c, f(c))$에서의 접선 L의 방정식은 $y = f(c) + f'(c)(x-c)$이다. 따라서, 그림 3.10에서처럼 임의의 $x \in (\alpha, \beta)$가

$$f(x) \geq f(c) + f'(c)(x-c)$$

를 만족하면 f의 그래프가 구간 (α, β)에서 아래로 볼록하게 되고,

$$f(x) \leq f(c) + f'(c)(x-c)$$

를 만족하면 f의 그래프가 구간 (α, β)에서 위로 볼록하게 된다. 뿐만 아니라, $c \in I \subset (\alpha, \beta)$인 임의의 구간 $I = (a, b)$에 대하여

(i) $f(x) < f(c) + f'(c)(x-c)$ $(x \in (a, c))$, $f(x) > f(c) + f'(c)(x-c)$ $(x \in (c, b))$

(ii) $f(x) > f(c) + f'(c)(x-c)$ $(x \in (a, c))$, $f(x) < f(c) + f'(c)(x-c)$ $(x \in (c, b))$

중 하나가 성립하면 f는 점 $P(c, f(c))$에서 변곡한다.

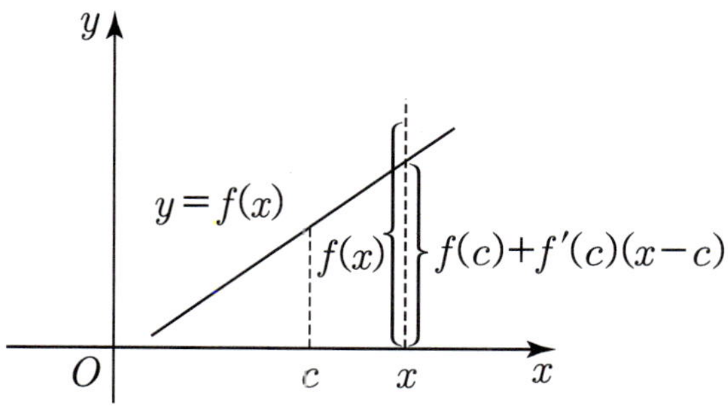

그림 3.10

정리 3.29 구간 $I = (\alpha, \beta)$에서 연속인 도함수를 갖는 함수 f에 대하여,

(1) I에서 f가 두번 미분가능이고 모든 $x \in I$가 $f''(x) > 0$를 만족하면 함수 f의 그래프는 I에서 아래로 볼록하다. 즉, 모든 $c \in I$에 대하여 f는 점 $P(c, f(c))$에서 아래로 볼록하다.

(2) I에서 f가 두번 미분가능이고 모든 $x \in I$가 $f''(x) < 0$를 만족하면 함수 f의 그래프는 I에서 위로 볼록하다. 즉, 모든 $c \in I$에 대하여 f는 점 $P(c, f(c))$에서 위로 볼록하다.

(3) $I \setminus \{c\}$에서 f가 두번 미분가능이고 x가 $c \in I$를 지날 때 $f''(x)$의 부호가 변하는 $c \in I$가 존재하면 f는 점 $(c, f(c))$에서 변곡한다.

증명 (1) 평균값 정리 (정리 3.14)에 의하면 임의의 $x \in (c, \beta)$에 대하여

$$f(x) - f(c) = f'(b_x)(x - c)$$

를 만족하는 $b_x \in (c, x)$가 존재함을 알 수 있다. 이때, I에서 $f'' > 0$이므로 f'는 I에서 순증가함수이다. 이를 통해

$$f(x) = f(c) + f'(b_x)(x - c) > f(c) + f'(c)(x - c)$$

가 성립한다는 것을 알 수 있으며, 따라서, 점 $(x, f(x))$는 접선 L의 위쪽에 존재한다. 또한, 같은 방법으로 임의의 $x \in (\alpha, c)$에 대해서도

$$f(c) - f(x) = f'(a_x)(c - x)$$

를 만족하는 $a_x \in (x, c)$가 존재함을 알 수 있고, 이 때문에

$$f(x) = f(c) - f'(a_x)(c - x) > f(c) - f'(c)(c - x) = f(c) + f'(c)(x - c)$$

가 성립하게 되어 점 $(x, f(x))$는 접선 L의 위쪽에 존재한다. 따라서 f의 그래프는 구간 I에서 아래로 볼록하다.

(2) I에서 $f'' < 0$이므로 f'가 I에서 순감소함수가 된다는 것을 이용하면 (1)의 증명에 따라 f의 그래프는 구간 I에서 위로 볼록함을 알 수 있다.

(3) x가 c를 지날 때 $f''(x)$의 부호가 변한다는 것은 f'이 c를 기점으로 순증가에서 순감소로 혹은 순감소에서 순증가로 바뀌게 된다. 이 현상을 (1)의 증명에 적용하면 f가 점 $(c, f(c))$에서 변곡함을 알 수 있다.

■

예제 3.30

함수 $f(x) = (1-2x)^3$의 오목 · 볼록한 영역과 변곡점을 구하시오.

풀이 함수 f의 일계도함수와 이계도함수는 다음과 같다.

$$f'(x) = -6(1-2x)^2, \qquad f''(x) = 24(1-2x)$$

이를 통해 $1/2$을 기점으로 f''의 부호가 바뀐다는 것을 알 수 있고, 범위 $x < 1/2$에서는 $f''(x) > 0$, 범위 $x > 1/2$에서는 $f'(x) < 0$이 성립한다는 것도 쉽게 확인 가능하다. 정리 3.29을 이용해 f의 그래프의 변곡, 오목 · 볼록을 판정여 표로 정리하면 다음과 같이 나타낼 수 있다.

구 간	$x < 1/2$	$x = 1/2$	$x > 1/2$
$f'(x)$	$-$	0	$-$
$f''(x)$	$+$	0	$-$
	아래로 볼록	변곡점	위로 볼록

표 3.1

참고로 f의 그래프의 개형은 그림 3.11과 같다.

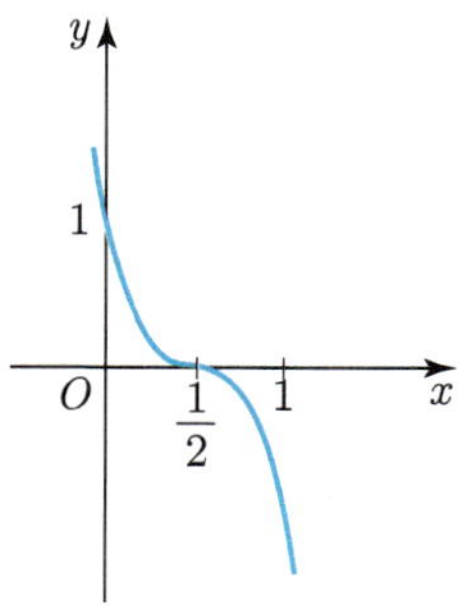

그림 3.11

참고 3.31

흔히 변곡점을 구할 때 $f''(x) = 0$이 되는 값 x를 찾고 마무리하는 경우가 있는데, 예를 들어 $f(x) = x^4$를 생각해보면 이것은 참이 아님을 알 수 있다. 정리 3.29, (3)과 같이 $f''(x)$의 부호를 반드시 고려해야 함을 명심하자.

정리 3.27에서 일계도함수를 이용하여 함수의 극댓값과 극솟값을 판정하는 방법에 대해 공부하였다. 이번에는 이계도함수를 이용하여 함수의 극값을 판정하는 방법에 대해 알아보자.

정리 3.32 이계도함수 판정법(Second derivative test)

개구간 (α, β)에서 두 번 미분가능한 함수 f가 $c \in (\alpha, \beta)$에서 $f'(c) = 0$라고 하자. 만약 모든 $x \in (\alpha, \beta)$에 대하여

(1) $f''(x) > 0$이면 $f(c)$는 f의 극솟값이다.

(2) $f''(x) < 0$이면 $f(c)$는 f의 극댓값이다.

증명 (1) $f'(c) = 0$이므로 점 $(c, f(c))$에서의 f의 그래프의 접선의 방정식은 $y = f(c) + f'(c)(x - c) = f(c)$이다. 이때 모든 (α, β)에서 $f'' > 0$이므로 정리 3.29의 (1)의 증명을 적용하면 모든 $x \in (\alpha, c) \cup (c, \beta)$에 대하여 $f(x) > f(c)$가 성립함을 알 수 있다. 즉, $f(c)$는 극솟값이다.

(2) (1)과 같은 방법으로 증명한다. ∎

참고 3.33

정리 3.29와 3.32의 (1),(2)에서 $f'' > 0$이거나 $f'' < 0$인 경우만을 다루고 있으나 $f'' \geq 0$이거나 $f'' \leq 0$인 경우도 같은 증명을 이용해 동일한 결론을 내릴 수 있다. 즉, 개구간 (α, β)에서 두 번 미분가능한 함수 f가 모든 $x \in (\alpha, \beta)$에 대하여

(1) $f''(x) \geq 0$이면 f는 (α, β)에서 아래로 볼록이다. 여기에 추가로 $c \in (\alpha, \beta)$에서 $f'(c) = 0$라면 $f(c)$는 f의 극솟값이다.

(2) $f''(x) \leq 0$이면 f는 (α, β)에서 위로 볼록이다. 여기에 추가로 $c \in (\alpha, \beta)$에서 $f'(c) = 0$라면 $f(c)$는 f의 극댓값이다.

예제 3.34

함수 $f(x) = x^4 - 4x^3 + 10$의 오목 · 볼록한 영역, 변곡점, 극값을 구하고 이들을 이용하여 곡선의 개형을 그리시오.

풀이 함수 f의 일계도함수와 이계도함수는 다음과 같다.

$$f'(x) = 4x^2(x - 3), \qquad f''(x) = 12x(x - 2)$$

이를 통해 0과 2를 기점으로 f''의 부호가 바뀐다는 것을 알 수 있으므로 정리 3.29에 의해 $(0, 10)$과 $(2, -6)$가 f의 변곡점이라는 것을 알 수 있다. 한편, $f'(3) = 0$인데, $x > 2$인 범위에서 $f'' > 0$이므로 정리 3.32를 적용하면 $f(3) = -17$은 f의 극솟값이다. 이를 정리하여 표로 나타내면 표 3.2와 같고,

이를 바탕으로 그래프의 개형을 나타내면 그림 3.12와 같다.

x	$\cdots$	0	$\cdots$	2	$\cdots$	3	$\cdots$
$f'(x)$	$-$	0	$-$	$-$	$-$	0	$+$
$f''(x)$	$+$	0	$-$	0	$+$	$+$	$+$
$f(x)$	$\searrow$	변곡	$\searrow$	변곡	$\searrow$	극소	$\nearrow$

표 3.2

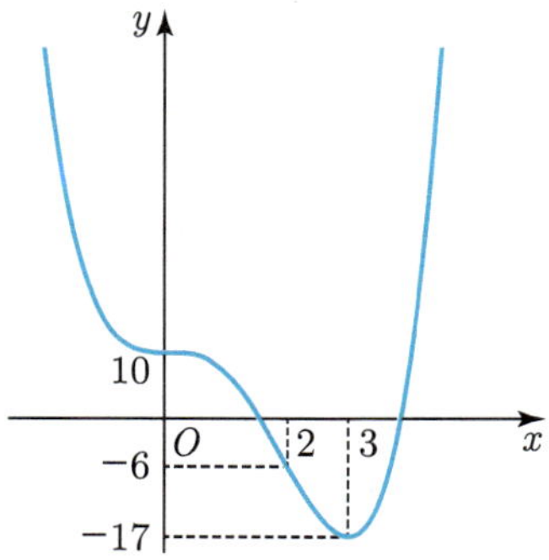

그림 3.12

c를 포함하는 구간 (α, β)에서 $f'(c) = 0$이지만 $f''(c)$의 값이 존재하지 않는 경우에는 정리 3.32를 이용하여 극솟값이나 극댓값을 구할 수 없다. 이러한 경우에는 예제 3.35에서처럼 정리 3.27를 이용하여 극값을 구하도록 한다.

예제 3.35

함수 $f(x) = x^{2/3} - 2x^{1/3}$의 극값을 구하고, 그래프의 개형을 그리시오.

풀이 함수 f의 일계도함수와 이계도함수는 다음과 같다.

$$f'(x) = \frac{2}{3}x^{-1/3} - \frac{2}{3}x^{-2/3} = \frac{2(x^{1/3} - 1)}{3x^{2/3}},$$

$$f''(x) = -\frac{2}{9}x^{-4/3} + \frac{4}{9}x^{-5/3} = \frac{2(2 - x^{1/3})}{9x^{5/3}}$$

$f'(0)$는 존재하지 않으므로 $x = 0$은 f의 특이점, 즉 임계점이다. 한편 $f''(0)$는 존재하지 않으므로 정리 3.32를 0에 대하여 적용할 수 없다. 하지만 $x < 0$와 $0 < x < 1$인 모든 x에 대하여 $f'(x) < 0$이므로 정리 3.27에 의해 f가 $x = 0$에서 극값을 갖지 않는것을 알 수 있다.

또 다른 f의 임계점은 방정식 $f'(x) = 0$을 풀어 $x = 1$을 얻을 수 있다. 그런데 $0 < x < 1$인 모든 x에 대하여 $f'(x) < 0$이고, $x > 1$인 모든 x에 대해서는

$f'(x) > 0$이므로 정리 3.27에 의해 f가 $x = 1$에서 극솟값 $f(1) = -1$을 갖는 것을 알 수 있다. 도함수와 이계도함수의 값을 이용하여 표 3.3로 정리하고 이를 이용해 f의 그래프의 개형을 나타내면 그림 3.13과 같다.

x	$\cdots$	0	$\cdots$	1	$\cdots$	8	$\cdots$
$f'(x)$	$-$	없다	$-$	0	$+$	$+$	$+$
$f''(x)$	$-$	없다	$+$	$+$	$+$	0	$-$
$f(x)$	↘		↘	극소	↗	변곡	↗

표 3.3

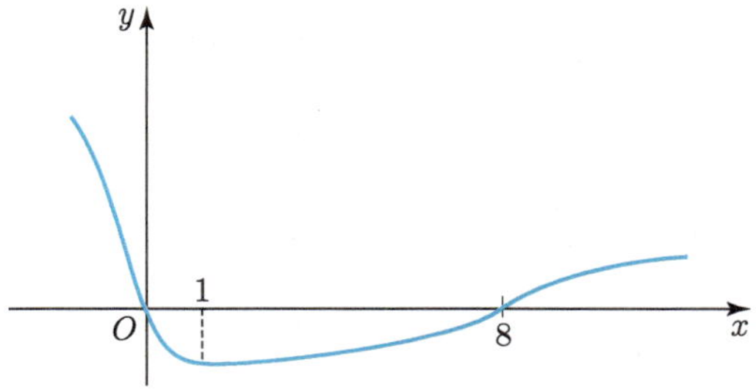

그림 3.13

■

지금까지 함수의 국소영역에서의 형태를 살펴보았다. 이 절의 남은 부분에서는 함수의 극한을 그래프의 개형에 반영하게 해주는 점근선을 학습하고, 앞서 공부한 증가 · 감소, 곡선의 오목 · 볼록을 종합적으로 적용하여 주어진 함수의 그래프의 개형을 그려본다.

정의 3.36 함수 f에 대하여 다음 극한 중 적어도 하나가 성립하면 직선 $y = L$을 함수 f의 **수평점근선**(horizontal asymptote)이라고 한다.

(i) $\lim_{x\to\infty} f(x) = L$ (ii) $\lim_{x\to-\infty} f(x) = L$

예제 3.37

함수 $f(x) = \dfrac{\sqrt{2x^2+1}}{3x-5}$의 수평점근선을 구하시오.

풀이 $x \to \infty$의 경우 $x > 0$이라고 가정할 수 있으므로 다음의 극한을 얻는다.

$$\lim_{x\to\infty} \frac{\sqrt{2x^2+1}}{3x-5} = \lim_{x\to\infty} \frac{\sqrt{2+\dfrac{1}{x^2}}}{3-\dfrac{5}{x}} = \frac{\sqrt{\lim\limits_{x\to\infty} 2 + \lim\limits_{x\to\infty} \dfrac{1}{x^2}}}{\lim\limits_{x\to\infty} 3 - 5\lim\limits_{x\to\infty} \dfrac{1}{x}} = \frac{\sqrt{2+0}}{3-5\cdot 0} = \frac{\sqrt{2}}{3}$$

따라서 직선 $y = \dfrac{\sqrt{2}}{3}$은 f의 수평점근선이다. 한편, $x \to -\infty$의 경우 $x < 0$이라고 가정할 수 있으므로 다음의 극한을 얻는다.

$$\lim_{x\to-\infty} \frac{\sqrt{2x^2+1}}{3x-5} = \lim_{x\to-\infty} \frac{-\sqrt{2+\frac{1}{x^2}}}{3-\frac{5}{x}} = \frac{-\sqrt{\lim\limits_{x\to-\infty} 2 + \lim\limits_{x\to-\infty} \frac{1}{x^2}}}{\lim\limits_{x\to-\infty} 3 - 5 \lim\limits_{x\to-\infty} \frac{1}{x}} = -\frac{\sqrt{2}}{3}$$

따라서 직선 $y = -\dfrac{\sqrt{2}}{3}$도 f의 수평점근선이다. 참고로 f의 그래프는 그림 3.14와 같다.

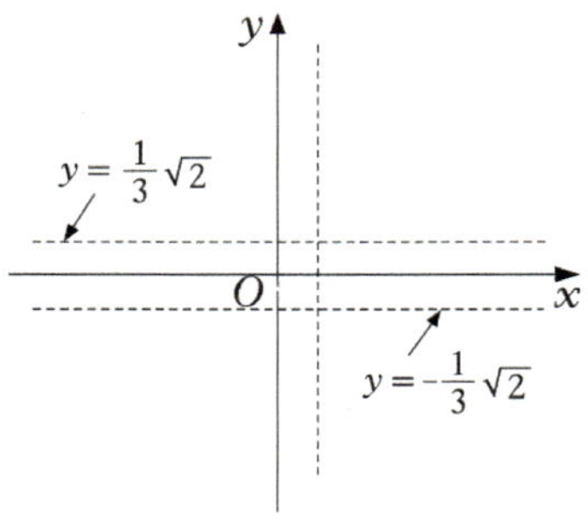

그림 3.14

정의 3.38 함수 f에 대하여 다음 극한 중 적어도 하나가 성립하면, 직선 $x = a$를 함수 f의 **수직점근선**(vertical asymptote)이라고 한다.

(i) $\lim\limits_{x\to a^-} f(x) = \infty$ (ii) $\lim\limits_{x\to a^+} f(x) = \infty$

(iii) $\lim\limits_{x\to a^-} f(x) = -\infty$ (iv) $\lim\limits_{x\to a^+} f(x) = -\infty$

예제 3.39

함수 $f(x) = \dfrac{2x}{x-1}$의 수직점근선과 수평점근선을 모두 구하시오.

풀이 다음의 극한을 통해 $x = 1$이 $f(x)$의 수직점근선임을 알 수 있다.

$$\lim_{x\to1^+} \frac{2x}{x-1} = \infty, \qquad \lim_{x\to1^-} \frac{2x}{x-1} = -\infty$$

또한 다음의 극한을 통해 $y = 2$가 $f(x)$의 수직점근선임을 알 수 있다.

$$\lim_{x\to\infty} \frac{2x}{x-1} = \lim_{x\to\infty} \frac{2}{1-\frac{1}{x}} = 2, \qquad \lim_{x\to-\infty} \frac{2x}{x-1} = 2$$

참고로 함수 f의 그래프의 개형은 그림 3.15와 같다.

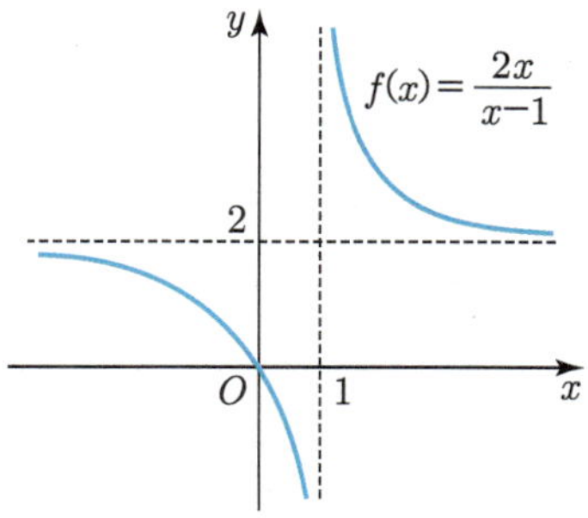

그림 3.15

■

보편적으로 함수의 그래프의 개형을 그릴 때 다음과 같은 순서를 따른다.

(1) 함수의 정의역을 조사한다. (가급적이면 가장 넓은 영역을 고려한다.)

(2) x절편 및 y절편을 조사한다.

(3) 함수의 주기성 및 대칭성을 조사한다.

(4) 점근선을 조사한다.

(5) 일계도함수를 이용하여 함수의 증가 또는 감소구간을 구한다.

(6) 일계도함수를 이용하여 함수가 갖는 극댓값 또는 극솟값을 구한다.

(7) 이계도함수를 이용하여 곡선의 오목 · 볼록 및 변곡점을 구한다.

(8) (1)에서 (7)까지의 내용을 종합하여 그래프의 개형을 그린다.

예제 3.40

함수 $f(x) = \dfrac{2}{1+x^2}$의 그래프의 개형을 그리시오.

풀이 (1) 정의역은 $\mathbb{R} = (-\infty, \infty)$이다.

(2) y절편은 2이고 x절편은 없다.

(3) $f(-x) = f(x)$이므로 f는 우함수이다. 따라서 주어진 곡선은 y축에 대칭이다.

(4) f는 연속함수이므로 수직점근선은 존재하지 않는다. 하지만, 다음의 극한에 의해 $y=0$은 수평점근선이다.

$$\lim_{x\to\pm\infty} \frac{2}{1+x^2} = 0$$

(5) f의 일계도함수는

$$f'(x) = -\frac{4x}{(1+x^2)^2}$$

이므로 구간 $(-\infty, 0)$에서 $f' > 0$, $(0, \infty)$에서 $f'(x) < 0$이다. 따라서 f는 $(-\infty, 0]$에서 증가하고 $[0, \infty)$에서 감소한다.

(6) $f'(0) = 0$이고 $x = 0$에서 f'이 양에서 음으로 변하므로 $f(0) = 2$는 극댓값이다.

(7) f의 이계도함수는

$$f''(x) = \frac{4(3x^2-1)}{(1+x^2)^3}$$

이므로 구간 $\left(-\infty, -\frac{\sqrt{3}}{3}\right)$과 $\left(\frac{\sqrt{3}}{3}, \infty\right)$에서 $f'' > 0$이며 $\left(-\frac{\sqrt{3}}{3}, \frac{\sqrt{3}}{3}\right)$에서 $f'' < 0$이다. 따라서 각각의 영역에서 순서대로 f는 아래로 볼록, f는 위로 볼록이다. 또한 $\left(-\frac{\sqrt{3}}{3}, \frac{3}{2}\right)$과 $\left(\frac{\sqrt{3}}{3}, \frac{3}{2}\right)$는 변곡점이다.

(8) (1)에서 (7)까지의 내용을 종합하여 그래프의 개형을 그리면 그림 3.16과 같다.

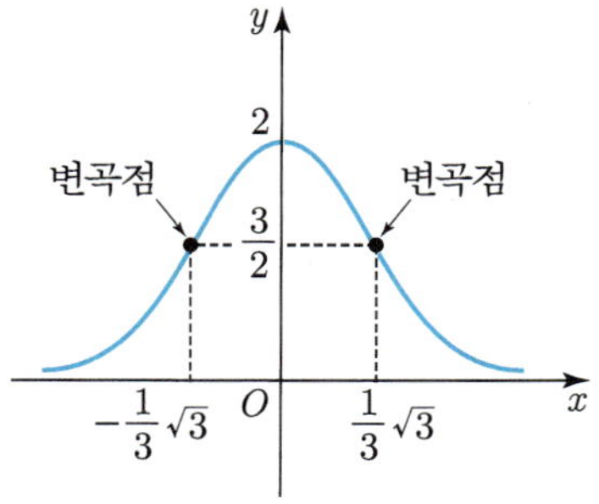

그림 3.16

예제 3.41

함수 $f(x) = \frac{x}{(x+1)^2}$의 그래프의 개형을 그리시오.

풀이 (1) 정의역은 $\mathbb{R} \setminus \{-1\}$이다.

(2) x절편과 y절편은 모두 0으로 f의 그래프는 원점을 지난다.

(3) 특별한 대칭성과 주기성은 없다.

(4) 극한

$$\lim_{x\to\pm\infty} \frac{x}{(x+1)^2} = 0 \text{ 와 } \lim_{x\to-1^+} \frac{x}{(x+1)^2} = \lim_{x\to-1^-} \frac{x}{(x+1)^2} = -\infty$$

로부터 직선 $y = 0$이 수평점근선, $x = -1$이 수직점근선임을 알 수 있다.

(5) f의 일계도함수는

$$f'(x) = \frac{1-x}{(x+1)^3}$$

이므로 구간 $(-1, 1)$에서 $f' > 0$이고 구간 $(-\infty, -1)$과 $(1, \infty)$에서 $f'(x) < 0$이다. 따라서 f는 $(-1, 1]$에서 증가하고 $(-\infty, -1)$과 $[1, \infty)$에서 감소한다.

(6) $f'(1) = 0$이고 $x = 1$에서 f'이 양에서 음으로 변하므로 $f(1) = 1/4$는 극댓값이다.

(7) f의 이계도함수는

$$f''(x) = \frac{2(x-2)}{(x+1)^4}$$

이므로, 구간 $(2, \infty)$에서는 $f'' > 0$ 구간 $(-\infty, -1)$과 $(-1, 2)$에서는 $f'' < 0$이다. 따라서 각각의 영역에서 순서대로 f는 아래로 볼록하고, 위로 볼록이다. 또한 $(2, 2/9)$는 변곡점이다.

(8) (1)에서 (7)까지의 내용을 종합하여 그래프의 개형을 그리면 그림 3.17과 같다.

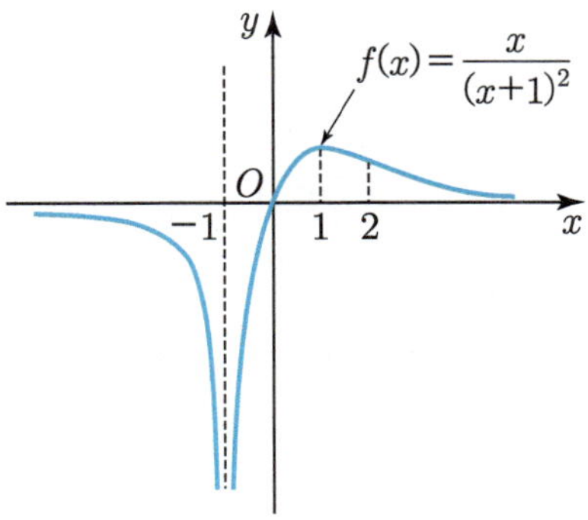

그림 3.17

■

예제 3.42

함수 $f(x) = \dfrac{x^2}{\sqrt{x+1}}$의 그래프의 개형을 그리시오.

풀이 (1) 정의역은 $\{x \mid x+1>0\} = (-1, \infty)$이다.

(2) x절편과 y절편은 모두 0으로 f의 그래프는 원점을 지난다.

(3) 특별한 대칭성과 주기성은 없다.

(4) 극한

$$\lim_{x\to\infty} \frac{x^2}{\sqrt{x+1}} = \infty \text{ 와 } \lim_{x\to -1^+} \frac{x^2}{\sqrt{x+1}} = \infty$$

로부터 수평점근선은 없고, $x=-1$이 수직점근선임을 알 수 있다.

(5) f의 일계도함수는

$$f'(x) = \frac{x(3x+4)}{2(x+1)^{\frac{3}{2}}}$$

이므로 구간 $(-1, 0)$에서 $f'<0$, 구간 $(0,\infty)$에서 $f'>0$이다. 따라서 f는 $(-1,0]$에서 감소하고 $[0,\infty)$에서 증가한다.

(6) $f'(0)=0$이고 $x=0$에서 f'이 음에서 양으로 변하므로 $f(0)=0$은 극솟값이다.

(7) f의 이계도함수는

$$f''(x) = \frac{3x^2+8x+8}{4(x+1)^{\frac{5}{2}}}$$

이고 분자가 0이 되는 경우가 없으므로 $(-1,\infty)$에서 $f''>0$이다. 따라서 f는 $(-1,\infty)$에서 아래로 볼록이고, 변곡점은 따로 없다.

(8) (1)에서 (7)까지의 내용을 종합하여 그래프의 개형을 그리면 그림 3.18과 같다.

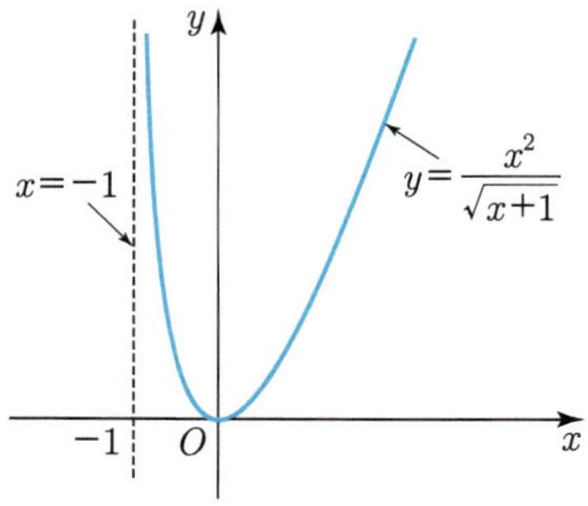

그림 3.18

예제 3.43

함수 $f(x) = xe^{-x}$의 그래프의 개형을 그리시오.

풀이 (1) 정의역은 모든 실수의 집합이다.

(2) x절편과 y절편은 모두 0으로 f의 그래프는 원점을 지난다.

(3) 특별한 대칭성과 주기성은 없다.

(4) f는 연속함수이므로 수직점근선은 존재하지 않는다. 하지만 다음의 극한에 의해 수평점근선은 $y = 0$이다.

$$\lim_{x\to\infty} xe^{-x} = \lim_{x\to\infty} \frac{x}{e^x} = \lim_{x\to\infty} \frac{1}{e^x} = 0 \text{ 와 } \lim_{x\to-\infty} xe^{-x} = -\infty$$

(5) f의 일계도함수는

$$f'(x) = (1-x)e^{-x}$$

이므로 구간 $(-\infty, 1)$에서 $f' > 0$ 구간 $(1, \infty)$에서 $f' < 0$이다. 따라서 f는 $(-\infty, 1]$에서 증가하고 $[1, \infty)$에서 감소한다.

(6) $f'(1) = 0$이고 $x = 1$에서 f'이 양에서 음으로 변하므로 $f(1) = e^{-1}$은 극댓값이다.

(7) f의 이계도함수는

$$f''(x) = (x-2)e^{-x}$$

이므로 구간 $(-\infty, 2)$에서 $f'' < 0$이고, 구간 $(2, \infty)$에서 $f'' > 0$이다. 따라서 f는 $(-\infty, 2)$에서 위로 볼록, $(2, \infty)$에서 아래로 볼록하다.

(8) (1)에서 (7)까지의 내용을 종합하여 그래프의 개형을 그리면 그림 3.19와 같다.

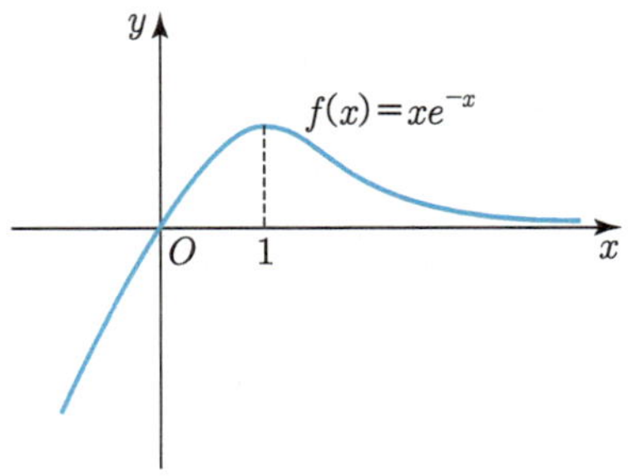

그림 3.19

3.3 연습문제

1. 함수 f의 도함수 f'의 그래프가 아래와 같다. 다음 물음에 답하시오.
   (a) 함수 f가 증가 또는 감소하는 구간을 구하시오.
   (b) 함수 f가 극댓값 또는 극솟값을 갖는 x의 값을 구하시오.

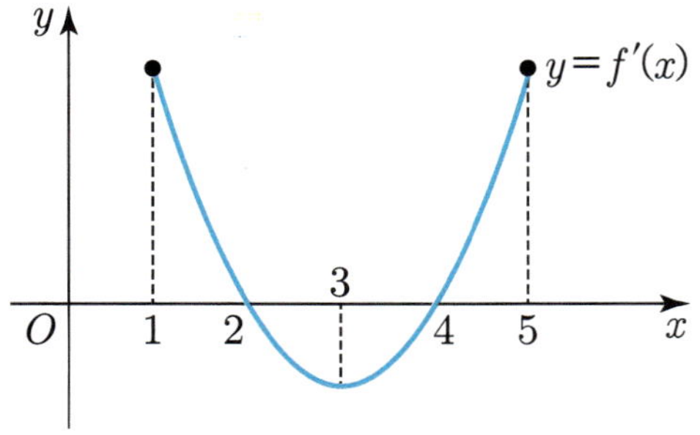

2. 함수 f의 도함수가

$$f'(x) = (x+1)^3(x-2)^2(x-4)^5$$

일 때, f가 증가 또는 감소하는 구간을 구하시오.

3. 주어진 함수들에 대하여 함수가 증가 또는 감소하는 구간 및 극댓값과 극솟값을 구하시오.
   (1) $f(x) = x^3 + x + 5$
   (2) $f(x) = x^{\frac{1}{5}}(x+1)$
   (3) $f(x) = \sin x + \cos x \ (0 \le x \le 2\pi)$
   (4) $f(x) = \dfrac{1+x^3}{x}$
   (5) $f(x) = x\sqrt{1-x^2}$
   (6) $f(x) = e^{-x^2}$

4. 함수 $f(x) = x^3 + ax^2 + bx + 1$가 $x = -1$에서 극솟값, $x = -3$에서 극댓값을 가질 때, 상수 a와 b의 값을 구하시오.

5. 등식 $x^5+x^3+x-1 = 0$은 구간 $[0, 1]$ 안에서 꼭 하나의 실근을 가짐을 증명하시오.

6. $0 < x < \pi/2$에 대해 $\tan x > x$임을 증명하시오.

7. $x > 0$에 대해 $e^x > x + 1$임을 증명하시오.

8. 어떤 놀이 기구가 회전하기 시작하여 t초 후의 높이 y(m)가 $y = 15 + \sin\left(\frac{\pi}{360}t\right)$ 라고 한다. 회전하기 시작하여 4분 후의 높이가 증가하고 있는지, 감소하고 있는지 말하시오.

9. 함수 f의 이계도함수 f''의 그래프가 아래와 같다. 다음 물음에 답하시오.

(a) 함수 f가 위로 볼록 또는 아래로 볼록인 구간을 구하시오.

(b) 함수 f의 변곡점이 되는 x값을 구하시오.

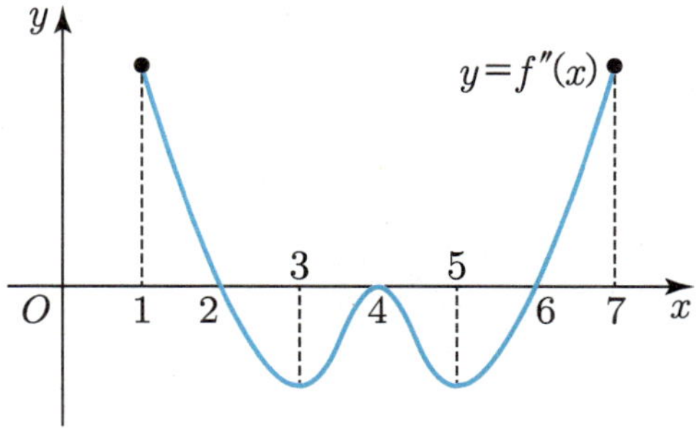

10. 다음 함수에 대하여 극값과 변곡점, 위로 볼록과 아래로 볼록인 구간을 구하시오.

(1) $f(x) = x^3 + x$ (2) $f(x) = x + \sin x$ (3) $f(x) = \dfrac{x}{1+x^2}$

11. 함수 $f(x) = x|x|$는 $(0,0)$에서 변곡점을 갖지만, $f''(0)$는 존재하지 않음을 증명하시오.

12. 다음 주어진 함수의 수직, 수평점근선을 구하시오.

(1) $f(x) = \dfrac{x^2+1}{x^2-1}$ (2) $f(x) = \dfrac{x^2+2x-15}{x^3+7x^2+10x}$

(3) $f(x) = \dfrac{x^2-3}{2x-4}$ (4) $f(x) = \dfrac{\sqrt{x^2+9}}{x+3}$

(5) $f(x) = \dfrac{x\,|x|}{x^2+1}$ (6) $f(x) = xe^{-x^2}$

13. 다음 함수의 극값과 변곡점을 구하고, 이를 이용하여 그래프의 개형을 그리시오.

(1) $f(x) = x + \dfrac{4}{x}$ (2) $f(x) = \dfrac{4x}{1+4x^2}$

(3) $f(x) = \dfrac{x}{\sqrt{x^2+1}}$ (4) $f(x) = \sin x + \cos x$

3.4 미분과 근삿값 : 증분, 뉴턴의 방법

미분은 수치적으로 함수에 접근하는 것을 가능하게 해주는 매우 중요한 도구이다. 이는 컴퓨터를 이용한 함수 계산의 근간이 되는데, 이번 절에서는 이와 관련이 있는 미분을 활용해 함숫값을 근사적으로 계산하는 방법과 방정식의 해를 근사적으로 계산하는 방법을 살펴본다.

3.4.1 함수의 변화량 : 증분

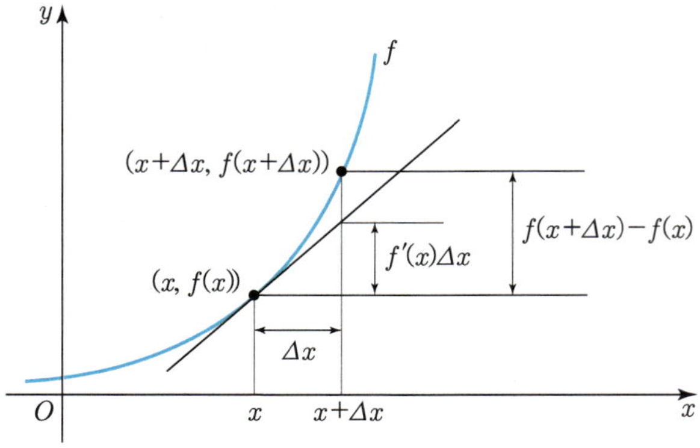

그림 3.20

함수 $f(x)$에 대하여 변수 x의 증분 Δx에 따른 f값의 증분 $\Delta f = f(x+\Delta x) - f(x)$은 그림 3.20와 같이 그려볼 수 있다.

> **정의 3.44** 개구간 I에서 정의된 함수 f와 임의의 점 $x \in I$에 대하여, x의 증분 Δx에 대한 f의 **증분**(increment) Δf은 $\Delta f = f(x + \Delta x) - f(x)$으로 정의한다.

만약 그림 3.20에서 처럼 함수 f가 x에서 미분가능이라면, $(x, f(x))$에서의 접선이 존재하고 그 기울기가 $f'(x)$이다. 이때, x의 증분 Δx에 따른 접선의 증분은 $f'(x)\Delta x$인데, 도함수의 정의에 의해

$$\lim_{\Delta x \to 0} \frac{[f(x + \Delta x) - f(x)] - f'(x)\Delta x}{\Delta x} = 0$$

가 성립한다. 그리고, 이 등식은 Δx가 충분히 0에 가깝다면 Δf와 $f'(x)\Delta x$이 거의 같다는 것을 의미한다.

예제 3.45

함수 $f(x) = x^2 + x + 1$에 대하여

(1) 점 x에서 증분 Δx에 대한 Δf와 $\Delta f - f'(x)\Delta x$를 구하시오.

(2) $x = 1$과 $\Delta x = 0.1$인 경우 Δf와 $\Delta f - f'(x)\Delta x$를 계산하시오.

풀이 (1) f의 증분 Δf은 다음과 같다.

$$\begin{aligned}\Delta f &= (x+\Delta x)^2 + (x+\Delta x) + 1 - (x^2 + x + 1) \\ &= 2x\Delta x + (\Delta x)^2 + \Delta x,\end{aligned}$$

한편, f의 도함수는 $f'(x) = 2x + 1$이므로 다음이 성립한다.

$$\Delta f - f'(x)\Delta x = (\Delta x)^2,$$

(2) $x = 1$, $\Delta x = 0.1$를 (1)에 적용하면 다음을 얻는다.

$$\Delta f = 2 \cdot 1 \cdot 0.1 + (0.1)^2 + 0.1 = 0.31,\ \Delta f - f'(x)\Delta x = (0.1)^2 = 0.01$$

■

지금까지 살펴본 내용을 함숫값의 근사값을 구한다는 상황으로 다시 정리해보면, f가 x에서 미분가능인 경우 $f(x) + f'(x)\Delta x$는 $f(x+\Delta x)$의 근사값이 되며, 이 경우 Δx가 작아지면 이 근사값의 오차가 작아진다는 것이다. 그리고, 여기서 중요한 점은 $f'(x)\Delta x$가 비교적 계산이 수월하기 때문에 함숫값을 계산하기 어려운 경우 이 근사값을 함숫값대신에 사용할 수 있다는 것이다.

예제 3.46

$\sqrt{4} = 2$와 미분을 이용하여 $\sqrt{4.02}$의 근삿값을 구하시오.

풀이 함수 $f(x) = \sqrt{x}$에 대하여 $\sqrt{4.02} = f(4 + 0.02)$이므로, $x = 4$, $\Delta x = 0.02$라 하자. f는 4에서 미분가능이므로

$$f(4.02) = f\big(x + \Delta x\big) \approx f(x) + f'(x) \cdot \Delta x = f(4) + f'(4) \cdot (0.02)$$

이다. 이때, $f(4) = 2$이고, $f'(x) = (1/2)x^{-1/2}$이므로 $f'(4) = 1/4$이므로 다음의 근사값을 얻을 수 있다.

$$\sqrt{4.02} = f(4.02) \approx f(4) + f'(4) \cdot (0.02) = 2 + (1/4)(0.02) = 2.005$$

■

3.4.2 방정식의 근 : 뉴턴의 방정식

주어진 방정식의 근을 구하는 것은 수학의 기본적인 목표라고 할 수 있는데, 시스템적으로 근을 정확하게 구할 수 있는 경우는 매우 제한적으로 알려져 있다. 매우 단순한 형태라고 할 수 있는 다항식으로 주어진 방정식의 경우 조차도 1·2차 방정식의 경우를 제외하면 근의 공식이 있다고 하더라도 매우 복잡하고 또 5차 이상의 방정식에 대해서는 근의 공식 자체가 존재하지 않는다. 이러한 문제를 해결하기 위해 다양한 이론이 개발되었는데, 이 절에서는 미분을 이용해 근사해를 구하는 방법을 학습한다.

주어진 방정식의 해를 구한다는 것은 $f(x)=0$를 만족하는 x를 찾는 다는 것인데, 이를 함수 $y=f(x)$의 그래프를 이용해 다시 표현하면 $y=f(x)$의 x절편을 구하는 것으로 이해할 수 있다.

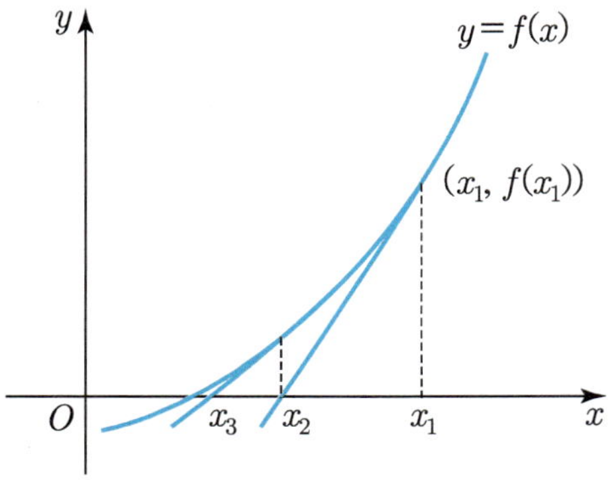

그림 3.21

이를 위해 그림 3.21에서와 같이 임의로 주어진 x_1에 대하여 점 $(x_1, f(x_1))$에서의 곡선 $y=f(x)$에 대한 접선의 L_1을 고려하자. L_1의 방정식은

$$y-f(x_1)=f'(x_1)(x-x_1)$$

이므로 $f'(x_1)\neq 0$인 경우 L_1의 x절편 x_2가 존재하게 되고 등식

$$x_2=x_1-\frac{f(x_1)}{f'(x_1)}$$

이 성립한다. $f'(x_2)\neq 0$인 경우 같은 방법으로, 점 $(x_2, f(x_2))$에서의 곡선 $y=f(x)$에 대한 접선 L_2를 고려하고 이 것의 x절편 x_3를 찾는다. 이 방법을 반복 적용하면 $f'(x_n)\neq 0$인 경우 접선 L_n의 x절편 x_{n+1}은 다음의 점화식을 만족한다.

$$x_{n+1}=x_n-\frac{f(x_n)}{f'(x_n)},\ n\geq 1 \tag{3.8}$$

이때, 많은 경우 n이 커질 때 수열 x_n이 $y=f(x)$의 x절편으로 수렴하게 되는데,

이렇게 방정식의 근을 찾는 방법을 **뉴턴의 방법**(Newton's method)이라고 부른다. 다만, $f'(x_1)$이 거의 0에 가까운 경우처럼 수열 x_n이 수렴하지 않으면 뉴턴의 방법을 적용할 수 없는데, 이 경우 **초깃값**(initial value) x_1을 적절히 선택하여 이 문제를 해결하는 것이 일반적이다.

예제 3.47

뉴턴의 방법을 통해 $x^4 - x^2 - 1 = 0$의 근사해를 구하고자 한다. 이때, $x_1 = 1$로 하여 x_4를 구해보자.

풀이 함수 $f(x) = x^4 - x^2 - 1$의 도함수는 $f'(x) = 4x^3 - 2x$이므로 점화식은 다음과 같다.

$$x_{n+1} = x_n - \frac{x_n^4 - x_n^2 - 1}{4x_n^3 - 2x_n}$$

이를 통해 x_4를 구하면 다음과 같다.

$$x_2 = x_1 - \frac{x_1^4 - x_1^2 - 1}{4x_1^3 - 2x_1} = 1 - \frac{1 - 1 - 1}{4 - 2} = 1.5$$

$$x_3 = x_2 - \frac{x_2^4 - x_2^2 - 1}{4x_2^3 - 2x_2} = 1.5 - \frac{1.5^4 - 1.5^2 - 1}{4 \cdot 1.5^3 - 2 \cdot 1.5} \approx 1.327381$$

$$x_4 = x_3 - \frac{x_3^4 - x_3^2 - 1}{4x_3^3 - 2x_3} = 1.327381 - \frac{1.327381^4 - 1.327381^2 - 1}{4 \cdot 1.327381^3 - 2 \cdot 1.327381} \approx 1.276265$$

참고로 이 방법을 반복적용하면 x_n이 $z \approx 1.27201965$로 수렴하며 이것이 $f(x) = 0$의 근사해가 됨을 알 수 있다. ■

다음의 예시에서처럼 뉴턴의 방법을 이용하면 함숫값의 근삿값을 얻을 수 있다.

예제 3.48

뉴턴의 방법을 응용하여 $\sqrt[2]{7/2}$의 근삿값을 구하시오.

풀이 함수 $f(x) = 2x^2 - 7$에 대하여 $f(\sqrt[2]{7/2}) = 0$이므로 방정식 $2x^2 - 7 = 0$의 근사해를 구하도록 하자.

함수 f의 도함수는 $f'(x) = 4x$이므로 점화식은 다음과 같다.

$$x_{n+1} = x_n - \frac{2x_n^2 - 7}{4x_n} \tag{3.9}$$

초깃값을 $x_1 = 2$이라 두고 x_4를 구해보면 다음과 같다.

$$x_2 = x_1 - \frac{2x_1^2 - 7}{4x_1} = 2 - \frac{2 \cdot 2^2 - 7}{4 \cdot 2} \approx 1.875$$

$$x_3 = x_2 - \frac{2x_2^2 - 7}{4x_2} \approx 1.870833$$

$$x_4 = x_3 - \frac{2x_3^2 - 7}{4x_3} \approx 1.870829$$

참고로, 이를 반복 적용하면 x_n이 $z \approx 1.870828693$로 수렴하며 이것이 $f(x) = 0$의 근사해가 됨을 알 수 있다. ■

3.4 연습문제

1. 함수 $f(x) = x + \ln x$에 대하여 x가 (a) $x = 1$에서 $x = 1.1$로 변할 때, (b) $x = 1$에서 $x = 1.01$로 변할 때, Δf, $f'(x)\Delta x$, $\Delta f - f'(x)\Delta x$를 각각 구하시오.

2. 미분을 이용하여 다음의 근삿값을 구하시오.
   (1) $\sqrt{99.9}$ (2) $\sqrt[3]{65}$ (3) $\tan 44^o$ (4) $\sqrt[4]{83.7}$

3. h가 0에 매우 가까울 때 $(1+h)^n$가 $1+nh$에 가까움을 보이시오.

4. 반지름이 각각 1cm와 1.05cm인 두 원의 넓이의 차이를 미분을 이용한 근삿값으로 구하시오.

5. 프랑스의 생리학자 프와즈유(Poiseuille, 1797 ~ 1869)는 혈압이 일정할 때 단위 시간에 혈관을 흐르는 피의 양 F가 혈관 반지름 R의 네제곱에 비례함을 발견하였다. 즉,

   $$F = kR^4.$$

   단, k는 상수이다. 이를 프와즈유의 법칙이라 부른다. 혈관 반지름이 7% 증가할 때, 피가 흐르는 양은 얼마나 증가하는지 추정하시오.

6. 주어진 방정식의 근을 근사적으로 구하시오.
   (1) $x^3 - 2x - 5 = 0$ (2) $\cos x = x$

7. $\sqrt[6]{2}$ 의 근삿값을 구하시오.

8. 초깃값이 $x_1 = 1$일 때 방정식 $x^3 - 3x + 5 = 0$의 근을 찾는데 뉴턴의 방법이 성립하지 못함을 설명하시오.

9. 뉴턴의 방법을 이용하여 곡선 $y = e^{\sin x}$, $0 \le x \le \pi$의 변곡점의 x좌표를 근사적으로 구하시오.

4장

부정적분

주어진 영역의 넓이 혹은 부피를 계산하는데 사용하는 적분법은 고대 시기부터 근대 시기에 이르기까지 다양한 학자들의 주요 관심사였으며, 17세기에 뉴턴과 라이프니츠에 의해 정립되었고, 극한의 개념이 확립된 19세기에 코시와 리만 등에 의해 오늘날과 같은 엄밀한 적분법이 만들어지게 되었다. 적분은 크게 부정적분과 정적분으로 구분할 수 있는데, 이 장에서는 미분의 역연산인 부정적분을 학습한다. 특히, 기존에 학습한 미분법을 통해 기본적인 함수들의 부정적분형태를 살펴보고, 보다 일반적인 함수들을 위한 부정적분 공식과 성질을 학습한다.

4.1 부정적분의 정의와 기본 적분법

구간 I에서 정의된 함수 f에 대하여 모든 원소 $x \in I$에서 등식 $F'(x) = f(x)$를 만족하는 미분가능 함수 F가 존재한다면 F를 구간 I에서 f의 **부정적분**(indefinite integral) 또는 **원시함수**(primitive function)라고 한다. 예를 들어, 등식 $\frac{d}{dx}x = 1$이 성립하므로, 함수 $F(x) = x$는 실수 전체 $\mathbb{R}$에서 함수 $f(x) = 1$의 부정적분이다.

일반적으로 구간 I에서 정의된 함수 f의 부정적분 F가 존재하는 경우에는 그 부정적분이 무한하게 존재하는데, 그 이유는 모든 상수함수의 도함수가 0이라는 사실 때문이다. 즉, 상수 C에 대하여 등식 $\frac{d}{dx}(F(x) + C) = f(x)$이 성립하게되어 모든 $F(x) + C$가 f의 부정적분이 된다. 한편, F와 G가 f의 부정적분인 경우 $F'(x) - G'(x) = f(x) - f(x) = 0$이 성립한다. 우리는 이미 미분했을 때 0인 함수가 상수함수라는 사실을 평균값의 정리를 통해 학습하였으므로, $F(x) - G(x) = C$ 형태가 됨을 알 수 있다. 따라서 주어진 함수 f의 부정적분 F가 존재하는 경우에는 상수 C를 이용해 f의 모든 부분적분을 $F(x) + C$로 표현할 수 있다.

함수 f의 일반적인 부정적분은 적분기호 $\int$ [1] 를 이용하여

$$\int f(x)\, dx$$

로 표현하는 것이 일반적인데, 식 $\int f(x)\, dx$에서 함수 f를 **피적분함수**(integrand) 그리고 x를 **적분변수**(variable of integration)라고 한다. 또한, 주어진 함수 $f(x)$의 부정적분 $\int f(x)\, dx$를 구하는 것을 "함수 $f(x)$를 적분한다"라고 말하며, 적분하는 방법을 **적분법**이라고 한다.

지금까지의 내용을 정리하면 다음과 같다.

[1] 적분기호 $\int$은 Sum의 머리글자를 기호화시킨 형태로 **인테그럴**(integral) 또는 **적분**이라고 읽는다.

정리 4.1 구간 I에서 정의된 함수 f에 대하여 모든 원소 $x \in I$에서 등식 $F'(x) = f(x)$를 만족하는 미분가능 함수 F가 존재한다면, f의 모든 부정적분(원시함수)은 상수 C를 이용해 $F(x) + C$ 형태로 표현된다. 즉,

$$\int f(x)\,dx = F(x) + C \quad (C\text{는 임의의 상수}) \tag{4.1}$$

이 성립하며, 이때 C를 **적분상수**(constant of integration)라고 한다.

4.1.1 기초 함수의 적분법

정의에 따라 부정적분은 미분의 역연산으로 볼 수 있으므로, 도함수의 공식을 사용하면 다양한 함수들의 부정적분 형태를 알 수 있다. 다음은 다항함수, 분수함수, 지수함수의 부정적분이다.

정리 4.2 **기초 함수들의 부정적분**

(1) $\displaystyle\int x^n\,dx = \frac{x^{n+1}}{n+1} + C$ (단, $n \neq -1$인 실수)

(2) $\displaystyle\int \frac{1}{x}\,dx = \ln|x| + C$

(3) $\displaystyle\int \frac{f'(x)}{f(x)}\,dx = \ln|f(x)| + C$

(4) $\displaystyle\int a^x\,dx = \frac{a^x}{\ln a} + C$ (단, $a > 0$, $a \neq 1$인 실수)[2]

삼각함수의 경우에도 삼각함수의 미분 공식에 의해 다음이 성립함을 알 수 있다.

정리 4.3 **삼각 함수의 부정적분**

(1) $\displaystyle\int \cos x\,dx = \sin x + C$

(2) $\displaystyle\int \sin x\,dx = -\cos x + C$

(3) $\displaystyle\int \sec^2 x\,dx = \tan x + C$

(4) $\displaystyle\int \sec x \tan x\,dx = \sec x + C$

(5) $\displaystyle\int \csc x \cot x\,dx = -\csc x + C$

(6) $\displaystyle\int \csc^2 x\,dx = -\cot x + C$

정리 4.2와 정리 4.3를 이용하면 다음과 같이 보다 다양한 함수들의 부정적분을 구할 수 있다.

[2]상수 a를 e로 택하면 $\int e^x\,dx = e^x + C$를 얻을 수 있다.

예제 4.4

부정적분 $\int \tan x\, dx$를 구하시오.

풀이 $\tan x = \frac{\sin x}{\cos x}$이고 $\cos x$의 미분이 $-\sin x$이므로 $\tan x = -\frac{(\cos x)'}{\cos x}$로 표현할 수 있다. 따라서 정리 4.2의 공식 (3)에 의하여 다음이 성립한다.

$$\int \tan x\, dx = -\ln|\cos x| + C$$

■

피적분함수가 $\sec x$ 또는 $\csc x$인 경우도 다음과 같이 부정적분을 구할 수 있다.

정리 4.5 삼각 함수의 부정적분 추가

(1) $\int \sec x\, dx = \ln|\sec x + \tan x| + C$

(2) $\int \csc x\, dx = -\ln|\csc x + \cot x| + C$

증명 (1) $\sec x$는 다음과 같이 변형하는 것이 가능하다.

$$\sec x = \sec x \cdot 1 = \sec x \cdot \frac{\sec x + \tan x}{\sec x + \tan x} = \frac{\sec^2 x + \sec x\, \tan x}{\sec x + \tan x}$$

이때 우변의 분자는 분모의 도함수가 되어 다음과 같이 쓸 수 있다.

$$\int \sec x\, dx = \int \frac{\sec^2 x + \sec x\, \tan x}{\sec x + \tan x}\, dx = \int \frac{(\sec x + \tan x)'}{\sec x + \tan x}\, dx$$

따라서, 정리 4.2 (3)에 의해 다음이 성립한다.

$$\int \sec x\, dx = \ln|\sec x + \tan x| + C$$

(2) 등식 $\csc x = \csc x \cdot \frac{\csc x + \cot x}{\csc x + \cot x}$을 이용하면 유사한 방법으로 보일 수 있다.

■

부정적분은 미분의 역연산이라는 사실을 통해 다음과 같은 기본 성질을 확인 할 수 있는데, 이를 기초 함수들의 부정적분과 함께 이용하면 보다 다양한 함수의 부정적분을 구할 수 있다.

정리 4.6 부정적분의 기본 성질

함수 $f(x)$, $g(x)$의 부정적분이 존재하는 경우 임의의 $a, b \in \mathbb{R}$에 대하여 다음이 성립한다.

$$\int (af(x) \pm bg(x))\ dx = a\int f(x)\ dx \pm b\int g(x)\ dx$$

예제 4.7

다음 부정적분을 구하시오.

(1) $\displaystyle\int \left(\frac{x}{x^2+1} + \sin x\right)\ dx$ (2) $\displaystyle\int (\sec x + \sqrt{x})\ dx$

풀이 (1) 정리 4.6에 의해 다음이 성립한다.

$$\begin{aligned}\int \left(\frac{x}{x^2+1} + \sin x\right)\ dx &= \frac{1}{2}\int \frac{(x^2+1)'}{x^2+1}\,dx + \int \sin x\,dx \\ &= \frac{1}{2}\ln|x^2+1| - \cos x + C \\ &= \ln\sqrt{x^2+1} - \cos x + C\end{aligned}$$

(2) 정리 4.5와 정리 4.6에 의해 다음이 성립한다.

$$\begin{aligned}\int (\sec x + \sqrt{x})\ dx &= \int \sec x\,dx + \int x^{\frac{1}{2}}\,dx \\ &= \ln|\sec x + \tan x| + \frac{2}{3}x^{\frac{3}{2}} + C\end{aligned}$$

■

부정적분을 쉽게 계산하기 위해서는 피적분함수를 보다 간단한 형태로 변형하는 것이 중요하다.

예제 4.8

다음 부정적분을 구하시오.

(1) $\displaystyle\int \left(x + \frac{1}{x}\right)^2 dx$ (2) $\displaystyle\int \frac{(x+1)^2 + x^2\sqrt{x} - 2x}{x^2}\ dx$

풀이 (1) 피적분 함수를 전개하여 적분하면 다음과 같다.

$$\begin{aligned}\int \left(x + \frac{1}{x}\right)^2 dx &= \int (x^2 + x^{-2} + 2)\ dx \\ &= \int x^2\ dx + \int x^{-2}\ dx + \int 2\ dx \\ &= \frac{1}{3}x^3 - x^{-1} + 2x + C\end{aligned}$$

(2) 피적분 함수를 정리하여 적분하면 다음과 같다.

$$\begin{aligned}\int \frac{(x+1)^2 + x^2\sqrt{x} - 2x}{x^2}\,dx &= \int \frac{x^2+1+x^2\sqrt{x}}{x^2}\,dx \\ &= \int \left(1 + x^{-2} + \sqrt{x}\right)dx \\ &= \int 1\,dx + \int x^{-2}\,dx + \int \sqrt{x}\,dx \\ &= x - x^{-1} + \frac{2}{3}x^{\frac{3}{2}} + C\end{aligned}$$

■

다양한 삼각함수 공식을 적용하면 삼각함수로 구성된 함수의 부정적분을 구하는데 도움이 된다.

예제 4.9

다음 부정적분을 구하시오.

(1) $\displaystyle\int \frac{\cos x}{\sin^2 x}\,dx$ (2) $\displaystyle\int (\cot^2 x - 1)\,dx$

풀이 (1) 주어진 식을 다음과 같이 변형하여 적분을 계산한다.

$$\int \frac{\cos x}{\sin^2 x}\,dx = \int \frac{1}{\sin x}\cdot\frac{\cos x}{\sin x}\,dx = \int \csc x \cot x\,dx = -\csc x + C$$

(2) $1 + \cot^2 x = \csc^2 x$ 의 공식을 통해 다음을 계산한다.

$$\int (\cot^2 x - 1)\,dx = \int (\csc^2 x - 2)\,dx = -\cot x - 2x + C$$

■

4.1.2 치환적분법

미분법에서는 합성함수를 미분하는 방법인 연쇄법칙이 있다. 이에 대한 역연산에 해당하는 것이 **치환적분법**이다.

정리 4.10 치환적분법 (integration of substitution)

함수 $y = f(u)$의 부정적분이 존재하고, 함수 $u = g(x)$가 미분가능하면 다음이 성립한다.

$$\int f(u)\,du = \int f\big(g(x)\big)g'(x)\,dx \tag{4.2}$$

증명 $f(u)$의 부정적분 $F(u)$에 대하여 $u = g(x)$라 하면

$$F(u) = F\big(g(x)\big) = F \circ g(x) \tag{4.3}$$

라고 쓸 수 있다. 이때, 식 (4.3)에 합성함수의 미분법을 적용하면

$$\frac{d}{dx}F\big(g(x)\big) = f(g(x))\, g'(x)$$

이 성립하므로 다음이 성립한다.[3]

$$\int f\big(g(x)\big)g'(x)\, dx = F(g(x)) + C = \int f(u)du$$

■

위 정리를 치환적분법이라 부르는 이유는 이를 이용하여 다음의 단계에 따라 부정적분을 얻는데 사용할 수 있기 때문이다.

1. 적분계산이 간단해지도록 $u = g(x)$를 적절히 정하고, $\frac{du}{dx} = g'(x)$를 계산한다.
2. $g(x)$ 대신에 u를 $g'(x)dx$ 대신에 du로 치환하여 u에 대한 적분식으로 간소화한다.
3. 간소화된 u에 대한 식의 부정적분을 계산하고, 얻어낸 식에 $u = g(x)$로 다시 치환하여 x에 관한 함수를 만든다.

예제 4.11

다음의 부정적분을 구하시오.

(1) $\displaystyle\int (x + e^x)(2e^x + x^2)^2\, dx$ (2) $\displaystyle\int x^3 \sqrt[4]{x^4 + 1}\, dx$

풀이 (1) $u = g(x) = 2e^x + x^2$라 하면 $\frac{du}{dx} = g'(x) = 2e^x + 2x$이 성립하여, 치환적분법 정리 4.10을 통해 다음의 결과를 얻을 수 있다.

$$\int (x + e^x)(2e^x + x^2)^2\, dx = \int \frac{1}{2}u^2\, du = \frac{1}{6}u^3 + C = \frac{1}{6}(2e^x + x^2)^3 + C$$

(2) $u = g(x) = x^4 + 1$라 하면 $\frac{du}{dx} = g'(x) = 4x^3$이 성립하여, 치환적분법 정리 4.10을 통해 다음의 결과를 얻을 수 있다.

$$\int x^3 \sqrt[4]{x^4 + 1}\, dx = \int \frac{1}{4}u^{\frac{1}{4}}\, du = \frac{1}{5}u^{\frac{5}{4}} + C = \frac{1}{5}(x^4 + 1)^{\frac{5}{4}} + C$$

■

[3]이 식은 $\frac{d}{dx}F(u) = \frac{d}{dx}F\big(g(x)\big) = f(u)\frac{du}{dx}$로 표기하기도 하며 이러한 이유로 등식 (4.2)을 다음과 같이 쓰기도 한다.

$$\int f(u)\, du = \int f(u)\frac{du}{dx}\, dx$$

예제 4.12

다음의 부정적분을 구하시오.

(1) $\int \sin x \sqrt{\cos x + 2}\, dx$ (2) $\int \sin^2 x \cos x\, dx$

풀이 (1) $u = g(x) = \cos x + 2$라 하면 $\frac{du}{dx} = g'(x) = -\sin x$이 성립하여, 치환적분법 정리 4.10을 통해 다음의 결과를 얻을 수 있다.

$$\int \sin x \sqrt{\cos x + 2}\, dx = \int -u^{\frac{1}{2}}\, du = -\frac{2}{3}u^{\frac{3}{2}} + C = -\frac{2}{3}(\cos x + 2)^{\frac{3}{2}} + C$$

(2) $u = g(x) = \sin x$라 하면 $\frac{du}{dx} = \cos x$이 성립하여, 치환적분법 정리 4.10을 통해 다음의 결과를 얻을 수 있다.

$$\int \sin^2 x \cos x\, dx = \int u^2\, du = \frac{1}{3}u^3 + C = \frac{1}{3}\sin^3 x + C$$

■

예제 4.13

다음의 부정적분을 구하시오.

(1) $\int \frac{\sin(\ln x + 1)}{x}\, dx$ (2) $\int \frac{\ln x}{x}\, dx$

풀이 (1) $u = g(x) = \ln x + 1$라 하면 $\frac{du}{dx} = g'(x) = 1/x$이 성립하여, 치환적분법 정리 4.10을 통해 다음의 결과를 얻을 수 있다.

$$\int \frac{\sin(\ln x + 1)}{x}\, dx = \int \sin u\, du = -\cos u + C = -\cos(\ln x + 1) + C$$

(2) $u = g(x) = \ln x$라 하면 $\frac{du}{dx} = g'(x) = 1/x$이 성립하여, 치환적분법 정리 4.10을 통해 다음의 결과를 얻을 수 있다.

$$\int \frac{\ln x}{x}\, dx = \int u\, du = \frac{1}{2}u^2 + C = \frac{1}{2}(\ln x)^2 + C$$

■

4.1.3 부분적분법

미분법에서는 곱으로 구성된 함수를 미분하는 방법인 곱의 미분법이 있는데, 이것의 역연산에 해당하는 것이 **부분적분법**이다. 즉, 함수 $f(x)$와 $g(x)$가 미분가능이면 곱의 미분법인 등식 $(f(x)g(x))' = f'(x)g(x) + f(x)g'(x)$이 성립하게 되는데, 이에 대한 역연산을 구하면

$$\int f'(x)g'(x)\,dx = \int f'(x)g(x)dx + \int f(x)g'(x)\,dx$$

이 성립한다. 이를 정리하면 다음의 정리가 성립한다.

정리 4.14 부분적분법 (partial integration)

함수 $f(x)$와 $g(x)$가 미분가능이면 다음이 성립한다.[4]

$$\int f(x)g'(x)\,dx = f(x)g(x) - \int f'(x)g(x)\,dx \tag{4.4}$$

예제 4.15

다음의 부정적분을 구하시오.

(1) $\int x\sin x\,dx$　　(2) $\int \ln x^x\,dx$

풀이 (1) $f(x) = x$, $g(x) = -\cos x$이라고 놓으면 $f'(x) = 1$, $g'(x) = \sin x$이 성립한다. 따라서 부분적분법 정리 4.14에 의해 다음이 성립한다.

$$\begin{aligned}\int x\sin x\,dx &= \int f(x)g'(x)dx = f(x)g(x) - \int f'(x)g(x)\,dx \\ &= -x\cos x - \int -\cos x\,dx = -x\cos x + \sin x + C\end{aligned}$$

(2) $\ln x^x = x\ln x$이 성립하므로 $f(x) = \ln x$, $g(x) = \dfrac{x^2}{2}$라 하자. 그러면, 등식 $f'(x) = \dfrac{1}{x}$, $g'(x) = x$과 부분적분법 정리 4.14에 의해 다음이 성립한다.

$$\int \ln x^x\,dx = \int x\ln x\,dx = \ln x\cdot\frac{x^2}{2} - \int \frac{1}{x}\cdot\frac{x^2}{2}dx = \frac{x^2\ln x}{2} - \frac{x^2}{4} + C$$

■

예제 4.16

부분적분을 반복 적용하여 다음의 부정적분을 구하시오.

$$\int x^2\sin x\,dx$$

---

[4]식 (4.4)에서 $u = f(x)$, $v = g(x)$로 치환하면 $\frac{du}{dx} = f'(x)$이고 $\frac{dv}{dx} = g'(x)$이므로 치환 적분을 통해 부분적분 식을 다음과 같이 표기하기도 한다.

$$\int u\,dv = uv - \int v\,du$$

풀이 $f(x) = x^2$, $g(x) = -\cos x$이라고 놓으면 $f'(x) = 2x$, $g'(x) = \sin x$이 성립한다. 따라서 부분적분법 정리 4.14에 의해 다음이 성립한다.

$$\int x^2 \sin x \, dx = -x^2 \cos x + \int 2x \cos x \, dx \tag{4.5}$$

식 (4.5) 우변의 적분에 대하여, $u(x) = 2x$, $v(x) = \sin x$이라고 놓으면 $u'(x) = 2$, $v'(x) = \cos x$이다. 따라서 부분적분법 정리 4.14에 의해 다음이 성립한다.

$$\int 2x \cos x \, dx = 2x \sin x - \int 2 \sin x \, dx = 2x \sin x + 2 \cos x + C$$

따라서, 다음을 얻을 수 있다.

$$\int x^2 \sin x \, dx = -x^2 \cos x + 2x \sin x + 2 \cos x + C$$

■

4.1 연습문제

1. 다음 부정적분을 구하시오.

(1) $\displaystyle\int (10x^4 + 6x^2) \, dx$　　(2) $\displaystyle\int \left(\frac{3}{x} + \frac{2}{x^2} \right) dx$

(3) $\displaystyle\int \frac{3x}{\sqrt{x}} \, dx$　　(4) $\displaystyle\int x^{-2}(x^2 + 4x^3) \, dx$

(5) $\displaystyle\int \sqrt{x}\,(1 + x^3) \, dx$　　(6) $\displaystyle\int (4 \sin x + 2 \cos x) \, dx$

2. 피적분함수를 간단히 한 후 다음 부정적분을 구하시오.

(1) $\displaystyle\int \frac{(\sqrt{x} + 1)^2}{x^2} \, dx$　　(2) $\displaystyle\int \left(\sqrt{x} + \frac{1}{\sqrt{x}} \right)^2 dx$

(3) $\displaystyle\int \frac{x^2 - 2x - 3}{x - 3} \, dx$　　(4) $\displaystyle\int \cos^2 x \sin x \sec x \csc x \, dx$

3. $1 + \tan^2 x = \sec^2 x$의 공식을 이용하여 다음 부정적분을 구하시오.

(1) $\displaystyle\int \tan^2 x \, dx$　　(2) $\displaystyle\int \frac{1}{\cos x (1 + \tan^2 x)} \, dx$

4. 치환적분법을 적용하여 다음 부정적분을 구하시오.

(1) $\displaystyle\int \sin\frac{x}{4}\,dx$

(2) $\displaystyle\int (x+1)\sqrt{x^2+2x+1}\,dx$

(3) $\displaystyle\int \cot x\,dx$

(4) $\displaystyle\int x^3\cos(x^4+2)\,dx$

(5) $\displaystyle\int \frac{2x}{\sqrt[3]{x^2-1}}\,dx$

(6) $\displaystyle\int \frac{1}{x\sqrt{\ln x}}\,dx$

5. 부분적분법을 이용하여 다음 부정적분을 구하시오.

(1) $\displaystyle\int x\cos x\,dx$

(2) $\displaystyle\int xe^{2x}\,dx$

(3) $\displaystyle\int x^7\ln x\,dx$

(4) $\displaystyle\int x\sec^2 x\,dx$

6. 부분적분법을 반복적으로 적용하여 다음 부정적분을 구하시오.

(1) $\displaystyle\int x^2e^x\,dx$

(2) $\displaystyle\int x^2\cos x\,dx$

4.2 삼각 치환과 유리함수의 적분

4.1절에서는 부정적분이 미분의 역연산이라는 사실을 바탕으로 기본적인 미분공식을 활용하여 부정적분을 계산하는 방법을 배웠다. 이번 절에서는 다소 복잡한 형태의 함수에 적용 가능한 적분 방법을 소개하고자 한다.

4.2.1 삼각치환

삼각치환(trigonometric substitution)은 변수를 삼각함수 꼴로 치환하여 부정적분을 구하기 쉬운형태로 바꾸는 것을 말한다. 예를 들어 양수 $a, b > 0$에 대하여

$$\sqrt{a^2 - b^2x^2}, \quad \sqrt{a^2 + b^2x^2}, \quad \sqrt{b^2x^2 - a^2}$$

등의 형태가 피적분함수에 나타나는 경우 x를 적절한 삼각함수로 치환하면 기본적인 삼각함수 공식에 의해 제곱근을 소거할 수 있다.

(1) $\sqrt{a^2 - b^2x^2}$ $(a, b > 0)$을 포함하는 경우:

$x = \frac{a}{b}\sin\theta$로 치환 $\quad (-\pi/2 \le \theta \le \pi/2)$

$$\sqrt{a^2 - b^2x^2} = a\sqrt{1 - \sin^2\theta} = a\cos\theta$$

(2) $\sqrt{a^2 + b^2x^2}$ $(a, b > 0)$을 포함하는 경우:

$x = \frac{a}{b}\tan\theta$로 치환 $\quad (-\pi/2 < \theta < \pi/2)$

$$\sqrt{a^2 + b^2x^2} = a\sqrt{1 + \tan^2\theta} = a\sec\theta$$

(3) $\sqrt{b^2x^2 - a^2}$ $(a, b > 0)$을 포함하는 경우:

$x = \frac{a}{b}\sec\theta$로 치환 $\quad (0 \le \theta < \pi/2$ 또는 $\pi \le \theta < 3\pi/2)$

$$\sqrt{b^2x^2 - a^2} = a\sqrt{\sec^2\theta - 1} = a\tan\theta$$

단, x를 삼각함수 $g(\theta)$로 치환하여 부정적분을 계산하는 경우, $\frac{dx}{d\theta} = g'(\theta)$가 성립하므로 dx를 $g'(\theta)d\theta$로 바꾸어 계산해야 하는 것을 기억하자.

예제 4.17

삼각치환을 이용하여 다음의 부정적분을 구하시오.

(1) $\displaystyle\int \frac{x}{\sqrt{1 - x^2}}\,dx$ (2) $\displaystyle\int \frac{1}{\sqrt{x^2 + 4}}\,dx$ (3) $\displaystyle\int \frac{1}{\sqrt{4x^2 - 9}}\,dx$

풀이 (1) $x = \sin\theta\ \left(-\pi/2 \le \theta \le \pi/2\right)$라 하고 $dx = \cos\theta d\theta$를 이용해 다음과 같이 적분을 바꾸어 계산 한다.

$$\int \frac{x}{\sqrt{1-x^2}}\,dx = \int \frac{\sin\theta}{\sqrt{1-\sin^2\theta}}\cos\theta\,d\theta = \int \sin\theta\,d\theta = -\cos\theta + C$$

한편, 범위 $\left(-\pi/2 \le \theta \le \pi/2\right)$에서 $\cos\theta = \sqrt{1-\sin^2\theta} = \sqrt{1-x^2}$이 성립하므로 다음이 성립한다.

$$\int \frac{x}{\sqrt{1-x^2}}\,dx = -\sqrt{1-x^2} + C$$

(2) $x = 2\tan\theta\ \left(-\pi/2 < \theta < \pi/2\right)$라 하고 $dx = 2\sec^2\theta\,d\theta$를 이용해 다음과 같이 적분을 바꾸어 계산한다.

$$\int \frac{1}{\sqrt{x^2+4}}\,dx = \int \frac{1}{\sqrt{4\tan^2\theta+4}}2\sec^2\theta\,d\theta = \int \sec\theta\,d\theta$$

한편, 범위 $\left(-\pi/2 < \theta < \pi/2\right)$에서 $\sec\theta > 0$이므로 다음이 성립한다.

$$\sec\theta = \sqrt{1+\tan^2\theta} = \sqrt{1+\frac{x^2}{4}} = \frac{1}{2}\sqrt{x^2+4}$$

앞서 살펴봤던 부정적분 $\int \sec\theta\,d\theta = \ln|\sec\theta + \tan\theta| + C$에 이 사실을 적용하면

$$\int \frac{1}{\sqrt{x^2+4}}\,dx = \ln\left|\frac{1}{2}\sqrt{x^2+4} + \frac{x}{2}\right| + C$$

를 얻을 수 있다.[5]

(3) $x = \frac{3}{2}\sec\theta\ \ (0 \le \theta < \pi/2$ 또는 $\pi \le t < 3\pi/2)$라 하고 $dx = \frac{3}{2}\sec\theta\tan\theta\,d\theta$를 이용해 다음과 같이 적분을 바꾸어 계산한다.

$$\int \frac{1}{\sqrt{4x^2-9}}\,dx = \int \frac{1}{\sqrt{9\sec^2\theta-9}}\frac{3}{2}\sec\theta\tan\theta\,d\theta = \int \frac{1}{2}\sec\theta\,d\theta$$

한편, 범위 $(0 \le t < \pi/2$ 또는 $\pi \le t < 3\pi/2)$에서 $\tan\theta > 0$이므로 다음이 성립한다.

$$\tan\theta = \sqrt{\sec^2\theta - 1} = \sqrt{\frac{4}{9}x^2 - 1} = \frac{1}{3}\sqrt{4x^2-9}$$

[5] 해당 결과의 우변은 $\ln\left|x+\sqrt{x^2+4}\right| - \ln 2 + C$로 다시 쓸 수 있는데, C는 적분 상수로 모든 실수를 대변하므로 $\int \frac{1}{\sqrt{x^2+4}}\,dx = \ln\left|x+\sqrt{x^2+4}\right| + C$라고 답해도 무방하다.

(2)에서 처럼 $\int \sec\theta\, d\theta = \ln|\sec\theta + \tan\theta| + C$에 이 사실을 적용하면

$$\int \frac{1}{\sqrt{4x^2-9}}\, dx = \frac{1}{2}\ln\left|\frac{2}{3}x + \frac{1}{3}\sqrt{4x^2-9}\right| + C$$

를 얻을 수 있다.[6]

4.2.2 유리함수의 적분

x에 관한 두 다항식 $p(x)$와 $q(x)$로 만들어지는 함수 $\frac{p(x)}{q(x)}$를 **유리함수**라고 한다. 이 절에서는 피적분함수가 유리함수인 경우의 부정적분을 구하는 방법을 살펴보고자 한다. 유리함수의 부정적분은 기본적으로 해당 함수를 분해를 통해 간소화하고 간소화된 부분분수들을 부정적분하는 것이 보편적인 방법이다.

예를 들어, 유리함수 $\frac{4}{x^2-4}$는 $\frac{4}{x^2-4} = \frac{2}{x-2} - \frac{2}{x+2}$로 분해 되므로

$$\int \frac{4}{x^2-4}\, dx = \ln|x-2| - \ln|x+2| + C$$

를 얻을 수 있다.

이처럼 유리함수의 부정적분을 구하기 위해서는 함수를 보다 단순한 유리함수들의 합으로 표현하는 것이 중요한데, 이러한 표현을 **부분분수분해**라고 부른다. 부분분수분해를 얻는 첫번째 단계는 주어진 유리함수 $p(x)/q(x)$에서 $p(x)$의 차수가 $q(x)$의 차수보다 낮아지도록 하는 것인데, 여기에는 고등학교에서 배우는 다항식의 나눗셈을 적용한다. 즉, $p(x)$를 $q(x)$로 나눈 몫을 $f(x)$ 나머지를 $r(x)$라고 하면

$$\frac{p(x)}{q(x)} = f(x) + \frac{r(x)}{q(x)}$$

이 성립하게 된다. $f(x)$는 x에 관한 다항식이기 때문에 이후에 계산해야하는 부정적분에서 기본적인 다항식의 적분법을 적용하면 되므로 쉽게 부정적분을 구할 수 있다.

그 다음 단계는 분자의 차수가 분모의 차수보다 낮아진 $\frac{r(x)}{q(x)}$를 부분분수로 만드는 것이다. 이 경우 인수분해를 이용해 분모 분자가 공통의 인수를 갖지 않도록 만들어준 후 분모의 인수에 대하여 부분분수분해 정리 4.18를 반복 적용하면 계수 비교법등을 활용하여 부분분수를 구성해 낼 수 있다.

[6]해당 결과의 우변은 $\frac{1}{2}\ln\left|2x+\sqrt{4x^2-9}\right| - \frac{1}{2}\ln 3 + C$로 다시 쓸 수 있는데, (2)에서 처럼 C는 적분 상수로 모든 실수를 대변하므로 $\int \frac{1}{\sqrt{4x^2-9}}\, dx = \frac{1}{2}\ln\left|2x+\sqrt{4x^2-9}\right| + C$라고 답해도 무방하다.

정리 4.18 **부분분수분해**

$r(x)$의 차수가 $q(x)$의 차수보다 낮은 두 다항식 $r(x)$와 $q(x)$에 대하여 다음이 성립한다.

(1) $q(x)$가 공통의 인수가 없는 두개의 다항식 $q_1(x)$와 $q_2(x)$의 곱 $q(x) = q_1(x)q_2(x)$으로 표현된다면 다음을 만족하는 다항식 $a_1(x)$와 $a_2(x)$가 존재한다. 단, $a_1(x)$의 차수는 $q_1(x)$의 차수보다 낮으며 $a_2(x)$도 $q_2(x)$의 차수보다 낮다.

$$\frac{r(x)}{q(x)} = \frac{r(x)}{q_1(x)q_2(x)} = \frac{a_1(x)}{p_1(x)} + \frac{a_2(x)}{q_2(x)}$$

(2) $q(x)$가 인수분해가 되지 않는 다항식 $v(x)$와 자연수 $n \in \mathbb{N}$에 의해 거듭제곱 $q(x) = v(x)^n$로 표현된다면 다음을 만족하는 $b_1(x)$와 $b_2(x)$가 존재한다. 단, $b_1(x)$의 차수는 $v(x)$의 차수보다 낮으며 $b_2(x)$는 $v(x)^{n-1}$의 차수보다 낮다.

$$\frac{r(x)}{q(x)} = \frac{r(x)}{v(x)^n} = \frac{b_1(x)}{v(x)^n} + \frac{b_2(x)}{v(x)^{n-1}}$$

예를 들어, 유리함수

$$\frac{r(x)}{q(x)} = \frac{x^3 - 2x^2 - 3x}{x^5 - 4x^3}$$

를 부분분수로 나타내고자 한다면, 우선 분모, 분자의 인수분해 $r(x) = x^3 - 2x^2 - 3x = x(x-3)(x+1)$와 $q(x) = x^5 - 4x^3 = x^3(x-2)(x+2)$를 구하고

$$\frac{r(x)}{q(x)} = \frac{(x-3)(x+1)}{x^2(x-2)(x+2)}$$

로 분모 분자의 공통의 인수가 없도록 만들어 준다. 이때 분모 $x^2(x-2)(x+2)$는 $q_1(x) = x^2$와 $q_2(x) = (x-2)(x+2)$의 곱으로 표현되므로 부분분수분해 (1)을 통해 적당한 다항식 $a_1(x)$와 $a_2(x)$에 대하여

$$\frac{(x-3)(x+1)}{x^2(x-2)(x+2)} = \frac{a_1(x)}{x^2} + \frac{a_2(x)}{(x+2)(x-2)}$$

가 성립함을 알 수 있다. 한편, 유리함수 $\frac{a_1(x)}{x^2}$는 부분분수분해 (2)에서 $v(x) = x$인 경우에 해당하므로 적당한 실수 $A, B \in \mathbb{R}$에 대하여 $\frac{a_1(x)}{x^2} = \frac{A}{x^2} + \frac{B}{x}$를 만족한다. 여기서 분자 A, B가 실수로 선택된 이유는 분모를 구성하고 있는 다항식이 1차식인 x의 거듭제곱 형태이기 때문에 분자는 그보다 차수가 낮은 0차식이 되어야 하기 때

문이다. 유리 함수 $\frac{a_2(x)}{(x+2)(x-2)}$의 경우에는 다시 부분분수분해 (1)을 적용하면 적당한 실수 $A, B \in \mathbb{R}$에 대하여 $\frac{a_2(x)}{(x+2)(x-2)} = \frac{C}{x-2} + \frac{D}{x+2}$가 성립함을 알 수 있다. 따라서

$$\frac{r(x)}{q(x)} = \frac{x^3 - 2x^2 - 3x}{x^5 - 4x^3} = \frac{(x-3)(x+1)}{x^2(x-2)(x+2)} = \frac{A}{x^2} + \frac{B}{x} + \frac{C}{x-2} + \frac{D}{x+2}$$

를 얻는다. 끝으로 A, B, C, D만 결정하면 되는데, 이를 위해서는 우변을 다시 하나로 합쳐서 방정식을 세워 구한다. 즉,

$$\frac{A(x-2)(x+2) + Bx(x-2)(x+2) + Cx^2(x+2) + Dx^2(x-2)}{x^2(x-2)(x+2)} \tag{4.6}$$

$$= \frac{A}{x^2} + \frac{B}{x} + \frac{C}{x+2} + \frac{D}{x+2} = \frac{(x-3)(x+1)}{x^2(x-2)(x+2)} \tag{4.7}$$

$$= \frac{x^2 - 2x - 3}{x^2(x-2)(x+2)} \tag{4.8}$$

이 식들의 분자에 대하여 **계수비교법**을 적용하면 다음의 방정식을 얻을 수 있다.

$$\begin{aligned} 0 &= B + C + D \\ 1 &= A + 2C - 2D \\ -2 &= -4B \\ -3 &= -4A \end{aligned}$$

따라서, $A = 3/4,\ B = 1/2,\ C = -3/16,\ D = -5/16$를 얻어

$$\frac{x^3 - 2x^2 - 3x}{x^5 - 4x^3} = \frac{3}{4} \cdot \frac{1}{x^2} + \frac{1}{2} \cdot \frac{1}{x} - \frac{3}{16} \cdot \frac{1}{x+2} - \frac{5}{16} \cdot \frac{1}{x+2}$$

이 과정에서 미지수를 구할 때 **대입법**을 이용하는 것도 유용할 수 있다. 즉, 식 (4.6)의 분자에 $x = 2$를 대입하면 이 값은 $16C$가 되는데, 식 (4.7)의 우변이나 식 (4.8)의 분자에 $x = 2$를 대입하면 -3이므로 $C = -3/16$이 됨을 쉽게 알 수 있다. 이러한 방법으로 몇개의 미지수를 미리 구한후 연립방정식을 간소화하면 계산이 쉬워진다.

예제 4.19

다음의 유리함수의 부정적분을 구하시오.

(1) $\dfrac{x+1}{x^2+2x}$ (2) $\dfrac{x^2+2}{x(x^2+1)^2}$

풀이

(1) 주어진 유리함수를 인수분해하고 부분분수분해 정리 4.18을 반복 적용하면

적당한 실수 A, B에 의해 다음의 등식이 성립함을 알 수 있다.

$$\frac{x+1}{x^2+2x} = \frac{x+1}{x(x+2)} = \frac{A}{x} + \frac{B}{x+2}$$

이 식의 좌변의 분자와 우변을 통분한 분자는 같으므로

$$x+1 = A(x+2) + Bx = (A+B)x + 2A$$

이 성립하고, 계수비교법에 의해 연립방정식

$$A+B=1, \quad 2A=1$$

을 얻는다. 이 식의 해는 $A = 1/2 = B$이므로 부정적분 $\int \frac{x+1}{x^2+2x} dx$는 다음과 같다.

$$\int \frac{x+1}{x^2+2x}\, dx = \int \frac{1}{2} \cdot \frac{1}{x} + \frac{1}{2} \cdot \frac{1}{x+2}\, dx = \frac{1}{2} \ln|x| + \frac{1}{2} \ln|x+2| + C$$

(2) 부분분수분해 정리 4.18을 반복 적용하면 적당한 실수 A, B, C, D, E에 의해 다음의 등식이 성립함을 알 수 있다.

$$\frac{x^2+2}{x(x^2+1)^2} = \frac{A}{x} + \frac{Bx+C}{x^2+1} + \frac{Dx+E}{(x^2+1)^2} \tag{4.9}$$

이 식의 좌변의 분자와 우변을 통분한 분자는 같으므로

$$x^2+2 = A(x^2+1)^2 + (Bx+C)x(x^2+1) + (Dx+E)x \tag{4.10}$$

이 성립하고, 계수비교법에 의해 연립방정식

$$A+B=0, \quad C=0, \quad 2A+B+D=1, \quad C+E=0, \quad A=2$$

을 얻는다. 이 식의 해는 $A=2,\ B=-2,\ C=0,\ D=-1,\ E=0$이므로 부정적분 $\int \frac{x^2+2}{x(x^2+1)^2} dx$는 다음과 같다.

$$\begin{aligned}\int \frac{x^2+2}{x(x^2+1)^2} dx &= \int \frac{2}{x} - \frac{2x}{x^2+1} - \frac{x}{(x^2+1)^2} dx \\ &= 2\ln|x| - \ln|x^2+1| + \frac{1}{2}\frac{1}{x^2+1} + C\end{aligned}$$

■

예제 4.20

다음의 부정적분을 구하시오.

$$\int \frac{x^4 + 2x^3 + 3x^2 + x - 1}{x^3 + x^2 + x}\, dx$$

풀이 우선 주어진 유리함수의 분자의 차수가 분모의 차수보다 크므로 나눗셈을 이용해 다음과 같이 표현한다.

$$\frac{x^4 + 2x^3 + 3x^2 + x - 1}{x^3 + x^2 + x} = x + 1 + \frac{x^2 - 1}{x^3 + x^2 + x}$$

이때, 인수분해를 통해 $\frac{x^2-1}{x^3+x^2+x} = \frac{x^2-1}{x(x^2+x+1)}$를 구한 후 이 유리함수의 부분분수분해를 얻도록 하자. 정리 4.18를 반복적용하면 적당한 실수 A, B, C에 의해 다음의 등식이 성립함을 알 수 있다.

$$\frac{x^2 - 1}{x(x^2 + x + 1)} = \frac{A}{x} + \frac{Bx + C}{x^2 + x + 1}$$

이 식의 좌변의 분자와 우변을 통분한 분자는 같으므로

$$x^2 - 1 = A(x^2 + x + 1) + x(Bx + C) = (A + B)x^2 + (A + C)x + A$$

이 성립하고, 계수비교법에 의해 연립방정식

$$A + B = 1, \quad A + C = 0, \quad A = -1$$

을 얻는다. 이 식의 해는 $A = -1$, $B = 2$, $C = 1$이므로 부정적분은 다음과 같다.

$$\begin{aligned}\int \frac{x^4 + 2x^3 + 3x^2 + x - 1}{x^3 + x^2 + x}\, dx &= \int x + 1 - \frac{1}{x} + \frac{2x + 1}{x^2 + x + 1}\, dx \\ &= x^2 + x - \ln|x| + \ln|x^2 + x + 1| + C\end{aligned}$$

■

4.2 연습문제

1. 삼각치환을 이용하여 다음을 구하시오.

(1) $\displaystyle\int \frac{1}{\sqrt{x^2+7}}\,dx$ (2) $\displaystyle\int \frac{1}{\sqrt{x^2-16}}\,dx$

2. 다음 유리함수를 부분분수로 분해하시오.

(1) $\dfrac{x+3}{2x^2-3x-2}$ (2) $\dfrac{5x^2+20x+6}{x(x+1)^2}$

(3) $\dfrac{x^2+x+2}{x(x^2+1)}$ (4) $\dfrac{-2x+4}{(x-1)^2(x^2+1)}$

3. 다음 유리함수의 부정적분을 구하시오.

(1) $\displaystyle\int \frac{x^2+1}{x+1}\,dx$ (2) $\displaystyle\int \frac{2x+1}{x^2+x}\,dx$

(3) $\displaystyle\int \frac{1}{x(x+1)^2}\,dx$ (4) $\displaystyle\int \frac{x^2+3}{x(x^2+2)}\,dx$

5장

정적분

사물의 크기를 측정하는 것은 아주 매우 오래된 인류의 관심사 중 하나였다. 곡선의 경우에는 길이, 곡면의 경우에는 넓이 그리고 입체의 경우에는 부피가 그것이라 할 수 있겠다. 이러한 크기를 측정하기 위해서는 우선 자연스럽게 크기를 정의할 수 있는 직선, 사각형, 직육면체로 주어진 대상을 잘게 분해하여 각각의 작은 부분의 크기를 더하는 방법을 쓰게 되었으며 이러한 아이디어를 바탕으로 정적분을 정의하게 된다. 이 장에서는 정적분의 정의와 그 성질을 알아보고, 앞서 배운 부정적분과 정적분을 연결해 주는 미적분학의 기본정리를 학습한다.

5.1 정적분의 정의와 기본성질

정적분은 기본적으로 2차원 평면에서의 영역의 넓이를 고려하기 위해 만들어진 개념이다. 이를 위해 가장 자연스럽게 넓이를 고려할 수 있는 직사각형을 우선적으로 생각해보면 이는 가로와 세로의 곱으로 정의하는 것이 일반적이다. 그렇다면 이를 이용하여 주어진 함수에 의해 특정 범위에서 만들어지는 영역의 넓이를 생각해보자. 예를 들어, $[0, 1]$에서 주어진 함수 $f(x) = x^2$에 의해 만들어지는 영역을 고려하자. 이는 직선 $x = 1$, x축, $f(x)$의 그래프로 둘러싸인 영역인데, 이것의 넓이 S는 $[0, 1]$을 n등분해 그림 5.1과 같이 만든 직사각형들의 넓이의 합 L_n , U_n에 대하여 $L_n \le S \le U_n$을 만족한다.

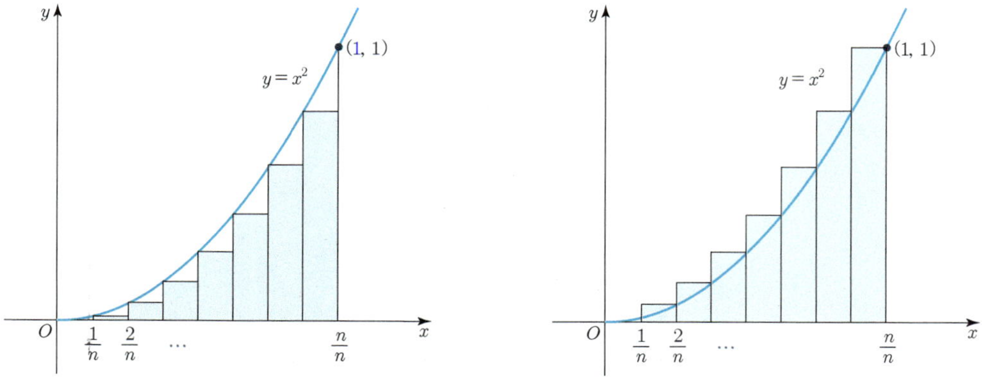

(a) L_n의 그림 (b) U_n의 그림

그림 5.1 L_n, U_n의 그림

U_n의 경우 각 사각형의 밑변은 길이가 $\frac{1}{n}$이고, 높이가 각 점 $\frac{1}{n}$, $\frac{2}{n}$ $\cdots$, $\frac{n}{n}$에서의 함숫값이 $(\frac{1}{n})^2$, $(\frac{2}{n})^2$, $\cdots$, $(\frac{n}{n})^2$이므로 다음이 성립한다.

$$U_n = \frac{1}{n}\left(\frac{1}{n}\right)^2 + \frac{1}{n}\left(\frac{2}{n}\right)^2 + \cdots + \frac{1}{n}\left(\frac{n}{n}\right)^2$$

$$= \frac{1}{n^3}(1^2 + 2^2 + \cdots + n^2)$$

$$= \frac{1}{n^3}\frac{n(n+1)(2n+1)}{6}$$

그러므로, $\lim_{n\to\infty} U_n = 1/3$임을 알 수 있고, 또한 같은 방법으로 $\lim_{n\to\infty} L_n = 1/3$도 성립함을 보일 수 있다. 따라서, 조임정리에 의해 면적 S가 $1/3$여야 함을 알 수 있다.

이런 아이디어를 좀 더 일반화하여 다음과 같은 상황을 고려하자. 폐구간 $[a, b]$에서 정의된 함수 f가 주어졌다고 하고, 자연수 $n \in \mathbb{N}$에 대하여 구간 I에서 양 끝점 a와 b을 포함해 서로 다른 $n+1$개의 점을 뽑아 크기순으로 $a = x_0, x_1, x_2, \ldots, b = x_n$라 하자. 이 경우 폐구간 $[a, b]$는 n개의 소구간 $[x_0, x_1], [x_1, x_2], \ldots, [x_{n-1}, x_n]$으로 순서대로 나뉘는데, 이러한 이유로 집합

$$P = \{x_0, x_1, \ldots, x_n\}$$

를 구간 $[a, b]$의 **분할**(partition)이라 한다. 참고로, 각각의 소구간의 길이가 모두 같은 경우 분할 P를 **정칙분할**(regular partition) 또는 **등분할**이라고 한다.

각 소구간 $[x_{i-1}, x_i]$의 길이를 일반적으로

$$\Delta x_i = x_i - x_{i-1}$$

로 표기하며, 이때 $\Delta x_1, \Delta x_2, \ldots, \Delta x_n$ 중에서 가장 큰 값을 분할 P의 **노름**(norm)이라 하고 $\|P\|$로 쓴다. 즉,

$$\|P\| = \max_{1\le i\le n} \Delta x_i$$

이다. 만약 분할 P가 구간 $[a, b]$의 등분할인 경우에는 $\|P\| = (b-a)/n$이 성립한다.

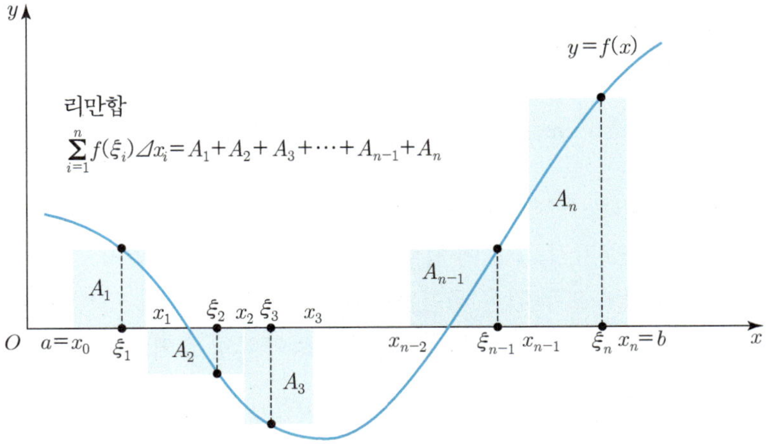

그림 5.2 리만합

각 소구간 $[x_{i-1}, x_i]$에서 점 ξ_i를 임의로 택하여 다음의 합을 만들면

$$\sum_{i=1}^{n} f(\xi_i)\Delta x_i \tag{5.1}$$

이를 f의 분할 P와 ξ_i에 의한 **리만합**(Riemann sum)이라고 한다(그림 5.2 참조).

만약 어떤 실수 A가 각각의 $\epsilon > 0$에 대하여 분할 $P = \{x_0, x_1, \ldots, x_n\}$가 $\|P\| < \delta$를 만족할 때 점 $\xi_i \in [x_{i-1}, x_i]\,(1 \le i \le n)$의 선택에 관계 없이

$$\left| \sum_{i=1}^{n} f(\xi_i)\Delta x_i - A \right| < \epsilon$$

가 성립하게 하는 $\delta > 0$가 존재하면 A를 $\|P\| \to 0$일 때의 리만합의 극한이라 하고, 이를 기호로 다음과 같이 나타낸다.

$$\lim_{\|P\| \to 0} \sum_{i=1}^{n} f(\xi_i)\Delta x_i = A \tag{5.2}$$

정의 5.1 폐구간 $[a, b]$에서 정의된 함수 f에 대하여, 리만합의 극한

$$\lim_{\|P\| \to 0} \sum_{i=1}^{n} f(\xi_i)\Delta x_i \tag{5.3}$$

이 존재하면, "함수 f는 구간 $[a, b]$에서 **리만적분가능**(Riemann integrable) 또는 간단히 **적분가능**(integrable)하다"라고 한다. 이 극한을 f의 $x = a$에서 $x = b$까지의 **정적분**(definite integral) 또는 **리만적분**(Riemann integral)이라 하며 다음과 같이 나타낸다.

$$\int_a^b f(x)\,dx = \lim_{\|P\| \to 0} \sum_{i=1}^{n} f(\xi_i)\Delta x_i \tag{5.4}$$

이때, a를 정적분의 **아래끝**(lower limit of integration)이라 하고, b를 **위끝**(upper limit of integration), x를 적분 변수라고 한다.

식 (5.1)에서 정의된 리만합은 구간 $[a, b]$의 분할 P와 또 각 소구간에서의 점 ξ_i의 선택에 따라 그 값이 달라진다. 하지만, 극한 (5.2)이 존재하는 경우에는 이 선택에 관계 없이 모두 같은 극한값을 갖게 된다. 즉, 정의 5.1에서 주어진 함수 f가 $[a, b]$에서 적분가능하다는 것은, $[a, b]$의 임의의 분할 P에 대하여 P의 각 소구간 $[x_{i-1}, x_i]$에서 점 ξ_i를 어떻게 선택하든 $\|P\| \to 0$ 일 때 리만합은 $\displaystyle\int_a^b f(x)\,dx$에 수렴함을 의미한다. 참고로, 이 경우 정적분 $\int_a^b f(x)\,dx$은 함수 f와 a, b에만 의존하고 적분변수와는

무관하게 결정 된다.

따라서 함수 f가 구간 $[a,b]$에서 적분가능하다고 가정한다면, $[a,b]$의 등분할과 소구간의 끝점을 이용하여 정적분 $\int_a^b f(x)\,dx$을 계산할 수 있다. 즉, 구간 $[a,b]$의 등분할을 $P=\{a=x_0,x_1,\ldots,x_n=b\}$라고 하면, 각각의 $i=1,2,\ldots,n$에 대하여 $\Delta x_i=\dfrac{b-a}{n}$가 성립한다. 이때 $\xi_i=x_i=a+i\Delta x_i=a+\dfrac{(b-a)}{n}i$를 선택하면 리만합은

$$\sum_{i=1}^{n} f(\xi_i)\,\Delta x_i=\sum_{i=1}^{n} f\left(a+\frac{(b-a)i}{n}\right)\frac{b-a}{n}$$

이 되어 정적분이 다음과 같이 계산된다.

$$\int_a^b f(x)\,dx=\lim_{n\to\infty}\sum_{i=1}^{n} f\left(a+\frac{(b-a)i}{n}\right)\frac{b-a}{n} \tag{5.5}$$

따라서, 함수의 정적분에서는 그 함수의 적분가능성을 확인하는 중요한데, 이를 확인 하는 것은 보편적으로 쉽지 않다. 다만, 다음의 정리에서처럼 모든 연속함수가 유한한 폐구간에서 적분가능하기 때문에 이를 따로 증명하지 않고 사용하도록 하자.

정리 5.2 폐구간 $[a,\ b]$에서 정의된 연속 함수 f는 $[a,\ b]$에서 적분가능하다.

예제 5.3

정적분 $\int_0^1 x^2\,dx$을 구하시오.

풀이 $f(x)=x^2$는 연속함수이므로 정리 5.2에 따라 등분할을 이용해서 정적분을 계산할 수 있다. 식 (5.5)를 $f(x)=x^2$, $a=0$, $b=1$에 대하여 적용하면 다음을 얻을 수 있다.

$$\begin{aligned}\int_0^1 x^2\,dx&=\lim_{n\to\infty}\sum_{i=1}^{n} f\left(\frac{i}{n}\right)\frac{1}{n}=\lim_{n\to\infty}\sum_{i=1}^{n}\left(\frac{i^2}{n^2}\right)\frac{1}{n}\\&=\lim_{n\to\infty}\sum\nolimits_{i=1}^{n}\left(\frac{i^2}{n^3}\right)=\lim_{n\to\infty}\frac{1}{n^3}\sum_{i=1}^{n} i^2\\&=\lim_{n\to\infty}\frac{1}{n^3}\frac{n(n+1)(2n+1)}{6}=\frac{1}{3}\end{aligned}$$

■

한편, 처음에 소개한 적분의 개념과 같이 함수 f가 구간 $[a,\ b]$에서 음이 아닌 함숫값을 가지고 적분가능한 경우 정적분 $\int_a^b f(x)\,dx$은 $y=f(x)$ 그래프와 $x=a$,

$x = b$, x축에 의해 닫힌 영역의 넓이를 의미하게 된다. 특히 f가 구간 $[a, b]$에서 연속인 경우에는 이를 보다 명확하게 살펴볼 수 있는데, $P = \{x_0, x_1, x_2, \cdots, x_n\}$를 $[a, b]$의 임의의 분할 이라하면 f가 연속이므로 각 소구간 $[x_{i-1}, x_i]$에서 최댓값과 최솟값을 갖는다. 이때, M_i를 $[x_{i-1}, x_i]$에서의 f의 최댓값, m_i를 $[x_{i-1}, x_i]$에서의 f의 최솟값이라 하면 $M_i = f(\xi_i')$, $m_i = f(\xi_i'')$를 만족하는 $\xi_i', \xi_i'' \in [x_{i-1}, x_i]$이 존재한다.

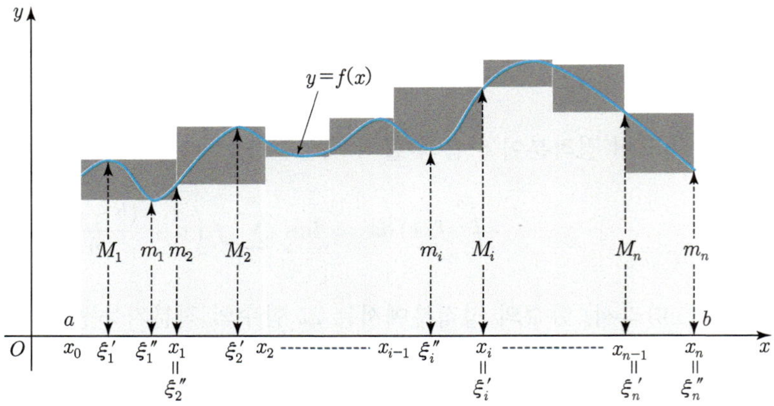

그림 5.3

그림 5.3에서 보는 바와 같이 A가 해당 영역의 넓이라 한다면 앞서 선택한 값들로 만들어진 리만합은 다음과 같은 부등식을 만족한다.

$$\sum_{i=1}^{n} f(\xi_i'')\Delta x_i = \sum_{i=1}^{n} m_i \Delta x_i \le A \le \sum_{i=1}^{n} M_i \Delta x_i = \sum_{i=1}^{n} f(\xi_i')\Delta x_i$$

이때 연속함수 f는 $[a, b]$에서 적분가능하므로 좌변과 우변의 리만합이 모두 $\int_a^b f(x)dx$로 수렴하게 되어

$$A = \int_a^b f(x)\, dx$$

가 성립한다.

정리 5.4 구간 $[a, b]$에서 연속인 함수 f가 $f(x) \ge 0$을 만족하면, $y = f(x)$의 그래프, x축과 두 직선 $x = a$, $x = b$로 둘러싸인 도형의 넓이 A는 다음과 같다.

$$A = \int_a^b f(x)\, dx$$

예제 5.5

정적분 $\int_{-2}^{2} \sqrt{4-x^2}\, dx$를 구하시오.

풀이 함수 $f(x) = \sqrt{4-x^2}$는 $[-2, 2]$에서 연속인 함수이고 0보다 크거나 같은 값만을 함숫값으로 갖는다. 또한 $y = \sqrt{4-x^2}$라 하였을 때, $x^2 + y^2 = 4$가 성립하므로 이 함수는 그래프는 2차원 평면에서 원점이 중심이며 반지름이 2인 위쪽 반원을 그래프로 갖는다. 따라서 정리 5.4에 의해 정적분 $\int_{-2}^{2} \sqrt{4-x^2}\, dx$는 반지름이 2인 원의 넓이의 절반인 2π가 된다. ▪

5.1.1 정적분의 기본성질

이 절에서는 정적분이 가지고 있는 몇가지 기본적인 성질들을 살펴본다. 이 성질들은 추후에 미적분학의 기본정리와 합쳐져 다양한 적분 계산을 가능하게 해준다. 우리가 첫번째로 다룰 내용은 정적분을 구할 때 구간을 나누어 계산해도 무방하다는 것이다. 이를 개념적으로 이해하기 위해, 구간 $[a, b]$에서 연속인 함수 f를 고려하자. 이 경우 f는 임의의 구간 $[\alpha, \beta] \subset [a, b]$에서도 연속함수 이므로 정리 5.2에 의해 f는 $[\alpha, \beta] \subset [a, b]$에서 적분가능하다. 즉, 임의의 $c \in [a, b]$에 대하여 세개의 정적분 $\int_a^b f(x)\, dx$, $\int_a^c f(x)\, dx$, $\int_c^b f(x)\, dx$이 존재한다. 따라서, 다음과 같이 c를 원소로 가지는 구간 $[a, b]$를 $2n$개의 소구간들로 나누는 분할

$$P = \{a = x_0, x_1, x_2, \ldots, x_n = c, x_{n+1}, x_{n+2}, \ldots, x_{2n} = b\}$$

를 고려하여 $\|P\|$를 0으로 보내게 되면 각 소구간에서 선택되는 임의의 수 ξ에 대하여

$$\int_a^b f(x)\, dx = \lim_{\|P\| \to 0} \sum_{i=1}^{2n} f(\xi_i)\Delta x_i$$

이 성립한다. 한편, $P_1 = P \cap [a, c]$과 $P_2 = P \cap [c, b]$를 고려하면

$$P_1 = \{a = x_0, x_1, x_2, \ldots, x_n = c\},$$

$$P_2 = \{c = x_n, x_{n+1}, x_{n+2}, \ldots, x_{2n} = b\}$$

이 되어 각각 $[a, c]$와 $[c, b]$의 분할이 되며

$$\lim_{\|P\| \to 0} \sum_{i=1}^{2n} f(\xi_i)\Delta x_i = \lim_{\|P\| \to 0} \left(\sum_{i=1}^{n} f(\xi_i)\Delta x_i + \sum_{i=n+1}^{2n} f(\xi_i)\Delta x_i \right)$$

이 성립한다. 이때, $\|P\|$를 0으로 보낸다는 것은 $\|P_1\|$과 $\|P_2\|$도 동시에 0으로 보내는 것을 말하므로 이는 곧 $\int_a^b f(x)\,dx = \int_a^c f(x)\,dx + \int_c^b f(x)\,dx$이 성립함을 의미한다.

여기에서는 쉬운 설명을 위해 연속함수만을 고려하였으나 다음과 같이 보다 일반적인 적분가능한 함수에 대해서 성립한다.

정리 5.6 구간 $[a, b]$에서 적분가능한 함수 f와 $a < c < b$에 대하여 다음이 성립한다.

$$\int_a^b f(x)\,dx = \int_a^c f(x)\,dx + \int_c^b f(x)\,dx$$

한편, 정적분 $\int_a^b f(x)\,dx$를 정의할 때 $a < b$인 경우만을 고려했었는데, $a \geq b$인 경우에도 식 (5.1) 의 리만합이 잘 정의되어 이 경우에 대한 정적분의 정의를 다음과 같이 고려한다.

정의 5.7 함수 f가 구간 $[a, b]$에서 적분가능할 때, 다음과 같이 정적분 $\int_a^a f(x)\,dx$와 $\int_b^a f(x)\,dx$를 정의한다.

(1) $\int_a^a f(x)\,dx = 0$ (2) $\int_b^a f(x)\,dx = -\int_a^b f(x)\,dx$

이 정의를 고려하여 정리 5.6를 다시 기술하면 다음과 같이 쓸 수 있다.

정리 5.8 구간 $[a, b]$에서 적분가능한 함수 f와 $\alpha, \beta, \gamma \in [a, b]$에 대하여 다음이 성립한다.

$$\int_\alpha^\beta f(x)\,dx = \int_\alpha^\gamma f(x)\,dx + \int_\gamma^\beta f(x)\,dx$$

다음으로 살펴볼 사실은 정적분이 함수들의 상수배와 합 혹은 차로 구성된 경우 각각의 함수들의 적분을 이용해 계산할 수 있다는 것이다.

정리 5.9 함수 f, g가 구간 $[a, b]$에서 적분가능하면 임의의 α, β에 대하여 함수 $\alpha f(x) + \beta g(x)$가 $[a, b]$에서 적분가능하고 다음의 등식이 성립한다.

$$\int_a^b \big(\alpha f(x) + \beta g(x)\big)\,dx = \alpha\int_a^b f(x)\,dx + \beta\int_a^b g(x)\,dx$$

증명 구간 $[a, b]$의 임의의 분할 $P = \{x_0, x_1, x_2, \ldots, x_n\}$와 각 소구간에서 선택한 임의의 $\xi_i \in [x_{i-1}, x_i]$로 만든 리만합은 다음의 등식을 만족한다.

$$\sum_{i=1}^{n} cf(\xi_i)\Delta x_i = c\sum_{i=1}^{n} f(\xi_i)\Delta x_i \quad (c\text{는 임의의 상수})$$

$$\sum_{i=1}^{n} \big(f(\xi_i) + g(\xi_i)\big)\Delta x_i = \sum_{i=1}^{n} f(\xi_i)\Delta x_i + \sum_{i=1}^{n} g(\xi_i)\Delta x_i$$

이때 각 등식의 좌 우변에 분할에 대한 극한 $\lim_{\|P\|\to 0}$를 취해주게 되면 함수 f와 g가 구간 $[a, b]$에서 적분가능하므로 극한의 성질에 의해 등식

$$\int_a^b cf(x)\,dx = c\int_a^b f(x)\,dx$$

$$\int_a^b \big(f(x) + g(x)\big)\,dx = \int_a^b f(x)\,dx + \int_a^b g(x)\,dx$$

이 성립한다. 이 두 사실을 반복해서 적용하면 다음이 성립함을 알 수 있다.

$$\begin{aligned}\int_a^b \big(\alpha f(x) + \beta g(x)\big)\,dx &= \int_a^b \alpha f(x)\,dx + \int_a^b \beta g(x)\,dx \\ &= \alpha\int_a^b f(x)\,dx + \beta\int_a^b g(x)\,dx\end{aligned}$$

■

끝으로, 정적분에 대한 기본적인 부등식을 확인하고 이 절을 마무리 하자.

정리 5.10 함수 f, g가 모두 구간 $[a, b]$에서 적분가능인 경우 다음이 성립한다.

(1) 임의의 $x \in [a, b]$에 대하여 부등식 $f(x) \geq 0$이 성립하면, $\int_a^b f(x)\,dx \geq 0$ 이 성립한다.

(2) 임의의 $x \in [a, b]$에 대하여 부등식 $f(x) \geq g(x)$이 성립하면, $\int_a^b f(x)\,dx \geq \int_a^b g(x)\,dx$이 성립한다.

(3) 실수 M, m이 임의의 $x \in [a, b]$에 대하여 부등식 $m \leq f(x) \leq M$을 성립하면, $m(b-a) \leq \int_a^b f(x)\,dx \leq M(b-a)$이 성립한다.

증명 (1) 모든 $x \in [a, b]$에 대하여 $f(x) \geq 0$이면 임의의 리만합 (5.1)이 0보다 크거나 같으므로 정적분의 정의 5.1에 의해 $\int_a^b f(x)\,dx \geq 0$임이 자명하다.

(2) $f(x) \geq g(x)$는 $f(x) - g(x) \geq 0$과 동치이므로 (1)로부터 다음이 성립함을

알 수 있다.

$$\int_a^b \big(f(x) - g(x)\big)\,dx \geq 0$$

따라서 정리 5.9로부터 $\int_a^b f(x)\,dx - \int_a^b g(x)\,dx \geq 0$ 즉,

$$\int_a^b f(x)\,dx \geq \int_a^b g(x)\,dx$$

임을 알 수 있다.

(3) (2)에 의해 부등식

$$\int_a^b m\,dx \leq \int_a^b f(x)\,dx \leq \int_a^b M\,dx$$

이 성립한다. 정적분의 정의에 의해 상수함수의 정적분 값은 그 상수와 적분 구간의 길이의 곱이라는 것이 자명하므로 다음이 성립한다.

$$\int_a^b m\,dx = m(b-a), \qquad \int_a^b M\,dx = M(b-a)$$ ■

5.1 연습문제

1. 다음 함수에 대하여 주어진 구간의 분할 P에 대한 리만합을 구하시오.

   (1) $f(x) = x^2,\ \ x \in [1,\,4],\ \ P = \left\{1,\, \frac{5}{4},\, \frac{9}{4},\, \frac{7}{2},\, 4\right\},\ \ (\xi_i) = \left\{1,\, \frac{7}{4},\, 3,\, 4\right\}$

   (2) $f(x) = x^2,\ \ x \in [1,\,4],\ \ P = \left\{1,\, \frac{5}{4},\, \frac{9}{4},\, \frac{7}{2},\, 4\right\},\ \ (\xi_i) = \left\{1,\, \frac{7}{4},\, 3,\, 4\right\}$

   (3) $f(x) = \sin x,\ \ x \in [0,\,\pi],\ \ P = \left\{0,\, \frac{\pi}{4},\, \frac{\pi}{2},\, \frac{3\pi}{4},\, \pi\right\},\ \ (\xi_i) = \left\{\frac{\pi}{6},\, \frac{\pi}{3},\, \frac{2\pi}{3},\, \frac{5\pi}{6}\right\}$

2. 다음 극한을 정적분의 형태로 표현하시오.

   (1) $\lim_{n\to\infty} \left(\frac{1}{n(1+\frac{1}{n})} + \frac{1}{n(1+\frac{2}{n})} + \cdots + \frac{1}{n(1+\frac{n}{n})} \right)$

   (2) $\lim_{n\to\infty} \frac{1}{n^2}(1 + 2 + \cdots + n)$

3. 등분할을 이용하여 $\int_a^b x\,dx = \frac{1}{2}\left(b^2 - a^2\right)$ 임을 증명하시오.

4. 정리 5.4을 이용하여 다음 정적분을 구하시오.

(1) $\int_{-2}^{2} \sqrt{4 - x^2}\,dx$

(2) $\int_{-2}^{3} |x|\,dx$

5.2 미적분학의 기본정리

이 절에서는 4장에서 학습한 부정적분과 이번 장에서 학습하고 있는 정적분을 연결해 주는 **미적분학의 기본정리**를 학습한다. 부정적분은 미분의 역연산이기 때문에, 미적분학의 기본정리는 미적분학 내용의 두 축인 미분과 적분이 이루는 역의 관계를 정확히 설명해준다. 이를 살펴보기 위해서는 다음의 정리가 필요하다.

정리 5.11 적분에 관한 평균값의 정리(mean value theorem)

함수 f가 $[a, b]$에서 연속이면 다음을 만족하는 $c \in [a, b]$가 존재한다.

$$\int_a^b f(x)\,dx = f(c)(b-a) \tag{5.6}$$

증명 함수 f가 폐구간 $[a, b]$에서 연속이므로, 함수에 관한 최대최소정리[1]에 의해 f의 $[a, b]$에서의 최솟값 m과 최댓값 M이 존재한다. 따라서, 임의의 $x \in [a, b]$에 대하여 $m \le f(x) \le M$이 성립한다. 이 부등식에 정리 5.10의 (3)을 적용하면

$$m(b-a) \le \int_a^b f(x)\,dx \le M(b-a)$$

을 얻는데 이는

$$m \le \frac{1}{b-a}\int_a^b f(x)\,dx \le M$$

로 다시 쓸 수 있다. 한편 f가 $[a, b]$에서 연속이므로 중간값의 정리[2]를 적용하면 다음을 만족하는 $c \in [a, b]$가 존재한다는 것을 알 수 있다.

$$\frac{1}{b-a}\int_a^b f(x)\,dx = f(c)$$

■

우리는 이미 미분에 관한 평균값의 정리[3]를 알고 있는데, 이후에 학습할 미적분학의 기본정리를 정리 5.11에 적용해서 생각해보면 두 평균값의 정리가 매우 유사한 구조를 갖고 있음을 알 수 있다. 또한 적분에 관한 평균값 정리의 기하학적 의미는 함수 f가 $[a,b]$에서 연속이고 $f(x) \ge 0$일 때 직사각형의 넓이 $f(c)(b-a)$가 f의 그래프, x축, 직선 $x=a$, $x=b$로 둘러싸인 도형의 넓이와 같아지는 점 c가 a와 b

---

[1] 함수에 관한 최대최소정리(35쪽, 정리 1.63 참조)
[2] 중간값의 정리(35쪽, 정리 1.62 참조)
[3] 미분에 관한 평균값의 정리(87쪽, 정리 3.14(2) 참조)

사이에 존재함을 의미하고 (그림 5.4 참조), 이는 $\dfrac{1}{b-a}\displaystyle\int_a^b f(x)\,dx$를 함수 f의 $[a,b]$에서의 평균값으로 정의하는것이 자연스럽게 해준다.[4]

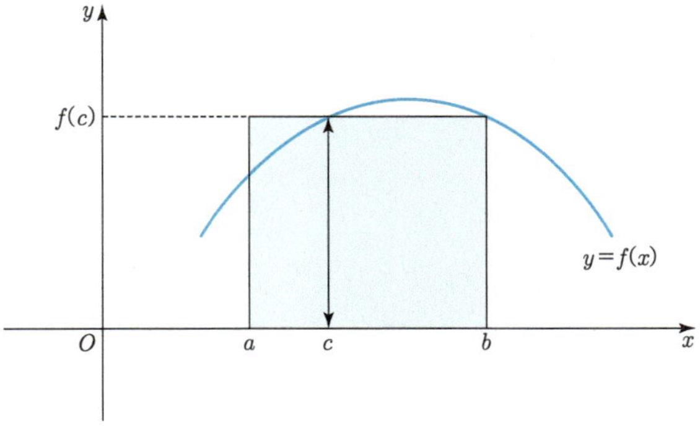

그림 5.4 평균값 정리의 기학학적 의미

미적분학의 기본정리를 살펴보기 위해 폐구간 $[a,\ b]$에서 연속인 함수 f를 고려하자. 이 경우 정리 5.2와 정의 5.7에 의해 임의의 두 점 $x, c \in [a,\ b]$에 대하여 정적분 $\displaystyle\int_c^x f(t)\,dt$이 존재한다. 이때, 만약 x를 변수로 생각한다면 새로운 함수 F를 다음과 같이 정의하는 것이 가능하다.

$$F(x) \ = \int_c^x f(t)\,dt$$

정리 5.12 미적분학의 기본정리 1

함수 f가 $[a,\ b]$에서 연속이면 임의의 $c \in [a,\ b]$에 대하여 함수

$$F(x) = \int_c^x f(t)\ dt \quad (a \le x \le b) \tag{5.7}$$

는 $[a,\ b]$에서 미분가능하고 $F'(x) = f(x)$이다. 즉, 함수 F는 f의 부정적분이다.

증명 ($c = a$인 경우) 도함수의 정의와 식 (5.7)로부터 다음의 등식을 유도할 수 있다.

$$F'(x) = \lim_{h\to 0} \frac{F(x+h) - F(x)}{h} = \lim_{h\to 0} \frac{1}{h} \left(\int_a^{x+h} f(t)\ dt \ - \int_a^x f(t)\ dt \right)$$

단, $x = a$인 경우에는 $h > 0$ 만을 $x = b$인 경우에는 $h < 0$만을 고려한다. 한편 정리 5.8에 의해

$$\int_a^{x+h} f(t)\ dt \ = \int_a^x f(t)\ dt \ + \int_x^{x+h} f(t)\ dt$$

[4]보다 자세한 내용은 정의 5.17과 그 이후 내용을 참고하자.

이 성립하므로 다음을 알 수 있다.

$$F'(x)=\lim_{h\to 0}\frac{1}{h}\int_x^{x+h} f(t)\,dt$$

이 식의 우변에 적분에 관한 평균값의 정리 5.11를 적용하면 등식

$$\int_x^{x+h} f(t)\,dt = hf(c_h)$$

를 만족하는 c_h가 $h>0$인 경우 구간 $[x,\ x+h]$에 $h<0$인 경우 구간 $[x+h,\ x]$에 존재한다. 두 경우 모두 x_h는 h를 0으로 보내면 x로 수렴한다. 따라서

$$F'(x)=\lim_{h\to 0}\frac{1}{h}\int_x^{x+h} f(t)\,dt=\lim_{h\to 0} f(c_h)=f(x)$$

를 얻는다. 즉, 함수 F는 f의 부정적분이다.

(일반적인 c의 경우) 정리 5.8에 의해 다음의 등식이 성립한다.

$$F(x)=\int_c^x f(t)\,dt=\int_a^x f(t)\,dt-\int_a^c f(t)\,dt$$

이때, $\int_a^c f(t)\,dt$는 상수이므로, $c=a$인 경우에 의해 $F'(x)=f(x)$가 됨을 알 수 있다. ■

예제 5.13

다음 함수들의 도함수를 구하시오.

(1) $F(x)\ =\int_1^x \cos^3\sqrt{t}\,dt$　　　(2) $F(x)=\int_{x^2}^x \sqrt{2+t^2},dt$

풀이 (1) 함수 $f(t)=\cos^3\sqrt{t}$는 $t\ge 0$에서 연속이므로, 정리 5.12에 $x\ge 0$에 대하여 다음이 성립한다.

$$F'(x)=\cos^3\sqrt{x}$$

(2) 정리 5.8과 정의 5.7에 의해 다음이 성립한다.

$$\begin{aligned}\int_{x^2}^x \sqrt{2+t^2}\,dt &= \int_{x^2}^0 \sqrt{2+t^2}\,dt+\int_0^x \sqrt{2+t^2}\,dt\\ &= -\int_0^{x^2} \sqrt{2+t^2}\,dt+\int_0^x \sqrt{2+t^2}\,dt\end{aligned}$$

따라서 정리 5.12와 미분의 연쇄법칙에 의해 다음이 성립한다.

$$
\begin{aligned}
F'(x) &= \frac{d}{dx}\left(-\int_0^{x^2} \sqrt{2+t^2}\, dt\right) + \frac{d}{dx}\left(\int_0^{x} \sqrt{2+t^2}\, dt\right) \\
&= -2x\sqrt{2+x^4} + \sqrt{2+x^2}
\end{aligned}
$$

■

다음 정리는 **미적분학의 기본정리**의 또 다른 형태로 정적분을 계산하는데 매우 유용하다.

정리 5.14 미적분학의 기본정리 2

구간 I에서 적분가능한 함수 f가 부정적분 F를 갖는다면 임의의 $a,\, b \in I$에 대하여 다음이 성립한다.

$$\int_a^b f(x)\, dx = F(b) - F(a)$$

증명 ($a < b$ 인 경우) F는 $[a,\, b]$에서 미분가능한 함수이므로, $[a,\, b]$의 임의의 분할 $P = \{x_0,\, x_1,\, \cdots,\, x_n\}$와 그것의 각 소구간 $[x_{i-1},\, x_i]$에 대하여 (미분에 대한) 평균값정리를 적용할 수 있다. 즉, 등식

$$F(x_i) - F(x_{i-1}) = F'(\xi_i)(x_i - x_{i-1}) = f(\xi_i)(x_i - x_{i-1})$$

을 만족하는 $\xi_i \in (x_{i-1},\; x_i)$가 존재하는데, 이는 다음의 등식이 성립함을 말해준다.

$$F(b) - F(a) = \sum_{i=1}^{n} (F(x_i) - F(x_{i-1})) = \sum_{i=1}^{n} f(\xi_i)(x_i - x_{i-1})$$

한편, 함수 f가 $[a,\, b]$에서 적분가능하므로 다음이 성립하게 된다.

$$\int_a^b f(x)\, dx = \lim_{\|P\| \to 0} \sum_{i=1}^{n} f(\xi_i) \Delta x_i = F(b) - F(a)$$

($a \geq b$ 인 경우) 정의 5.7과 앞선 $a < b$인 경우의 결과를 함께 고려하면 자명하다. ■

미적분학의 기본정리 5.14에서 $F(b) - F(a)$는 편의상 $\Big[F(x)\Big]_a^b$로 나타내어 주로 다음과 같이 쓴다.

$$\int_a^b f(x)\, dx = \Big[F(x)\Big]_a^b = F(b) - F(a)$$

한편, $[a,\, b]$에서 연속인 함수 f는 적분이 가능하다는 것을 알고 있으므로, 모든

연속함수에 대하여 정리 5.14을 적용하는 것이 가능하다. 다음은 함수의 부정적분을 이용하여 정적분을 구하는 예시들이다.

예제 5.15

다음의 정적분을 구하시오.

(1) $\displaystyle\int_{-\frac{\pi}{3}}^{\frac{\pi}{3}} \cos x\, dx$ (2) $\displaystyle\int_{-1}^{2} |2x-1|\, dx$

풀이 (1) $(\sin x)' = \cos x$가 성립하므로 미적분학의 기본정리 5.14에 의해 다음이 성립한다.

$$\int_{-\frac{\pi}{3}}^{\frac{\pi}{3}} \cos x\, dx = \Big[\sin x\Big]_{-\frac{\pi}{3}}^{\frac{\pi}{3}} = \sin\frac{\pi}{3} - \sin\left(-\frac{\pi}{3}\right) = \sqrt{3}$$

(2) $2x-1$는 $1/2$를 기점으로 부호가 바뀌므로 정리 5.6와 (혹은 정리 5.8) 미적분학의 기본정리 5.14를 이용하여 다음과 같이 계산할 수 있다.

$$\begin{aligned}\int_{-1}^{2} |2x-1|\, dx &= \int_{-1}^{\frac{1}{2}} (1-2x)\, dx + \int_{\frac{1}{2}}^{2} (2x-1)\, dx \\ &= \Big[x-x^2\Big]_{-1}^{\frac{1}{2}} + \Big[x^2-x\Big]_{\frac{1}{2}}^{2} = \frac{9}{2}\end{aligned}$$

■

정적분을 계산할 때 정리 5.9를 적용하는 것도 매우 유용하다.

예제 5.16

다음의 정적분을 구하시오.

(1) $\displaystyle\int_{1}^{2} \frac{x^2+\sqrt{x}}{x^4}\, dx$ (2) $\displaystyle\int_{0}^{\frac{\pi}{4}} (\sec^2 x + 3\sin x)\, dx$

풀이 (1) 등식 $\dfrac{x^2+\sqrt{x}}{x^4} = x^{-2} + x^{-\frac{7}{2}}$이 성립하므로 정리 5.9와 미적분학의 기본정리 5.14에 의해 다음이 성립한다.

$$\begin{aligned}\int_{1}^{2} \frac{x^2+\sqrt{x}}{x^4}\, dx &= \int_{1}^{2} x^{-2} + x^{-\frac{7}{2}}\, dx \\ &= \Big[-x^{-1}\Big]_{1}^{2} + \Big[-\frac{2}{5}x^{-\frac{5}{2}}\Big]_{1}^{2} \\ &= -\frac{1}{2} + 1 - \frac{2}{5}\cdot 2^{-\frac{5}{2}} + \frac{2}{5} \\ &= \frac{9\sqrt{2}-1}{10\sqrt{2}}\end{aligned}$$

(2) 정리 5.9와 미적분학의 기본정리 5.14에 의하여 다음이 성립한다.

$$\begin{aligned}\int_0^{\frac{\pi}{4}} (\sec^2 x + 3\sin x)\, dx &= \int_0^{\frac{\pi}{4}} \sec^2 x\, dx + 3\int_0^{\frac{\pi}{4}} \sin x\, dx \\ &= \Big[\tan x\Big]_0^{\frac{\pi}{4}} + 3\Big[-\cos x\Big]_0^{\frac{\pi}{4}} \\ &= 1 + 3\left(-\frac{\sqrt{2}}{2} + 1\right) = 4 - \frac{3\sqrt{2}}{2}\end{aligned}$$ ■

끝으로, 함수의 평균값에 대하여 추가적으로 살펴보고 이 장을 마무리 하자.

정의 5.17 **함수의 평균값**

함수 f가 구간 $[a, b]$에서 연속일 때, 함수 f의 $[a, b]$에서의 평균값 f_{ave}를 다음과 같이 정의한다.

$$f_{ave} = \frac{1}{b-a}\int_a^b f(x)\, dx$$

보편적으로 유한개의 수 $x_1,\ x_2,\ \cdots,\ x_n$의 **평균값**(average value)은

$$\frac{x_1 + x_2 + \cdots + x_n}{n} = \frac{1}{n}\sum_{i=1}^{n} x_i$$

로 생각하는 것이 일반적이다. 만약 연속적인 수들의 평균을 고려하고자 한다면 이렇게 정의되는 유한개의 수의 평균을 다음과 같이 활용하는 것이 자연스럽다. 즉, 연속적인 수를 표현하는 연속 함수 $f(x)\ (a \le x \le b)$가 주어졌다면, 구간 $[a,\ b]$를 n 등분하는 분할 $P = \{x_0, x_1, ..., x_n\}$을 고려하자. 이때, 임의로 $[x_{i-1},\ x_i]$, $(i = 1, 2, \cdots, n)$에서 ξ_i를 선택하면 f의 평균치는 근사적으로 $f(\xi_1), f(\xi_2), \cdots, f(\xi_n)$의 평균값

$$\frac{1}{n}\sum_{i=1}^{n} f(\xi_i)$$

과 같을 것이다. 이 근사치가 소분할의 개수가 커지면 커질 수록 정교해질 것이라고 생각한다면, 이 합의 n을 무한대로 보낸 값을 f의 평균값이라고 보는 것이 마땅할 것이다.

이때, 임의의 i와 j에 대하여 $\Delta x_i = \dfrac{b-a}{n} = \Delta x_j$이 성립하므로

$$\frac{1}{n}\sum_{i=1}^{n} f(\xi_i) = \frac{\Delta x_i}{b-a}\sum_{i=1}^{n} f(\xi_i) = \frac{1}{b-a}\sum_{i=1}^{n} f(\xi_i)\Delta x_i$$

가 성립한다. f가 연속이므로 적분이 가능하고, 따라서 이 값의 극한은 다음과 같다.

$$\lim_{n\to\infty} \frac{1}{b-a}\sum_{i=1}^{n} f(\xi_i)h = \frac{1}{b-a}\int_a^b f(x)\,dx$$

따라서 f의 $[a, b]$에서의 평균값 f_{ave}을 정의 5.17에서와 같이 정의한다.

예제 5.18

어떤 지역의 온도 $c(t)\,°C$가 시간 t (단위 시간)에 대하여 2시간 동안 함수 $c(t) = t^4 - 2t + 1 \quad (0 \le t \le 2)$를 따라 변하였다고 하자. 이때, 이 시간 동안의 평균온도를 구하시오.

풀이 f의 $[0, 2]$에서의 평균값은

$$f_{ave} = \frac{1}{2-0}\int_0^2 (t^4 - 2t + 1)\,dt = \frac{1}{2}\left[\frac{1}{5}t^5 - t^2 + t\right]_0^2 = \frac{11}{5}$$

이므로 평균기온은 $2.2°C$이다. ∎

예제 5.19

함수 $f(x) = 4x^3 \ (0 \le x \le 1)$에 대하여 적분에 관한 평균값 정리 5.11를 만족하는 c의 값을 구하시오.

풀이 $f(c) = \dfrac{1}{1-0}\displaystyle\int_0^1 f(x)\,dx$이므로 등식

$$4c^3 = \int_0^1 4x^3\,dx = 1$$

를 만족하는 c를 찾는다. 즉, $c = \dfrac{1}{4^{1/3}}$이다. ∎

5.2 연습문제

1. 미적분학의 기본정리를 적용하여 다음 정적분을 구하시오.

(1) $\displaystyle\int_0^1 (5x^4+3x^2+1)\,dx$ (2) $\displaystyle\int_1^2 \left(\sqrt{x}+\frac{1}{\sqrt{x}}\right)^2 dx$

(3) $\displaystyle\int_0^{\frac{\pi}{4}} \left(\cos x+\frac{1}{\cos^2 x}\right) dx$ (4) $\displaystyle\int_0^1 \sqrt[3]{x}(\sqrt{x}+3)\,dx$

(5) $\displaystyle\int_0^{\frac{\pi}{2}} \cos 2x\ dx$ (6) $\displaystyle\int_{-1}^3 \frac{2}{x+3}\,dx$

(7) $\displaystyle\int_4^9 \frac{1-2\sqrt{x}}{\sqrt{x}}\,dx$ (8) $\displaystyle\int_0^{\ln 5} e^{5x}\,dx$

2. 다음 정적분을 구하시오.

(1) $\displaystyle\int_0^1 |2x-1|\,dx$ (2) $\displaystyle\int_{-1}^2 (|x|+|x-1|)\,dx$

3. 함수 $f(x)$가

$$f(x)=\begin{cases}\sin x, & \text{if } \ 0\le \pi \le \frac{\pi}{2}\\ \cos x, & \text{if } \ \frac{\pi}{2}\le x\le \pi\end{cases}$$

로 정의된 경우 정적분 $\displaystyle\int_0^{\pi} f(x)\,dx$를 계산하시오.

4. 구간 $[0,2]$에서 적분가능한 함수 f와 g에 대하여

$$\int_0^2 (3f(x)+2g(x))\ dx=1,\qquad \int_0^2 (2f(x)+3g(x))\ dx=-1$$

이 성립할 때, 정적분 $\displaystyle\int_0^2 f(x)\ dx$와 $\displaystyle\int_0^2 g(x)\ dx$를 구하시오.

5. 다음 함수의 도함수를 구하시오.

(1) $F(x)=\displaystyle\int_0^{x^3} \cos^3 t\,dt$ (2) $F(x)=\displaystyle\int_x^{-3} (t^2+1)\,dt$

(3) $F(x)=\displaystyle\int_{\sqrt{x}}^{\pi} t\,\cos t\,dt$ (4) $F(x)=\displaystyle\int_0^{e^x} \sqrt{1+t^2}\,dt$

6. 구간 $[0,\frac{\pi}{2}]$에서 함수 $f(x)=\cos x+2x$의 평균값을 구하시오.

7. 어느 날 오전 6시부터 오후 6시까지 기온 $T(°C)$가 대략

$$T(t) = -\frac{2}{5}t^2 + 4t + 12 \ (0 \leq t \leq 12)$$

로 주어질 때, 오전 6시부터 오후 6시까지 평균기온을 구하시오(단, t는 오전 6시를 0으로 하여 6시 이후 몇 시간 지났음을 나타낸다).

8. 함수 $f(x) = x^2 - 2x + 2 \ (0 \leq x \leq 3)$에 대하여 적분에 관한 평균값의 정리 5.11을 만족하는 c의 값을 모두 구하시오.

5.3 정적분의 계산법

이 절에서는 4.2절에서 다루었던 부정적분을 위한 치환적분법과 부분적분법을 정적분에 적용하는 방법인 정적분을 위한 치환적분법과 부분적분법을 알아본다. 이 방법들은 앞으로의 적분계산에 필수적으로 사용될 예정이다.

정리 5.20 정적분을 위한 치환적분법

f가 구간 J에서 연속이고, 함수 g가 구간 I에서 구간 J로의 미분 가능함수라 하자. 만약, 도함수 g'이 I에서 연속함수이면 임의의 $a, b \in I$에 대하여 다음이 성립한다.

$$\int_{g(a)}^{g(b)} f(u)\,du = \int_a^b f\big(g(x)\big)g'(x)\,dx \tag{5.8}$$

증명 f는 J에서 연속이므로, 정리 5.12에 의해 함수 $F(t) = \int_{g(a)}^{t} f(u)\,du$는 임의의 $t \in J$에서 미분가능하다. 임의의 $x \in I$에 대하여 $g(x) \in J$이므로 미분의 연쇄법칙에 의하여 다음의 등식이 성립한다.

$$\big[F\big(g(x)\big)\big]' = f\big(g(x)\big)g'(x)$$

즉 $F\big(g(x)\big)$는 $f\big(g(x)\big)g'(x)$의 부정적분 중 하나이므로, 미적분학의 기본정리 5.14에 의해 다음이 성립한다.

$$\int_a^b f\big(g(x)\big)g'(x)\,dx = \Big[F\big(g(x)\big)\Big]_a^b = F\big(g(b)\big) - F\big(g(a)\big)$$

따라서, 등식

$$\int_{g(a)}^{g(b)} f(u)\,du = \Big[F(u)\Big]_{g(a)}^{g(b)} = F\big(g(b)\big) - F\big(g(a)\big)$$

로부터 다음이 성립함을 알 수 있다.

$$\int_a^b f\big(g(x)\big)g'(x)\,dx = \int_{g(a)}^{g(b)} f(u)\,du$$

■

정적분을 위한 치환 적분법은 부정적분에서의 치환적분법 (정리 4.10)과 같은 구조를 갖는다고 할 수 있다. 따라서 부정적분의 경우와 유사하게 다음의 절차에 따라 정적분을 계산하는 것이 일반적이다.

1. 적분계산이 간단해지도록 $u = g(x)$를 적절히 정하고, $\frac{du}{dx} = g'(x)$를 계산한다.

2. $g(x)$ 대신에 u를 $g'(x)dx$ 대신에 du로 치환하여 u에 대한 적분식으로 간소화하고, 동시에 적분 범위를 g를 이용해 다시 적는다.

3. 간소화된 u에 대한 정적분을 계산한다.

예제 5.21

치환적분을 이용하여 다음의 정적분을 계산하시오.

(1) $\displaystyle\int_0^1 (x^4+3)^2 x^3\,dx$ (2) $\displaystyle\int_1^4 \frac{1}{2x-\sqrt{x}}\,dx$

풀이 (1) $u = g(x) = x^4+3$라 하면, 범위는 $g(0) = 3$부터 $g(1) = 4$ 까지가 되며 $\frac{du}{dx} = g'(x) = 4x^3$이므로 식 (5.8)을 이용해 다음과 같이 계산한다.

$$\int_0^1 (x^4+3)^2 x^3\,dx = \frac{1}{4}\int_0^1 (x^4+3)^2 4x^3\,dx = \frac{1}{4}\int_3^4 u^2\,du$$
$$= \frac{1}{4}\left[\frac{1}{3}u^3\right]_3^4 = \frac{1}{12}\left(4^3-3^3\right) = \frac{37}{12}$$

(2) $u = g(x) = \sqrt{x}$라 하면, 범위는 $g(1) = 1$부터 $g(4) = 2$ 까지가 되며 $\frac{du}{dx} = g'(x) = \frac{1}{2\sqrt{x}}$이므로 식 (5.8)을 이용해 다음과 같이 계산한다.

$$\int_1^4 \frac{1}{2x-\sqrt{x}}\,dx = \int_1^4 \frac{1}{2x-\sqrt{x}} 2\sqrt{x}\frac{1}{2\sqrt{x}}\,dx$$
$$= \int_1^2 \frac{1}{2u^2-u} 2u\,du$$
$$= \int_1^2 \frac{1}{2u-1} 2\,du = \Big[\ln|2u-1|\Big]_1^2 = \ln 3$$

■

정리 5.22 정적분을 위한 부분적분법

구간 I에서 함수 f, g가 미분가능하면 임의의 $a, b \in I$에 대하여 다음이 성립한다.

$$\int_a^b f(x)g'(x)\,dx = \Big[f(x)g(x)\Big]_a^b - \int_a^b f'(x)g(x)\,dx \tag{5.9}$$

증명 임의의 $x \in I$에 대하여 $\big(f(x)g(x)\big)' = f'(x)g(x) + f(x)g'(x)$이므로 $f(x)g(x)$을 $f'(x)g(x) + f(x)g'(x)$의 부정적분으로 볼 수 있다. 따라서 미적분학의 기본정리 5.14에 의해 다음의 등식이 성립한다.

$$\int_a^b \big(f'(x)g(x) + f(x)g'(x)\big)\,dx = \Big[f(x)g(x)\Big]_a^b$$

이를 다시 정리하여 식 (5.9)를 얻는다. ■

정적분을 위한 부분적분법 또한 부정적분의 부분적분법(정리 4.14)과 구조적으로 같다고 할 수 있다. 따라서 부정적분의 경우 처럼 식 (5.9)에서 $u = f(x)$, $v = g(x)$ 라하였을 때 $du = f'(x)\,dx$, $dv = g'(x)\,dx$로 보고 식 (5.9)을 다음과 같이 표기하기도 한다.

$$\int_a^b u\,dv = \Big[uv\Big]_a^b - \int_a^b v\,du$$

예제 5.23

부분적분을 이용하여 다음의 정적분을 계산하시오.

(1) $\displaystyle\int_1^{\ln 2} e^x x\,dx$　　　(2) $\displaystyle\int_0^{e-1} (x+1)\ln(x+1)\,dx$

풀이 (1) $f(x) = x$, $g'(x) = e^x$라 두면 $f'(x) = 1$, $g(x) = e^x$이므로 식 (5.9)에 따라 다음과 같이 계산한다.

$$\begin{aligned}\int_1^{\ln 2} e^x x\,dx &= \Big[xe^x\Big]_1^{\ln 2} - \int_1^{\ln 2} e^x\,dx \\ &= 2\ln 2 - e - \Big[e^x\Big]_1^{\ln 2} = 2\ln 2 - 2\end{aligned}$$

(2) $f(x) = \ln(x+1)$, $g'(x) = x+1$라 두면 $f'(x) = \dfrac{1}{x+1}$, $g(x) = \dfrac{1}{2}(x+1)^2$ 이므로 식 (5.9)에 따라 다음과 같이 계산한다.

$$\begin{aligned}\int_0^{e-1} (x+1)\ln(x+1)\,dx &= \left[\frac{1}{2}(x+1)^2\ln(x+1)\right]_0^{e-1} - \int_0^{e-1}\frac{1}{2}(x+1)\,dx \\ &= \frac{1}{2}e^2 - \left[\frac{1}{4}(x+1)^2\right]_0^{e-1} = \frac{1}{4}e^2 + \frac{1}{4}\end{aligned}$$

한편, 이 식을 $u = x+1$을 이용해 치환적분을 적용하면 $\displaystyle\int_1^e u\ln u\,du$를 얻을 수 있는데, 원래 식보다 이렇게 더 간소화된 상태에서 부분적분을 적용하는 것도 가능하다. ■

5.3 연습문제

1. 다음 정적분의 값을 구하시오.

(1) $\int_0^1 x\sqrt{x^2+1}\,dx$　　(2) $\int_0^1 6x\,(3x^2+1)^2\,dx$

(3) $\int_1^3 \frac{x}{\sqrt{x+1}}\,dx$　　(4) $\int_1^{\sqrt{3}} \frac{x}{\sqrt{1+x^2}}\,dx$

2. 다음 정적분의 값을 구하시오.

(1) $\int_0^{\frac{\pi}{4}} \cos(x-\pi)\,dx$　　(2) $\int_0^{\frac{\pi}{2}} \sin^2 x\,\cos x\,dx$

(3) $\int_0^{\frac{\sqrt{\pi}}{\sqrt{2}}} x\,\cos(x^2)\,dx$　　(4) $\int_0^{\frac{\pi}{3}} \tan^2 x\,\sec^2 x\,dx$

3. 부분적분법을 사용하여 다음 정적분의 값을 구하시오.

(1) $\int_0^{\frac{\pi}{2}} x\sin(2x)\,dx$　　(2) $\int_1^2 x^2\,\ln x\,dx$

(3) $\int_0^1 x^2e^x\,dx$

4. 구간 $[-a,\,a]$에서 적분가능한 함수 f에 대하여 다음이 성립함을 보이시오.

(1) f가 기함수이면 $\int_{-a}^{a} f(x)\,dx = 0$이다.

(2) f가 우함수이면 $\int_{-a}^{a} f(x)\,dx = 2\int_0^a f(x)\,dx$ 이다.

(기함수는 $f(-x) = -f(x)$, 우함수는 $f(-x) = f(x)$을 만족하는 함수이다.)

5. 정적분 $\int_{-1}^{1} \frac{\sin x}{x^6+x^2+2}\,dx$를 구하시오.

6. 다음 등식을 증명하시오.

$$\int_0^{\frac{\pi}{2}} \sin^2 x\,dx = \int_0^{\frac{\pi}{2}} \cos^2 x\,dx$$

5.4 이상적분

5.1절에서는 함수 f가 유한구간 $[a,\ b]$에서의 유계 함수(bounded function)인 경우에 대한 정적분을 다루었다. 즉, 연속 함수와 같이 임의의 $x \in [a, b]$에 대하여

$$m \leq f(x) \leq M$$

을 만족하는 상수 m과 M이 존재하는 경우 정적분을 다루었는데, 이 절에서는 함수 f가 유계가 아닌 경우 또는 함수의 정의역이 유한구간이 아닌 경우의 정적분을 다루는 **이상적분**(improper integral) 또는 **특이적분**(singular integral)을 학습한다.

5.4.1 유한구간에서의 이상적분

정의 5.24

(1) 유한구간 $(a,\ b]$에서 정의된 함수 f가 임의의 양수 $t \in (a,\ b)$에 대해 $[t,\ b]$에서 적분가능하고 극한값

$$\lim_{t \to a^+} \int_t^b f(x)\, dx \tag{5.10}$$

이 존재하면, 이상적분 $\int_a^b f(x)\, dx$이 수렴한다고 하며 다음과 같이 적분을 정의한다.

$$\int_a^b f(x)\, dx = \lim_{t \to a^+} \int_t^b f(x)\, dx$$

만약 극한 (5.10)이 존재하지 않으면 이상적분 $\displaystyle\int_a^b f(x)\, dx$이 발산한다고 한다.

(2) 유한구간 $[a,\ b)$에서 정의된 함수 f에 대해서도 (1)과 같은 방법으로 정의한다.

유한구간에서의 이상적분은 보편적으로 함수가 해당 구간에서 유계가 아닌 경우 주로 적용한다. 예를 들어 유한구간 $(1, 5]$에서 정의된 함수 $f(x) = 1/\sqrt{x-1}$는 그림 5.5에서 처럼 $x = 1$을 수직점근선으로 갖기 때문에, 5.1절에서 정의한 정적분을 바로 적용하기에 어려움이 있다. 하지만, 임의의 실수 $t \in (1,\ 5)$에 대하여 $[t,\ 5]$에서는 정적분을 적용하는 것이 가능하므로 다음과 같이 함수 $A(t)$를 정의한다.

$$A(t) = \int_t^5 f(x)\, dx$$

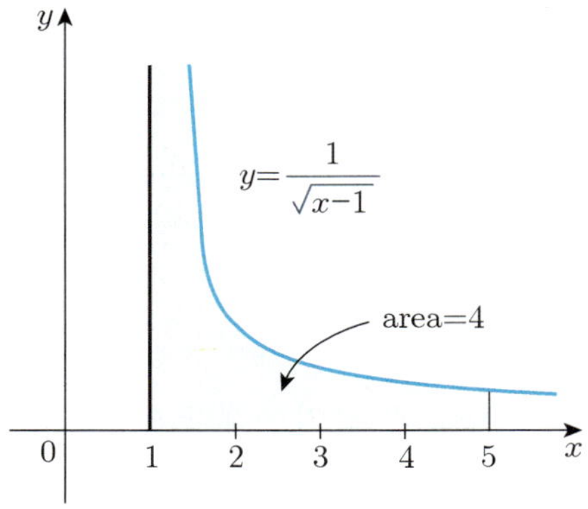

그림 5.5

이때 만약 $\lim_{t\to1^+} A(t)$ 이 존재하면 이 극한값을 해당 그래프의 아래부분의 넓이로 보는 것이 자연스럽다. 즉, 이 극한값을 $(1,5]$ 에서 f 의 정적분 값으로 정의한다.

$$\begin{aligned}\int_1^5 \frac{1}{\sqrt{x-1}}\,dx &= \lim_{t\to1^+}\int_t^5 f(x)\,dx\\ &= \lim_{t\to1^+}\left[2\sqrt{x-1}\right]_t^5 = \lim_{t\to1^+} 2\left(2-\sqrt{t-1}\right) = 4\end{aligned}$$

따라서 정의 5.24가 자연스러운 정의임을 알 수 있다.

예제 5.25

다음 이상적분의 수렴·발산을 조사하고 수렴하는 경우 이상적분 값을 구하시오.

(1) $\displaystyle\int_0^1 \frac{1}{\sqrt[3]{x^2}}\,dx$　　　(2) $\displaystyle\int_0^1 \frac{1}{(x-1)^2}\,dx$

풀이 (1) 함수 $f(x)=\dfrac{1}{\sqrt[3]{x^2}}$ 는 임의의 $t\in(0,\,1)$ 에 대하여 폐구간 $[t,1]$ 에서 연속함수이고, 따라서 $[t,1]$ 에서 적분가능하다. 한편,

$$\lim_{t\to0^+}\int_t^1 \frac{1}{\sqrt[3]{x^2}}\,dx = \lim_{t\to0^+}\left[3x^{\frac{1}{3}}\right]_t^1 = \lim_{t\to0^+}\left(3-3t^{\frac{1}{3}}\right) = 3$$

이 성립하므로 이상적분 $\displaystyle\int_0^1 \frac{1}{\sqrt[3]{x^2}}\,dx$ 는 수렴하고 $\displaystyle\int_0^1 \frac{1}{\sqrt[3]{x^2}}\,dx = 3$ 이다.

(2) 함수 $f(x)=1/(x-1)^2$ 는 임의의 $t\in(0,\,1)$ 에 대하여 폐구간 $[0,\,t]$ 에서 연속이고, 따라서 $[0,\,t]$ 에서 적분가능하다. 한편,

$$\lim_{t\to1^-}\int_0^t \frac{1}{(x-1)^2}\,dx = \lim_{t\to1^-}\left[-\frac{1}{x-1}\right]_0^t = \lim_{t\to1^-}\left(\frac{1}{1-t}-1\right) = \infty$$

이므로 이상적분 $\displaystyle\int_0^1 \frac{1}{(x-1)^2}\,dx$ 는 발산한다. ■

정의 5.24를 변형하면 주어진 구간 내부에서 함숫값이 정의되지 않는 경우에도 이상적분을 고려할 수 있다.

정의 5.26

(1) 구간 $[a, c) \cup (c, b]$에서 정의된 함수 f에 대하여 두 개의 이상적분

$$\int_a^c f(x)\,dx, \qquad \int_c^b f(x)\,dx \tag{5.11}$$

이 모두 수렴하면, 이상적분 $\int_a^b f(x)\,dx$가 수렴한다고 하고

$$\int_a^b f(x)\,dx = \int_a^c f(x)\,dx + \int_c^b f(x)\,dx$$

로 정의한다. 만약 식 (5.11)의 두 이상적분 중 어느 하나라도 발산하면 이상적분 $\int_a^b f(x)\,dx$은 발산한다고 한다.

(2) 함수 f가 $[a, b]$안의 유한개의 점에서 정의가 되지 않고, 그 점들을 포함하지 않는 폐구간에서 적분이 가능하다면 이 점들을 기준으로 나누어진 각 구간에서의 이상적분의 수렴성을 바탕으로 $[a, b]$에서의 이상적분을 정의한다.

예제 5.27

이상적분 $\int_1^3 \frac{1}{(x-2)^{\frac{4}{5}}}\,dx$을 구하시오.

풀이 함수 $f(x) = \frac{1}{(x-2)^{\frac{4}{5}}}$는 2에서만 불연속이므로 f가 $[1, 2) \cup (2, 3]$에서 정의된 것으로 볼 수 있으며 임의의 $c \in (1, 2)$와 $d \in (2, 3)$에 대하여 f가 각 구간 $[1, c]$와 $[d, 3]$에서 적분 가능하다. 한편,

$$\lim_{c \to 2^-} \int_1^c \frac{1}{(x-2)^{\frac{4}{5}}}\,dx = \lim_{c \to 2^-} \left[5(x-2)^{\frac{1}{5}}\right]_1^c = \lim_{c \to 2^-} \left(5(c-2)^{\frac{1}{5}} + 5\right) = 5$$

$$\lim_{d \to 2^+} \int_d^3 \frac{1}{(x-2)^{\frac{4}{5}}}\,dx = \lim_{d \to 2^+} \left[5(x-2)^{\frac{1}{5}}\right]_d^3 = \lim_{d \to 2^+} \left(5 - 5(d-2)^{\frac{1}{5}}\right) = 5$$

이므로 두 이상적분 $\int_1^2 \frac{1}{(x-2)^{\frac{4}{5}}}\,dx$, $\int_2^3 \frac{1}{(x-2)^{\frac{4}{5}}}\,dx$이 모두 수렴한다. 따라서 주어진 이상적분 $\int_1^3 \frac{1}{(x-2)^{\frac{4}{5}}}\,dx$은 수렴하고, 그 적분값은 다음과 같다.

$$\int_1^3 \frac{1}{(x-2)^{\frac{4}{5}}}\,dx = \int_1^2 \frac{1}{(x-2)^{\frac{4}{5}}}\,dx + \int_2^3 \frac{1}{(x-2)^{\frac{4}{5}}}\,dx = 10$$

■

5.4.2 무한구간에서 정의된 함수의 이상적분

앞선 유한구간에서의 이상적분을 고려한 방법을 이용하여 함수 $f(x) = 1/x^2$로 만들어진 그림 5.6에서의 영역의 넓이를 자연스럽게 정의하는 방법을 생각해보자.

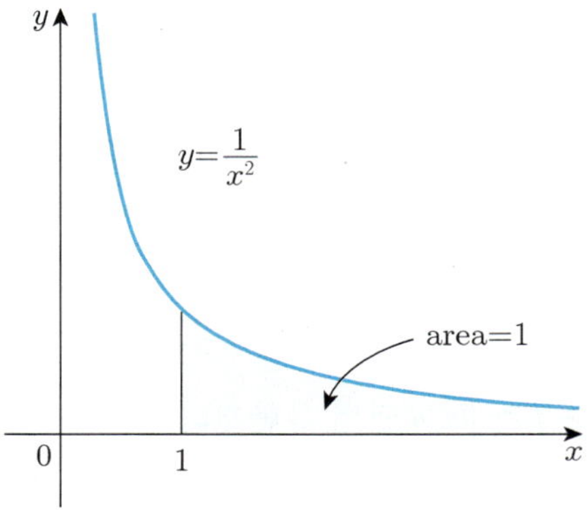

그림 5.6

먼저, $t > 1$ 인 실수 t에 대해, 구간 $[1, t]$ 에서 정의된 $f(x)$ 그래프 아래의 영역은

$$A(t) = \int_1^t \frac{1}{x^2}\,dx = \left[-\frac{1}{x}\right]_1^t = 1 - \frac{1}{t}$$

로 계산할 수 있기 때문에 $t \to \infty$ 인 경우의 극한을 구간 $[1, \infty)$에서의 넓이로 보는 것이 자연스럽다. 따라서 $f(x) = 1/x^2$의 $[1, \infty)$에서 그래프 아래의 무한 영역의 넓이를

$$\lim_{t\to\infty} A(t) = \lim_{t\to\infty}\left(1 - \frac{1}{t}\right) = 1$$

로 정의하기로 한다. 이러한 아이디어를 일반화하여 다양한 무한구간에서의 이상적분을 다음과 같이 정의한다.

정의 5.28

(1) 무한구간 $[a, \infty)$에서 정의된 함수 f가 임의의 $b \in (a, \infty)$에 대하여 $[a, b]$에서 적분가능하고 극한값

$$\lim_{b\to\infty}\int_a^b f(x)\,dx \tag{5.12}$$

가 존재하면 $[a, \infty)$에서 이상적분 $\int_a^\infty f(x)\,dx$가 수렴한다고 하고 다음과 같이 적분을 정의한다.

$$\int_a^\infty f(x)\,dx = \lim_{b\to\infty}\int_a^b f(x)\,dx$$

만약 극한(5.12)이 존재하지 않으면 이상적분 $\int_a^\infty f(x)\,dx$가 발산한다고 한다.

(2) 무한구간 (a, ∞)에서 정의된 함수 f가 어떤 $b \in (a, \infty)$에 대하여 이상적분

$$\int_a^b f(x)\,dx, \qquad \int_b^\infty f(x)\,dx \tag{5.13}$$

이 모두 수렴하면, 이상적분 $\int_a^\infty f(x)\,dx$가 수렴한다고 하고

$$\int_a^\infty f(x)\,dx = \int_a^b f(x)\,dx + \int_b^\infty f(x)\,dx$$

로 정의한다. 만약 식 (5.13)의 두 이상적분 중 어느 하나라도 발산하면 이상적분 $\int_a^\infty f(x)\,dx$은 발산한다고 한다.

(3) 함수 f가 무한구간 $(-\infty, a]$ 또는 $(-\infty, a)$에서 (1)과 (2)처럼 정의된 경우 이들과 같은 방법으로 이상적분을 정의하며, $(-\infty, \infty)$에서 정의된 경우에도 (2)에서와 같은 방법으로 정의한다.

(4) 정의 5.26의 (2)에서 처럼 유한한 점에서 f의 값이 정의되지 않고 그 점들을 포함하지 않는 임의의 유한 폐구간에서 적분이 가능하다면 이 점들을 기준으로 나누어진 각 구간에서의 이상적분의 수렴성을 바탕으로 전체 구간에서의 이상적분을 정의한다.

예제 5.29

다음 이상적분을 구하시오.

(1) $\int_3^\infty \frac{1}{x^p}\,dx \quad (p > 1)$ (2) $\int_{-\infty}^0 2^x\,dx$

풀이 (1) 정의 5.28의 (1)의 경우에 해당하므로 다음과 같이 계산한다.

$$\begin{aligned}\int_3^\infty \frac{1}{x^p}\,dx &= \lim_{b\to\infty}\int_3^b \frac{1}{x^p}\,dx = \lim_{b\to\infty}\left[\frac{1}{1-p}x^{1-p}\right]_3^b \\ &= \lim_{b\to\infty}\left(\frac{1}{1-p}b^{1-p} - \frac{1}{1-p}3^{1-p}\right) = -\frac{1}{1-p}3^{1-p}\end{aligned}$$

(2) 정의 5.28의 (3)의 경우에 해당하므로 다음과 같이 계산한다.

$$\begin{aligned}\int_{-\infty}^0 2^x\,dx &= \lim_{b\to-\infty}\int_b^0 2^x\,dx = \lim_{b\to-\infty}\left[\frac{2^x}{\ln 2}\right]_b^0 \\ &= \lim_{b\to-\infty}\left(\frac{1}{\ln 2} - \frac{2^b}{\ln 2}\right) = \frac{1}{\ln 2}\end{aligned}$$

■

예제 5.30

이상적분 $\int_{-\infty}^2 \frac{1}{x}\,dx$의 수렴성을 조사하시오.

풀이 함수 $f(x) = \frac{1}{x}$는 0에서 정의되지 않으므로 정의 5.28의 (4)의 경우에 해당한다. 따라서 f를 $(-\infty, 0) \cup (0, 2]$에서 정의된 것으로 보고 각각의 구간$(0, 2]$와 $(-\infty, 0)$에 대한 이상적분을 모두 살펴본 후 두 이상적분이 모두 수렴하면 이상적분 $\int_{-\infty}^2 \frac{1}{x}\,dx$이 수렴, 하나라도 발산하면 이상적분이 발산한다고 판단한다.

$$\int_0^2 \frac{1}{x}\,dx = \lim_{b\to 0+}\int_b^2 \frac{1}{x}\,dx = \lim_{b\to 0+}\big[\ln|x|\big]_b^2 = \lim_{b\to 0+}(\ln 2 - \ln b) = \infty$$

이 성립하기 때문에 이상적분 $\int_0^2 \frac{1}{x}\,dx$이 발산하고, 따라서 이상적분 $\int_{-\infty}^2 \frac{1}{x}\,dx$이 발산함을 알 수 있다.

이대로도 풀이는 충분하지만 구간 $(-\infty, 0)$에 대한 이상적분의 수렴발산을 추가로 조사해보자. 이를 위해서는 임의의 $a \in (-\infty, 0)$에 대하여 $(-\infty, a)$와 $(a, 0)$에서의 이상적분을 살펴보면 된다. 이때, 다음이 성립하므로

$$\int_{-\infty}^a \frac{1}{x}\,dx = \lim_{b\to-\infty}\int_b^a \frac{1}{x}\,dx = \lim_{b\to-\infty}\Big[\ln|x|\Big]_b^a = \lim_{b\to-\infty}(\ln|a| - \ln|b|) = -\infty$$

$$\int_a^0 \frac{1}{x}\,dx = \lim_{b\to 0-}\int_a^b \frac{1}{x}\,dx = \lim_{b\to 0-}\Big[\ln|x|\Big]_a^b = \lim_{b\to 0-}(\ln|b| - \ln|a|) = -\infty$$

이상적분 $\int_{-\infty}^0 \frac{1}{x}\,dx$도 발산함을 알 수 있다. ■

5.4 연습문제

1. 다음 이상적분을 구하시오.

(1) $\displaystyle\int_{-1}^{1} \frac{1}{(1-x)^{\frac{1}{3}}}\,dx$ (2) $\displaystyle\int_{1}^{0} \frac{1}{x-1}\,dx$

(3) $\displaystyle\int_{0}^{4} \frac{1}{\sqrt[4]{x}}\,dx$

2. 다음 이상적분을 구하시오.

(1) $\displaystyle\int_{0}^{3} \frac{1}{(x-1)^{\frac{2}{3}}}\,dx$ (2) $\displaystyle\int_{-1}^{1} \frac{1}{x^2}\,dx$

3. 다음 이상적분을 구하시오.

(1) $\displaystyle\int_{0}^{\infty} e^{-2x}\,dx$ (2) $\displaystyle\int_{0}^{1} \ln x\,dx$

4. 다음 이상적분을 구하시오.

(1) $\displaystyle\int_{-\infty}^{0} \frac{1}{(x-1)^3}\,dx$ (2) $\displaystyle\int_{-\infty}^{\infty} \frac{1}{x}\,dx$

6장

정적분의 응용

우리는 앞서 정적분을 이용해 그래프로 만들어지는 영역의 넓이를 기술하는 방법을 학습하였다. 하지만 실제로 우리가 다루어야 하는 대상은 입체도형과 곡선 같이 보다 광범위하다. 이 장에서는 곡선에 의해 둘러싸인 영역의 넓이, 회전체의 부피, 그리고 곡선의 길이를 정적분을 이용해 기술하는 방법을 공부한다.

6.1 두 곡선 사이의 넓이

그림 6.1의 좌측 그림처럼 두 함수 f, g가 구간 $[a, b]$에서 연속이고 $f(x) \geq g(x)$일 때, 두 곡선 $y = f(x)$, $y = g(x)$와 두 직선 $x = a$, $x = b$로 둘러싸인 영역의 넓이 A를 정적분을 활용해 기술해보자.

이를 위해 두 함수 $y = f(x)$와 $y = g(x)$를 y축 방향으로 평행이동한 함수 $y = f(x) + k$와 $y = g(x) + k$가 모두 $[a, b]$에서 0보다 커지도록 충분히 큰 실수 k를 선택한다. 이렇게 되면 그림 6.1의 우측 그림과 같이 $y = f(x) + k$, $y = g(x) + k$와 두 직선 $x = a$, $x = b$로 둘러싸인 영역은 원래의 영역이 단순히 평행이동된 형태이므로 넓이의 변화가 없다.

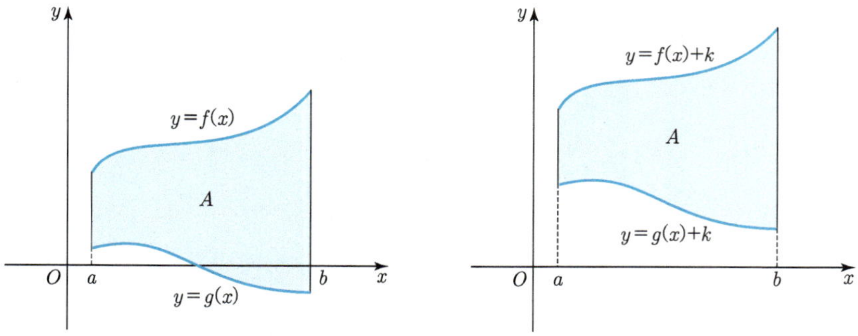

그림 6.1 두 곡선으로 둘러싸인 영역의 넓이

또한, 이 영역의 넓이 A는 곡선 $y = f(x) + k$와 직선 $y = 0$, $x = a$, $x = b$으로 둘러싸인 영역과 $y = g(x) + k$와 직선 $y = 0$, $x = a$, $x = b$로 둘러싸인 영역의 차가 된다. 따라서 다음의 등식이 성립한다.

$$\begin{aligned} A &= \int_a^b (f(x) + k)\,dx - \int_a^b (g(x) + k)\,dx \\ &= \int_a^b \Big((f(x) + k) - (g(x) + k) \Big)\,dx \\ &= \int_a^b (f(x) - g(x))\,dx \end{aligned}$$

정리 6.1 구간 $[a, b]$에서 연속인 두 함수 f, g가 임의의 $t \in [a, b]$에 대하여 부등식 $f(t) \geq g(t)$가 성립하면, 두 곡선 $y = f(x)$, $y = g(x)$와 두 직선 $x = a$, $x = b$에 의해 둘러싸인 영역의 넓이 A는 다음과 같다.

$$A = \int_a^b (f(x) - g(x))\, dx$$

예제 6.2

두 곡선 $y = e^2x$, $y = e^x$와 두 직선 $x = 0$, $x = 1$로 둘러싸인 영역의 넓이 A를 구하시오.

풀이 임의의 $x \in [0, 1]$에 대하여 부등식 $e^{2x} \geq e^x$이 성립하므로 정리 6.1에 따라 넓이 A를 다음과 같이 계산한다.

$$A = \int_0^1 \left(e^{2x} - e^x\right) dx = \left[\frac{1}{2}e^{2x} - e^x\right]_0^1 = \frac{1}{2}e^2 - e + \frac{1}{2}$$ ■

예제 6.3

두 곡선 $y = x^3 + 2$, $y = \sin \pi x$와 두 직선 $x = 0$, $x = 1$로 둘러싸인 영역의 넓이 A를 구하시오.

풀이 임의의 $x \in [0, 1]$에 대하여 $x^3 + 2 \geq 1 \geq \sin \pi x$ 이 성립하므로 정리 6.1에 따라 넓이 A를 다음과 같이 계산한다.

$$\begin{aligned} A &= \int_0^1 \left(x^3 + 2 - \sin \pi x\right) dx = \left[\frac{1}{4}x^4 + 2x + \frac{1}{\pi}\cos \pi x\right]_0^1 \\ &= \left(\frac{1}{4} + 2 - \frac{1}{\pi}\right) - \frac{1}{\pi} = \frac{9}{4} - \frac{2}{\pi} \end{aligned}$$ ■

보다 일반적인 경우, 즉 구간 $[a, b]$에서 $f(x) \geq g(x)$가 성립한다는 조건이 없는 경우에도 비슷한 방법을 적용할 수 있다. 두 곡선이 교차하는 지점이 발생하는 경우, 한 지점부터 그 다음 지점까지의 구간에 대해서는 부등식이 성립하므로 각 지점들로 만들어지는 구간에 대하여 정리 6.1을 적용할 수 있다. 이를 간단한 식으로 표현하면 다음과 같다.

정리 6.4 구간 $[a, b]$에서 연속인 두 함수 f, g에 대하여 두 곡선 $y = f(x)$, $y = g(x)$와 두 직선 $x = a$, $x = b$로 둘러싸인 영역의 넓이 A는 다음과 같다.

$$A = \int_a^b |f(x) - g(x)|\, dx$$

예제 6.5

두 곡선 $y = x^2 - x - 6$, $y = -x^2 + 3x$와 두 직선 $x = -2$, $x = 1$로 둘러싸인 영역의 넓이를 구하시오.

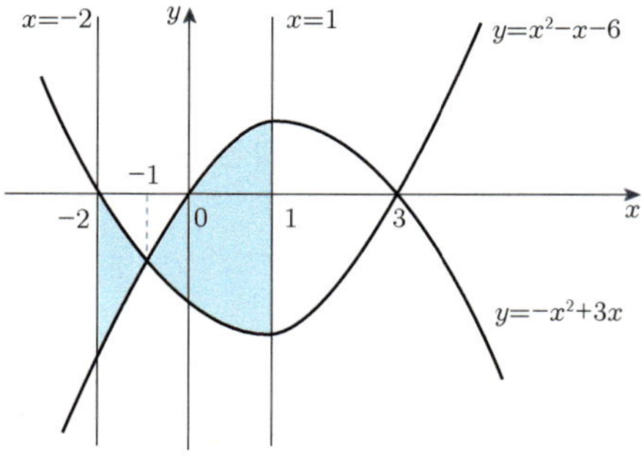

그림 6.2

풀이 두곡선이 교차하는 점을 찾기 위해 방정식 $x^2 - x - 6 = -x^2 + 3x$을 풀어 $x = -1$, $x = 3$를 구한다. 따라서 구하는 넓이는 다음과 같다.

$$\begin{aligned} A &= \int_{-2}^{1} |(x^2 - x - 6) - (-x^2 + 3x)|\, dx = \int_{-2}^{1} |2x^2 - 4x - 6|\, dx \\ &= \int_{-2}^{-1} (2x^2 - 4x - 6)\, dx + \int_{-1}^{1} (-2x^2 + 4x + 6)\, dx \\ &= \left[\frac{2}{3}x^3 - 2x^2 - 6x\right]_{-2}^{-1} + \left[-\frac{2}{3}x^3 + 2x^2 + 6x\right]_{-1}^{1} \\ &= \frac{14}{3} + \frac{32}{3} = \frac{46}{3} \end{aligned}$$

■

특별히 $g(x) = 0$인 경우 다음과 같이 간소화하여 정리할 수 있다.

정리 6.6 구간 $[a, b]$에서 연속인 함수 f에 대하여, 곡선 $y = f(x)$와 세 직선 $y = 0$, $x = a$, $x = b$로 둘러싸인 영역의 넓이 A는 다음과 같다.

$$A = \int_a^b |f(x)|\, dx$$

예제 6.7

곡선 $y = -x^2 + 2x$와 세 직선 $y = 0$, $x = 1$, $x = 3$으로 둘러싸인 영역의 넓이 A를 구하시오.

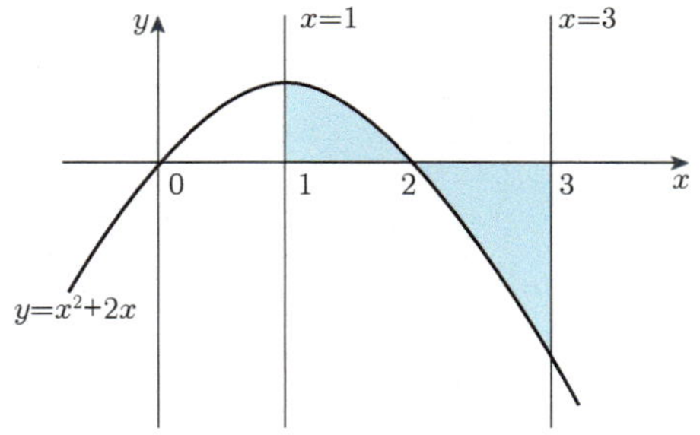

그림 6.3

풀이 곡선 $y = -x^2+2x$와 직선 $y = 0$이 교차하는 점을 찾기 위해 방정식 $-x^2+2x = 0$를 풀어 $x = 0$, $x = 2$를 구한다. 따라서 구하는 넓이는 다음과 같다.

$$\begin{aligned} A &= \int_1^3 |-x^2 + 2x|\, dx = \int_1^2 (-x^2 + 2x)\, dx + \int_2^3 (x^2 - 2x)\, dx \\ &= \left[-\frac{1}{3}x^3 + x^2\right]_1^2 + \left[\frac{1}{3}x^3 - x^2\right]_2^3 \\ &= \left(\frac{4}{3} - \frac{2}{3}\right) + \left(0 - \left(-\frac{4}{3}\right)\right) = \frac{2}{3} + \frac{4}{3} = 2. \end{aligned}$$

■

때로는 곡선으로 둘러싸인 영역이 x에 관한 음함수 형태로 주어지는 경우가 있다. 만약 이 음함수가 y에 관한 양함수로 표현 가능하다면, 앞서 학습한 정리를 y 변수에 대하여 적용할 수 있다.

정리 6.8 구간 $[c, d]$ 에서 연속인 두 함수 f, g에 대하여, 두 곡선 $x = f(y)$, $x = g(y)$와 두 직선 $y = c$, $y = d$로 둘러싸인 영역의 넓이 A는 다음과 같다.

$$A = \int_c^d |f(y) - g(y)|\, dy$$

예제 6.9

곡선 $y^2 = 4x$와 직선 $y = -2x + 4$로 둘러싸인 영역의 넓이 A를 구하시오.

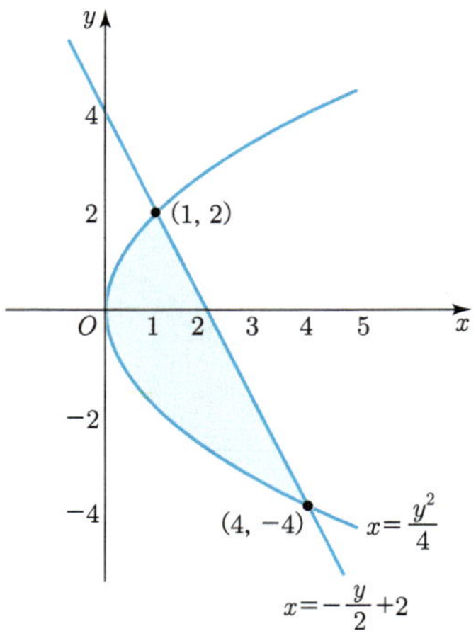

그림 6.4

풀이 두곡선의 교점을 찾기 위해 방정식 $\frac{y^2}{4} = \frac{y-4}{-2}$을 풀어 $y = 2$, $y = -4$를 얻는다. 따라서 구하는 넓이는 다음과 같다.

$$A = \int_{-4}^{2} \left(\left(-\frac{y}{2} + 2 \right) - \left(\frac{y^2}{4} \right) \right) dy$$

$$= \int_{-4}^{2} \left(-\frac{y^2}{4} - \frac{y}{2} + 2 \right) dy$$

$$= \left[-\frac{1}{12}y^3 - \frac{1}{4}y^2 + 2y \right]_{-4}^{2} = 9$$

■

6.1 연습문제

1. 다음 주어진 곡선과 x축, 그리고 직선 $x = a$, $x = b$로 둘러싸인 영역의 넓이 A를 구하시오.

(1) $y = -x^2 + 2x + 3 \quad (a = 1,\ b = 4)$

(2) $y = x^2 - 5x + 8 \quad (a = 1,\ b = 4)$

(3) $y = x^3 - x^2 - 2x \quad (a = -1,\ b = 1)$

(4) $y = \sin x \quad \left(a = \frac{\pi}{6},\ b = 2\pi\right)$

(5) $y = 2x\sqrt{1 - x^2} \quad (a = -1,\ b = 1)$

(6) $y = \ln x \quad (a = e^{-1},\ b = e)$

2. 다음 주어진 두 곡선과 두 직선 $x = a$, $x = b$로 둘러싸인 영역의 넓이 A를 구하시오.

(1) $y = e^x$, $y = \sin x$ $(a = 0,\ b = \pi)$

(2) $y = x^2 + 2x + 3$, $y = 2x + 2$ $(a = -1,\ b = 0)$

(3) $y = \sin x$, $y = \cos x$ $\left(a = \dfrac{\pi}{4},\ b = 2\pi\right)$

3. 다음 주어진 포물선과 직선으로 둘러싸인 영역의 넓이 A를 구하시오.

(1) $y = x^2 + 2x$, $y = -6x - 6$

(2) $y^2 - 2y = x + 3$, $y = \dfrac{x}{3} + 1$

4. 두 포물선 $y^2 = 2x$와 $y^2 = -x + 6$으로 둘러싸인 영역의 넓이 A를 구하시오.

5. 곡선 $y = \sqrt{x+1}$과 y 축으로 둘러싸인 영역의 넓이 A를 구하시오.

6. 곡선 $y = \dfrac{2}{x^2+1}$, $y = x^2$ 와 y 축으로 둘러싸인 영역의 넓이 A를 구하시오. (단, $x \geq 0$)

6.2 입체도형의 부피

이번 절에서는 다양한 유형의 입체도형의 부피를 구하는 방법을 살펴본다. 먼저 살펴볼 것은 입체도형의 x축에 수직인 단면의 넓이가 함수로 주어지는 경우이다. 즉, 그림 6.5와 같이 입체도형을 각 x좌표에서 x축에 수직한 면으로 잘라 단면을 만들었을 때 그 단면적이 적분이 가능한 함수 $A(x)$로 표현된다고 하자.

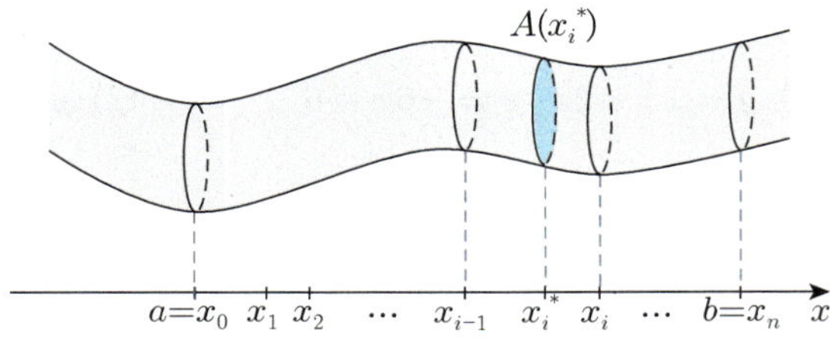

그림 6.5

기본적인 정적분의 정의와 같이, 구간 $[a, b]$의 분할 $P = \{x_0, x_1, \dots, x_n\}$에 대하여 각 소구간 $[x_{i-1}, x_i]$의 임의의 점 x_i^*를 택하여 $A(x_i^*)\Delta x_i$를 구해보면 이는 높이가 Δx_i 밑면의 넓이가 $A(x_i^*)$인 평판의 부피이므로 각 소구간으로 잘려 만들어지는 주어진 입체의 부피의 근사값이 된다. 따라서 주어진 입체의 부피 V는 다음과 같은 값으로 근사할 수 있다.

$$V \approx \sum_{i=1}^{n} A(x_i^*)\Delta x_i$$

이 근삿값은 입체도형을 x축을 따라 더 잘게 자르면, 즉 $\|P\| \to 0$으로 하면, 더 정교해 지고, $A(x)$가 구간 $[a, b]$에서 적분가능이므로 V는 다음과 같이 계산된다.

$$V = \lim_{\|P\| \to 0} \sum_{i=1}^{n} A(x_i^*)\Delta x_i = \int_a^b A(x)\, dx$$

또한, 이 내용은 x축이 아닌 y축으로 했을 때도 동일하게 적용 가능한데, 앞으로의 내용은 편의상 x축을 기준으로 설명하고자 한다.

정리 6.10 (1) x축에 수직인 단면의 넓이가 적분 가능함수 $A(x)$로 표현되는 입체도형의 $x = a$와 $x = b$ 사이에 놓인 영역의 부피 V는 다음과 같다.

$$V = \int_a^b A(x)\, dx$$

(2) y축에 수직인 단면의 넓이가 적분 가능함수 $A(y)$로 표현되는 입체도형의

$y = c$와 $y = d$ 사이에 놓인 영역의 부피 V는 다음과 같다.

$$V = \int_c^d A(y)\, dy$$

예제 6.11

x축에 수직인 입체도형의 단면의 넓이가 e^{2x} 입체 도형의 $x = -1$와 $x = 2$ 사이에 놓인 영역의 부피 V를 구하시오.

풀이 정리 6.10를 적용하여 다음과 같이 계산한다.

$$V = \int_{-1}^{2} e^{2x}\, dx = \left[\frac{1}{2}e^{2x}\right]_{-1}^{2} = \frac{1}{2}(e^4 - e^{-2})$$ ■

단면적의 넓이가 명확히 표현되는 입체도형으로는 회전체가 있다. 일반적으로 평면위의 고정된 축을 중심으로 도형 R을 회전하여 만들어진 입체도형 M을 **회전체**라고 하는데, 이 회전체의 단면을 회전축에 수직인 평면으로 자르면 그 단면은 언제나 원이 된다. 따라서 이 단면적은 회전축으로 부터 입체 도형까지 떨어진 거리 등을 이용하여 함수로 표현하는 것이 가능하다. 예를 들어, 곡선 $y = f(x)$를 x축을 중심으로 회전하면 그 단면은 $f(x)$를 반지름으로 갖는 원이므로 단면적이 $A(x) = f(x)^2\pi$가 된다. 따라서 정리 6.10를 적용하면 이 회전체의 부피를 구할 수 있다.

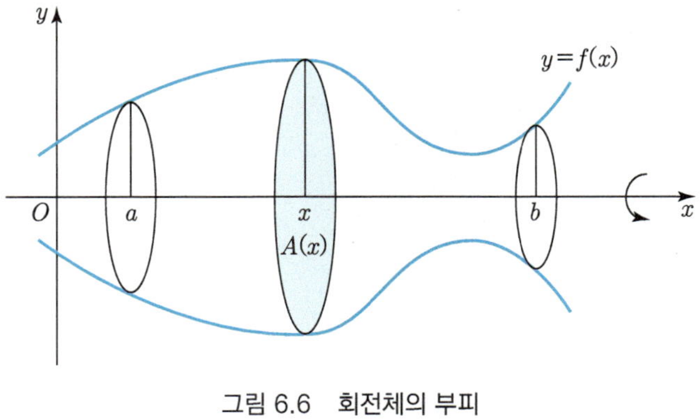

그림 6.6 회전체의 부피

따름정리 6.12 구간 $[a, b]$에서 연속인 함수 f에 대하여 곡선 $y = f(x)$와 x축 및 두 직선 $x = a$, $x = b$로 둘러싸인 평면도형을 x축 주위로 회전하여 얻어지는 회전체의 부피 V는 다음과 같다.

$$V = \pi \int_a^b (f(x))^2 \, dx = \pi \int_a^b y^2 \, dx$$

예제 6.13

반지름이 $r > 0$인 구 S_r의 부피가 $\frac{4}{3}\pi r^3$임을 보이시오.

풀이 구의 부피는 평행이동에 대하여 변하지 않으므로 구 S_r을 원 $x^2 + y^2 = r^2$을 x축 주위로 회전하여 얻어진 회전체로 본다. 따름정리 6.12에 의해 구 S의 부피 V는 다음과 같다.

$$V = \pi \int_{-r}^{r} y^2 \, dx = \pi \int_{-r}^{r} (r^2 - x^2) \, dx = \pi \left[r^2 x - \frac{1}{3}x^3 \right]_{-r}^{r}$$
$$= \pi \left[\left(r^3 - \frac{1}{3}r^3 \right) - \left(-r^3 + \frac{1}{3}r^3 \right) \right] = \frac{4}{3}\pi r^3$$ ■

예제 6.14

곡선 $y = x^3$와 x축 및 두 직선 $x = -1$, $x = 1$로 둘러싸인 영역을 x축 주위로 회전하여 얻어지는 회전체의 부피 V를 구하시오.

풀이 따름정리 6.12에 의해 부피 V는 다음과 같다.

$$V = \pi \int_{-1}^{1} y^2 \, dx = \pi \int_{-1}^{1} x^6 \, dx = \pi \left[\frac{1}{7}x^7 \right]_{-1}^{1} = \frac{2\pi}{7}$$ ■

이번에는 곡선들로 둘러싸인 영역을 x축을 회전축으로 하여 회전하여 얻어진 회전체의 부피를 생각해 보자.

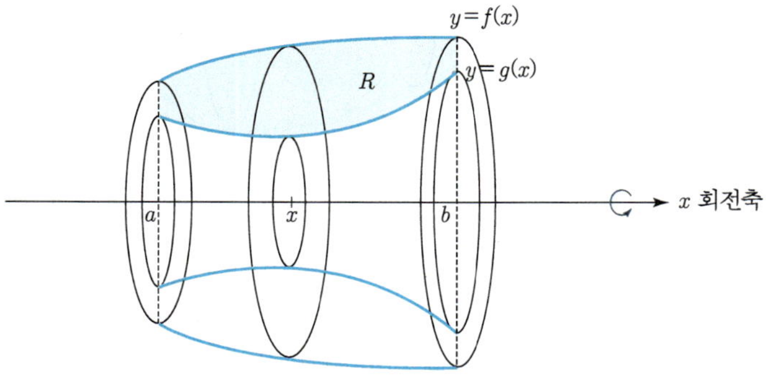

그림 6.7

즉, 두 함수 f, g가 구간 $[a, b]$에서 연속이고 $f(x) \geq g(x) \geq 0$라고 할 때, 그림 6.7과 같이 두 곡선이 $y = f(x)$, $y = g(x)$ 와 두 직선 $x = a$, $x = b$로 둘러싸인 영역 R을 x축 주위로 회전하여 얻어지는 회전체의 부피는 곡선 $y = f(x)$와 x축 및 두 직선 $x = a$, $x = b$로 둘러싸인 영역을 x축에 관해 회전한 회전체의 부피와 곡선 $y = g(x)$와 x축 및 두 직선 $x = a$, $x = b$로 둘러싸인 영역을 x축에 관해 회전한 회전체의 부피의 차로 결정된다.

정리 6.15 구간 $[a,b]$에서 연속인 두 함수 f, g가 부등식 $f(x) \geq g(x) \geq 0$을 만족할 때, 두 곡선 $y = f(x)$, $y = g(x)$ 및 두 직선 $x = a$, $x = b$로 둘러싸인 영역을 x축 주위로 회전하여 얻어진 회전체의 부피 V는 다음과 같다.

$$V = \pi \int_a^b f^2(x)\, dx - \pi \int_a^b g^2(x)\, dx = \pi \int_a^b \left(f^2(x) - g^2(x)\right)\, dx$$

예제 6.16

두 곡선 $y = x^2$과 $y = x$로 둘러싸인 영역을 x축을 회전축 회전하여 얻어지는 회전체의 부피를 구하시오.

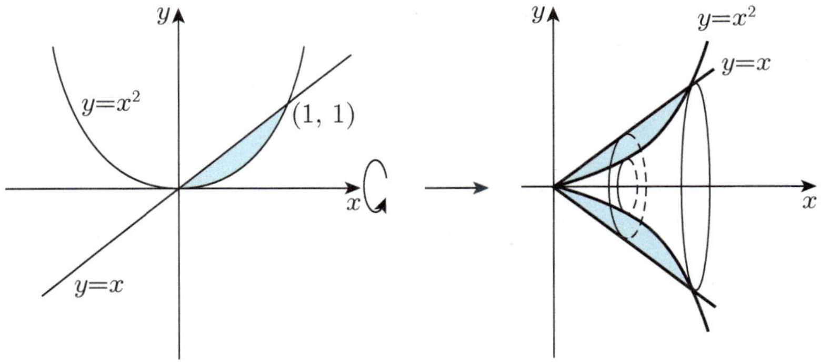

그림 6.8

풀이 주어진 영역의 x축 범위를 얻기 위해 두 곡선 $y = x^2$, $y = x$의 교점을 찾으면 방정식 $x^2 = x$로 부터 $(0, 0)$, $(1, 1)$을 얻 을 수 있다. 따라서 회전체의 부피 V는 정리 6.15에 따라 다음과 같이 계산한다.

$$\begin{aligned} V &= \pi \int_0^1 ((x)^2 - (x^2)^2) dx \\ &= \pi \left[\frac{1}{3}x^3 - \frac{1}{5}x^5\right]_0^1 = \pi\left(\frac{1}{3} - \frac{1}{5}\right) = \frac{2}{15}\pi \end{aligned}$$

■

예제 6.17

두 곡선 $y = \cos\frac{\pi x}{2} + 1$, $y = x$와 직선 $x = 0$로 둘러싸인 영역을 x축 주위로 회전하여 얻어진 회전체의 부피 V를 구하시오.

풀이 주어진 영역의 x축 범위를 얻기 방정식 $\cos\frac{\pi x}{2} + 1 = x$을 살펴보자. $x \le 0$인 범위에서는 자명하게 이 등식이 성립하지 않는다. 반면, $0 < x < 1$이면 $\cos\frac{\pi x}{2} + 1 > 1 > x$이고, $x = 1$에서 등식이 성립하므로, 두 곡선 $y = \cos\frac{\pi x}{2} + 1$, $y = x$의 $x > 0$인 범위에서 최초의 교점은 $(1, 1)$이다. 따라서 회전체의 부피 V는 정리 6.15에 따라 다음과 같이 계산한다.

$$\begin{aligned} V &= \pi\int_0^1 \left(\left(\cos\frac{\pi x}{2} + 1\right)^2 - (x)^2\right) dx \\ &= \pi\int_0^1 \left(\cos^2\frac{\pi x}{2} + 2\cos\frac{\pi x}{2} + 1 - x^2\right) dx \\ &= \pi\int_0^1 \left(\frac{1}{2}(1+\cos\pi x) + 2\cos\frac{\pi x}{2} + 1 - x^2\right) dx \\ &= \pi\left[\frac{3}{2}x + \frac{1}{2\pi}\sin\pi x + \frac{4}{\pi}\sin\frac{\pi x}{2} - \frac{1}{3}x^3\right]_0^1 \\ &= \pi\left(\frac{3}{2} + \frac{4}{\pi} - \frac{1}{3}\right) = 4 + \frac{7}{6}\pi \end{aligned}$$

■

곡선이 y에 관한 함수로 주어지고 이 곡선을 y축을 회전축으로 회전하여 얻은 회전체의 부피 또한 같은 방법으로 구할 수 있다. 예를 들어, 곡선 $x = g(y)$와 y축 및 두 직선 $y = c$, $y = d$로 둘러싸인 영역을 y축에 대하여 회전한 회전체는 이 회전체를 직선 $y = x$에 대해 대칭을 시켜 얻은 영역과 같다. 즉, 곡선 $y = g(x)$와 x축 및 두 직선 $x = c$, $x = d$로 둘러싸인 영역을 x축에 대하여 회전한 회전체와 같으므로 다음과 같은 결론을 내릴 수 있다.

따름정리 6.18 구간 $[c, d]$에서 연속인 두 함수 f, g에 대하여

(1) 곡선 $x = f(y)$와 y축 및 두 직선 $y = c$, $y = d$로 둘러싸인 평면도형을 y축 주위로 회전하여 얻어지는 회전체의 부피 V는 다음과 같다.

$$V = \pi\int_c^d (f(y))^2\, dy = \pi\int_c^d x^2\, dy$$

(2) 부등식 $f(y) \ge g(y) \ge 0$을 만족할 때, 두 곡선 $x = f(y)$, $x = g(y)$ 및 두 직선 $y = c$, $y = d$로 둘러싸인 영역을 y축 주위로 회전하여 얻어진 회전체의 부피 V

는 다음과 같다.

$$V = \pi \int_c^d f^2(y)\,dy - \pi \int_c^d g^2(y)\,dy = \pi \int_c^d \left(f^2(y) - g^2(y)\right)\,dy$$

예제 6.19

곡선 $x^2 + 2y^2 = 1$로 둘러 싸인 영역을 y축을 중심으로 회전하여 얻어진 회전체의 부피를 구하시오.

풀이 이회전체는 곡선 $x = \sqrt{1-2y^2}$과 y축으로 둘러싸인 영역을 y축을 중심으로 회전하여 얻어진 회전체와 같으므로, 따름정리 6.18에 따라 회전체의 부피 V는 다음과 같이 계산한다.

$$V = \pi \int_{-1/\sqrt{2}}^{1/\sqrt{2}} x^2\,dy = \pi \int_{-1/\sqrt{2}}^{1/\sqrt{2}} 1 - 2y^2\,dy$$
$$= \pi \left[y - \frac{2}{3}y^3 \right]_{-1/\sqrt{2}}^{1/\sqrt{2}} = \frac{2\sqrt{2}}{3}\pi$$ ■

이번에는 x에 관한 양함수로 주어진 곡선 $y = f(x)$과 x축 그리고 직선 $y = a$, $y = b$에 의해 둘러싸인 영역을 y축을 중심으로 회전하여 얻어지는 회전체의 부피 V를 계산하는 방법을 생각해 보자. 이를 위해 그림 6.9처럼 구간 $[a, b]$의 분할 $P = \{x_0, x_1, x_2, \ldots, x_n\}$를 고려한다. 이때 각 소구간 $[x_{i-1}, x_i]$안의 임의의 점 ξ_i를 택하자.

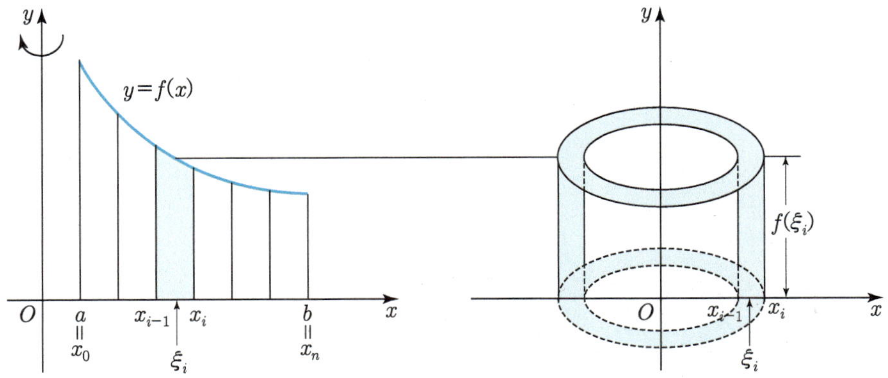

그림 6.9 회전체의 부피

각 소구간 $[x_{i-1}, x_i]$을 밑변으로 하고 $f(\xi_i)$를 높이로 하는 직사각형 영역을 y축 주위로 회전하면 중심이 빈 형태의 원통을 얻을 수 있고 이 원통의 부피 ΔV_i는 다음과 같이 계산된다.

$$\Delta V_i = (\pi x_i^2 - \pi x_{i-1}^2) f(\xi_i) = 2\pi \left(\frac{x_i + x_{i-1}}{2} \right) f(\xi_i) \Delta x_i$$

이 식에서 Δx_i는 $x_i - x_{i-1}$를 의미한다. 한편, ΔV_i를 모두 더하면

$$\sum_{i=1}^{n} \Delta V_i = \sum_{i=1}^{n} 2\pi \left(\frac{x_i + x_{i-1}}{2} \right) f(\xi_i) \Delta x_i$$

이 되는데, 만약 분할 P를 구성하고 있는 소구간들의 폭 Δx_i이 0으로 가까워진다면 이 값은 회전체의 부피 V로 수렴할 것이다. 따라서, 만약 f가 $[a, b]$에서 연속함수 함수 $xf(x)$가 해당 구간에서 적분가능하므로, 회전체의 부피 V는 다음과 같이 계산할 수 있다.

$$V = \int_a^b 2\pi x f(x)\, dx$$

또한, 이전의 회전체와 마찬가지로 두 곡선 $y = f(x)$, $y = g(x)$ 사이의 영역을 y축을 중심으로 회전하여 얻어진 회전체의 부피를 구한다고 하면, 이는 각각의 함수들로 만들어지는 영역의 차로 결정될 것이다. 이를 정리하면 다음과 같다.

정리 6.20 구간 $[a, b]$에서 연속인 두 함수 f, g에 대하여

(1) 부등식 $f(x) \geq 0$을 만족할 때, 곡선 $y = f(x)$과 x축 그리고 두 직선 $x = a$, $x = b$로 둘러싸인 영역을 y축 주위로 회전하여 얻어진 회전체의 부피 V는 다음과 같다.

$$V = 2\pi \int_a^b xy\, dx = 2\pi \int_a^b x f(x)\, dx$$

(2) 부등식 $f(x) \geq g(x) \geq 0$을 만족할 때, 두 곡선 $y = f(x)$, $y = g(x)$ 및 두 직선 $x = a$, $x = b$로 둘러싸인 영역을 y축 주위로 회전하여 얻어진 회전체의 부피 V는 다음과 같다.

$$V = 2\pi \int_a^b x\, f(x)\, dx - 2\pi \int_a^b x\, g(x)\, dx = 2\pi \int_a^b x\, (f(x) - g(x))\, dx$$

예제 6.21

곡선 $y = 3^{x^2}$와 x축 그리고 직선 $x = 0$, $x = 1$로 둘러싸인 영역을 y축 주위로 회전시켜 얻어지는 입체의 부피 V를 구하시오.

풀이 구하는 부피 V는 정리 6.20에 따라 다음과 같이 계산한다.

$$V = 2\pi \int_0^1 xy\,dx = 2\pi \int_0^1 x3^{x^2}\,dx = 2\pi \left[\frac{1}{2\ln 3} 3^{x^2} \right]_0^1 = \frac{2\pi}{\ln 3}$$ ■

예제 6.22

포물선 $y = 5x^2 - 5$와 $y = x^2 - 1$로 둘러싸인 도형을 y축 주위로 회전시켜 얻어지는 회전체의 부피 V를 구하시오.

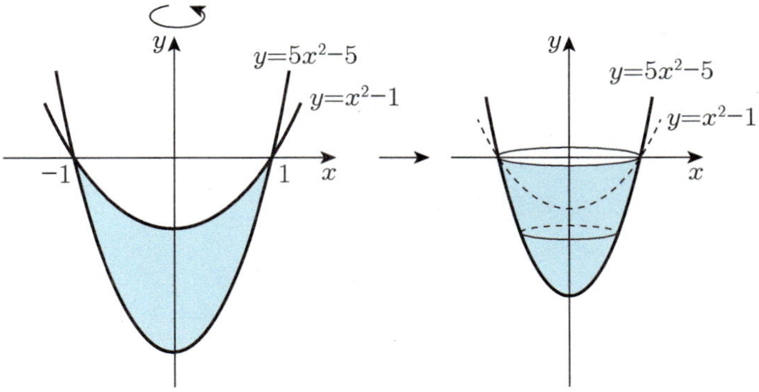

그림 6.10

풀이 주어진 영역의 x범위를 얻기 위해 방정식 $5x^2 - 5 = x^2 - 1$를 풀면 두 포물선의 교점의 좌표가 $(-1, 0)$과 $(1, 0)$됨을 알 수 있다. 주어진 영역은 그림 6.10에서 보는 것과 같이 x축 아래에 형성되어 있는데 이 영역은 x축에 대하여 대칭인 영역과 부피가 같다. 따라서, 두 곡선 $y = 1 - x^2$와 $y = 5 - 5x^2$로 둘러 싸인 영역을 y축 주위로 회전하여 얻어진 영역의 부피를 대신 구하면 충분한데 이 부피 V를 정리 6.20를 이용해 계산하면 다음과 같다.

$$\begin{aligned} V &= 2\pi \int_0^1 x\big((5 - 5x^2) - (1 - x^2)\big)\,dx = 2\pi \int_0^1 \big(-4x^3 + 4x\big)\,dx \\ &= 2\pi \left[-x^4 + 2x^2\right]_0^1 = 2\pi \end{aligned}$$ ■

6.2 연습문제

1. x축 위의 점 $e \le x \le e^2$에서 x축에 수직인 평면으로 잘랐을 때 생기는 단면의 면적이 $A(x) = \dfrac{\ln x}{x}$인 입체도형의 부피를 구하시오.

2. 아래 주어진 함수 f의 그래프와 x축 그리고 두 직선 $x = a$, $x = b$로 둘러싸인 영역을 x축에 대하여 회전한 회전체의 부피를 구하시오.

   (1) $f(x) = \sqrt{\cos x} \quad (a = 0,\ b = \frac{\pi}{2})$
   (2) $f(x) = \sqrt[3]{x} \quad (a = 1,\ b = 8)$
   (3) $f(x) = e^{2x} \quad (a = -1,\ b = 0)$
   (4) $f(x) = x^2 - 2x + 2 \quad (a = 0,\ b = 2)$

3. 포물선 $y = x^2 - 4x + 4$과 직선 $y = x$로 둘러싸인 영역을 x축에 대하여 회전한 회전체의 부피를 구하시오.

4. 곡선 $x = -y^2 + 4y$와 y축 및 직선 $y = 1$, $y = 2$으로 둘러싸인 영역을 y축에 대하여 회전한 회전체의 부피를 구하시오.

5. 원 $x^2 + y^2 = 1$의 내부 영역을 직선 $y = 4$를 회전축으로 하여 회전한 회전체의 부피 V를 구하시오.

6. 곡선 $y = 2x^2 - x^3$과 x축으로 둘러싸인 영역을 y축에 대하여 회전한 회전체의 부피를 구하시오.

7. 포물선 $y = x^2$과 직선 $y = 1$로 둘러싸인 영역을 직선 $y = 2$을 회전축으로 하여 회전한 회전체의 부피를 구하시오.

8. 다음 곡선과 직선으로 둘러싸인 영역을 y축을 회전축으로 하여 회전시켜 얻어지는 회전체의 부피를 구하시오.

   (1) $y = x^3,\ y = 0,\ x = 1,\ x = 3$
   (2) $y = \sin x,\ y = 0,\ x = 0,\ x = \pi$
   (3) $y = x^2,\ y = 4$
   (4) $y = -x^2 + 2,\ y = 0$

6.3 곡선의 길이

이번 절에서는 정적분의 정의를 활용하여 구간 $[a, b]$에서 정의된 함수 f에 대하여 $y = f(x)$로 주어진 곡선의 길이를 표현하는 방법을 학습한다.

이를 위한 기본적인 아이디어는 넓이와 부피를 계산하기 위해 적용했던 분할을 사용하는 것이다. 예를 들어, 두 점 $(a, f(a))$와 $(b, f(b))$의 거리를 생각해보면 x가 a에서 b까지 이동하면서 생긴 $y = f(x)$의 자취를 정확하게 설명하지 못하여 원래 구하고자 했던 곡선의 길이와 큰 차이가 있을 것이다. 하지만, 구간 $[a, b]$를 분할 $\{x_0, x_1, x_2, x_3, x_4\}$을 이용해 네 개의 구간으로 나누어 그림 6.11에서처럼 그래프 위의 이웃하는 점들 $(x_{i-1}, f(x_{i-1}))$, $(x_i, f(x_i))$을 연결하는 각 직선의 길이의 합을 생각해보면 이는 앞서 계산한 두 점 $(a, f(a))$와 $(b, f(b))$의 거리보다 더 정확하게 곡선의 길이를 근사하게 될 것이다.

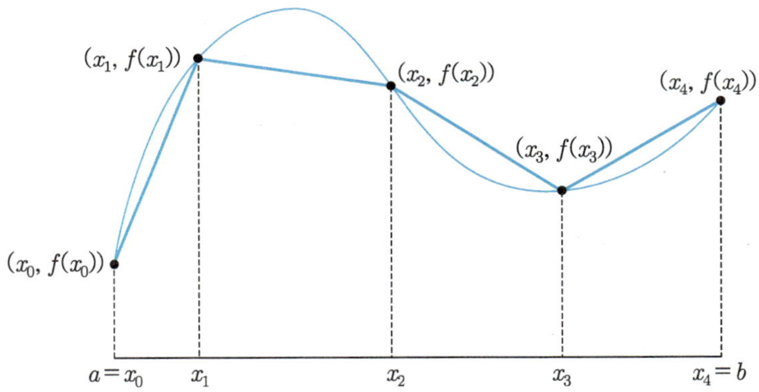

그림 6.11 곡선의 길이

즉, 이 분할을 세분화하면 할수록 이 근삿값은 실제 길이에 수렴해 가게 될 것이라 예상할 수 있는데, 실제로 함수 f가 구간 $[a, b]$에서 미분가능하고, 또한 그 도함수 f'이 $[a, b]$에서 연속일 때, 이 근삿값이 실제 길이에 수렴하게 된다.

$[a, b]$의 분할 $P = \{a = x_0, x_1, x_2, \ldots, x_n = b\}$에 대하여 곡선 $y = f(x)$ 위의 점 $(x_i, f(x_i))$ $(i = 0, 1, 2, \ldots, n)$을 생각한다. 이때 서로 이웃하는 두 점 $(x_{i-1}, f(x_{i-1}))$ $(x_i, f(x_i))$을 잇는 선분의 길이 L_i $(i = 1, 2, \ldots, n)$는 점과 점 사이의 거리 계산 방법에 따라

$$L_i = \sqrt{(x_i - x_{i-1})^2 + \big(f(x_i) - f(x_{i-1})\big)^2} \tag{6.1}$$

로 표현된다. 한편 함수 f가 미분가능한 경우 미분에 관한 평균값의 정리에 의해 다음 등식이 성립하는 $\xi_i \in (x_{i-1}, x_i)$가 존재한다.

$$f(x_i) - f(x_{i-1}) = (x_i - x_{i-1})f'(\xi_i) \tag{6.2}$$

따라서 식 (6.2)를 식 (6.1)에 대입하여 정리한 후 L_i를 모두 더하면 등식

$$\sum_{i=1}^{n} L_i = \sum_{i=1}^{n} \sqrt{1 + \left(f'(\xi_i)\right)^2}\,(x_i - x_{i-1}) = \sum_{i=1}^{n} \sqrt{1 + \left(f'(\xi_i)\right)^2}\,\Delta x_i \tag{6.3}$$

을 얻는다. 또한, 함수 $\sqrt{1 + \left(f'(x)\right)^2}$는 연속함수이므로 구간 $[a, b]$에서 적분가능하고, 다음의 등식이 성립한다.

$$\lim_{\|P\| \to 0} \sum_{i=1}^{n} \sqrt{1 + \left(f'((\xi_i))\right)^2}\,\Delta x_i = \int_a^b \sqrt{1 + (f'(x))^2}\, dx$$

따라서, $\int_a^b \sqrt{1 + (f'(x))^2}\, dx$이 주어진 곡선의 길이가 된다.

정리 6.23 구간 $[a, b]$에서 미분 가능한 함수 f가 $[a, b]$에서 연속인 도함수 f'을 가질 때, $[a, b]$에서의 곡선 $y = f(x)$의 길이 L은 다음과 같다.

$$L = \int_a^b \sqrt{1 + \left(f'(x)\right)^2}\, dx \tag{6.4}$$

예제 6.24

원점 $(0, 0)$과 점 $(1, 2)$을 잇는 선분의 길이 L를 정리 6.23를 이용해 구하시오.

풀이 원점 $(0, 0)$과 점 $(1, 2)$을 잇는 선분의 길이 L은 구간 $[0, 1]$에서의 곡선 $y = f(x) = 2x$의 길이인데, $f'(x) = 2$이므로 정리 6.23에 따라 다음과 같이 계산한다.

$$L = \int_0^1 \sqrt{1 + (f'(x))^2}\, dx = \int_0^1 \sqrt{5}\, dx = \sqrt{5}$$ [1] ■

예제 6.25

함수 $f(x) = x^{\frac{3}{2}} + 1$에 대하여 $0 \le x \le 2$에 대응하는 곡선의 길이 L을 구하시오.

[1] 이 값은 피타고라스의 정리를 이용하여 구한 두 점 $(0, 0)$과 $(1, 2)$ 사이의 거리와 같은데, 이 풀이에서 이용한 방법을 임의의 두 점에 대해 적용하게 되면 피타고라스의 정리를 이용해 얻는 거리와 정리 6.23를 이용해 얻은 거리가 같음을 알 수 있다.

풀이 $f'(x) = \frac{3}{2}x^{\frac{1}{2}}$ 이므로, 정리 6.23에 따라 다음과 같이 계산한다. 구하는 곡선의 길이 L은

$$L = \int_0^2 \sqrt{1 + \left(\frac{3}{2}x^{\frac{1}{2}}\right)^2}\, dx = \int_0^2 \sqrt{1 + \frac{9}{4}x}\, dx$$
$$= \left[\frac{8}{27}\left(1 + \frac{9}{4}x\right)^{3/2}\right]_0^2 = \frac{8}{27}\left(\frac{11\sqrt{11}}{2\sqrt{2}} - 1\right) \qquad ■$$

예제 6.26

점 $(0, 2)$으로 부터 점 $(1, 1)$까지의 곡선 $y = \sqrt{2 - x^2}$의 길이 L을 구하시오.

풀이 해당 곡선은 $[0, 1]$ 위에서의 $y = \sqrt{2 - x^2}$의 길이이고 $f'(x) = -\frac{x}{\sqrt{2 - x^2}}$ 이므로, 정리 6.23에 따라 다음과 같이 식을 구성한다.

$$L = \int_0^1 \sqrt{1 + (f'(x))^2}\, dx = \int_0^1 \sqrt{1 + \frac{x^2}{2 - x^2}}\, dx = \int_0^1 \frac{1}{\sqrt{1 - x^2/2}}\, dx$$

이때, 삼각치환 $x = \sqrt{2}\sin\theta\ \left(-\frac{\pi}{2} \le \theta \le \frac{\pi}{2}\right)$를 이용하면 $\frac{dx}{d\theta} = \sqrt{2}\cos\theta$이므로 다음과 같이 계산한다.

$$L = \int_0^1 \frac{1}{\sqrt{1 - x^2/2}}\, dx = \int_0^{\pi/4} \frac{\sqrt{2}\cos\theta}{\sqrt{1 - \sin^2\theta}}\, d\theta = \frac{\pi\sqrt{2}}{4} \qquad ■$$

예제 6.27

곡선 $y = 3 + \frac{\ln x}{2} - \frac{x^2}{4}$의 $x = 1$에서 $x = e$까지의 길이 L을 구하시오.

풀이 $f'(x) = \frac{1}{2x} - \frac{x}{2}$ 이므로, 정리 6.23에 따라 다음과 같이 계산한다.

$$L = \int_1^e \sqrt{1 + (f'(x))^2}\, dx = \int_1^e \left(1 + \left(\frac{1}{2x} - \frac{x}{2}\right)^2\right)^{1/2} dx$$
$$= \int_1^e \left(\frac{1}{4x^2} + \frac{x^2}{4} + \frac{1}{2}\right)^{1/2} dx = \int_1^e \left(\frac{1}{2x} + \frac{x}{2}\right) dx$$
$$= \left[\frac{\ln x}{2} + \frac{x^2}{4}\right]_1^e = \left(\frac{1}{2} + \frac{e^2}{4}\right) - \frac{1}{4} = \frac{1}{4} + \frac{e^2}{4} \qquad ■$$

6.3 연습문제

1. 곡선 $y = \ln(1-x^2)$의 $x=0$에서 $x=\dfrac{1}{2}$까지에 대응하는 호의 길이 L을 구하시오.

2. 곡선 $y=\sqrt{4-x^2}$의 $x=0$에서 $x=1$까지에 대응하는 호 길이 L을 구하시오.

3. 다음 곡선의 길이를 구하시오.

(1) $y=\sqrt{3}x-2, \quad -1 \le x \le 3$

(2) $f(x)=\dfrac{2}{3}x^{\frac{3}{2}}+1, \quad 0 \le x \le 3$

(3) $y=\ln(1-x^2), \quad 0 \le x \le \dfrac{1}{2}$

(4) $f(x)=\sqrt{4-x^2}, \quad 0 \le x \le 1$

(5) $y=\ln(\cos x), \quad 0 \le x \le \dfrac{\pi}{4}$

(6) $f(x)=\dfrac{1}{4}(e^{2x}+e^{-2x}), \quad 0 \le x \le 2$

4. 구간 $[0,2]$에서 정의된 함수 $f(x)=\displaystyle\int_0^x \sqrt{t^2+2t}\,dt$에 대한 그래프의 길이를 구하시오.

7장

수열과 급수

숫자를 정해진 순서에 따라 나열한 수열은 많은 곳에서 발견할 수 있다. 예를 들어, 특정 주식의 가격을 생각해 보면, 이 가격은 매일 매일 변하고, 각 날짜에 따라서 가격을 나열하는 것이 가능하다. 즉, 각 날의 주식 가격은 수열이 된다. 이러한 수열은 수렴성을 고려할 수 있는데 이는 다양한 추상적인 개념들을 이해하는데 도움을 주기도 한다. 예를 들어, 실수는 언제나 소수로 표현하는 것이 가능한데, 소수로 표현된 이 숫자의 n번째 소수까지의 수를 고려하면 이는 n에 따른 수열이 된다. 또한 이 수열은 해당 실수로 무한히 가까워짐을 알 수 있다. 이번 장에서는 이러한 수열과 수열의 합으로 정의되는 급수의 수렴성을 학습할 것이며, 이는 후에 다항식으로 구성되지 않는 다양한 함수를 이해하는 방법의 기반이 될 것이다.

7.1 수열

수열이란 일정한 규칙에 따라 정해진 순서로 수를 나열한 것을 의미한다. 예를 들어, 양의 짝수를 작은 수부터 큰 수로의 순서로 나열하면 다음과 같이 나타낼 수 있다.

$$2, 4, 6, 8, 10, \ldots$$

한편, 수열은 함수를 이용해 보다 간단하게 표현 하는 것이 일반적인데, 예를 들어, 위의 양의 짝수의 경우 자연수 집합 $\mathbb{N}$에서 정의된 함수 $f(n) = 2n$로 표현하는 것이 가능하다. 즉, 이 함수의 값을 자연수 n에 따라 나열하면

$$f(1) = 2,\ f(2) = 4,\ f(3) = 6,\ \ldots,\ f(n) = 2n,\ \ldots$$

로 표현되어 앞서 나열한 것과 결과적으로 같다. 따라서 수열을 생각한다는 것은 그 수열의 규칙을 설명하는 함수와 순서를 설명하는 함수의 정의역을 동시에 고려하는 것이라 할 수 있다. 일반적으로 수열을 설명하는 함수의 정의역을 자연수 집합 $\mathbb{N}$으로 두는 것이 보통이지만, 필요에 따라 정의역을 순서대로 원소를 나열 할 수 있는 자연수 집합과 비슷한 집합을 고려하기도 한다. 예를 들어, 0을 포함해서 양의 짝수를 크기 순으로 나열한다고 하면

$$0, 2, 4, 6, 8, 10, \ldots$$

가 되므로 이 수열을 $\mathbb{N}$에서 정의된 함수 $g(n) = 2n - 2$으로 표현 할 수 있다. 하지만, 이는 음이 아닌 정수의 집합 $\mathbb{Z}^+ = \{0, 1, 2, 3, 4, \ldots\}$에서 정의된 함수 $f(n) = 2n$으로 표현하는 것도 가능하며 한편으로는 이 것이 앞선 표현보다 자연스럽다고 할 수 있다.

하지만 특별한 언급이 없다면 앞으로 소개할 내용들이 다른 정의역을 사용하는 수열에 대해서도 적용 가능하므로, 보다 설명을 간단하게 하기 위해 자연수에서 정의된 실숫값을 갖는 함수 형태의 수열을 기준으로 설명할 것이다.

함수 f로 정의된 수열은 첨자를 이용해 보다 간단히 표현하는 것 또한 일반적이다. 즉, 자연수 n에 대하여 $a_n = f(n)$이라 하고 이를 나열하면

$$a_1, a_2, a_3, \ldots, a_n, \ldots$$

이 되고, 이를 더 간단히 $\{a_n\}$, $\{a_n\}_{n\in\mathbb{N}}$ 또는 $\{a_n\}_{n=1}^{\infty}$ 등으로 표시한다.[1] 수열 $\{a_n\}$을 구성하는 각각의 수 a_n $(n \in \mathbb{N})$은 **항**(term)이라고 한다. 특별히 첫 번째 항 a_1은 제1항 또는 **초항**(first term)라고 하며 n번째 항 a_n은 제n항 또는 **일반항**(general term)이라고 한다.

만약, 이 수열을 특정한 n에 대해서만 고려하고자 한다면 일반항 옆에 정의역을 기술하여 수열을 표현할 수 있다. 예를 들어, $a_n = 2n - 2,\ (n \geq 3)$이라 한다면 이 수열은

$$4, 6, 8, 10, 12, \ldots$$

이며 이 경우 초항은 $a_3 = 4$이 된다. 이는 $\{2n-2\}_{n\geq 3}$ 또는 $\{2n-2\}_{n=3}^{\infty}$로 표현하는 것도 가능하다. 또한 수열은 **점화식**(recurrence relation)이라고 불리는 수열들간의 관계식으로 표현되기도 한다. 예를 들어, $a_1 = -1$, $a_n = 2a_{n-1} + 2\ (n \geq 2)$라 하면 이는 다음과 같은 수열을 표현한다.

$$-1, 0, 2, 6, 14, \ldots$$

한편, 1.3절에서 학습한 함수의 극한과 같이 자연수 n이 무한히 커질 때 수열 $\{a_n\}$의 일반항 a_n이 어떤 수 L로 한없이 가까워 지는 경우가 있는데, 이 경우 수열 $\{a_n\}$이 L로 수렴한다고 하며 그렇지 않은 경우 수열 $\{a_n\}$이 발산한다고 한다.

정의 7.1 수열 $\{a_n\}$에 대하여

(1) $n \to \infty$일 때 a_n이 L에 한없이 가까이 가면, 수열 $\{a_n\}$이 L에 **수렴**(converge)한다고 하고, 다음과 같이 나타낸다.

$$n \to \infty \Longrightarrow a_n \to L \quad \text{또는} \quad \lim_{n\to\infty} a_n = L$$

[1] 수열 $\{a_n\}$은 매우 다양한 방법으로 표현된다. 예를 들어, 집합기호가 아닌 다른 기호를 이용해 (a_n) 또는 $\langle a_n \rangle$로 나타내기도 하며, 필요에 따라서는 좀 더 구체적으로 $\langle a_n \mid a_n = f(n) \rangle$ 또는 $\{a_n \mid a_n = f(n)\}$ 등으로 표현하기도 한다.

특히 L을 수열 $\{a_n\}$의 **극한**(limit) 또는 **극한값**이라 한다.

(2) $n \to \infty$일 때 a_n이 한없이 가까이 가는 값이 없다면 수열 $\{a_n\}$이 **발산**(diverge)한다고 한다.

예를 들어 임의의 실수 k에 대하여 $a_n = k$로 정의된 수열 $\{a_n\}$은 n에 관계없이 일정하게 k를 값으로 가지므로 n이 커지면 커질 수록 k에 한없이 가까워진다고 할 수 있다. 따라서, 수열 $\{k\}$는 k로 수렴한다, 즉, $\lim_{n\to\infty} k = k$이다. 또한, $a_n = \frac{1}{n}$로 정의된 수열 $\{a_n\}$은 n이 커지면 커질 수록 0에 한없이 가까워 지므로 수열 $\left\{\frac{1}{n}\right\}$은 0으로 수렴한다, 즉 $\lim_{n\to\infty} \frac{1}{n} = 0$이라 할 수 있다. 반면에 $a_n = (-1)^n$은 n이 변할 때마다 -1과 1이 번갈아 나타나므로 수열 $\{(-1)^n\}$은 발산한다.

하지만, n이 커질 때 일반항 a_n이 실수 L에 한없이 가까워진다는 것은 명확한 표현이 아니기에 다양한 혼란을 야기할 수 있어 수학에서 정의로서 사용하기에 무리가 있다. 실제로는 함수의 극한과 같이 수열의 극한도 엄격한 수학 용어로 정의되어 있으며 이를 바탕으로 모든 이론들을 증명한다. 수열의 극한의 엄격한 정의는 다음과 같다.

- 임의의 양수 ε에 대하여 적당한 자연수 N이존재해서 $n \ge N$인 모든 자연수 n에 대하여 $|a_n - L| < \varepsilon$이 성립할 때 수열 $\{a_n\}$은 L로 수렴한다고 한다.

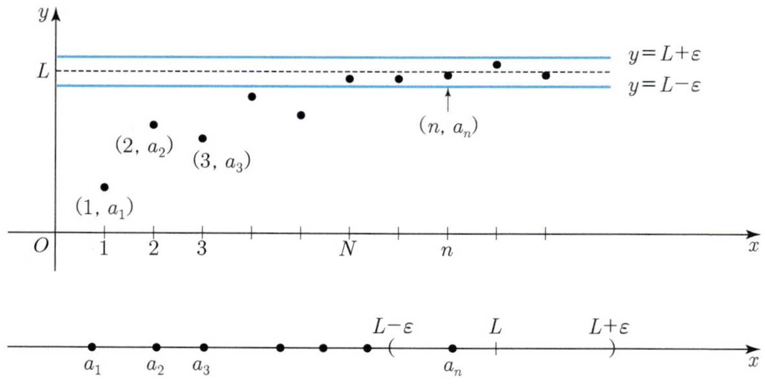

그림 7.1 수열의 극한

극한의 정의에서 부등식 $|a_n - L| < \varepsilon$은 a_n과 L의 차이가 $\varepsilon > 0$ 미만이라는 것을 의미하므로 ε이 a_n과 L이 가깝다는 기준을 의미하는 것으로 해석할 수 있다. 한편, 가깝다는 기준은 그것을 판단하는 주체에 따라 다를 수 있으므로, 어떠한 기준을 적용해도 a_n이 L과 가까워 짐을 표현해야 하는데 이를 표현하기 위해 극한의 정의에서 임의의 양수 ε을 고려하는 것이다. 한편, a_n이 L에 한없이 다가간다는 것은 임의로 고려한 가까움의 기준보다 가까워지는 시점이 존재한다는 것이고, 동시에 그 시점

이후부터는 계속 가까이 있어야 하는 것으로 해석할 수 있다 (그림 7.1 참고). 따라서 임의로 선택한 $\varepsilon > 0$ (가까움의 기준)에 대하여 어떤 시점 N 이후의 n ($n \geq N$)에 대해서는 그 기준보다 가까워야 한다 ($|a_n - L| < \varepsilon$)를 수학적으로 기술한 것이 수열의 극한의 정의인 것이다.[2]

하지만 극한의 엄밀한 정의를 잘 이해하고 이를 적용해 수열의 극한을 다루는 것에 어려움이 있을 수 있기에, 앞으로는 이 정의를 사용하지 않을 것이다. 대신 함수의 극한에서 했던 방식과 동일하게 기본적인 수열의 극한 $\lim_{n\to\infty} k = k$, $\lim_{n\to\infty} \frac{1}{n} = 0$과 기존에 알려진 극한의 성질을 이용하여 수열의 극한을 다루고자 한다. 앞으로의 내용은 함수의 극한에 대한 사실들과 매우 유사하므로 함께 기억하면 유용할 것이다.

정리 7.2 수열의 극한의 유일성

$\lim_{n\to\infty} a_n = L$이고 $\lim_{n\to\infty} a_n = M$이면 $L = M$이다.

정리 7.3 수열 $\{a_n\}$이 L로, $\{b_n\}$이 M으로 수렴할 때 다음이 성립한다.

(1) $\lim_{n\to\infty} ka_n = kL$ (k는 실수)

(2) $\lim_{n\to\infty} (a_n + b_n) = L + M$

(3) $\lim_{n\to\infty} a_n b_n = LM$

(4) $\lim_{n\to\infty} \frac{a_n}{b_n} = \frac{L}{M}$ (단, $M \neq 0$)

예제 7.4

다음의 극한을 구하시오.

(1) $\lim_{n\to\infty} \frac{1}{n^2}$

(2) $\lim_{n\to\infty} \frac{n^3 + 2n + 4}{2n^3 + 2n + 3}$

풀이 (1) $\lim_{n\to\infty} \frac{1}{n} = 0$이므로, 정리 7.3 (2)에 따라 다음과 같이 계산한다.

$$\lim_{n\to\infty} \frac{1}{n^2} = \lim_{n\to\infty} \frac{1}{n} \cdot \lim_{n\to\infty} \frac{1}{n} = 0$$

(2) $a_n = \frac{1 + 2/n^2 + 4/n^3}{2 + 2/n^2 + 3/n^3}$이고, 수열 $1/n^2$, $1/n^3$에 대하여 (1)에서의 방법과 동일한 방법을 적용하면 모두 0으로 수렴하는 것을 알 수 있으므로 정리 7.3에 따라 다음과 같이 계산한다.

$$\lim_{n\to\infty} \frac{n^3 + 2n + 4}{2n^3 + 2n + 3} = \lim_{n\to\infty} \frac{1 + \frac{2}{n^2} + \frac{4}{n^3}}{2 + \frac{2}{n^2} + \frac{3}{n^3}}$$

[2]함수의 극한도 동일한 방식으로 정의한다.

$$= \frac{\lim_{n\to\infty} 1 + \lim_{n\to\infty} 2 \lim_{n\to\infty} \frac{1}{n^2} + \lim_{n\to\infty} 4 \lim_{n\to\infty} \frac{1}{n^3}}{\lim_{n\to\infty} 2 + \lim_{n\to\infty} 2 \lim_{n\to\infty} \frac{1}{n^2} + \lim_{n\to\infty} 3 \lim_{n\to\infty} \frac{1}{n^3}}$$

$$= \frac{1+0+0}{2+0+0} = \frac{1}{2}$$ ■

정리 7.5 수열 $\{a_n\}$이 L로 수렴하고, f가 L에서 연속인 함수일 때 다음이 성립한다.

$$\lim_{n\to\infty} f(a_n) = f(L)$$

예제 7.6

극한 $\lim_{n\to\infty} \frac{1}{\sqrt{n}}$을 구하시오.

풀이 $\lim_{n\to\infty} \frac{1}{n} = 0$라는 사실을 알고 있고, $f(x) = \sqrt{x}$ $(x \geq 0)$가 0에서 연속함수이므로 정리 7.5에 따라 다음과 같이 계산한다.

$$\lim_{n\to\infty} \frac{1}{\sqrt{n}} = \lim_{n\to\infty} f\left(\frac{1}{n}\right) = f(0) = \sqrt{0} = 0$$ ■

정리 7.7 수열의 조임정리(squeeze theorem)[3]

실수 L로 수렴하는 두 수열 $\{a_n\}$과 $\{c_n\}$에 대하여 모든 $n \geq N$에 대하여 부등식

$$a_n \leq b_n \leq c_n$$

이 성립하는 N이 존재하면 수열 $\{b_n\}$도 L로 수렴한다.

따름정리 7.8 수열 $\{a_n\}$에 대하여 $\lim_{n\to\infty} |a_n| = 0$라는 것과 $\lim_{n\to\infty} a_n = 0$라는 것은 동치이다.[4]

증명 $\lim_{n\to\infty} a_n = 0$인 경우, 함수 $f(x) = |x|$는 0에서 연속이므로 정리 7.5 (4)에 따라 등식 $\lim_{n\to\infty} |a_n| = \lim_{n\to\infty} f(a_n) = f(0) = 0$이 성립한다.

---

[3] 조임정리를 일컬어 **샌드위치 정리**(sandwich theorem) 또는 **압축정리**라고도 한다.

[4] $\lim_{n\to\infty} |a_n| = L \neq 0$는 $\lim_{n\to\infty} a_n = L$를 말해주지 않고, 그 역도 성립하지 않는다. 정방향을 위해서는 $a_n = (-1)^n$, 역방향을 위해서는 $a_n = -1$을 생각하자.

반면, $\lim_{n\to\infty} |a_n| = 0$인 경우 $n \geq 1$에 대하여 $-|a_n| \leq a_n \leq |a_n|$이 성립하므로 조임정리 7.7에 의해 $\lim_{n\to\infty} a_n = 0$이 성립한다. ■

예제 7.9

다음 수열의 극한을 구하시오.

$$\left\{\frac{1}{n^{2/3}} \sin\left(\frac{n^3}{n+2}\right)\right\}$$

풀이 모든 실수 x에 대하여 $|\sin x| \leq 1$이므로, $n \geq 1$에 대하여 다음의 부등식이 성립한다.

$$-\frac{1}{n^{2/3}} \leq \left|\frac{1}{n^{2/3}} \sin\left(\frac{n^3}{n+2}\right)\right| \leq \frac{1}{n^{2/3}}$$

한편, $f(x) = x^{2/3}$이 0에서 연속이고 $\left\{\frac{1}{n}\right\}$이 0으로 수렴하므로 $\left\{\frac{1}{n^{2/3}}\right\}$은 0으로 수렴한다. 즉, 수열 $\left\{\frac{1}{n^{2/3}} \sin\left(\frac{n^3}{n+2}\right)\right\}$은 조임정리 7.7에 의해 0으로 수렴한다. ■

다음은 함수의 극한을 이용하여 수열의 극한을 계산할 수 있게 해주는 유용한 정리이다.

> **정리 7.10** 자연수 N에 대하여 함수 f가 $[N, \infty)$에서 정의되고, 수열 $\{a_n\}$이 $n \geq N$에 대하여 등식 $a_n = f(n)$을 만족한다고 하자. 이때 $\lim_{x\to\infty} f(x) = L$이면 $\lim_{n\to\infty} a_n = L$이다.

예제 7.11

수열 $\left\{\frac{\ln n}{n+1}\right\}$의 극한을 구하시오.

풀이 구간 $[1, \infty)$에서 정의된 함수 $f(x) = \frac{\ln x}{x+1}$를 고려하면, 자연수 $n \geq 1$에 대하여 등식 $\frac{\ln n}{n+1} = f(n)$이 성립한다. 한편, 로피탈의 정리에 의해 다음의 극한이 성립한다.

$$\lim_{x\to\infty} \frac{\ln x}{x+1} = \lim_{x\to\infty} \frac{1}{x} = 0$$

따라서. 정리 7.10에 의해 $\lim_{n\to\infty} \frac{\ln n}{n+1} = \lim_{x\to\infty} \frac{\ln x}{x+1} = 0$이 된다. ■

지금까지 살펴본 예시의 대부분은 극한이 존재하는 수열에 대하여 극한을 계산하는 것이었다. 하지만, 수렴하지 않는 수열은 얼마든지 존재하기 때문에 수열의 극한을 계산하고자 할 때는 그에 앞서 그 수열이 수렴하는 수열인지 부터 판별하는 것이 선행되어야 한다. 앞으로의 내용에서는 수렴하는 수열의 대표적인 유형을 살펴보고 이를 이용해 극한 계산을 학습할 것이다. 이를 위해 단조함수 유사하게 정의되는 단조수열과 유계함수와 유사하게 정의되는 유계수열에 대해 알아보자.

정의 7.12 수열 $\{a_n\}$이

(1) 모든 자연수 n에 대하여 부등식 $a_n \leq a_{n+1}$을 만족하면 $\{a_n\}$을 **증가수열**(increasing sequence)이라고 한다.

(2) 모든 자연수 n에 대하여 부등식 $a_n < a_{n+1}$을 만족하면 $\{a_n\}$을 **순증가수열**(strictly increasing sequence)이라고 한다.

(3) 모든 자연수 n에 대하여 부등식 $a_n \geq a_{n+1}$을 만족하면 $\{a_n\}$을 **감소수열**(decreasing sequence)이라고 한다.

(4) 모든 자연수 n에 대하여 부등식 $a_n > a_{n+1}$을 만족하면 $\{a_n\}$을 **순감소수열**(strictly decreasing sequence)이라고 한다.

(5) 증가수열 또는 감소수열이면 $\{a_n\}$을 **단조수열**(monotone sequence)이라고 한다.

(6) 순증가수열 또는 순감소수열이면 $\{a_n\}$을 **순단조수열**(strictly monotone sequence)이라고 한다.

정의 7.13

(1) 모든 자연수 n에 대하여 부등식 $a_n \leq M$을 만족하는 실수 M이 존재하는 수열 $\{a_n\}$을 **위로 유계**(bounded above)라고 한다.

(2) 모든 자연수 n에 대하여 부등식 $m \leq a_n$ 을 만족하는 실수 m이 존재하는 수열 $\{a_n\}$을 **아래로 유계**(bounded below)라고 한다.

(3) 위로 유계인 동시에 아래로 유계인 수열 $\{a_n\}$을 **유계수열**(bounded sequence)이라고 한다.[5]

예를 들어, 수열 $\left\{\dfrac{(-1)^n}{\sqrt{n}}\right\}$은 모든 자연수 n에 대하여 $\left|\dfrac{(-1)^n}{\sqrt{n}}\right| \leq 1$이므로 유

[5]모든 자연수 n에 대하여 부등식 $|a_n| \leq M$을 만족하는 양수 M이 존재하는 수열 $\{a_n\}$을 유계수열로 정의해도 무방하다.

계수열이지만 자명하게 단조수열은 아니다. 또한, 수열 $\{\sqrt{n}\}$은 증가수열이지만 유계수열이 아님이 자명하다.

수열의 수렴성과 수열이 유계라는 것, 단조수열이라는 것은 매우 중요한 연관성이 있는데, 아래의 정리가 바로 그것이다.

정리 7.14

(1) 수열 $\{a_n\}$이 수렴하면, 수열 $\{a_n\}$은 유계이다.

(2) 어떤 자연수 N에 대하여 $n \geq N$인 범위에서 수열 $\{a_n\}$이 단조수열이면서 유계이면, 수열 $\{a_n\}$은 수렴한다.

정리 7.14 (1)의 경우 수열 $\{a_n\}$이 수렴한다면 a_n은 그것의 극한 L로 한없이 가까워져야 하기 때문에, 충분히 큰 N에 대해서 $n \geq N$ 인 경우 부등식 $|a_n| < |L| + 1$이 성립한다고 생각할 수 있다. 따라서 수열 $\{a_n\}$은 N이전에 나타나는 수들의 절대값과 $L+1$ 중 가장 큰 값으로 유계가 됨을 알 수 있다. 한편, 이 명제의 대우명제는 유계가 아닌 수열이 발산한다는 것을 말해주므로 수열이 수렴하지 않음을 증명할 때 유용하게 사용된다.

반면에, 수열이 수렴한다는 것을 증명하는 것은 상당히 어려운 편인데, (2)에서 수열의 단조성과 유계성은 수렴성을 증명하는 것보다 상대적으로 쉽기 때문에 수열의 수렴성을 확인할 때 명제 (2)가 매우 유용하다. 하지만 이 사실은 실수집합 $\mathbb{R}$의 완비성공리(Completeness axiom)로부터 얻을 수 있는 사실이기 때문에 이를 증명하기 위해서는 실수집합에 대한 충분한 이해가 필요하다. 따라서, 이 명제의 증명보다는 이 것의 사용방법을 기억하도록 하자.

예제 7.15

수열 $\left\{\dfrac{3^n}{(n+1)!}\right\}$이 수렴함을 보이시오.

풀이 모든 자연수 n에 대하여 $a_n = \dfrac{3^n}{(n+1)!}$이라 하면 다음이 등식이 성립한다.

$$\frac{a_{n+1}}{a_n} = \frac{3^{n+1}}{(n+1)!} \cdot \frac{(n+1)!}{3^n} = \frac{3}{n+1}$$

따라서, 임의의 $n \geq 3$에 대하여 부등식 $0 < a_{n+1} < a_n \leq a_3$이 성립하여 수열 $\{a_n\}$ $(n \geq 3)$은 단조수열이면서 동시에 유계이다. 즉, $\{a_n\}$은 정리 7.14에 의해 수렴한다. ∎

예제 7.16

다음의 점화식으로 정의된 수열 $\{a_n\}$이 수렴함을 보이고 그 극한값을 구하시오.

$$a_1 = 1,\ \ a_{n+1} = 2\sqrt{a_n},\ \ (n \geq 2)$$

풀이 우선 이 수열이 모든 $n \geq 1$에 대하여 부등식

$$1 \leq a_n < a_{n+1} < 4 \tag{7.1}$$

만족함을 보임으로서 a_n이 유계이고 단조수열임을 확인하자.

우선 $n = 1$인 경우에는 $a_1 = 1 < 2 = a_2 < 4$이므로 부등식이 성립한다. 만약 $n = k$일 때 부등식 (7.1)이 성립한다고 가정하면 두 부등식

$$a_{k+2} = 2\sqrt{a_{k+1}} < 2\sqrt{4} = 4,\quad 1 \leq a_{k+1} = 2\sqrt{a_k} < 2\sqrt{a_{k+1}} = a_{k+2}$$

으로부터 $n = k+1$인 경우에도 식 (7.1)이 성립함을 알 수 있다. 따라서, 수학적 귀납법에 의해 모든 $n \geq 1$에 대하여 식 (7.1)이 성립한다.

정리 7.14는 수열 $\{a_n\}$이 어떤 수 L로 수렴함을 말해주는데, 주어진 점화식의 양변에 극한을 취해주면 다음과 같은 등식이 성립함을 알 수 있다.

$$L = \lim_{n\to\infty} a_{n+1} = \lim_{n\to\infty} 2\sqrt{a_n} = 2\sqrt{L}.$$

따라서, 극한값 L은 4이다. ■

수열 $\{a_n\}$이 실수 $a, r \in \mathbb{R}$에 의해 $a_n = ar^n$로 정의된 경우 $\{a_n\}$을 **등비수열**이라 하고, 이는 가장 많이 사용되는 수열 중 하나이다. 등비수열의 수렴성은 앞서 학습한 이론들과 예제 7.16에서 이용한 방법을 바탕으로 구체적으로 조사할 수 있다. 우선 $a = 0$이거나 $r = 1$인 경우에는 수열 $\{a_n\}$이 같은 값만 반복해서 발생하는 수열이 되므로 이 수열이 수렴함을 자명하게 알 수 있다. $|r| < 1$인 경우에는 임의의 자연수 n에 대하여 수열 $\{b_n\}$을 $b_n = |a||r|^n$ 라 정의하면 부등식

$$\frac{b_{n+1}}{b_n} = \frac{|a||r|^{n+1}}{|a||r|^n} = |r| < 1$$

이 성립하므로 $\{b_n\}$이 유계인 단조수열임을 알 수 있다. 즉, $\{b_n\}$ 이 어떤 L로 수렴함을 알 수 있는데, 이는 등식 $b_n = |r|b_{n-1}$을 통해 $L = |r|L$이 성립함을 말해준다. 따라서 수열 $\{b_n\}$ 은 0으로 수렴한다. 한편, $b_n = |a_n|$이므로 따름정리 7.8에 의해 a_n 도 0으로 수렴하게 된다.

한편 $a \neq 0$이고 $r = -1$인 경우 수열 $\{a_n\}$은 0이 아닌 두 값 a와 $-a$가 번갈아가면서 발생하므로 어떤 하나의 수로 한없이 다가갈 수가 없다. 즉, $\{a_n\}$은 발산한다.

끝으로 $a \neq 0$이고 $|r| > 1$인 경우에는 $\{ar^n\}$이 유계가 아닌 것이 자명하므로 정리 7.14에 의해 수열 $\{a_n\}$이 발산함을 알 수 있다.

정리 7.17 실수 $a, r \in \mathbb{R}$에 의해 정의된 등비 수열 $\{ar^n\}$은

(1) $a = 0$인 경우 0으로 수렴한다.

(2) $r = 1$인 경우 a로 수렴한다.

(3) $|r| < 1$인 경우 0으로 수렴한다.

(4) $a \neq 0$이고 $r = -1$인 경우 발산한다.

(5) $a \neq 0$이고 $|r| > 1$인 경우 발산한다.

한편, 정리 7.14는 수열 $\left\{(1+\frac{1}{n})^n\right\}$이 수렴한다는 사실을 증명하기 위해 사용할 수 있다. (연습문제 7.1, 8 참조). 그리고 이 수열의 극한을 **오일러의 상수**(Euler's constant) e라고 한다.

$$\lim_{n\to\infty}\left(1+\frac{1}{n}\right)^n = e \quad \approx 2.7182818284\cdots.$$

다음은 수열 $\left\{(1+\frac{1}{n})^n\right\}$을 변형해 얻을 수 있는 수열들의 극한을 살펴보는 예제이다.

예제 7.18

수열 $\left\{\sqrt[5]{\left(\frac{n+1}{n}\right)^{2n}}\right\}$의 극한을 구하시오.

풀이 $f(x) = \sqrt[5]{x^2}$이고 $a_n = \left(\frac{n+1}{n}\right)^n$이라 하자.

$f(x)$는 모든 실수 x에서 연속이고 $\lim_{n\to\infty} a_n = e$이므로 정리 7.5에 의해 다음이 성립한다.

$$\lim_{n\to\infty}\sqrt[5]{\left(\frac{n+1}{n}\right)^{2n}} = \lim_{n\to\infty} f(a_n) = f(e) = \sqrt[5]{e^2}$$

■

끝으로, 알아두면 유용한 수열의 극한을 소개하며 이 절을 마무리하자.

정리 7.19

(1) $\lim_{n\to\infty}\sqrt[n]{n} = 1$

(2) $\lim_{n\to\infty} x^{\frac{1}{n}} = 1 \qquad (x > 0)$

(3) $\lim_{n\to\infty}\left(1+\frac{x}{n}\right)^n = e^x \qquad (x \in \mathbb{R})$

(4) $\lim_{n\to\infty}\frac{x^n}{n!} = 0 \qquad (x \in \mathbb{R})$

증명

(1) 수열 $\left\{\ln n^{\frac{1}{n}}\right\}$은 정리 7.10와 로피탈 정리에 의해 다음의 등식을 만족함을 알 수 있다.

$$\lim_{n\to\infty}\ln n^{\frac{1}{n}} = \lim_{n\to\infty}\frac{\ln n}{n} = \lim_{n\to\infty}\frac{\ln x}{x} = \lim_{x\to\infty}\frac{1}{x} = 0$$

한편, e^x은 $\mathbb{R}$에서 연속이므로 정리 7.3과 등식 $n^{\frac{1}{n}} = e^{\ln n^{\frac{1}{n}}}$으로부터 $\lim_{n\to\infty} n^{\frac{1}{n}} = 1$를 알 수 있다.

(2) 수열 $\left\{\ln x^{\frac{1}{n}}\right\}$은 정리 7.10에 의해 다음의 등식을 만족함을 알 수 있다.

$$\lim_{n\to\infty}\ln x^{\frac{1}{n}} = \lim_{n\to\infty}\frac{\ln x}{n} = \ln x \lim_{n\to\infty}\frac{1}{n} = 0$$

한편, e^x은 $\mathbb{R}$에서 연속이므로 정리 7.3과 등식 $x^{\frac{1}{n}} = e^{\ln x^{\frac{1}{n}}}$으로부터 $\lim_{n\to\infty} x^{\frac{1}{n}} = 1$를 알 수 있다.

(3) 수열 $\left\{\ln\left(1+\frac{x}{n}\right)^n\right\}$은 정리 7.10와 로피탈 정리에 의해 다음의 등식을 만족함을 알 수 있다.

$$\begin{aligned}\lim_{n\to\infty}\ln\left(1+\frac{x}{n}\right)^n &= \lim_{n\to\infty} n\ln\left(1+\frac{x}{n}\right) = \lim_{n\to\infty}\frac{\ln(1+\frac{x}{n})}{\frac{1}{n}}\\ &= \lim_{y\to\infty}\frac{\ln(1+\frac{x}{y})}{\frac{1}{y}} = \lim_{y\to\infty}\frac{\left(\frac{1}{1+\frac{x}{y}}\right)\left(-\frac{x}{y^2}\right)}{-\frac{1}{y^2}}\\ &= \lim_{y\to\infty}\frac{x}{1+\frac{x}{y}} = x\end{aligned}$$

단, 위의 과정에서 부등식 $1+\frac{x}{n} > 0$이 성립해야 $\ln\left(1+\frac{x}{n}\right)$가 존재할 수 있으므로 $1+\frac{x}{M} > 0$을 만족하는 M에 대하여 $n \geq M$인 경우의 수열의 극한을 고려하며 y또한 $[M, \infty)$에서만 고려한다. 한편, e^x은 $\mathbb{R}$에서 연속이므로 정리 7.3과 등식 $\left(1+\frac{x}{n}\right)^n = e^{\ln\left(1+\frac{x}{n}\right)^n}$으로부터 $\lim_{n\to\infty}\left(1+\frac{x}{n}\right)^n = e^x$를 알 수 있다.

(4) 우선 $\lim_{n\to\infty}\frac{|x|^n}{n!} = 0$임을 조임정리 7.7를 이용해 보이자. 이를 위해 부등식

$|x| < M$을 만족하는 자연수 M에 대하여 M보다 큰 모든 자연수 n이 다음 부등식을 만족함을 확인한다.

$$0 \le \frac{|x|^n}{n!} = \frac{|x|^n}{1 \cdot 2 \cdot \cdots \cdot M \cdot (M+1) \cdots n} \le \frac{|x|^n}{M!M^{n-M}} = \frac{M^M}{M!}\left(\frac{|x|}{M}\right)^n$$

이때, 정리 7.17로부터 $\lim_{n\to\infty}\left(\frac{|x|}{M}\right)^n = 0$을 알 수 있으므로,

$$\lim_{n\to\infty}\left(\frac{M^M}{M!}\right)\left(\frac{|x|}{M}\right)^n = 0$$

이 성립하고, 조임정리에 의해 등식 $\lim_{n\to\infty}\frac{|x|^n}{n!} = 0$을 확인할 수 있다.
한편, 부등식

$$-\frac{|x|^n}{n!} \le \frac{x^n}{n!} \le \frac{|x|^n}{n!}$$

이 성립하므로 조임정리에 의해 $\lim_{n\to\infty}\frac{x^n}{n!} = 0$이 성립한다. ■

7.1 연습문제

1. 수열 $\{a_n\}$이

$$\frac{1}{3}, -\frac{4}{5}, \frac{9}{7}, -\frac{16}{9}, \frac{25}{11}, \cdots$$

일 때, 이 수열의 일반항 a_n을 구하시오.

2. 일반항이 $a_n = 2n+3$인 수열 $\{a_n\}$에 대하여 수열 $a_1+a_2, a_3+a_4, a_5+a_6, \cdots$의 일반항 b_n을 구하시오.

3. 다음 수열이 위로 유계인지, 아래로 유계인지, 유계인지를 구분하시오.

(1) $\left\{\frac{4}{n^2+1}\right\}$ (2) $\left\{\frac{(-1)^n}{n+1}\right\}$ (3) $\{\pi^{-n}\}$

4. 주어진 a_n을 일반항으로 갖는 수열 $\{a_n\}$에 대하여 수열이 수렴하는지 발산하는지를 밝히시오. 또한 수렴한다면 그 극한을 구하시오.

(1) $a_n = \dfrac{5n}{3n-7}$ (2) $a_n = \dfrac{3n^2+5}{n^2+7n-3}$

(3) $a_n = \dfrac{(3n+4)^3}{27n^3+8n^2+3n}$ (4) $a_n = \dfrac{3n+1}{\sqrt{3n^2-1}}$

5. 다음 수열이 수렴하는지 발산하는지를 밝히고, 수렴한다면 그 극한을 구하시오.

(1) $\left\{\dfrac{2n^2+3}{\sqrt{n}+10}\right\}$ (2) $\{(-1)^n+1\}$ (3) $\{n(n-1)\}$

6. 다음 수열의 극한값을 구하시오.

(1) $\left\{\sqrt[n]{5n}\right\}$ (2) $\left\{\left(1+\dfrac{1}{\sqrt{4n}}\right)^{\sqrt{n}}\right\}$ (3) $\left\{\dfrac{e^{5n}}{(n-1)!}\right\}$

(4) $\left\{\left(\dfrac{n}{n+3}\right)^n\right\}$ (5) $\left\{5^{\frac{8}{\sqrt{n}}}\right\}$ (6) $\left\{\dfrac{2+\cos n^2}{\sqrt{n}}\right\}$

7. 모든 실수 r에 대하여 수열 $\{r^n\}$의 수렴성을 조사하시오.

8. 수열 $\{a_n\} = \left\{(1+\dfrac{1}{n})^n\right\}$에 대하여 다음 물음에 답하시오.

(1) 이항정리를 이용하여 모든 자연수 n에 대하여 $a_n < a_{n+1}$ 임을 보이시오.

(2) 모든 자연수 n에 대하여 $a_n < 3$임을 보이시오.

(3) 수열 $\{a_n\}$이 수렴하는 이유를 설명하시오.

9. 조임정리를 이용하여 수열

$$\left\{\frac{n!}{n^n}\right\}$$

의 수렴성을 조사하고, 수렴한다면 극한을 구하시오.

7.2 급수의 수렴과 발산

수열 $\{a_n\}$의 a_k부터의 항들의 합 $a_k + a_{k+1} + a_{k+2} + \cdots$을 **무한급수**(infinite series) 또는 간단히 **급수**(series)라 하고, 합의 기호 $\sum$를 사용하여 $\sum_{n=k}^{\infty} a_n$ 또는 간단히 $\sum_{n \geq k} a_n$로 표기하는 것이 일반적이다. 주어진 모든 n에 대한 무한급수를 표현하는 경우에는 $\sum_n a_n$ 또는 $\sum a_n$과 같이 나타낼 수도 있다.

무한급수는 무수히 많은 항의 합을 의미하는 것이므로 기존에 사용해왔던 유한개의 숫자의 합과는 차이가 있다. 따라서, 무한급수를 명확하게 정의할 필요가 있는데, 이를 위해서는 부분합을 고려해야 한다.

수열 $\{a_n\}$과 $m \geq k$에 대하여 a_k부터 a_m까지의 **부분합**(partial sum) $a_k + a_{k+1} + a_{k+2} + \cdots + a_m$을 다음과 같이 표기한다.

$$S_{k,m} = a_k + a_{k+1} + a_{k+2} + \cdots + a_m = \sum_{n=k}^{m} a_n \tag{7.2}$$

특별히 a_k가 수열 $\{a_n\}$의 초항인 경우 a_m까지의 부분합은 간단히 S_m이라 표시한다.

고정된 k에 대하여 부분합 $S_{k,m}$을 생각해보면 이는 m에 대한 수열로 이해할 수 있으며 이 수열 $\{S_{k,m}\}$을 **부분합의 수열**(sequence of partial sums)이라고 한다.

예제 7.20

수열 $\{(-1)^{n+1}\}_{n \geq 0}$에 대한 부분합의 수열 $\{S_m\}$을 구하시오.

풀이 주어진 급수를 다음과 같이 나타낼 수 있다.

$$S_0 = \sum_{n=0}^{0} (-1)^{n+1} = -1$$

$$S_1 = \sum_{n=0}^{1} (-1)^{n+1} = -1 + 1 = 0$$

$$S_2 = \sum_{n=0}^{2} (-1)^{n+1} = -1 + 1 - 1 = -1$$

$$\vdots$$

즉, 부분합은 다음을 만족한다.

$$S_m = \sum_{k=0}^{m} (-1)^{n+1} = \begin{cases} 0 & (\text{홀수 } m) \\ -1 & (\text{짝수 } m) \end{cases}$$

■

부분합 $S_{k,m}$은 m이 커지면 커질수록 더 많은 항을 포함하게 되고, 따라서 $m \to \infty$이면 $S_{k,m}$의 극한을 a_k 이후의 모든 항을 합한 것으로 생각할 수 있다. 따라서 급수를 다음과 같이 정의하는 것이 자연스럽다.

정의 7.21 급수 $\sum a_n$에 대하여 부분합의 수열 $\{S_{k,m}\}$이 $m \to \infty$일 때

(1) 실수 S로 수렴하는 경우 갖는 경우에 급수 $\sum_{n=k}^{\infty} a_n$를

$$\sum_{n=k}^{\infty} a_n = \lim_{m\to\infty} S_{k,m} = S$$

로 나타내며 급수 $\sum_{n=k}^{\infty} a_n$이 S에 **수렴**(converge)한다고 하고, S를 급수 $\sum_{n=k}^{\infty} a_n$의 **합**(sum)이라 한다.

(2) 발산하는 경우 급수 $\sum_{n=k}^{\infty} a_n$이 **발산**(diverge)한다고 하고, 급수의 합은 존재하지 않는다 또는 정의되지 않는다고 한다.

한편 수열 $\{a_n\}$에 의한 급수 $\sum a_n$이 수렴할 때 급수 $\sum a_n$을 **수렴급수**(convergent series)라 하고, 급수 $\sum a_n$이 발산할 때 급수 $\sum a_n$을 **발산급수**(divergent series)라고 한다.

예를 들어, 앞서 살펴본 예제 7.20의 수열 $\{(-1)^{n+1}\}_{n\geq 0}$에 의한 급수 $\sum(-1)^{n+1}$은 발산급수이다. 다음은 수렴급수의 예시이다.

예제 7.22

다음의 등식을 보이시오.

$$\sum_{n=1}^{\infty} \frac{1}{(n+1)(n+2)} = \frac{1}{2}$$

풀이 등식

$$\frac{1}{(n+1)(n+2)} = \frac{1}{n+1} - \frac{1}{n+2}$$

으로부터

$$a_n = \frac{1}{(n+1)(n+2)} \quad (n \geq 1)$$

로 정의된 수열 $\{a_n\}$의 부분합 S_m을 다음과 같이 계산할 수 있다.

$$S_m = \left(\frac{1}{2}-\frac{1}{3}\right)+\left(\frac{1}{3}-\frac{1}{4}\right)+\left(\frac{1}{4}-\frac{1}{5}\right)+\cdots+\left(\frac{1}{m+1}-\frac{1}{m+2}\right)$$
$$= \frac{1}{2}-\frac{1}{m+2}$$

따라서, 다음을 계산할 수 있다.

$$\sum_{n=1}^{\infty}\frac{1}{(n+1)(n+2)} = \lim_{m\to\infty} S_m = \lim_{m\to\infty}\left(\frac{1}{2}-\frac{1}{m+2}\right) = \frac{1}{2}$$ ■

급수의 수렴성을 구체적으로 따져볼 수 있는 대표적인 예는 등비수열이 있다. 초항이 a이고 공비가 r인 등비수열 $\{ar^{n-1}\}$에 의한 급수

$$\sum_{n=1}^{\infty} ar^{n-1} = a + ar + ar^2 + ar^3 + \cdots + ar^{n-1} + \cdots \quad (a \neq 0)$$

을 **기하급수**(geometric series) 또는 **등비급수**라고 하며 이 급수는 다음 정리 7.23에서처럼 r에 따라 수렴성이 결정된다.

정리 7.23 기하급수(geometric series)의 수렴성

초항이 a $(a \neq 0)$이고 공비가 r인 기하급수 $\sum_{n=1}^{\infty} ar^{n-1}$는

(1) $|r| < 1$일 때 수렴하고 그 합은 $\frac{a}{1-r}$이다.

(2) $|r| \geq 1$일 때 발산한다.

증명 기하급수 $\sum_{n=1}^{\infty} ar^{n-1}$의 초항부터 m번째 항까지의 부분합 S_m은 다음과 같다.

$$S_m = a + ar + ar^2 + ar^3 + \cdots + ar^{m-1}$$

한편, 다음 등식

$$rS_m = ar + ar^2 + ar^3 + \cdots + ar^{m-1} + ar^m$$

으로부터 $(1-r)S_m = a(1-r^m)$을 얻을 수 있으므로, 다음과 같이 S_m을 표현할 수 있다.

$$S_m = \begin{cases} \dfrac{a(1-r^m)}{1-r} = \dfrac{a(r^m-1)}{r-1}, & (r \neq 1) \\ ma, & (r = 1) \end{cases} \tag{7.3}$$

(1) $|r| < 1$인 경우 $\lim_{m\to\infty} r^m = 0$이므로, 등비수열에 관한 수렴 정리 7.17에

따라 다음이 성립한다.

$$\lim_{m\to\infty} S_m = \lim_{m\to\infty} \frac{a(1-r^m)}{1-r} = \frac{a}{1-r} \lim_{m\to\infty}(1-r^m) = \frac{a}{1-r}$$

(2) ($r = 1$ 인 경우) $S_m = ma$ 는 자명하게 발산한다.

($r \neq 1$ 인 경우) S_m 이 수렴한다면 수열 $\{a-(1-r)S_m\} = \{r^m\}$ 이 수렴하므로 등비수열에 관한 수렴 정리 7.17에 따라 $|r| < 1$ 이 성립해야 한다. 따라서 $|r| \geq 1$ 이면 S_m 은 발산한다.

■

다음은 초항과 공비가 모두 절대값이 1보다 작은 x 인 경우 기하급수의 값을 계산해놓은 식이다. 이는 후에 멱급수의 중요한 예시가 된다.

따름정리 7.24 임의의 $x \in (-1, 1)$ 에 대하여 등식 $\sum_{n=1}^{\infty} x^n = \frac{x}{1-x}$ 이 성립한다.

한편, 수열 $\{a_n\}$ 과 특정 항 a_k 에 대하여 a_k 를 초항으로 하는 급수 $\sum_{n=k}^{\infty} a_n$ 가 수렴하면 임의의 a_j 을 초항으로 하는 급수 $\sum_{n=j}^{\infty} a_n$ 가 수렴한다. 즉, $k > j$ 인 경우,

$$S_{k,m} = S_{j,m} - a_j - a_{j+1} - \cdots - a_{k-1}$$

이 성립하고, $k < j$ 인 경우

$$S_{k,m} = S_{j,m} + a_k + a_{k+1} + \cdots + a_{j-1}$$

이 성립한다. 따라서, $m \to \infty$ 일때 $S_{k,m}$ 이 수렴한다는 것과 $S_{j,m}$ 이 수렴한다는 것이 동치이다. 따라서 급수 $\sum_{n=k}^{\infty} a_n$ 이 수렴하면 급수 $\sum_{n=j}^{\infty} a_n$ 이 수렴한다.

정리 7.25 수열 $\{a_n\}$ 의 두 항 a_k 와 a_j 에 대하여 급수 $\sum_{n=k}^{\infty} a_n$ 가 수렴한다는 것은 급수 $\sum_{n=j}^{\infty} a_n$ 이 수렴한다는 것과 동치이다.

뿐만 아니라 급수 $\sum_{n=k}^{\infty} a_n$ 는 등식 $b_n = a_{n-1+k}$ 을 이용해 수열 $\{b_n\}$ 을 정의하면

등식

$$\sum_{n=1}^{\infty} b_n = \sum_{n=1}^{\infty} a_{n-1+k} = \sum_{n=k}^{\infty} a_n$$

이 성립함을 알 수 있다. 즉, $\sum_{n=k}^{\infty} a_n$는 $n=1$일 때 부터의 급수로 표현이 가능하다. 이 사실은 기하급수와 같이 특정 형태의 급수의 수렴성을 명확하게 아는 경우 다양한 급수의 수렴성을 파악하는데 도움이 된다.

예제 7.26

다음 급수의 수렴·발산을 판정하고, 수렴한다면 그 합을 구하시오.

(1) $\displaystyle\sum_{n=3}^{\infty} \frac{2^{n-1}}{e^n}$ (2) $\displaystyle\sum_{n=4}^{\infty} \left(-\frac{\sqrt{5}}{2}\right)^{n-2}$

풀이 (1) 주어진 급수는 수열 $\left\{\frac{1}{e}\left(\frac{2}{e}\right)^{n-1}\right\}_{n=1}^{\infty}$ 의 3번째 항부터의 급수이다. 한편 등식

$$\sum_{n=3}^{\infty} \frac{2^{n-1}}{e^n} = \sum_{n=1}^{\infty} \frac{4}{e^3}\left(\frac{2}{e}\right)^{n-1}$$

과 공비 $2/e$이 1보다 작다는 사실로부터 다음을 알 수 있다.

$$\sum_{n=3}^{\infty} \frac{2^{n-1}}{e^n} = \frac{4}{e^3}\frac{1}{1-\frac{2}{e}} = \frac{4}{e^2}\left(\frac{1}{e-2}\right)$$

(2) 주어진 급수는 수열 $\left\{\left(-\frac{2}{\sqrt{5}}\right)\left(-\frac{\sqrt{5}}{2}\right)^{n-1}\right\}$ 의 4번째 항부터의 급수이다. 한편 공비 $-\frac{\sqrt{5}}{2}$이 -1보다 작다는 사실로부터 기하 급수

$$\sum_{n=1}^{\infty} \left(-\frac{\sqrt{5}}{2}\right)^{n-2} = \sum_{n=1}^{\infty} \left(-\frac{2}{\sqrt{5}}\right)\left(-\frac{\sqrt{5}}{2}\right)^{n-1}$$

가 발산함을 알 수 있다. 따라서 $\displaystyle\sum_{n=3}^{\infty} \left(-\frac{\sqrt{5}}{2}\right)^{n-2}$ 도 발산한다. ■

이제 무한급수의 수렴·발산을 조사하는데 도움을 주는 몇 가지 기본 성질을 살펴보자.

정리 7.27 급수 $\sum_{n=k}^{\infty} a_n$이 수렴하면 $\lim_{n\to\infty} a_n = 0$이다.

증명 급수 $\sum a_n$의 항 a_k부터 항 a_m까지의 부분합 $S_{k,m}$에 대하여 다음의 등식이 성립한다.

$$a_n = S_{k,n} - S_{k,n-1} \, (n \geq k+1)$$

이때, 가정에 따라 $n \to \infty$일 때 $\{S_{k,n}\}$이 수렴한다. 뿐만아니라, $n \to \infty$이면 $n-1 \to \infty$이므로 $\{S_{k,n-1}\}$은 $\{S_{k,n}\}$의 극한으로 수렴한다. 따라서 수열 $\{S_{k,n} - S_{k,n-1}\}$의극한이 0이다. 따라서, $\lim_{n\to\infty} a_n = 0$이다. ■

정리 7.27에서 역은 일반적으로 성립하지 않는다. 즉, $\lim_{n\to\infty} a_n = 0$이라고 해서 급수 $\sum_{n=k}^{\infty} a_n$이 반드시 수렴한다고 말할 수는 없다. 예를 들어, 다음의 조화 급수 $\sum_{n=1}^{\infty} \frac{1}{n}$의 경우 급수는 발산하지만 수열 $\left\{\frac{1}{n}\right\}$은 0으로 수렴한다.[6]

예제 7.28

다음의 급수가 발산함을 보이시오.

$$\sum_{n=1}^{\infty} \frac{1}{n} = 1 + \frac{1}{2} + \frac{1}{3} + \frac{1}{4} + \cdots$$

풀이 부분합 S_m은 m이 2^n 형태일 때 다음과 같이 계산된다.

$$S_1 = 1$$

$$S_2 = 1 + \frac{1}{2}$$

$$S_4 = 1 + \frac{1}{2} + (\frac{1}{3} + \frac{1}{4}) > 1 + \frac{1}{2} + (\frac{1}{4} + \frac{1}{4}) = 1 + \frac{2}{2}$$

$$\begin{aligned} S_8 &= 1 + \frac{1}{2} + (\frac{1}{3} + \frac{1}{4}) + (\frac{1}{5} + \frac{1}{6} + \frac{1}{7} + \frac{1}{8}) \\ &> 1 + \frac{1}{2} + (\frac{1}{4} + \frac{1}{4}) + (\frac{1}{8} + \frac{1}{8} + \frac{1}{8} + \frac{1}{8}) \\ &= 1 + \frac{1}{2} + \frac{1}{2} + \frac{1}{2} = 1 + \frac{3}{2} \end{aligned}$$

$$S_{16} = 1 + \frac{1}{2} + (\frac{1}{3} + \frac{1}{4}) + (\frac{1}{5} + \cdots + \frac{1}{8}) + (\frac{1}{9} + \cdots + \frac{1}{16})$$

[6]각 항의 역수가 등차수열을 이루는 수열을 **조화수열**(harmonic sequence)이라 하고, 조화수열에 의한 급수를 **조화급수**라 한다. 따라서, 예제 7.28의 급수는 조화급수의 예시가 된다.

$$
\begin{aligned}
&> 1 + \frac{1}{2} + (\frac{1}{4} + \frac{1}{4}) + (\frac{1}{8} + \cdots + \frac{1}{8}) + (\frac{1}{16} + \cdots + \frac{1}{16}) \\
&= 1 + \frac{1}{2} + \frac{1}{2} + \frac{1}{2} + \frac{1}{2} = 1 + \frac{4}{2} \\
&\vdots \\
S_{2^n} &\geq 1 + \frac{n}{2}
\end{aligned}
$$

따라서 $n \to \infty$일 때 $S_{2^n} \to \infty$이므로 수열 $\{S_n\}$은 발산한다. 그러므로 주어진 급수는 발산한다. ■

정리 7.27의 대우명제는 발산판정법이라 부르며 급수가 발산하는지를 판정하는데 많이 사용된다.

정리 7.29 발산판정법(divergence test)

$\lim_{n\to\infty} a_n \neq 0$이면, 급수 $\sum_{n=k}^{\infty} a_n$은 발산한다.

예제 7.30

다음 급수가 수렴하는지, 발산하는지를 조사하시오.

(1) $\sum_{n=0}^{\infty} \frac{n}{3n+1}$ (2) $\sum_{n=3}^{\infty} \cos\frac{1}{n^2}$ (3) $\sum_{n=2}^{\infty} n\sin\frac{1}{2n}$

풀이 (1) 등식

$$\lim_{n\to\infty} \frac{n}{3n+1} = \frac{1}{3} \neq 0$$

이 성립하므로, 발산판정법 정리 7.29에 의해 주어진 급수는 발산한다.

(2) 등식

$$\lim_{n\to\infty} \cos\frac{1}{n^2} = \cos 0 = 1 \neq 0$$

이 성립하므로, 발산판정법 정리 7.29에 의해 주어진 급수는 발산한다.

(3) 등식

$$\lim_{n\to\infty} n\sin\frac{1}{2n} = \lim_{x\to 0+} \frac{1}{2x}\sin x = \lim_{x\to 0+} \frac{\cos x}{2} = \frac{1}{2} \neq 0$$

이 성립하므로, 발산판정법 정리 7.29에 의해 주어진 급수는 발산한다.

■

정리 7.31 수렴하는 두 급수 $\sum_{n=k}^{\infty} a_n$, $\sum_{n=k}^{\infty} b_n$와 임의의 상수 α, β에 대하여 다음의 등식이 성립한다.

$$\sum_{n=k}^{\infty}(\alpha a_n + \beta b_n) = \alpha \sum_{n=k}^{\infty} a_n + \beta \sum_{n=k}^{\infty} b_n$$

즉, 급수 $\sum_{n=k}^{\infty}(\alpha a_n + \beta b_n)$이 수렴한다.

증명 급수 $\sum_{n=k}^{\infty} a_n$, $\sum_{n=k}^{\infty} b_n$, $\sum_{n=k}^{\infty}(\alpha a_n + \beta b_n)$의 부분합을 각각

$$S_{k,m} = \sum_{n=k}^{m} a_n,\ T_{k,m} = \sum_{n=k}^{m} b_n,\ U_{k,m} = \sum_{n=k}^{m}(\alpha a_n + \beta b_n)$$

로 정의하면, 자명하게 다음의 등식이 성립함을 알 수 있다.

$$U_{k,m} = \alpha S_{k,m} + \beta T_{k,m}$$

따라서 다음과 같이 등식을 증명할 수 있다.

$$\begin{aligned}\sum_{n=k}^{\infty}(\alpha a_n + \beta b_n) &= \lim_{m\to\infty} U_{k,m} = \lim_{m\to\infty} \alpha S_{k,m} + \lim_{m\to\infty} \beta T_{k,m} \\ &= \alpha \lim_{m\to\infty} S_{k,m} + \beta \lim_{m\to\infty} T_{k,m} = \alpha \sum_{n=k}^{\infty} a_n + \beta \sum_{n=k}^{\infty} b_n\end{aligned}$$

■

예제 7.32

다음 급수의 극한을 구하시오.

$$\sum_{n=3}^{\infty}\left(\frac{1}{2^n} - \frac{1}{n(n+2)}\right)$$

풀이 등식

$$\begin{aligned}\sum_{n=3}^{\infty}\frac{1}{n(n+2)} &= \lim_{m\to\infty}\left(\sum_{n=3}^{m}\frac{1}{2}\left(\frac{1}{n} - \frac{1}{n+2}\right)\right) \\ &= \frac{1}{2}\lim_{m\to\infty}\left(\frac{1}{3} + \frac{1}{4} - \frac{1}{m+1} - \frac{1}{m+2}\right) = \frac{7}{24}\end{aligned}$$

과 기하급수

$$\sum_{n=3}^{\infty} \frac{1}{2^n} = \sum_{n=1}^{\infty} \frac{1}{8}\left(\frac{1}{2}\right)^{n-1} = \frac{1}{8}\frac{1}{1-\frac{1}{2}} = \frac{1}{4}$$

그리고 정리 7.31로부터 다음을 알 수 있다.

$$\sum_{n=3}^{\infty}\left(\frac{1}{2^n} - \frac{1}{n(n+2)}\right) = -\frac{1}{24}$$

■

7.2 연습문제

1. 다음 급수의 수렴·발산을 판정하시오.

(1) $\sum_{n=1}^{\infty} \frac{1}{n(n+1)}$ (2) $\sum_{n=1}^{\infty} \frac{1}{\sqrt{2}n}$ (3) $\sum_{n=1}^{\infty} \frac{3}{(n+2)(n+3)}$

(4) $\sum_{n=1}^{\infty} \frac{n}{2n-1}$ (5) $\sum_{n=1}^{\infty} \cos\left(\sqrt{\frac{n}{n+2}}\right)$ (6) $\sum_{n=1}^{\infty} \left(\frac{1}{2^n} + \frac{1}{n(n+1)}\right)$

2. 다음 급수의 수렴·발산을 판정하시오.

(1) $\sum_{n=1}^{\infty} \frac{1}{\pi^n}$ (2) $\sum_{n=1}^{\infty} \ln\left(\frac{n^2+1}{3n^2+1}\right)$ (3) $\sum_{n=1}^{\infty} \frac{4}{(4n-3)(4n+1)}$

(4) $\sum_{n=1}^{\infty} \frac{2n+1}{n^2(n+1)^2}$ (5) $\sum_{n=1}^{\infty} \left(1+\frac{1}{n}\right)^n$ (6) $\sum_{n=1}^{\infty} \cos\left(\frac{n^2+1}{n+1}\right)$

3. 다음 기하급수들의 수렴·발산을 판정하고, 수렴하는 경우라면 그 합을 구하시오.

(1) $\sum_{n=1}^{\infty} 3\cdot 4^{-n+1}$ (2) $\sum_{n=1}^{\infty} \left(-\frac{1}{\sqrt{5}}\right)^{n-1}$ (3) $\sum_{n=1}^{\infty} 37\cdot 100^{-n}$

(4) $\sum_{n=1}^{\infty} e^{-n}\pi^{n-1}$ (5) $\sum_{n=1}^{\infty} (-1)^{n+1}$ (6) $\sum_{n=5}^{\infty} \frac{2}{3^{n-4}}$

4. 다음 순환소수를 분수로 나타내시오.

(1) $0.5727272\cdots$ (2) $0.123123\cdots$

5. 평탄한 바닥에 a미터의 높이에서 공을 떨어뜨린다. 공이 a미터의 높이에서 떨어지면 ra미터의 거리만큼 튀어 올라 왔다가 다시 떨어진다. 튀어 올랐다 떨어졌다 하는 동안 공이 움직인 총 거리를 구하시오. (단, $0 < r < 1$)

6. 급수

$$\sum_{k=1}^{\infty} \frac{1}{4k^2 - 1}$$

이 수렴함을 보이고, 그 합을 구하시오.

7. 급수

$$\sum_{n=1}^{\infty} \left(3\left(\frac{1}{8}\right)^n - 5\left(\frac{1}{3}\right)^n \right)$$

이 수렴함을 보이고, 그 합을 구하시오.

7.3 양항급수

급수 $\sum_{n=k}^{\infty} a_n$ 의 극한은 부분합 $S_{k,n}$ 의 극한으로 정의되므로 $\sum_{n=k}^{\infty} a_n$ 의 수렴성을 파악하기 위해서는 $S_{k,n}$ 을 계산해 내는 것이 기본적인 방법이다. 하지만 보편적으로 $S_{k,n}$ 을 명확하게 계산해 내는 것은 어려운 일이고, 따라서 $S_{k,n}$ 의 극한을 계산하는 것 또한 매우 어렵다. 이 절에서는 모든 항이 $a_n \geq 0$ 인 경우의 급수, 즉 **양항급수**의 부분합이 아닌 일반항을 관찰하여 급수의 수렴·발산을 결정할 수 있는 몇 가지 중요한 수렴 및 발산의 판정법에 대하여 알아본다.

정리 7.33 적분판정법(integral test)

정수 k 에 대하여, 감소함수 f 가 $[k, \infty)$ 에서 연속이고 양의 값을 갖는다면, $a_n = f(n)$ 로 정의된 양항급수 $\sum_{n=k}^{\infty} a_n$ 의 수렴성이 다음과 같이 이상적분 $\int_k^{\infty} f(x)\, dx$ 에 의해 결정된다.

(1) $\int_k^{\infty} f(x)\, dx$ 가 수렴하면, 급수 $\sum_{n=k}^{\infty} a_n$ 이 수렴한다.

(2) $\int_k^{\infty} f(x)\, dx$ 가 발산하면, 급수 $\sum_{n=k}^{\infty} a_n$ 이 발산한다.

증명 함수 $g(x) = f(x-1+k)$ 와 $b_n = g(n) = f(n-1+k) = a_{n-1+k}$ 로 정의된 수열 $\{b_n\}$ 에 대하여 다음의 두 등식이 성립하므로

$$\int_k^{\infty} f(x)\, dx = \int_1^{\infty} g(x)\, dx, \quad \sum_{n=k}^{\infty} a_n = \sum_{n=1}^{\infty} b_n$$

특별히 $k = 1$ 인 경우만 살펴봐도 충분하다.

급수 $\sum_{n=1}^{\infty} a_n$ 에 의한 부분합의 수열을 $\{S_m\}$ 이라 하면 이는 모든 항이 0보다 크거나 같으므로 자명하게 증가수열이 된다. 이때 두 등식

$$\sum_{k=2}^{n} f(k) = f(2) + f(3) + \cdots + f(n) = S_n - f(1)$$

$$\sum_{k=1}^{n-1} f(k) = f(1) + f(2) + \cdots + f(n-1) = S_{n-1}$$

과 f 가 감소함수라는 사실로부터 다음의 부등식을 얻을 수 있다. (그림 7.2 참조)

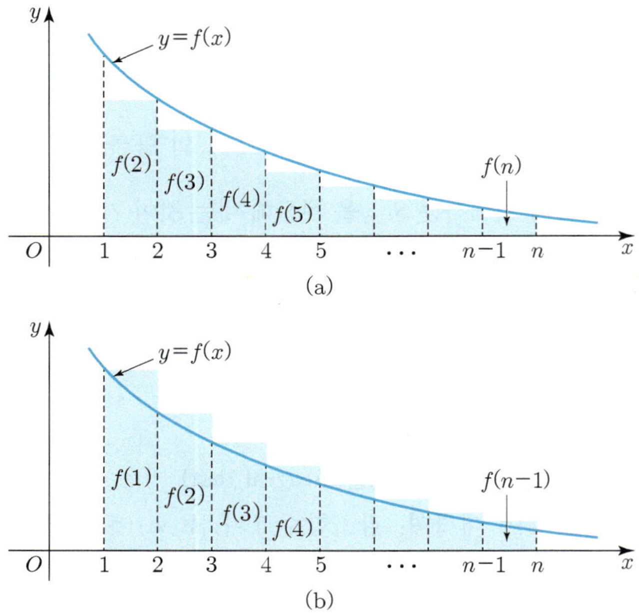

그림 7.2 k=1인 경우의 적분판정법

$$S_n - f(1) = \sum_{k=2}^{n} f(k) \le \int_1^n f(x)\,dx \le \sum_{k=1}^{n-1} f(k) = S_{n-1}$$

(1) 따라서, 만약 특이적분 $\int_1^\infty f(x)\,dx$이 수렴하면, $f \ge 0$이기 때문에 부등식

$$-f(1) \le S_n - f(1) \le \int_1^n f(x)\,dx \le \int_1^\infty f(x)dx$$

이 성립하여 수열 $\{S_n\}$이 유계인 증가수열이 된다. 따라서 정리 7.14에 의해 수열 $\{S_n\}$은 수렴하게 된다. 즉, 급수 $\sum_{n=1}^{\infty} a_n$은 수렴한다.

(2) 반면, 특이적분 $\int_1^\infty f(x)\,dx$가 발산하면, $f \ge 0$이기 때문에 $\lim_{n\to\infty} \int_1^n f(x)\,dx = \infty$이 성립한다. 따라서, 부등식

$$\infty = \lim_{n\to\infty} \int_1^n f(x)dx \le \lim_{n\to\infty} S_{n-1}$$

이 성립하므로 $\lim_{n\to\infty} S_n = \infty$이다. 즉, 급수 $\sum_{n=1}^{\infty} a_n$은 발산한다. ∎

예제 7.34

다음 급수의 수렴·발산을 판정하시오.

(1) $\displaystyle\sum_{n=3}^{\infty} \frac{1}{n \ln n}$ (2) $\displaystyle\sum_{n=0}^{\infty} ne^{-n^2}$

풀이 (1) $f(x) = \dfrac{1}{x \ln x}$ $(x \geq 3)$라 정의하면 하면, f는 해당 정의역에서 $f \geq 0$이고 연속인 감소함수이며 모든 자연수 $n \geq 3$에 대하여 $f(n) = \dfrac{1}{n \ln n}$이 성립한다. 한편, 등식

$$\int_3^{\infty} f(x)\, dx = \lim_{b \to \infty} \int_3^b \frac{1}{x\ \ln x}\, dx = \lim_{b \to \infty} \Big[\ln(\ln x)\Big]_3^b$$
$$= \lim_{b \to \infty} [\ln(\ln b) - \ln(\ln 3)] = \infty$$

과 적분판정법 정리 7.33로부터 급수 $\displaystyle\sum_{n=3}^{\infty} \frac{1}{n \ln n}$가 발산함을 알 수 있다.

(2) $f(x) = xe^{-x^2}$ $(x \geq 0)$라 정의하면 f는 해당 정의역에서 $f \geq 0$이고 연속인 함수이며 모든 정수 $n \geq 0$에 대하여 $f(n) = ne^{-n^2}$이 성립한다. 또한, f의 도함수는

$$f'(x) = e^{-x^2} - 2x^2 e^{-x^2} = e^{-x^2}(1 - 2x^2)$$

이므로 $x \in [1, \infty)$에 대하여 $f'(x) < 0$이 성립한다. 즉 f는 $[1, \infty)$에서 감소함수 이다. 한편, 등식

$$\int_1^{\infty} xe^{-x^2}\, dx = \lim_{t \to \infty} \int_1^t xe^{-x^2}\, dx = -\frac{1}{2} \lim_{t \to \infty} \Big[e^{-x^2}\Big]_1^t$$
$$= -\frac{1}{2} \lim_{t \to \infty} \left(\frac{1}{e^{t^2}} - \frac{1}{e}\right) = \frac{1}{2e}$$

과 적분판정법 정리 7.33로부터 급수 $\displaystyle\sum_{n=1}^{\infty} ne^{-n^2}$가 수렴함을 알 수 있다. 따라서 주어진 급수 $\displaystyle\sum_{n=0}^{\infty} ne^{-n^2}$도 수렴한다. ■

실수인 상수 p와 자연수 k에 대하여 급수

$$\sum_{n=k}^{\infty} \frac{1}{n^p} = \frac{1}{k^p} + \frac{1}{(k+1)^p} + \frac{1}{(k+2)^p} + \cdots$$

을 p-**급수**(p-series)라 하며 가장 기본적인 유형의 급수 중 하나이다. 적분판정법은 다음과 같이 p급수의 수렴성을 판별하는데 이용된다.

정리 7.35 **p-급수 판정법(p-series test)**

자연수 k에 대한 p-급수 $\sum_{n=k}^{\infty} \frac{1}{n^p}$는 $p \le 1$일 때 발산하고 $p > 1$일 때 수렴한다.

증명 ($p < 0$인 경우) $\lim_{n\to\infty} \frac{1}{n^p} = \infty$이므로 발산판정법 정리 7.29에 의해 급수 $\sum_{n=k}^{\infty} \frac{1}{n^p}$이 발산한다.

($p = 0$인 경우) $\lim_{n\to\infty} \frac{1}{n^p} = 1$이므로 발산판정법 정리 7.29에 의해 급수 $\sum_{n=k}^{\infty} \frac{1}{n^p}$이 발산한다.

($p = 1$인 경우) 급수 $\sum_{n=k}^{\infty} \frac{1}{n^p}$는 조화급수 $\sum_{n=k}^{\infty} \frac{1}{n}$이고, 예제 7.28에서 $\sum_{n=1}^{\infty} \frac{1}{n}$이 발산함을 확인하였으므로 급수 $\sum_{n=k}^{\infty} \frac{1}{n^p}$이 발산한다.

($p > 0$이고 $p \ne 1$인 경우) 함수 $f(x) = \frac{1}{x^p}$ $(x \ge k)$라 정의하면 f는 해당 정의역에서 $f \ge 0$이고 연속인 감소함수이며 모든 자연수 $n \ge k$에 대하여 $f(n) = 1/n^p$이 성립한다. 한편, 등식

$$\begin{aligned}\int_1^{\infty} \frac{1}{x^p}\,dx &= \lim_{t\to\infty}\int_1^t \frac{1}{x^p}\,dx = \lim_{t\to\infty}\left[\frac{x^{1-p}}{1-p}\right]_1^t \\ &= \frac{1}{1-p}\lim_{t\to\infty}\left(t^{1-p}-1\right)\end{aligned}$$

이 성립하는데 $\lim_{t\to\infty} \frac{1}{t^{p-1}}$는 $0 < p < 1$일 때 발산하고, $p > 1$일 때 수렴함을 알 수 있다. 따라서, 이 사실과 적분판정법 정리 7.33로부터 p-급수 $\sum_{n=k}^{\infty} \frac{1}{n^p}$가 $0 < p < 1$일 때 발산하고, $p > 1$일 때 수렴함을 알 수 있다. ■

예제 7.36

다음 급수의 수렴·발산을 판정하시오.

(1) $\sum_{n=1}^{\infty} \frac{1}{n^3}$ (2) $\sum_{n=1}^{\infty} \left(\frac{1}{n^3} + \frac{1}{\sqrt[7]{n}}\right)$

풀이 (1) 주어진 급수는 $p = 3 > 1$인 p-급수에 해당하므로 p-급수 판정법 정리 7.35에 의해 수렴한다.

(2) 급수 $\displaystyle\sum_{n=1}^{\infty}\left(\frac{1}{n^3}+\frac{1}{\sqrt[7]{n}}\right)$이 수렴한다고 가정하면, 등식

$$\frac{1}{\sqrt[7]{n}}=\left(\frac{1}{n^3}+\frac{1}{\sqrt[7]{n}}\right)-\frac{1}{n^3}$$

과 (1)의 결과 그리고 정리 7.31로부터 급수 $\displaystyle\sum_{n=1}^{\infty}\frac{1}{\sqrt[7]{n}}$가 수렴해야 한다는 것을 알 수 있다. 하지만 급수 $\displaystyle\sum_{n=1}^{\infty}\frac{1}{\sqrt[7]{n}}$는 $p=1/7<1$인 p-급수에 해당하므로 p-급수 판정법 정리 7.35로부터 발산함을 알 수 있다. 따라서 급수 $\displaystyle\sum_{n=1}^{\infty}\left(\frac{1}{n^3}+\frac{1}{\sqrt[7]{n}}\right)$는 발산한다. ∎

예제 7.36의 (2)의 경우, 부등식 $\dfrac{1}{\sqrt[7]{n}}\le\dfrac{1}{n^3}+\dfrac{1}{\sqrt[7]{n}}$으로부터 급수 $\displaystyle\sum_{n=1}^{\infty}\frac{1}{\sqrt[7]{n}}$보다 급수 $\displaystyle\sum_{n=1}^{\infty}\left(\frac{1}{n^3}+\frac{1}{\sqrt[7]{n}}\right)$가 커야 할 것임을 예상할 수 있다. 따라서, 정리 7.35를 사용하지 않아도 $\displaystyle\sum_{n=1}^{\infty}\frac{1}{\sqrt[7]{n}}$이 ∞로 발산한다는 사실로부터 $\displaystyle\sum_{n=1}^{\infty}\left(\frac{1}{n^3}+\frac{1}{\sqrt[7]{n}}\right)$도 발산해야 할 것임을 충분히 예상하는 것이 가능하다.

이러한 관찰은 일반적으로 성립하게 되고 이를 비교판정법이라 한다. 위의 예시처럼 이 정리는 이는 알고 있는 양항급수의 수렴성을 이용하여 다른 양항급수의 수렴성을 판정하는 데 사용한다.

정리 7.37 비교판정법(comparison test)

모든 $n\ge k$ $(k\in\mathbb{Z})$에 대하여 $0\le a_n\le b_n$이 성립할 때,

(1) 급수 $\displaystyle\sum_{n=k}^{\infty}b_n$이 수렴하면, 급수 $\displaystyle\sum_{n=k}^{\infty}a_n$도 수렴한다.

(2) 급수 $\displaystyle\sum_{n=k}^{\infty}a_n$이 발산하면, 급수 $\displaystyle\sum_{n=k}^{\infty}b_n$도 발산한다.

증명 두양항급수 $\displaystyle\sum_{n=k}^{\infty}a_n$와 $\displaystyle\sum_{n=k}^{\infty}b_n$의 부분합을 각각 $S_{k,m}$, $T_{k,m}$이라 하면 이들은 모두 증가수열이며 부분합의 정의에 의해 모든 $m\ge k$에 대하여 다음의 부등식이 성립한다.

$$0\le S_{k,m}\le T_{k,m} \tag{7.4}$$

(1) $\sum_{n=k}^{\infty} b_n$ 이 수렴한다는 것은 $\lim_{m\to\infty} T_{k,m}$ 이 존재한다는 것이므로 부등식

$$0 \le S_{k,m} \le T_{k,m} \le \lim_{m\to\infty} T_{k,m} \tag{7.5}$$

이 성립한다. 즉, $S_{k,m}$ 은 유계인 증가 수열이 되어 정리 7.14에 따라 수렴하게 된다. 따라서 $\sum_{n=k}^{\infty} a_n$ 이 수렴한다.

(2) 급수 $\sum_{n=k}^{\infty} a_n$ 이 발산하면 $S_{k,m}$ 이 ∞ 로 발산한다. 따라서 $T_{k,m}$ 이 발산하여, 급수 $\sum_{n=k}^{\infty} b_n$ 도 발산한다.[7] ■

예제 7.38

다음 급수들의 수렴·발산을 판정하시오.

(1) $\sum_{n=1}^{\infty} \frac{|\sin n^2|}{n^3}$ (2) $\sum_{n=1}^{\infty} \frac{1}{3n-2}$

(3) $\sum_{n=1}^{\infty} \frac{1}{n+e^n}$ (4) $\sum_{n=1}^{\infty} \frac{\ln n}{\sqrt{n}}$

풀이 (1) 모든 $n \ge 1$에 대하여 부등식

$$\frac{|\sin n^2|}{n^3} \le \frac{1}{n^3}$$

이 성립하고 $\sum_{n=1}^{\infty} \frac{1}{n^3}$ 은 $p = 3 > 1$ 인 p-급수이므로 p-급수 판정법 정리 7.35로부터 수렴함을 알 수 있다. 따라서 비교판정법 정리 7.37로부터 급수 $\sum_{n=1}^{\infty} \frac{|\sin n^2|}{n^3}$ 가 수렴함을 알 수 있다.

(2) 모든 $n \ge 1$에 대하여 부등식

$$\frac{1}{3n-2} \ge \frac{1}{3n}$$

이 성립한다. 한편, 급수 $\sum_{n=1}^{\infty} \frac{1}{n}$ 은 발산하는 조화급수임을 알고 있으므로 $\sum_{n=1}^{\infty} \frac{1}{3\sqrt{n}}$ 도 역시 발산한다. 따라서 비교판정법 정리 7.37로부터 급수

[7] (1)의 대우명제로서 성립한다고 볼수도 있다.

$\displaystyle\sum_{n=1}^{\infty} \frac{1}{3\sqrt{n}-2}$ 도 발산함을 알 수 있다.

(3) 모든 $n \geq 1$에 대하여 부등식

$$\frac{1}{n+e^n} \leq \frac{1}{e^n}$$

이 성립하고 $\displaystyle\sum_{n=1}^{\infty} \frac{1}{e^n}$ 는 공비의 절댓값이 1보다 작은 기하급수이므로 수렴한다. 따라서 비교판정법 정리 7.37로부터 급수 $\displaystyle\sum_{n=1}^{\infty} \frac{1}{2^n+n}$ 가 수렴함을 알 수 있다.

(4) 모든 $n \geq 3$에 대하여 $\ln n > 1$이므로 부등식

$$\frac{\ln n}{\sqrt{n}} > \frac{1}{\sqrt{n}} \quad (n \geq 3)$$

이 성립하고, 급수 $\displaystyle\sum_{n=3}^{\infty} \frac{1}{\sqrt{n}}$ 은 $p = 1/2 < 1$인 p-급수이므로 p-급수 판정법 정리 7.35로부터 발산함을 알 수 있다. 따라서 비교판정법 정리 7.37로부터 급수 $\displaystyle\sum_{n=3}^{\infty} \frac{\ln n}{\sqrt{n}}$ 이 발산함을 알 수 있다. 따라서 주어진 급수 $\displaystyle\sum_{n=1}^{\infty} \frac{\ln n}{\sqrt{n}}$ 도 발산한다. ■

다음은 두 양항급수의 일반항들의 극한을 비교하여 급수의 수렴·발산을 판단하는 극한비교판정법이다.

정리 7.39 극한비교판정법(limit comparison test)

양항급수 $\displaystyle\sum_{n=k}^{\infty} a_n$, $\displaystyle\sum_{n=k}^{\infty} b_n$ 에 대하여

$$\lim_{n\to\infty} \frac{a_n}{b_n} = L > 0 \tag{7.6}$$

를 만족하는 양의 실수 L이 존재하면 두 급수는 동시에 수렴하거나 동시에 발산한다.

증명 정리 7.25에 의해 적당한 자연수 N에 대하여 급수 $\displaystyle\sum_{n=N}^{\infty} a_n$ 이 수렴한다는 것과 급수 $\displaystyle\sum_{n=N}^{\infty} b_n$ 이 수렴한다는 것이 동치임을 보이면 충분하므로 이 사실을 증명한다.

$L>0$인 가정에 따라 $0<m<L<M$인 실수 m과 M이 존재하는데, $n\to\infty$일 때 a_n/b_n은 L에 한없이 가까워 지므로 되므로, 모든 $n\geq N$에 대하여 부등식

$$m<\frac{a_n}{b_n}<M, \quad \text{즉} \quad mb_n<a_n<Mb_n$$

을 만족하는 자연수 N이 존재한다.

따라서, 만약 급수 $\sum_{n=N}^{\infty} b_n$이 수렴하면, 급수 $\sum_{n=N}^{\infty} Mb_n$이 수렴하므로 비교판정법 정리 7.37로부터 급수 $\sum_{n=N}^{\infty} a_n$이 수렴함을 알 수 있다.

반대로, $\sum_{n=N}^{\infty} a_n$이 수렴하면 비교판정법 정리 7.37로부터 급수 $\sum_{n=N}^{\infty} mb_n$이 수렴함을 알 수 있다. 이는 급수 $\sum_{n=N}^{\infty} b_n$이 수렴한다는 것을 의미한다. ▪

예제 7.40

다음 급수의 수렴·발산을 판정하시오.

(1) $\displaystyle\sum_{n=2}^{\infty}\frac{1}{\sqrt[4]{n^3+n}}$ (2) $\displaystyle\sum_{n=1}^{\infty}\frac{\sqrt{n}+\sqrt{n^3}}{n^3+5}$ (3) $\displaystyle\sum_{n=0}^{\infty}\frac{n^2}{3^n(n^2+1)}$

풀이 (1) $a_n=\dfrac{1}{\sqrt[4]{n^3+n}}$, $b_n=\dfrac{1}{\sqrt[4]{n^3}}$라 정의하면 다음 등식이 성립한다.

$$\lim_{n\to\infty}\frac{a_n}{b_n}=\lim_{n\to\infty}\frac{\sqrt[4]{n^3}}{\sqrt[4]{n^3+n}}=\lim_{n\to\infty}\sqrt[4]{\frac{n^3}{n^3+n}}=\lim_{n\to\infty}\sqrt[4]{\frac{1}{1+\frac{1}{n^2}}}=1>0$$

따라서 두 급수 $\sum_{n=2}^{\infty} a_n$와 $\sum_{n=2}^{\infty} b_n$은 극한비교판정법 정리 7.39에 의해 둘 모두 수렴하거나 모두 발산한다.

한편, 급수 $\sum_{n=2}^{\infty} b_n$은 $p=3/4<1$인 p-급수이므로 p-급수판정법에 의해 발산한다. 따라서, 급수 $\displaystyle\sum_{n=2}^{\infty}\frac{1}{\sqrt[4]{n^3+n}}$는 발산한다.

(2) $a_n=\dfrac{\sqrt{n}+\sqrt{n^3}}{n^3+5}$, $b_n=\dfrac{1}{n\sqrt{n}}$라 정의하면 다음 등식이 성립한다.

$$\lim_{n\to\infty}\frac{a_n}{b_n}=\frac{n^2+n^3}{n^3+5}=1>0$$

따라서 두 급수 $\sum_{n=1}^{\infty} a_n$와 $\sum_{n=1}^{\infty} b_n$은 극한비교판정법 정리 7.39에 의해 둘 모두 수렴하거나 모두 발산한다.

한편, 급수 $\sum_{n=1}^{\infty} b_n$은 $p = 3/2 > 1$인 p-급수이므로 p-급수판정법에 의해 수렴한다. 따라서, 급수 $\sum_{n=1}^{\infty} \frac{\sqrt{n}+\sqrt{n^3}}{n^3+5}$는 수렴한다.

(3) $a_n = \frac{n^2}{3^n(n^2+1)}$, $b_n = \frac{1}{3^n}$라 정의하면 다음 등식이 성립한다.

$$\lim_{n\to\infty} \frac{a_n}{b_n} = \lim_{n\to\infty} \frac{n^2}{n^2+1} = 1 > 0$$

따라서 두 급수 $\sum_{n=0}^{\infty} a_n$와 $\sum_{n=0}^{\infty} b_n$은 극한비교판정법 정리 7.39에 의해 둘 모두 수렴하거나 모두 발산한다.

한편, 급수 $\sum_{n=0}^{\infty} b_n$는 공비의 절댓값이 1보다 작은 기하급수이므로 수렴한다. 따라서, 급수 $\sum_{n=0}^{\infty} \frac{n^2}{3^n(n^2+1)}$는 수렴한다. ■

위의 예시와 같이 급수의 수렴성을 판단하는 데 있어 극한비교판정법을 적용하기 위해서는 급수 $\sum a_n$과 비교할 수렴성을 잘 알고 있는 적절한 급수 $\sum b_n$를 찾는 것이 매우 중요하다. 만약, 일반항 a_n이 분수의 형태로 주어진다면 이 수열의 분모와 분자 중에서 가장 중요한 역할을 하는 항을 제외하고 나머지 항들을 소거한 b_n을 얻어 $\sum b_n$을 택하는 방법이 많이 사용되지만, 이 방법이 항상 통하는 것도 아닐 뿐만 아니라 보다 일반적인 a_n의 경우 b_n을 적절히 찾아내는 것은 상당히 어려운 일이다. 다음은 다른 급수와의 비교 없이 주어진 급수의 일반항을 관찰하여 급수의 수렴성을 판정하는 비판정법이다.

정리 7.41 비판정법(Ratio test)

정수 k와 양항급수 $\sum_{n=k}^{\infty} a_n$에 대하여

(1) $\lim_{n\to\infty} \frac{a_{n+1}}{a_n} = L < 1$이면, 급수 $\sum_{n=k}^{\infty} a_n$은 수렴한다.

(2) $\lim_{n\to\infty} \frac{a_{n+1}}{a_n} = L > 1$이거나 $\lim_{n\to\infty} \frac{a_{n+1}}{a_n} = \infty$이면, 급수 $\sum_{n=k}^{\infty} a_n$은 발산한다.

(3) $\lim_{n\to\infty} \frac{a_{n+1}}{a_n} = 1$이면 급수 $\sum_{n=k}^{\infty} a_n$의 수렴·발산을 판정할 수 없다.[8]

증명 (1) 어떤 자연수 N에 대하여 급수 $\sum_{n=N+1}^{\infty} a_n$이 수렴함을 보이면 충분하다. $L < 1$로부터 $L < r < 1$인 실수 r이 존재함을 알 수 있는데, 극한 $\lim_{n\to\infty}\frac{a_{n+1}}{a_n}$이 r보다 작으므로 $n \geq N$인 모든 자연수 n에 대하여 부등식

$$\frac{a_{n+1}}{a_n} < r$$

이 성립하는 어떤 자연수 N이 존재한다. 따라서, 다음이 성립한다.

$$\begin{aligned}
&a_{N+1} < a_N r\\
&a_{N+2} < a_{N+1} r < a_N r^2\\
&a_{N+3} < a_{N+2} r < a_N r^3\\
&\qquad\vdots\\
&a_{N+n} < a_N r^n \ (n \in \mathbb{N})
\end{aligned}$$

한편, $\sum_{n=1}^{\infty} a_N r^n$은 공비 r의 절대값 $|r|$이 1보다 작은 기하급수이므로 수렴하는 급수라는 사실을 알수 있고, 이는 비교판정법 정리 7.37에 의해 $\sum_{n=1}^{\infty} a_{N+n}$이 수렴함을 말해준다. 끝으로 등식 $\sum_{n=N+1}^{\infty} a_n = \sum_{n=1}^{\infty} a_{N+n}$에 따라 $\sum_{n=N+1}^{\infty} a_n$이 수렴하게 된다.

(2) $L > 1$이거나 $\lim_{n\to\infty}\frac{a_{n+1}}{a_n} = \infty$이면, $n \geq N$인 모든 자연수 n에 대하여

$$\frac{a_{n+1}}{a_n} > 1$$

이 성립하는 자연수 $N \geq k$이 존재한다. 따라서, $n \geq N$인 모든 자연수 n에 대하여 부등식

$$a_{n+1} > a_n > \cdots > a_N > 0$$

이 성립하여 등식 $\lim_{n\to\infty} a_n \neq 0$을 알 수 있다. 따라서 정리 7.29의 발산판정법에 의해 급수 $\sum_{n=k}^{\infty} a_n$은 발산한다.

---

[8](3) $\lim_{n\to\infty}\frac{a_{n+1}}{a_n} = 1$인경우 급수 $\sum_{n=k}^{\infty} a_n$의 수렴·발산을 비판정법으로는 판정할 수 없다는 뜻으로, 이 경우 다른 판정 방법을 사용해 판정해야한다.

(3) $b_n = 1/n^2$이 경우 급수 $\sum_{n=1}^{\infty} b_n$와 $c_n = 1/n$이 경우 급수 $\sum_{n=1}^{\infty} c_n$을 생각해 보자. 이 경우 p-급수판정법 정리 7.35로부터 $\sum_{n=1}^{\infty} b_n$은 수렴, 급수 $\sum_{n=1}^{\infty} c_n$은 발산함을 알 수 있는데, 두 급수는

$$\lim_{n\to\infty} \frac{b_{n+1}}{b_n} = \lim_{n\to\infty} \frac{n^2}{(n+1)^2} = 1,$$
$$\lim_{n\to\infty} \frac{c_{n+1}}{c_n} = \lim_{n\to\infty} \frac{n}{n+1} = 1$$

을 만족한다. 따라서 $\lim_{n\to\infty} \frac{a_{n+1}}{a_n} = 1$인 경우에는 급수 $\sum a_n$이 수렴할 수도 있고 발산할 수도 있으므로, 비판정법에 의한 급수 $\sum a_n$의 수렴·발산은 판정할 수 없다. ■

예제 7.42

다음 급수들의 수렴·발산을 판정하시오.

(1) $\sum_{n=1}^{\infty} \frac{n^n}{n!}$　　(2) $\sum_{n=1}^{\infty} \frac{100^n}{(2n)!}$　　(3) $\sum_{n=1}^{\infty} \frac{5^n (n!)^2}{(2n)!}$

풀이 (1) $a_n = \frac{n^n}{n!}$는 다음의 식을 만족한다.

$$\lim_{n\to\infty} \frac{a_{n+1}}{a_n} = \lim_{n\to\infty} \frac{\frac{(n+1)^{n+1}}{(n+1)!}}{\frac{n^n}{n!}} = \lim_{n\to\infty} \frac{(n+1)^n}{n^n} = \lim_{n\to\infty} \left(1 + \frac{1}{n}\right)^n = e > 1$$

따라서, 비판정법 7.41에 의해 주어진 급수는 발산한다.

(2) $a_n = \frac{100^n}{(2n)!}$는 다음의 식을 만족한다.

$$\lim_{n\to\infty} \frac{a_{n+1}}{a_n} = \lim_{n\to\infty} \frac{\frac{100^{n+1}}{(2n+2)!}}{\frac{100^n}{(2n)!}} = \lim_{n\to\infty} \frac{100}{(2n+2)(2n+1)} = 0 < 1$$

따라서, 비판정법 7.41에 의해 주어진 급수는 수렴한다.

(3) $a_n = \frac{5^n (n!)^2}{(2n)!}$는 다음의 식을 만족한다.

$$\lim_{n\to\infty} \frac{a_{n+1}}{a_n} = \lim_{n\to\infty} \frac{\frac{5^{n+1}((n+1)!)^2}{(2n+2)!}}{\frac{5^n (n!)^2}{(2n)!}} = \lim_{n\to\infty} \frac{5(n+1)^2}{(2n+2)(2n+1)} = \frac{5}{4} > 1$$

따라서, 비판정법 7.41에 의해 주어진 급수는 발산한다. ■

정리 7.43 근판정법(root test)

정수 k와 양항급수 $\sum_{n=k}^{\infty} a_n$에 대하여

(1) $\lim_{n\to\infty} \sqrt[n]{a_n} = L < 1$이면 급수 $\sum_{n=k}^{\infty} a_n$은 수렴한다.

(2) $\lim_{n\to\infty} \sqrt[n]{a_n} = L > 1$이거나 $\lim_{n\to\infty} \sqrt[n]{a_n} = \infty$이면 급수 $\sum_{n=k}^{\infty} a_n$은 발산한다.

(3) $\lim_{n\to\infty} \sqrt[n]{a_n} = 1$이면 급수 $\sum_{n=k}^{\infty} a_n$의 수렴·발산을 판정할 수 없다. [9]

증명 근판정법의 증명은 비판정법의 증명과 유사하므로, 다음과 같이 간소화 하여 설명한다.

(1) $\lim_{n\to\infty} \sqrt[n]{a_n} = L < 1$라는 것은 $L < r < 1$인 실수 r에 대하여 모든 $n \geq N$이 부등식 $a_n < r^n$을 만족하는 N이 존재한다는 것을 말해준다. 이때, $\sum_{n=k}^{\infty} r^n$이 $|r| < 1$이므로 수렴하는 급수가 되어 $\sum_{n=m}^{\infty} a_n$도 수렴한다.

(2) $\lim_{n\to\infty} \sqrt[n]{a_n} = L > 1$이거나 $\lim_{n\to\infty} \sqrt[n]{a_n} = \infty$라는 것은 $1 < r$인 실수 r에 대하여 모든 $n \geq N$이 부등식 $a_n > r^n$을 만족하는 N이 존재한다는 것을 말해준다. 따라서 a_n은 0으로 수렴하지 않으므로 $\sum_{n=k}^{\infty} a_n$이 발산한다.

(3) 정리 7.19에서 $\lim_{n\to\infty} \sqrt[n]{n} = 1$임을 알고 있으므로 $\lim_{n\to\infty} \sqrt[n]{1/n} = 1$와 $\lim_{n\to\infty} \sqrt[n]{1/n^2} = 1$를 알 수 있다. 반면, $\sum_{n=1}^{\infty} \frac{1}{n^2}$은 수렴, 급수 $\sum_{n=1}^{\infty} \frac{1}{n}$은 발산함을 알고 있으므로 $\lim_{n\to\infty} \sqrt[n]{a_n} = 1$인 경우에는 급수 $\sum_{n=k}^{\infty} a_n$이 수렴할 수도 있고 발산할 수도 있으므로, 근판정법에 의한 급수 $\sum a_n$의 수렴·발산은 판정할 수 없다. ■

다음 예시와 같이 양항급수의 일반항이 n에 관한 제곱근으로 만들어진 경우 근판정법을 사용하는 것이 유용하다.

---

[9](3) $\lim_{n\to\infty} \sqrt[n]{a_n} = 1$인경우 급수 $\sum_{n=k}^{\infty} a_n$의 수렴·발산을 근판정법으로는 판정할 수 없다는 뜻으로, 이 경우 다른 판정 방법을 사용해 판정해야한다.

예제 7.44

다음 급수의 수렴·발산을 판정하시오.

(1) $\displaystyle\sum_{n=1}^{\infty} \frac{3^n}{\sqrt{n}^n}$ (2) $\displaystyle\sum_{n=1}^{\infty} \left(\frac{n}{n+1}\right)^{n^2}$ (3) $\displaystyle\sum_{n=1}^{\infty} \left(\frac{2\sqrt{n}+1}{5\sqrt{n}+\sqrt[3]{n}}\right)^n$

풀이 (1) $a_n = \dfrac{3^n}{\sqrt{n}^n}$는 다음의 식을 만족한다.

$$\lim_{n\to\infty} \sqrt[n]{a_n} = \lim_{n\to\infty} \frac{3}{\sqrt{n}} = 0 < 1$$

따라서, 근판정법 정리 7.43에 의해 주어진 급수는 수렴한다.

(2) $a_n = \left(\dfrac{n}{n+1}\right)^{n^2}$ 는 다음의 식을 만족한다.

$$\lim_{n\to\infty} \sqrt[n]{a_n} = \lim_{n\to\infty} \left(\frac{n}{n+1}\right)^n = \lim_{n\to\infty} \left(1+\frac{1}{n}\right)^{-n} = 1/e < 1$$

따라서, 근판정법 정리 7.43에 의해 주어진 급수는 수렴한다.

(3) $a_n = \left(\dfrac{2\sqrt{n}+1}{5\sqrt{n}+\sqrt[3]{n}}\right)^n$는 다음의 식을 만족한다.

$$\lim_{n\to\infty} \sqrt[n]{a_n} = \lim_{n\to\infty} \frac{2\sqrt{n}+1}{5\sqrt{n}+\sqrt[3]{n}} = \lim_{n\to\infty} \frac{2+1/\sqrt{n}}{5+1/\sqrt[6]{n}} = \frac{2}{5} < 1$$

따라서, 근판정법 정리 7.43에 의해 주어진 급수는 수렴한다. ■

7.3 연습문제

1. 적분판정법을 적용하여 다음 급수의 수렴·발산을 판정하시오.

(1) $\displaystyle\sum_{n=1}^{\infty} \frac{1}{\sqrt[4]{n^3}}$ (2) $\displaystyle\sum_{n=1}^{\infty} \frac{1}{\sqrt[4]{n^5}}$ (3) $\displaystyle\sum_{n=1}^{\infty} \frac{2n}{n^2+1}$

(4) $\displaystyle\sum_{n=1}^{\infty} \frac{2n}{e^{n^2}}$ (5) $\displaystyle\sum_{n=1}^{\infty} \frac{1}{n(1+\ln n)}$ (6) $\displaystyle\sum_{n=3}^{\infty} \frac{1}{n(\ln n)^2}$

2. 비교판정법 또는 극한비교판정법을 적용하여 다음 급수의 수렴·발산을 판정하시오.

(1) $\displaystyle\sum_{n=1}^{\infty} \frac{1}{2^n+3}$ (2) $\displaystyle\sum_{n=9}^{\infty} \frac{3}{\sqrt[3]{n}-2}$ (3) $\displaystyle\sum_{n=1}^{\infty} \frac{1}{2n^2+1}$

(4) $\displaystyle\sum_{n=3}^{\infty} \frac{n+1}{n^n}$ (5) $\displaystyle\sum_{n=1}^{\infty} \frac{n^2+n}{\sqrt{50+n^5}}$ (6) $\displaystyle\sum_{n=1}^{\infty} \frac{2n^2+\sqrt{n}}{\sqrt{n^5+1}+\sqrt{n^5+n^3}}$

3. 다음 급수의 수렴·발산을 판정하시오.

(1) $\displaystyle\sum_{n=1}^{\infty} \frac{1}{2^n-10}$ (2) $\displaystyle\sum_{n=1}^{\infty} \frac{2^n}{n^5}$ (3) $\displaystyle\sum_{n=1}^{\infty} \frac{n^2}{(1+1/n)^{n^2}}$

(4) $\displaystyle\sum_{n=1}^{\infty} \frac{e^n}{(2n)!}$ (5) $\displaystyle\sum_{n=1}^{\infty} \frac{(2n)!}{(n!)^3}$ (6) $\displaystyle\sum_{n=1}^{\infty} \frac{n^2+n}{n!}$

(7) $\displaystyle\sum_{n=1}^{\infty} \frac{\ln n}{n}$ (8) $\displaystyle\sum_{n=1}^{\infty} \frac{\ln\sqrt{n}}{n+\sqrt{n}}$ (9) $\displaystyle\sum_{n=1}^{\infty} \frac{1}{3^n}\left(\frac{n+1}{n}\right)^{n^2}$

4. $\displaystyle\sum_{n=2}^{\infty} \frac{1}{n(\ln n)^p}$가 수렴하는 실수 p의 범위를 구하시오. (힌트: 적분판정법 사용)

5. 두 개의 양항급수 $\sum a_n, \sum b_n$에서 $\displaystyle\lim_{n\to\infty} \frac{a_n}{b_n} = 0$이라고 하자.

(1) $\sum b_n$이 수렴하면 $\sum a_n$도 수렴함을 보이시오.

(2) $\sum a_n$이 발산하면 $\sum b_n$도 발산함을 보이시오.

(3) $\sum a_n$은 수렴할 때, $\sum b_n$은 수렴할 수도 발산할 수도 있음을 예를 보이시오.

(4) $\sum b_n$은 발산할 때, $\sum a_n$은 수렴할 수도 발산할 수도 있음을 예를 보이시오.

7.4 절대수렴과 교대급수의 수렴 발산

앞 절에서는 양항급수의 수렴과 발산을 판정하는 법에 대해 알아보았다. 이번 절에서는 다음의 급수

$$1 - \frac{1}{2} - \frac{1}{2^2} + \frac{1}{2^3} + \frac{1}{2^4} - \frac{1}{2^5} - \frac{1}{2^6} + \cdots$$

와 같이 양항급수가 아닌 급수의 수렴과 발산에 대해 학습한다.

이를 위해 우선 급수 $\sum_{n=k}^{\infty} a_n$에 대하여 각 항에 절댓값을 취하여 얻어진 급수

$$\sum_{n=k}^{\infty} |a_n| = |a_k| + |a_{k+1}| + \cdots + |a_n| + \cdots$$

를 생각해보자. 급수 $\sum_{n=k}^{\infty} |a_n|$는 모든 항이 0보다 크거나 같으므로 이는 양항급수이다. 따라서, 이 급수의 경우 앞 절에서 학습한 양항급수의 수렴·발산 판정법을 이용해 수렴성을 살펴보는 것이 가능하다. 그런데, 급수 $\sum_{n=k}^{\infty} |a_n|$가 수렴하면 급수 $\sum_{n=k}^{\infty} a_n$이 수렴한다는 사실 (정리 7.46)이 알려져 있어, 이를 이용해 급수 $\sum_{n=k}^{\infty} a_n$의 수렴성을 조사하는 것이 가능하다. 하지만, 이러한 방법이 $\sum_{n=k}^{\infty} a_n$의 수렴성을 조사하는데 충분하지는 않다. 즉, $\sum_{n=k}^{\infty} a_n$은 수렴하지만 $\sum_{n=k}^{\infty} |a_n|$은 발산하는 예시가 있다. 이러한 이유로 다음과 같이 주어진 급수의 수렴성을 절대수렴과 조건수렴으로 구분한다.

정의 7.45 정수 k와 급수 $\sum_{n=k}^{\infty} a_n$에 대하여

(1) 급수 $\sum_{n=k}^{\infty} |a_n|$이 수렴하면, $\sum_{n=k}^{\infty} a_n$이 **절대수렴**(absolutely converge)한다고 한다.

(2) 급수 $\sum_{n=k}^{\infty} |a_n|$은 발산하고 급수 $\sum_{n=k}^{\infty} a_n$이 수렴하는 경우, 급수 $\sum_{n=k}^{\infty} a_n$이 **조건수렴**(conditionally converge)한다고 한다.

정리 7.46 **절대수렴정리**

정수 k에 대하여 급수 $\sum_{n=k}^{\infty} a_n$이 절대수렴하면 $\sum_{n=k}^{\infty} a_n$도 수렴한다.

증명 모든 정수 n에 대하여 부등식 $-|a_n| \le a_n \le |a_n|$이 성립하므로 다음의 부등식을 얻을 수 있다.

$$0 \le a_n + |a_n| \le 2|a_n|$$

이때, $\sum_{n=k}^{\infty} |a_n|$이 수렴하면 $\sum_{n=k}^{\infty} 2|a_n| = 2\sum |a_n|$도 수렴하므로, 비교판정법 정리 7.37에 의해 $\sum_{n=k}^{\infty} (a_n + |a_n|)$도 수렴한다. 한편, 등식

$$a_n = (a_n + |a_n|) - |a_n|$$

이 성립하므로 정리 7.31로부터 $\sum_{n=k}^{\infty} a_n$이 수렴하는 것을 알 수 있다. ■

예제 7.47

다음 급수가 절대수렴함을 보이시오.

(1) $\sum_{n=1}^{\infty} \frac{\sin(n^2)}{n^3}$ (2) $\sum_{n=1}^{\infty} \frac{n!}{(-n)^n}$ (3) $\sum_{n=1}^{\infty} \frac{1}{3^n} \cos n^3$

풀이 (1) $a_n = \frac{\sin(n^2)}{n^3}$은 다음의 부등식을 만족한다.

$$|a_n| = \left| \frac{\sin(n^2)}{n^3} \right| = \frac{\left|\sin(n^2)\right|}{n^3} \le \frac{1}{n^3}$$

이때 $\sum_{n=1}^{\infty} \frac{1}{n^3}$은 $p < 3$인 p-급수이므로 수렴하고, 비교판정법에 의해 급수 $\sum_{n=1}^{\infty} |a_n|$이 수렴함을 알 수 있다. 즉, 주어진 급수는 절대수렴한다.

(2) 자연수 n에 대하여 $a_n = \frac{n!}{(-n)^n}$은 다음의 등식을 만족한다.

$$\lim_{n\to\infty} \frac{|a_{n+1}|}{|a_n|} = \lim_{n\to\infty} \frac{\frac{(n+1)!}{(n+1)^{n+1}}}{\frac{n!}{n^n}} = \lim_{n\to\infty} \left(\frac{n}{n+1}\right)^n = e^{-1} < 1$$

따라서, 비판정법 정리 7.41에 의해 급수 $\sum_{n=1}^{\infty}|a_n|$은 수렴한다. 즉, 주어진 급수가 절대수렴한다.

(3) 자연수 n에 대하여 $a_n = \frac{1}{3^n}\cos n^3$은 다음의 부등식을 만족한다.

$$|a_n| = \left|\frac{1}{3^n}\right| |\cos n^3| \le \frac{1}{3^n}$$

이때, $\sum_{n=1}^{\infty}\frac{1}{3^n}$는 공비의 절댓값이 1보다 작은 기하급수므로 수렴하고, 비교판정법에 의해 급수 $\sum_{n=1}^{\infty}|a_n|$이 수렴함을 알 수 있다. 즉, 주어진 급수는 절대수렴한다. ∎

이처럼 이전에 배운 양항급수에 대한 판정법은 급수의 절대수렴을 판별하는데 매우 유용한데, 그 중에서 비판정법과 근판정법을 다음과 같이 절대수렴에 대한 판정법으로 개선하는 것이 가능하다.

정리 7.48 절대비판정법(absolute ratio test)

정수 k와 급수 $\sum_{n=k}^{\infty}a_n$에 대하여

(1) $\lim_{n\to\infty}\left|\frac{a_{n+1}}{a_n}\right| = L < 1$이면, 급수 $\sum_{n=k}^{\infty}a_n$은 절대수렴한다. 따라서, $\sum_{n=k}^{\infty}a_n$은 수렴한다.

(2) $\lim_{n\to\infty}\left|\frac{a_{n+1}}{a_n}\right| = L > 1$이거나 $\lim_{n\to\infty}\left|\frac{a_{n+1}}{a_n}\right| = \infty$이면, 급수 $\sum_{n=k}^{\infty}a_n$은 발산한다.

(3) $\lim_{n\to\infty}\left|\frac{a_{n+1}}{a_n}\right| = 1$이면 급수 $\sum_{n=k}^{\infty}a_n$의 수렴·발산을 판정할 수 없다.[10]

증명 (1) 이 경우 양항급수 $\sum_{n=k}^{\infty}|a_n|$이 수렴하는 것을 보이는 것이므로 비판정법 정리 7.41의 (1)로부터 결론을 얻을 수 있다.

[10] (3) $\lim_{n\to\infty}\left|\frac{a_{n+1}}{a_n}\right| = 1$인경우 급수 $\sum_{n=k}^{\infty}a_n$의 수렴·발산을 절대비판정법으로는 판정할 수 없다는 뜻으로, 이 경우 다른 판정 방법을 사용해 판정해야한다.

(2) 비판정법 정리 7.41의 (2)의 증명과 같은 방법으로 보인다. 즉, 가정의 $\lim_{n\to\infty} |a_{n+1}/a_n| = L > 1$ 또는 $\lim_{n\to\infty} |a_{n+1}/a_n| = \infty$로부터 $n \geq N$인 모든 자연수 n에 대하여

$$\left|\frac{a_{n+1}}{a_n}\right| > 1$$

이 성립하는 자연수 $N \geq k$이 존재한다. 따라서, $n \geq N$인 모든 자연수 n에 대하여 부등식

$$|a_{n+1}| > |a_n| > \cdots > |a_N| > 0$$

이 성립하여 등식 $\lim_{n\to\infty} a_n \neq 0$을 알 수 있다. 따라서 정리 7.29의 발산판정법에 의해 급수 $\sum_{n=k}^{\infty} a_n$은 발산한다.

(3) $\sum_{n=k}^{\infty} a_n$가 양항급수인 때도 이 경우에는 판정할 수 없었으므로 일반적인 급수도 판정할 수 없다. (비판정법 정리 7.41의 (3) 증명에서 사용한 예시를 다시 적용해도 된다.) ■

예제 7.49

다음 급수의 수렴·발산을 판정하시오.

(1) $\sum_{n=1}^{\infty} (-1)^n \frac{2^n}{(n+1)!}$ (2) $\sum_{n=1}^{\infty} (-1)^n \frac{4^n}{n^3}$

풀이 (1) $a_n = (-1)^n \frac{2^n}{(n+1)!}$은 다음의 식을 만족한다.

$$\lim_{n\to\infty} \left|\frac{a_{n+1}}{a_n}\right| = \lim_{n\to\infty} \frac{2^{n+1}}{(n+2)!} \cdot \frac{(n+1)!}{2^n} = \lim_{n\to\infty} \frac{2}{n+2} = 0 < 1$$

따라서, 절대비판정법 정리 7.48에 의해 주어진 급수는 절대수렴한다. 즉, 급수 $\sum_{n=1}^{\infty} (-1)^n \frac{2^n}{(n+1)!}$는 수렴한다.

(2) $a_n = (-1)^n \frac{4^n}{n^3}$은 다음의 식을 만족한다.

$$\lim_{n\to\infty} \left|\frac{a_{n+1}}{a_n}\right| = \lim_{n\to\infty} \frac{4^{n+1}}{(n+1)^3} \cdot \frac{n^3}{4^n} = \lim_{n\to\infty} \frac{4n^3}{(n+1)^3} = 4 > 1$$

따라서, 절대비판정법 정리 7.48에 의해 주어진 급수는 발산한다. ■

정리 7.50 **절대근판정법(absolute root test)**

정수 k와 급수 $\sum_{n=k}^{\infty} a_n$에 대하여

(1) $\lim_{n\to\infty} \sqrt[n]{|a_n|} = L < 1$이면 급수 $\sum_{n=k}^{\infty} a_n$은 수렴한다.

(2) $\lim_{n\to\infty} \sqrt[n]{|a_n|} = L > 1$이거나 $\lim_{n\to\infty} \sqrt[n]{|a_n|} = \infty$이면 급수 $\sum_{n=k}^{\infty} a_n$은 발산한다.

(3) $\lim_{n\to\infty} \sqrt[n]{|a_n|} = 1$이면 급수 $\sum_{n=k}^{\infty} a_n$의 수렴·발산을 판정할 수 없다.[11]

절대근판정법의 증명은 근판정법(정리 7.43)의 증명에 절대비판정법(정리 7.48)의 증명에 사용했던 방법을 적용하면 되므로 생략한다.

예제 7.51

다음 급수의 수렴·발산을 판정하시오.

(1) $\sum_{n=1}^{\infty}(-1)^n\left(\frac{4n}{5n+2}\right)^n$　　　　(2) $\sum_{n=1}^{\infty}\cos n\pi\left(1+\frac{1}{n^3}\right)^{n^4}$

풀이 (1) $a_n = (-1)^n\left(\frac{4n}{5n+2}\right)^n$은 다음의 식을 만족한다.

$$\lim_{n\to\infty} \sqrt[n]{|a_n|} = \lim_{n\to\infty}\frac{4n+3}{5n+2} = \frac{4}{5} < 1$$

따라서, 절대근판정법 정리 7.50에 의해 주어진 급수는 절대수렴한다. 즉, 급수 $\sum_{n=1}^{\infty}(-1)^n\left(\frac{4n}{5n+2}\right)^n$는 수렴한다.

(2) $a_n = \cos n\pi\left(1+\frac{1}{n^3}\right)^{n^4}$은 다음의 식을 만족한다.

$$\lim_{n\to\infty} \sqrt[n]{|a_n|} = \lim_{n\to\infty}\left(1+\frac{1}{n^3}\right)^{n^3} = e > 1$$

따라서, 절대근판정법 정리 7.50에 의해 주어진 급수는 발산한다. ■

이번 절에서 지금까지 살펴본 예시에서는 급수의 수렴성을 보일 때 그 급수가 절대수렴함을 보이고 이에 절대수렴정리(정리 7.46)를 적용하여 그 급수가 최종적으로

[11] (3) $\lim_{n\to\infty} \sqrt[n]{|a_n|} = 1$인경우 급수 $\sum_{n=k}^{\infty} a_n$의 수렴·발산을 절대근판정법으로는 판정할 수 없다는 뜻으로, 이 경우 다른 판정 방법을 사용해 판정해야한다.

수렴함을 보이는 방법을 선택하였다. 이번에는 절대수렴함을 보이지 않고 수렴을 보일수 있는 급수의 특별한 경우를 살펴본다.

양수인 항과 음수인 항이 순서대로 번갈아 나타나는 항들로 이루어진 형태의 급수를 **교대급수**(alternating series)라고 한다. 즉, $a_n > 0$인 수열 $\{a_n\}$에 대하여 다음과 같이 만들어진 급수를 교대급수라 할 수 있다.

$$\sum_{n=k}^{\infty}(-1)^n a_n \text{ 또는 } \sum_{n=k}^{\infty}(-1)^{n-1}a_n$$

특별한 교대급수의 경우 다음과 같이 수렴한다는 것이 알려져 있는데, 이를 다음과 같이 교대급수판정법이라 부르고 교대급수의 수렴성을 판별하는데 이용한다.

정리 7.52 교대급수판정법(alternating series test)

정수 k에 대하여 $a_n > 0$ $(n \geq k)$인 수열 $\{a_n\}$이 두 조건

(i) $\lim_{n\to\infty} a_n = 0$

(ii) 모든 정수 $n \geq k$에 대하여 $a_n \geq a_{n+1}$ 이 성립한다.

을 동시에 만족하면 교대급수 $\sum_{n=k}^{\infty}(-1)^n a_n$와 $\sum_{n=k}^{\infty}(-1)^{n-1}a_n$가 수렴한다.

증명 등식

$$\sum_{n=1}^{\infty}(-1)^{n-1+k}a_{n-1+k} = \sum_{n=k}^{\infty}(-1)^n a_n$$

$$\sum_{n=1}^{\infty}(-1)^{n-2+k}a_{n-1+k} = \sum_{n=k}^{\infty}(-1)^{n-1} a_n$$

$$\sum_{n=1}^{\infty}(-1)^{n-1+k}a_{n-1+k} = (-1)\cdot\sum_{n=1}^{\infty}(-1)^{n-2+k}a_{n-1+k}$$

이 성립하고 두 급수 $\sum_{n=1}^{\infty}(-1)^{n-1+k}a_{n-1+k}$와 $\sum_{n=1}^{\infty}(-1)^{n-2+k}a_{n-1+k}$ 중 적어도 하나는 급수 $\sum_{n=1}^{\infty}(-1)^{n-1}a_{n-1+k}$과 같으므로 $\sum_{n=1}^{\infty}(-1)^{n-1}a_{n-1+k}$ 수렴한다는 것만 증명하면 충분하다. 즉, $b_n = a_{n-1+k}$에 대한 교대급수 $\sum_{n=1}^{\infty}(-1)^{n-1}b_n$가 수렴함을 보이자.

$\sum_{n=1}^{\infty}(-1)^{n-1}b_n$의 초항부터 m번째 항까지의 부분합의 수열 $\{S_m\}$에 대하여, 우선 m이 짝수인 경우 즉 수열 $\{S_{2n}\}$ $(n \in \mathbb{N})$을 살펴보면 다음과 같은 식이

성립한다.

$$\begin{aligned} S_2 &= b_1 - b_2 \geq 0 \\ S_4 &= S_2 + (b_3 - b_4) \geq S_2 \\ S_6 &= S_4 + (b_5 - b_6) \geq S_4 \\ &\vdots \\ S_{2n} &= S_{2n-2} + (b_{2n-1} - b_{2n}) \geq S_{2(n-1)} \\ &\vdots \end{aligned}$$

즉, 수열 $\{S_{2n}\}$은 증가수열이다. 또한, 임의의 자연수 n에 대하여 부등식

$$S_{2n} = b_1 - (b_2 - b_3) - (b_4 - b_5) - \cdots - (b_{2n-2} - b_{2n-1}) - b_{2n} \leq b_1$$

이 성립하므로 수열 $\{S_{2n}\}$은 유계인 단조수열이다. 따라서, 정리 7.14에 의해 수열 $\{S_{2n}\}$은 어떤 실수 S로 수렴한다.
한편, m이 홀수인 경우 즉 수열 $\{S_{2n+1}\}$ $(n \in \mathbb{N})$을 살펴보면 다음과 같은 식이 성립한다.

$$\lim_{n\to\infty} S_{2n+1} = \lim_{n\to\infty} (S_{2n} + b_{2n+1}) = \lim_{n\to\infty} S_{2n} + \lim_{n\to\infty} b_{2n+1} = S + 0 = S$$

따라서, $\lim_{n\to\infty} S_n = S$이 성립하므로 교대급수 $\sum_{n=1}^{\infty}(-1)^{n-1}b_n$은 수렴한다. ■

예제 7.53

교대급수판정법을 이용해 다음 급수가 수렴함을 보이시오.

(1) $\sum_{n=2}^{\infty} \frac{(-1)^{n-1}n}{2n^2-1}$ (2) $\sum_{n=3}^{\infty} \frac{(-1)^n 4^n}{n!}$ (3) $\sum_{n=1}^{\infty}(-1)^{n+1}\sin\left(\frac{1}{3n}\right)$

풀이 (1) 함수 $f(x) = x/(2x^2-1)$는 모든 $x \geq 2$에서 부등식 $f(x) > 0$을 만족한다. 또한, f의 도함수 f'는 모든 $x \geq 2$에서 부등식

$$f'(x) = \frac{2x^2 - 1 - x(4x)}{(2x^2-1)^2} = \frac{-3x^2-1}{(2x^2-1)^2} < 0$$

을 만족하므로 함수 f는 $[2, \infty)$에서 감소함수이다. 한편, $a_n = \frac{n}{2n^2-1}$ $(n \geq 2)$은 $a_n = f(n)$과

$$\lim_{n\to\infty} a_n = \lim_{n\to\infty} \frac{1}{2n - \frac{1}{n}} = 0$$

을 만족하므로 교대급수판정법 정리 7.52의 조건을 모두 만족한다. 따라서 교대급수 $\sum_{n=2}^{\infty} \frac{(-1)^{n-1}n}{2n^2-1}$는 수렴한다.

(2) $a_n = \frac{4^n}{n!}$는 모든 자연수 $n \geq 3$에 대하여

$$a_n > 0, \ \frac{a_{n+1}}{a_n} = \frac{\frac{4^{n+1}}{(n+1)!}}{\frac{4^n}{n!}} = \frac{4}{n+1} \leq 1$$

를 만족한다. 즉, $\{a_n\}_{n\geq 3}$은 양수로 구성된 감소수열임을 알 수 있다. 또한 정리 7.19 (4)로부터 $\lim_{n\to\infty} a_n = 0$가 성립하므로 a_n이 교대급수판정법 정리 7.52의 조건을 모두 만족한다. 따라서 교대급수 $\sum_{n=3}^{\infty} \frac{(-1)^n 4^n}{n!}$는 수렴한다.

(3) 함수 $f(x) = \sin\frac{1}{3x}$는 $x \geq 1$이면 $0 < \frac{1}{3x} < \frac{\pi}{2}$이므로 $[1, \infty)$에서 부등식 $f > 0$을 만족한다. 또한 f의 도함수 f'는 같은 이유로 $x \geq 1$에서 부등식

$$f'(x) = -\frac{1}{3x^2}\cos\frac{1}{3x} < 0$$

을 만족하므로 함수 f는 $[1, \infty)$에서 감소함수이다. 한편, $a_n = \sin\left(\frac{1}{3n}\right)$ $(n \geq 1)$은 $a_n = f(n)$과

$$\lim_{n\to\infty} a_n = \lim_{n\to\infty} \sin\left(\frac{1}{3n}\right) = \sin 0 = 0$$

교대급수판정법 정리 7.52의 조건을 모두 만족한다. 따라서 교대급수 $\sum_{n=1}^{\infty}(-1)^{n+1}\sin\left(\frac{1}{3n}\right)$는 수렴한다. ▪

참고로, 모든 교대급수가 반드시 수렴하는 것은 아니다. 예를 들어, $a_n = \frac{n}{n+1}$인 경우 교대 급수 $\sum_{n=1}^{\infty}(-1)^{n-1}a_n$은 등식 $\lim_{n\to\infty}\frac{n}{n+1} = 1 \neq 0$로부터 $\lim_{n\to\infty}(-1)^{n-1}a_n \neq 0$를 알 수 있기 때문에 발산판정법 정리 7.29에 의해 발산한다.

또한, 모든 수렴하는 교대급수가 절대수렴하는 것은 아니다. 다음은 교대조화급수라고 부르는 절대수렴하지 않으면서 수렴하는 급수의 가장 기본적인 예시이다.

예제 7.54

다음 급수가 조건수렴함을 보이시오.

$$\sum_{n=1}^{\infty}(-1)^{n-1}\frac{1}{n}=1-\frac{1}{2}+\frac{1}{3}-\frac{1}{4}+\cdots+(-1)^{n+1}\frac{1}{n}+\cdots$$

풀이 $a_n=\frac{1}{n}$은 부등식 $a_n=\frac{1}{n}>\frac{1}{n+1}=a_{n+1}$과 등식 $\lim_{n\to\infty}a_n=0$을 만족하므로 교대급수판정법 정리 7.52에 의하여 수렴한다. 반면, $\sum_{n=1}^{\infty}\left|(-1)^{n-1}\frac{1}{n}\right|=\sum_{n=1}^{\infty}\frac{1}{n}$은 발산하므로 급수 $\sum_{n=1}^{\infty}(-1)^{n-1}\frac{1}{n}$는 절대수렴하지 않는다. 따라서, 급수 $\sum_{n=1}^{\infty}(-1)^{n-1}\frac{1}{n}$는 조건수렴한다. ■

끝으로 지금까지 학습한 판정법을 활용하여 급수의 절대수렴, 조건수렴 또는 발산을 판정하는 연습을 하자.

예제 7.55

다음 급수의 절대수렴, 조건수렴 또는 발산을 판정하시오.

(1) $\sum_{n=1}^{\infty}(-1)^n\ln\left(\sin\left(\frac{n^2+3}{2n^2+2}\right)\right)$ (2) $\sum_{n=1}^{\infty}(-1)^{3n+2}3^{-n}$

(3) $\sum_{n=1}^{\infty}\frac{(-1)^{n+1}}{\sqrt[2]{n^2+3n}}$

풀이 (1) $a_n=(-1)^n\ln\left(\sin\left(\frac{n^2+3}{2n^2+2}\right)\right)$은 다음을 만족한다.

$$\lim_{n\to\infty}|a_n|=\lim_{n\to\infty}\left|\ln\left(\sin\left(\frac{n^2+3}{2n^2+2}\right)\right)\right|=\left|\ln\left(\sin\frac{1}{2}\right)\right|\neq 0$$

이기 때문에 $\lim_{n\to\infty}a_n\neq 0$ 따라서, 발산판정법 정리 7.29에 의해 주어진 급수는 발산한다.

(2) $a_n=(-1)^{3n+2}3^{-n}$은 $|a_n|=\left(\frac{1}{3}\right)^n$을 만족하므로 급수 $\sum_{n=1}^{\infty}|a_n|$은 공비의 절댓값이 1보다 작은 기하급수이다. 즉, $\sum_{n=1}^{\infty}|a_n|$이 수렴하므로 급수 $\sum_{n=1}^{\infty}(-1)^{3n+2}3^{-n}$는 절대수렴한다.

(3) 우선 주어진 급수가 절대수렴하는지를 살펴보자. $a_n = \dfrac{1}{\sqrt[2]{n^2+3n}}$과 $b_n = \dfrac{1}{n}$은 다음의 식을 만족한다.

$$\lim_{n\to\infty} \frac{a_n}{b_n} = \lim_{n\to\infty} \frac{n}{\sqrt[2]{n^2+3n}} = \lim_{n\to\infty} \frac{1}{\sqrt[2]{1+3/n}} = 1 > 0$$

따라서, 극한비교판정법 정리 7.39에 의해 두 급수 $\sum_{n=1}^{\infty} a_n$와 $\sum_{n=1}^{\infty} b_n$은 모두 수렴하거나 모두 발산하게 된다. 이때, 급수 $\sum_{n=1}^{\infty} b_n$은 조화급수 또는 $p = 1$인 p-급수로서 발산한다는 사실을 알고 있으므로 급수 $\sum_{n=1}^{\infty} a_n = \sum_{n=1}^{\infty} \left| \dfrac{(-1)^{n+1}}{\sqrt[2]{n^2+3n}} \right|$은 발산한다. 즉, 급수 $\sum_{n=1}^{\infty} \dfrac{(-1)^{n+1}}{\sqrt[2]{n^2+3n}}$는 절대수렴하지 않는다. 한편, 모든 자연수 n에 대하여 다음의 사실이 성립하는 것이 명백하다.

$$a_n > 0, \; a_{n+1} < a_n$$

또한, $\lim_{n\to\infty} a_n = 0$이 성립한다는 것도 명백하므로, 급수 $\sum_{n=1}^{\infty} (-1)^{n+1} a_n = \sum_{n=1}^{\infty} \dfrac{(-1)^{n+1}}{\sqrt[2]{n^2+3n}}$은 교대급수판정법 정리 7.52에 의하여 수렴한다. ■

7.4 연습문제

1. 다음 급수들의 수렴·발산을 판정하시오.

(1) $\sum_{n=1}^{\infty} (-1)^{n+1} \dfrac{1}{4n+5}$

(2) $\sum_{n=1}^{\infty} (-1)^{n+1} \dfrac{\sqrt{n}}{\ln(n+1)}$

(3) $\sum_{n=9}^{\infty} (-1)^{n+1} \dfrac{\ln n}{\sqrt{n}}$

(4) $\sum_{n=1}^{\infty} (-1)^{n+1} \dfrac{n^2}{e^n}$

(5) $\sum_{n=1}^{\infty} (-1)^{n+1} \dfrac{n}{\ln n + 1}$

(6) $\sum_{n=1}^{\infty} (-1)^{n+1} \dfrac{2^{n+1}}{n^2}$

(7) $\sum_{n=1}^{\infty} (-1)^{n-1} \dfrac{n^2}{2^n}$

(8) $\sum_{n=2}^{\infty} (-1)^{n} \dfrac{1}{n \ln n}$

2. 다음 급수들의 절대수렴, 조건수렴, 발산을 판정하시오.

(1) $\displaystyle\sum_{n=1}^{\infty}(-1)^{n-1}\frac{4n+3}{2^n}$

(2) $\displaystyle\sum_{n=1}^{\infty}(-1)^{n-1}\frac{1}{2n^2+n}$

(3) $\displaystyle\sum_{n=1}^{\infty}(-1)^{n}\frac{n+2}{n^2+1}$

(4) $\displaystyle\sum_{n=1}^{\infty}(-1)^{n-1}\frac{3n}{n^3+e^n}$

(5) $\displaystyle\sum_{n=1}^{\infty}(-1)^{n}\frac{\sin(\sqrt{n}+1)}{n\sqrt{n}}$

(6) $\displaystyle\sum_{n=1}^{\infty}(-1)^{n+1}\frac{n^n}{n!}$

(7) $\displaystyle\sum_{n=1}^{\infty}(-1)^{n+1}\frac{n^4}{\pi^n}$

(8) $\displaystyle\sum_{n=1}^{\infty}(-1)^{n+1}\frac{1}{\sqrt{n^2+1}}$

(9) $\displaystyle\sum_{n=1}^{\infty}(-1)^{n+1}\frac{2^n}{n^5}$

(10) $\displaystyle\sum_{n=1}^{\infty}(-1)^{n+1}\frac{1}{4n+1}$

(11) $\displaystyle\sum_{n=2}^{\infty}(-1)^{n}\frac{1}{n\ln n}$

(12) $\displaystyle\sum_{n=1}^{\infty}(-1)^{n}\frac{1}{\sqrt{n}+\sqrt{n+1}}$

8장

멱급수, 테일러급수

지금까지 우리는 다항식, 삼각함수, 지수함수 등 다양한 함수들을 학습했다. 만약 이 중에서 우리에게 가장 친숙한 함수를 뽑는다면, 일반적으로 다항식을 선택할 것이다. 다항식을 가장 먼저 배운 것도 있겠지만, 아마도 다항식은 합, 곱, 미분, 적분 등 함수의 연산을 적용하기가 다른 유형의 함수들에 비해 수월하기 때문일 것이다. 이번 장에서는 다항식의 극한 형태로 주어지는 멱급수를 학습하며, 나아가 멱급수를 이용해 다양한 함수를 표현하는 방법을 학습한다.

8.1 멱급수

지금까지 우리는 수열 $\{a_n\}$에 대한 급수 $\sum_{n=0}^{\infty} a_n$를 학습했다. 만약 실수 x에 대하여 $\{a_n x^n\}$을 생각해 보면 이 또한 수열이 되며 이 수열에 대한 급수

$$\sum_{n=0}^{\infty} a_n x^n = a_0 + a_1 x + a_2 x^2 + \cdots + a_n x^n + \cdots$$

를 고려할 수 있을 것이다. 예를 들어, 모든 정수 $n \geq 0$에 대하여 $a_n = 1$인 경우에는 다음의 급수가 된다.

$$\sum_{n=0}^{\infty} x^n = 1 + x + x^2 + \cdots + x^n + \cdots$$

참고로, 급수 $\sum_{n=0}^{\infty} x^n$는 기하급수이므로 $|x| < 1$인 경우 $\sum_{n=0}^{\infty} x^n = \frac{1}{1-x}$가 되고 그 외에는 발산한다. 이 예시처럼 급수 $\sum_{n=0}^{\infty} a_n x^n$는 x의 값에 따라 수렴하기도, 발산하기도 하며 또 수렴하는 경우에도 다른 극한값을 갖는 것이 일반적이다. 이는 급수 $\sum_{n=0}^{\infty} a_n x^n$를 $\sum_{n=0}^{\infty} a_n x^n$이 수렴하는 x의 영역에서 정의된 함수로 볼 수 있음을 말해준다. 보다 일반적으로 다음과 같이 실수 c에 대하여 x 대신 $x-c$를 이용하여 멱급수를 정의한다.

정의 8.1 멱급수(power series)

수열 $\{a_n\}_{n=0}^{\infty}$와 상수 $c \in \mathbb{R}$에 대하여 급수

$$\sum_{n=0}^{\infty} a_n (x-c)^n = a_0 + a_1(x-c) + a_2(x-c)^2 + \cdots + a_n(x-c)^n + \cdots$$

를 멱급수라고 부르며, 특별히 c를 강조하고자 한다면 $x-c$**에 관한 멱급수** 또는 $x=c$**에서의 멱급수 전개** 라고 한다. 만약 $c=0$이라면, 즉 급수 $\sum_{n=0}^{\infty} a_n x^n$는 x**에 관한 멱급수** 또는 $x=0$**에서의 멱급수 전개** 라고 한다.

$x-c$에 관한 멱급수를 구성하고 있는 항에서 $x=c$인 경우 $n=0$이면 0^0 형태가 나타나는데 편의상 멱급수에서 이 값은 언제나 1로 정의한다. 즉, $(x-c)^0$은 모든실수 x에 대하여 $x^0=1$로 약속한다. 앞서 극한에서 살펴봤던 부정형 0^0과 다른 것임을 기억하자. 또한, 이는 $x=c$인 경우 급수 $\sum_{n=0}^{\infty} a_n(x-c)^n$가 a_0과 같음을 말해주므로 급수 $\sum_{n=0}^{\infty} a_n(x-c)^n$는 $x=c$에서 언제나 수렴한다.

그리고, 정의 8.1의 멱급수 형태는 가장 기본적인 형태이며, 자연수로 구성된 순증가 수열 $b_n \geq 0$에 대하여 $\sum_{n=0}^{\infty} a_n(x-c)^{b_n}$의 형태도 멱급수라고 부른다. 예를 들어, $\sum_{n=0}^{\infty} a_n(x-c)^{2n}$, $\sum_{n=0}^{\infty} a_n(x-c)^{n^2+1}$도 멱급수이다.

앞으로 우리는 멱급수로 함수를 이해하고자 하므로, 우리가 중점적으로 학습할 내용은 주어진 함수를 멱급수로 표현하는 방법과 그 멱급수가 수렴하는 x의 범위에 대한 것이다. 이를 위해서 다음과 같이 기하급수의 수렴성 정리 7.23가 유용하다.

예제 8.2

다음을 x에 관한 멱급수로 나타내고 그 급수가 수렴하는 x의 범위를 구하시오.

(1) $\dfrac{1}{1+x^3}$ (2) $\dfrac{1}{3+x}$ (3) $\dfrac{x}{2-3x}$

풀이 (1) 기하급수의 수렴성 정리 7.23로부터 $|-x^3|<1$인 경우 다음이 성립함을 알 수 있다.

$$\frac{1}{1+x^3} = \frac{1}{1-(-x^3)} = \sum_{n=0}^{\infty}(-x^3)^n = \sum_{n=0}^{\infty}(-1)^n x^{3n}$$

즉, 급수 $\sum_{n=0}^{\infty}(-1)^n x^{3n}$는 $|x|<1$에서 수렴하는 $\dfrac{1}{1+x^3}$의 x에 관한 멱급수이다.

(2) 등식 $\dfrac{1}{3+x} = \dfrac{1/3}{1+x/3}$이 성립하므로 기하급수의 수렴성 정리 7.23로부터 $|-x/3|<1$인 경우 다음이 성립함을 알 수 있다.

$$\frac{1}{3+x} = \frac{1/3}{1-(-x/3)} = \sum_{n=0}^{\infty} \frac{1}{3}\left(-\frac{x}{3}\right)^n = \sum_{n=0}^{\infty} \frac{(-1)^n}{3^{n+1}} x^n$$

즉, 급수 $\sum_{n=0}^{\infty} \frac{(-1)^n}{3^{n+1}} x^{3n}$는 $|x| < 3$에서 수렴하는 $\frac{1}{3+x}$의 x에 관한 멱급수이다.

(3) 등식 $\frac{x}{2-3x} = \frac{x/2}{1-3x/2}$이 성립하므로 기하급수의 수렴성 정리 7.23로부터 $|3x/2| < 1$인 경우 다음이 성립함을 알 수 있다.

$$\frac{x}{2-3x} = \frac{\frac{x}{2}}{1-\frac{3x}{2}} = \sum_{n=0}^{\infty} \frac{x}{2}\left(\frac{3x}{2}\right)^n = \sum_{n=0}^{\infty} \frac{3^n}{2^{n+1}} x^{n+1}$$

즉, 급수 $\sum_{n=0}^{\infty} \frac{3^n}{2^{n+1}} x^{n+1}$는 $|x| < 2/3$에서 수렴하는 $\frac{x}{2-3x}$의 x에 관한 멱급수이다. ■

다음은 x에 관한 멱급수가 아닌, $x = c$에서의 멱급수를 만드는 예시이다.

예제 8.3

(1) $\frac{1}{x-2}$의 $x = 1$에서의 멱급수 전개를 구하고 수렴하는 x의 범위를 구하시오.

(2) $\frac{1}{x^2-4}$를 $x = 3$에서의 멱급수 전개를 구하고 수렴하는 x의 범위를 구하시오.

풀이 (1) 등식 $\frac{1}{x-2} = \frac{-1}{1-(x-1)}$이 성립하므로 기하급수의 수렴성 정리 7.23로부터 $|x-1| < 1$인 경우 다음이 성립함을 알 수 있다.

$$\frac{1}{x-2} = \frac{-1}{1-(x-1)} = \sum_{n=0}^{\infty} (-1)(x-1)^n$$

즉, 급수 $\sum_{n=0}^{\infty} (-1)(x-1)^n$는 $0 < x < 2$에서 수렴하는 $\frac{1}{x-2}$의 $x = 1$에서의 멱급수 전개이다.

(2) 부분분수 분해로부터 등식

$$\frac{1}{x^2-4} = \frac{1}{(x+2)(x-2)} = \frac{1}{4}\frac{1}{x-2} - \frac{1}{4}\frac{1}{x+2}$$

이 성립하는 것을 알 수 있는데, 우변을 구성하는 두 유리함수는 다음과 같은 등식을 만족한다.

$$\frac{1}{x-2} = \frac{-1}{1-(-(x-3))},$$
$$\frac{1}{x+2} = \frac{1}{5-(-(x-3))} = \frac{1/5}{1-(-(x-3)/5))}$$

따라서, 기하급수의 수렴성 정리 7.23로부터 $|x-3| < 1$이면서 동시에 $|(x-3)/5| < 1$인 범위 즉 $2 < x < 4$에서 다음이 성립함을 알 수 있다.

$$\frac{1}{x-2} = \frac{-1}{1-(-(x-3))} = \sum_{n=0}^{\infty}(-1)\big(-(x-3)\big)^n$$
$$= \sum_{n=0}^{\infty}(-1)^{n+1}(x-3)^n$$
$$\frac{1}{x+2} = \frac{1}{5-(-(x-3))} = \frac{\frac{1}{5}}{1-\left(-\frac{x-3}{5}\right)} = \sum_{n=0}^{\infty}\frac{1}{5}\left(-\frac{x-3}{5}\right)^n$$
$$= \sum_{n=0}^{\infty}\frac{(-1)^n}{5^{n+1}}(x-3)^n$$

이때, 정리 7.31를 이용하면 다음을 얻을 수 있다.

$$\frac{1}{x^2-4} = \frac{1}{4}\sum_{n=0}^{\infty}(-1)^{n+1}(x-3)^n + \frac{1}{4}\sum_{n=0}^{\infty}\frac{(-1)^n}{5^{n+1}}(x-3)^n$$
$$= \sum_{n=0}^{\infty}\frac{1}{4}\left((-1)^{n+1} + \frac{(-1)^n}{5^{n+1}}\right)(x-3)^n$$

즉, 급수 $\displaystyle\sum_{n=0}^{\infty}\frac{1}{4}\left((-1)^{n+1} + \frac{(-1)^n}{5^{n+1}}\right)(x-3)^n$는 $2 < x < 4$에서 수렴하는 $\dfrac{1}{x^2-4}$의 $x=3$에서의 멱급수전개이다.

■

지금까지의 예시는 기하급수를 이용해 만들어진 멱급수였고, 그 멱급수의 수렴범위는 기하급수의 수렴성을 이용해 찾았는데, 이 방법은 보다 보편적인 형태의 멱급수에는 적용하기 어려운 방법이다. 보다 일반적인 멱급수의 수렴범위를 찾기 위해서 다음과 같이 절대비판정법 정리 7.48, 절대근판정법 정리 7.50이 유용하게 사용되며 또 그 과정에서 또 다른 수렴·발산에 관련된 정리가 필요할 수 있다.

예제 8.4

다음 멱급수가 수렴하기 위한 x의 값을 모두 구하시오.

(1) $\displaystyle\sum_{n=0}^{\infty} n!(x-1)^n$　　(2) $\displaystyle\sum_{n=0}^{\infty}\frac{2^n}{n!}x^{2n}$　　(3) $\displaystyle\sum_{n=0}^{\infty}\frac{n}{4^n}(x+1)^n$

풀이 (1) $u_n = n!(x-1)^n$은 다음의 식을 만족한다.

$$\lim_{n\to\infty}\left|\frac{u_{n+1}}{u_n}\right| = \lim_{n\to\infty}\left|\frac{(n+1)!(x-1)^{n+1}}{n!(x-1)^n}\right| = \lim_{n\to\infty}|(n+1)(x-1)|$$

이 값은 $x=0$일 때만 0이며 그 외에는 ∞로 발산하므로, 절대비판정법 정리 7.48에 의해 주어진 멱급수는 $x=0$일 때만 수렴한다.

(2) $u_n = \dfrac{2^n}{n!}x^{2n}$은 다음의 식을 만족한다.

$$\lim_{n\to\infty}\left|\frac{u_{n+1}}{u_n}\right| = \lim_{n\to\infty}\left|\frac{2^{n+1}x^{2(n+1)}}{(n+1)!}\cdot\frac{n!}{2^n x^{2n}}\right| = \lim_{n\to\infty}\left|\frac{2x^2}{n+1}\right| = 0 < 1$$

따라서, 절대비판정법 정리 7.48에 의해 주어진 멱급수는 모든 $x\in\mathbb{R}$에서 수렴한다.

(3) $u_n = \dfrac{n}{4^n}(x+1)^n$은 다음의 식을 만족한다.

$$\begin{aligned}\lim_{n\to\infty}\left|\frac{u_{n+1}}{u_n}\right| &= \lim_{n\to\infty}\left|\frac{(n+1)(x+1)^{n+1}}{4^{n+1}}\cdot\frac{4^n}{n(x+1)^n}\right| \\ &= \lim_{n\to\infty}\left|\frac{(n+1)(x+1)}{4n}\right| = \frac{|x+1|}{4}\end{aligned}$$

따라서, 절대비판정법 정리 7.48에 의해 주어진 멱급수는 $|x+1|<4$에서 수렴하고, $|x+1|>4$에서 발산한다.

$|x+1|=4$일 때, 즉 $x=3$ 또는 $x=-5$에서는 절대비판정법으로 주어진 멱급수의 수렴·발산을 판정할 수 없으므로, 다음과 같이 해당 값을 대입하여 따로 생각한다.

$$x=3 \text{ 인 경우 }:\ \sum_{n=0}^{\infty} n$$

$$x=-5 \text{ 인 경우 }:\ \sum_{n=0}^{\infty}(-1)^n n$$

두 경우 모두 일반항이 0으로 수렴하지 않는 수열의 급수이므로 모두 발산한다. 따라서 주어진 멱급수는 $|x+1|<4$에서 수렴하고, $|x+1|\ge 4$에서 발산한다.

(별해) 다음의 등식과 정리 7.19, 절대근판정법 정리 7.50로부터 같은 결론을 내릴 수 있다.

$$\lim_{n\to\infty}\sqrt[n]{|u_n|} = \lim_{n\to\infty}\sqrt[n]{n}\left|\frac{x+1}{4}\right| = \frac{|x+1|}{4}$$

■

지금까지 살펴본 모든 예시의 멱급수 $\sum_{n=0}^{\infty} a_n(x-c)^n$는 (1) $x=c$에서만 수렴하거나, (2) 모든 실수에서 수렴하거나 또는 (3) 어떤 양수 $r>0$이 존재하여 $|x-c|<r$에서는 절대수렴, $|x-c|>r$에서는 발산하는 경우로 총 세가지 중 하나의 수렴범위를 가졌다. 실제로 모든 멱급수는 언제나 이 세가지 중 하나의 수렴범위를 갖게 된다.

정리 8.5 멱급수 $\sum_{n=0}^{\infty} a_n(x-c)^n$은 다음 세 가지 중 어느 하나만 만족한다.

(1) $x=c$일 때만 수렴한다.

(2) 모든 실수 x에 대하여 절대수렴한다.

(3) $|x-c|<r$이면 절대수렴하고, $|x-c|>r$이면 발산하는 양의 상수 r가 존재한다.

이 정리는 멱급수 $\sum_{n=0}^{\infty} a_n(x-c)^n$가 $x=c$에서는 언제나 수렴한다는 사실과, 또 $x=b\ (b\neq c)$에서 수렴할 때 c에 b보다 더 가까이에 있는 모든 x에서 절대수렴한다는 것을 보여주는 다음의 정리로부터 얻을 수 있다.[1]

정리 8.6

(1) 멱급수 $\sum_{n=0}^{\infty} a_n(x-c)^n$이 $x=b\ (b\neq c)$일 때 수렴하면 $|x-c|<|b-c|$인 모든 x에서 절대수렴한다.

(2) 멱급수 $\sum_{n=0}^{\infty} a_n(x-c)^n$이 $x=b\ (b\neq c)$일 때 발산하면 $|x-c|>|b-c|$인 모든 x에서 발산한다.

증명 (1) 멱급수 $\sum_{n=0}^{\infty} a_n(x-c)^n$이 $x=b\ (b\neq c)$에서 수렴하면, 즉, 급수 $\sum_{n=0}^{\infty} a_n(b-c)^n$가 수렴하면 정리 7.27에 의해 등식

$$\lim_{n\to\infty} a_n(b-c)^n = 0$$

이 성립하게 된다. 따라서, 모든 $n\geq N$에 대하여 $|a_n(b-c)^n|<1$이 성립하는 자연수 N이 존재한다. 이 사실로부터, 모든 $n\geq N$에 대하여

$$|a_n(x-c)^n| = \left|\frac{a_n(b-c)^n(x-c)^n}{(b-c)^n}\right| = |a_n(b-c)^n|\left|\frac{x-c}{b-c}\right|^n$$

[1] 엄밀하게 증명하려면 실수의 완비성공리도 필요하지만, 이 책에서 다루고자 하는 범위를 넘어서므로 자세한 설명은 생략한다.

$$< \left| \frac{x-c}{b-c} \right|^n$$

이 성립한다는 것을 알 수 있는데, 만약 실수 x가 부등식 $|x-c| < |b-c|$을 만족한다면 $\displaystyle\sum_{n=N}^{\infty} \left| \frac{x-c}{b-c} \right|^n$은 수렴하는 기하급수가 된다. 따라서, 비교판정법 정리 7.37 적용하면 급수 $\displaystyle\sum_{n=N}^{\infty} |a_n(x-c)^n|$가 절대수렴함을 알 수 있다. 즉, 멱급수 $\displaystyle\sum_{n=0}^{\infty} a_n(x-c)^n$이 $|x-c| < |b-c|$인 모든 x에서 절대수렴한다.

(2) 이 명제가 거짓이라면 부등식 $|x-c| > |b-c|$를 만족하면서 동시에 $\sum a_n(x-c)^n$이 수렴하는 x가 존재한다. 이때 (1)을 적용하면 급수 $\displaystyle\sum_{n=0}^{\infty} a_n(b-c)^n$가 절대수렴하게 된다. 이는 모순이므로, 주어진 명제가 참이다. ∎

정리 8.5로부터 멱급수가 수렴하는 영역을 다루기 위하여 수렴반경을 고려 할 수 있다.

정의 8.7 수렴반경(Radius of Convergence)

멱급수 $\displaystyle\sum_{n=0}^{\infty} a_n(x-c)^n$가 아래와 같이 수렴하는 상황에 따라 $\displaystyle\sum_{n=0}^{\infty} a_n(x-c)^n$의 수렴반경 R을 다음과 같이 정의한다.

(1) $x = c$일 때만 수렴할 때 $R = 0$이다.

(2) 모든 실수 x에 대하여 절대수렴하면 $R = \infty$이다.

(3) 양의 상수 r에 대하여 $|x-c| < r$이면 절대수렴, $|x-c| > r$이면 발산할 때 $R = r$이다.

다음은 주어진 멱급수를 구성하고 있는 수열로부터 수렴반경을 얻게 해주는 유용한 정리이다.

정리 8.8 멱급수의 수렴반경 정리

멱급수 $\sum_{n=0}^{\infty} a_n(x-c)^n$에 대하여

$$\lim_{n\to\infty} \left| \frac{a_n}{a_{n+1}} \right| = r \quad \text{또는} \quad \lim_{n\to\infty} \frac{1}{\sqrt[n]{|a_n|}} = r$$

이 성립하면 $R = r$이 $\sum_{n=0}^{\infty} a_n(x-c)^n$의 수렴반경이다. 특별히, 극한 $\lim_{n\to\infty}\left|\frac{a_n}{a_{n+1}}\right|$과 $\lim_{n\to\infty}\frac{1}{\sqrt[n]{|a_n|}}$이 ∞로 발산하는 경우도 고려하며 이 경우 $r = \infty$로 생각한다.

증명 (1) $\lim_{n\to\infty}\left|\frac{a_n}{a_{n+1}}\right| = r$이 성립하는 경우

$u_n = a_n(x-c)^n$은 다음의 등식을 만족한다.

$$\lim_{n\to\infty}\left|\frac{u_{n+1}}{u_n}\right| = \lim_{n\to\infty}\left|\frac{a_{n+1}}{a_n}\right||x-c| = |x-c|\lim_{n\to\infty}\left|\frac{a_{n+1}}{a_n}\right|$$

이때, 절대비판정법 정리 7.48을 적용하면 다음을 알 수 있다.

(i) $r = 0$인 경우, $x \neq c$이면 $\lim_{n\to\infty}\left|\frac{u_{n+1}}{u_n}\right|$는 ∞로 발산하므로, 이 급수의 수렴반경은 $R = r\ (= 0)$이다.

(ii) $r = \infty$인 경우, 임의의 실수 x에 대하여 $\lim_{n\to\infty}\left|\frac{u_{n+1}}{u_n}\right| = 0$이므로, 이 급수의 수렴반경은 $R = r\ (= \infty)$이다.

(iii) $0 < r < \infty$인 경우, $|x| < r$이면 $\lim_{n\to\infty}\left|\frac{u_{n+1}}{u_n}\right| = \frac{|x|}{r} < 1$이므로 주어진 멱급수는 절대수렴하고, $|x| > r$이면 $\lim_{n\to\infty}\left|\frac{u_{n+1}}{u_n}\right| = \frac{|x|}{r} > 1$이므로, 이 급수의 수렴반경은 $R = r$이다.

(2) $\lim_{n\to\infty}\frac{1}{\sqrt[n]{|a_n|}} = r$이 성립하는 경우

$u_n = a_n(x-c)^n$은 다음의 등식을 만족한다.

$$\lim_{n\to\infty}\sqrt[n]{|u_n|} = |x-c|\lim_{n\to\infty}\sqrt[n]{|u_n|}$$

절대근판정법 정리 7.50을 적용하면 다음을 알 수 있다.

(i) $r = 0$인 경우, $x \neq c$이면 $\lim_{n\to\infty}\sqrt[n]{|u_n|}$는 ∞로 발산하므로, 이 급수의 수렴반경은 $R = r\ (= 0)$이다.

(ii) $r = \infty$인 경우, 임의의 실수 x에 대하여 $\lim_{n\to\infty}\sqrt[n]{|u_n|} = 0$이므로, 이 급수의 수렴반경은 $R = r\ (= \infty)$이다.

(iii) $0 < r < \infty$인 경우, $|x| < r$이면 $\lim_{n\to\infty}\sqrt[n]{|u_n|} = \frac{|x|}{r} < 1$이므로 주어진 멱급수는 절대수렴하고, $|x| > r$이면 $\lim_{n\to\infty}\sqrt[n]{|u_n|} = \frac{|x|}{r} > 1$이므로, 이 급수의 수렴반경은 $R = r$이다. ■

예제 8.9

다음 멱급수의 수렴반경 R을 결정하시오.

(1) $\displaystyle\sum_{n=0}^{\infty} 3^n \frac{x^n}{(2n)!}$ (2) $\displaystyle\sum_{n=0}^{\infty} \left(\frac{e}{n}x\right)^n$

(3) $\displaystyle\sum_{n=0}^{\infty} (-1)^{n+1} \left(\frac{n}{n+1}\right)^n x^n$

풀이 (1) $a_n = \dfrac{3^n}{(2n)!}$ 은 다음의 식을 만족한다.

$$r = \lim_{n\to\infty} \left|\frac{a_n}{a_{n+1}}\right| = \lim_{n\to\infty} \frac{(2n+2)!}{(2n)!3} = \lim_{n\to\infty} \frac{(2n+2)(2n+1)}{3} = \infty$$

따라서, 정리 8.8에 의해 주어진 멱급수의 수렴반경 $R=\infty$을 얻는다.

(2) $a_n = \left(\dfrac{e}{n}\right)^n$ 은 다음의 식을 만족한다.

$$r = \lim_{n\to\infty} \frac{1}{\sqrt[n]{|a_n|}} = \lim_{n\to\infty} \frac{n}{e} = \infty$$

$\displaystyle\sum_{n=0}^{\infty} \left(\frac{e}{n}x\right)^n = \sum_{n=0}^{\infty} \left(\frac{e}{n}\right)^n x^n$ 이므로, 정리 8.8에 의해 주어진 멱급수의 수렴반경 $R=\infty$을 얻는다.

(3) $a_n = (-1)^{n+1}\left(\frac{n}{n+1}\right)^n$ 은 다음의 식을 만족한다.

$$r = \lim_{n\to\infty} \frac{1}{\sqrt[n]{|a_n|}} = \lim_{n\to\infty} \frac{n+1}{n} = 1$$

정리 8.8에 의해 주어진 멱급수의 수렴반경 $R=1$을 얻는다. ■

정리 8.5에 의하면, 주어진 멱급수가 수렴하는 영역은 한점이거나 실수 전체, 또는 어떤 구간이 됨을 알 수 있다. 한점, 또는 실수 전체도 편의상 실수의 구간으로 본다면, 멱급수가 수렴하는 영역은 어떤 구간이 된다는 것인데, 따라서 멱급수의 수렴하는 영역을 **수렴구간**(interval of convergence)이라고 하고 이 구간을 규명하는것이 멱급수를 다룰 때 중요한 문제가 된다. 수렴 구간을 찾을 때 정리 8.5에서 (3)이 발생하는 상황에서 이 구간의 양 끝점이 수렴구간에 포함되는지 안되는지를 확인해야 함을 기억하자.

예제 8.10

다음 멱급수의 수렴구간을 결정하시오.

(1) $\displaystyle\sum_{n=0}^{\infty} \frac{(x-1)^n}{n+2}$ (2) $\displaystyle\sum_{n=1}^{\infty} \frac{x^n}{2^n n^2}$

풀이 (1) $a_n = \dfrac{1}{n+2}$ 은 다음의 등식을 만족한다.

$$\lim_{n\to\infty}\left|\frac{a_n}{a_{n+1}}\right| = \lim_{n\to\infty}\left|\frac{n+3}{n+2}\right| = 1$$

따라서, 정리 8.8에 의해 주어진 멱급수의 수렴반경 $R=1$이라는 것을 알 수 있다. 즉, 주어진 멱급수는 구간 $(0,2)$에서 절대수렴하고 $(-\infty,0)\cup(2,\infty)$에서 발산한다.

또한 $x=0$일 때 주어진 급수는 $\displaystyle\sum_{n=0}^{\infty}\frac{(-1)^n}{n+2}$ 이므로 교대급수판정법 정리 7.52에 의해 수렴한다.

$x=2$일 때 주어진 급수는 $\displaystyle\sum_{n=0}^{\infty}\frac{1}{n+2}=\sum_{n=2}^{\infty}\frac{1}{n}$ 이므로 p-급수 판정법 정리 7.35에 의해 발산한다.

따라서, 주어진 급수의 수렴구간은 $[0,2)$이다.

(2) $a_n = \dfrac{1}{2^n n^2}$ 은 다음의 등식을 만족한다.

$$\lim_{n\to\infty}\frac{1}{\sqrt[n]{|a_n|}} = \lim_{n\to\infty} 2\left(\sqrt[n]{n}\right)^2 = 2$$

따라서, 정리 8.8에 의해 주어진 멱급수의 수렴반경 $R=2$이라는 것을 알 수 있다. 즉, 주어진 멱급수는 구간 $(-2,2)$에서 절대수렴하고 $(-\infty,-2)\cup(2,\infty)$에서 발산한다.

또한 $x=-2$일 때 주어진 급수는 $\displaystyle\sum_{n=1}^{\infty}\frac{(-1)^n}{n^2}$ $x=2$일 때 주어진 급수는 $\displaystyle\sum_{n=1}^{\infty}(-1)^n\frac{1}{n^2}$ 이 되는데, 급수 $\displaystyle\sum_{n=1}^{\infty}(-1)^n\frac{1}{n^2}$가 p-급수 판정법 정리 7.35에 의해 수렴하므로 $x=-2$에서도, $x=2$에서도 모두 주어진 급수가 수렴한다. 따라서 주어진 멱급수의 수렴구간은 $[-2,2]$이다. ■

이번 절에서 학습할 마지막 내용은 멱급수의 미분과 적분이다. 우리는 이미 다항식의 미분과 적분을 잘 이해하고 있는데, 멱급수는 다항식의 극한으로 볼 수 있으므로 이 멱급수의 미분과 적분에도 다항식에서 적용했던 방법을 사용할 수 있지 않을까 하는 생각을 할 수 있을 것이다. 다음의 정리 8.11는 멱급수의 수렴반경 안쪽에서는 이 생각이 성립한다는 것을 말해준다. 이때의 미분과 적분은 다항식에서처럼 각 항들을 개별적으로 미분하거나 적분하기 때문에 이 방법을 **항별 미분법**(termwise differentiation), **항별 적분법**(termwise integration)이라고 한다. 증명은 이 책에서 다루고자 하는 범위를 넘어서므로 생략한다.

정리 8.11 **항별 미분법, 항별 적분법**

수렴반경이 $R > 0$인 멱급수 $\sum_{n=0}^{\infty} a_n(x-c)^n$로 정의된 함수

$$f(x) = \sum_{n=0}^{\infty} a_n(x-c)^n$$

는 구간 $(c-R, c+R)$ 미분 및 적분이 가능하며 다음이 성립한다.[2]

$$\begin{aligned}\frac{d}{dx}f(x) &= \sum_{n=1}^{\infty} na_n(x-c)^{n-1}\\ &= a_1 + 2a_2(x-c) + 3a_3(x-c)^2 + \cdots\end{aligned}$$

$$\begin{aligned}\int f(x)dx &= C + \sum_{n=0}^{\infty}\frac{1}{n+1}a_n x^{n+1}\\ &= C + a_0(x-c) + \frac{1}{2}a_1(x-c)^2 + \frac{1}{3}a_2(x-c)^3 + \cdots\end{aligned}$$

또한, (1)과 (2)에서 새롭게 얻어진 멱급수의 수렴반경은 R이다.

이 정리는 다음과 같이 보다 다양한 함수의 멱급수 형태를 얻는데 도움을 주기도 한다.

예제 8.12

다음을 x에 관한 멱급수의 형태로 나타내시오.

(1) $\dfrac{3}{(1+x)^2}$ (2) $\ln(1-2x)$

풀이 (1) 이미 살펴본 바와 같이 기하급수로부터 다음의 등식을 얻을 수 있다.

$$\sum_{n=0}^{\infty}(-1)^n x^n = \sum_{n=0}^{\infty}(-x)^n = \frac{1}{1+x} \quad (|x| < 1)$$

이때, $\dfrac{d}{dx}\left(\dfrac{1}{1+x}\right) = \dfrac{-1}{(1+x)^2}$이므로, 정리 8.11의 항렬미분으로부터 $|x| < 1$에서 다음이 성립한다는 것을 알 수 있다.

$$\frac{3}{(1+x)^2} = \left(\frac{-3}{1+x}\right)' = \left(\sum_{n=0}^{\infty}(-3)(-1)^n x^n\right)' = \sum_{n=1}^{\infty}3n(-1)^{n+1}x^{n-1}$$

---

[2] $\dfrac{d}{dx}\left(\sum_{n=0}^{\infty} a_n x^n\right) = \sum_{n=0}^{\infty}\dfrac{d}{dx}(a_n x^n)$와 $\int\left(\sum_{n=0}^{\infty} a_n x^n\right)dx = \sum_{n=0}^{\infty}\int a_n x^n\,dx$로 표기하기도 한다.

그러므로 $(-1,1)$에서의 급수 $\sum_{n=1}^{\infty} 3n(-1)^{n+1}x^{n-1}$가 $\left(\text{혹은, } \sum_{n=0}^{\infty} 3(n+1)(-1)^n x^n\right)$이 $\dfrac{3}{(1+x)^2}$의 멱급수이다.

(2) 이미 살펴본 바와 같이 기하급수로부터 다음의 등식을 얻을 수 있다.

$$\sum_{n=0}^{\infty} 2^n x^n = \sum_{n=0}^{\infty} (2x)^n = \frac{1}{1-2x} \qquad (|2x| < 1)$$

이때, $\displaystyle\int \frac{1}{1-2x}dx = \frac{-1}{2}\ln(1-2x) + C$이므로, 정리 8.11의 항렬적분으로부터 $|2x| < 1$에서 다음이 성립한다는 것을 알 수 있다.

$$\begin{aligned}\ln(1-2x) &= C + \int \frac{-2}{1-2x}dx = C + \int \sum_{n=0}^{\infty} (-2)2^n x^n dx \\ &= C + \sum_{n=0}^{\infty} \frac{-2^{n+1}}{n+1} x^{n+1}\end{aligned}$$

끝으로, 상수 C를 결정하기 위해 위 식에 $x=0$을 대입하면 $\ln(1+0) = C$이 성립하므로 $C = 0$이다. 그러므로 $(-2,2)$에서의 급수 $\sum_{n=0}^{\infty} \dfrac{-2^{n+1}}{n+1} x^{n+1}$가 $\ln(1-2x)$의 멱급수이다.

■

8.1 연습문제

1. 다음 멱급수들의 수렴구간을 결정하시오.

(1) $\displaystyle\sum_{n=1}^{\infty} \frac{x^n}{n(n+1)}$ (2) $\displaystyle\sum_{n=1}^{\infty} \frac{(3x+1)^n}{7\cdot 2^n}$ (3) $\displaystyle\sum_{n=1}^{\infty} nx^n$

(4) $\displaystyle\sum_{n=1}^{\infty} (-1)^n \frac{x^n}{n}$ (5) $\displaystyle\sum_{n=1}^{\infty} (-1)^n \frac{x^n}{n(n+2)}$ (6) $\displaystyle\sum_{n=0}^{\infty} (-1)^n \frac{x^n}{2^n}$

(7) $\displaystyle\sum_{n=0}^{\infty} \frac{(x+1)^n}{2^n}$ (8) $\displaystyle\sum_{n=1}^{\infty} \frac{(x+5)^n}{n(n+1)}$ (9) $\displaystyle\sum_{n=1}^{\infty} (-1)^{n+1} \frac{x^{2n-1}}{(2n-1)!}$

2. 다음 함수들을 멱급수의 형태로 전개하고 수렴반경 r을 구하시오.

(1) $f(x) = \dfrac{1}{1+x}$

(2) $f(x) = \dfrac{1}{(1+x)^2}$

(3) $f(x) = \dfrac{1}{1+x^7}$

(4) $f(x) = \dfrac{1}{2-3x}$

(5) $f(x) = \dfrac{x^2}{1-x^4}$

(6) $f(x) = \dfrac{1}{(1-x)^3}$

3. 함수 $f(x) = \dfrac{x}{(1-x)^2}$의 멱급수 전개를 이용하여 급수 $\displaystyle\sum_{n=1}^{\infty} \frac{n}{2^n}$의 값을 구하시오.

4. $\displaystyle\int \frac{1}{1+x^7}dx$의 멱급수를 구하시오.

5. 모든 $n \geq 0$에 대하여 $c_{n+3} = c_n$이고

$$S(x) = \sum_{n=0}^{\infty} c_n x^n$$

이라 하자. 이때 이 멱급수의 수렴구간을 구하고 $S(x)$에 대한 구체적인 식을 구하시오.

6. $\displaystyle\lim_{n\to\infty} \sqrt[n]{|c_n|} = c \ (c > 0)$일 때 멱급수 $\sum c_n x^n$의 수렴반경은 $\dfrac{1}{c}$임을 보이시오.

8.2 테일러급수와 매클로린급수

지금까지 살펴본 함수를 멱급수로 표현하는 방법들은 기하급수로 주어진 함수를 표현하고 그것의 미분 또는 적분으로 표현하는 것이었다. 이 절에서는 보다 더 일반적으로 함수의 미분계수를 이용해 함수를 멱급수로 표현하는 방법인 테일러급수를 학습한다.

이를 위해 함수 f가 멱급수 형태를 가질 때, 그 계수를 구성하는 수열을 f의 도함수로 나타내는 다음의 정리를 우선 살펴보자.

정리 8.13 수렴반경이 $R>0$인 멱급수 $\sum_{n=0}^{\infty} a_n(x-c)^n$로 정의된 함수

$$f(x)=\sum_{n=0}^{\infty} a_n(x-c)^n$$

는 $x \in (c-R, c+R)$에서 무한번 미분가능하며 다음을 만족한다.

$$\begin{aligned} f(x) &= \sum_{n=0}^{\infty} \frac{f^{(n)}(c)}{n!}(x-c)^n \\ &= f(c)+f'(c)(x-c)+\frac{f''(c)}{2!}(x-c)^2+\cdots+\frac{f^{(n)}(c)}{n!}(x-c)^n+\cdots \end{aligned}$$

증명 $\sum_{n=0}^{\infty} a_n(x-c)^n$의 수렴반경이 $R>0$이므로 정리 8.11에 의해 f는 $(c-R, c+R)$에서 미분가능하며, 그 도함수도 같은 수렴반경을 갖는 멱급수로 표현가능하다. 따라서, f의 도함수를 표현하는 멱급수에 또 다시 정리 8.11를 적용할 수 있는데, 이 방법이 무한번 적용가능하다. 따라서 모든 자연수 k에 대하여 f의 k계 도함수 $f^{(k)}$가 존재한다. 뿐만 아니라 각 도함수를 항별 미분를 이용해 다음과 같이 나타낼 수 있다.

$$\begin{aligned} f'(x) &= \sum_{n=1}^{\infty} na_n(x-c)^{n-1} \\ f''(x) &= \sum_{n=2}^{\infty} n(n-1)a_n(x-c)^{n-2} \\ f'''(x) &= \sum_{n=3}^{\infty} n(n-1)(n-2)a_n(x-c)^{n-3} \\ &\vdots \end{aligned}$$

$$f^{(k)}(x) = \sum_{n=k}^{\infty} n(n-1)(n-2)\cdots(n-k+1)a_n(x-c)^{n-k}$$

이때 각각의 도함수에 $x = c$를 대입하면

$$f(c) = a_0, \quad f'(c) = a_1, \quad f''(c) = 2a_2, \quad \ldots, \quad f^{(k)}(c) = k!a_k$$

가 성립한다. 즉, $f(x) = \sum_{n=0}^{\infty} \frac{f^{(n)}(c)}{n!}(x-c)^n$가 성립한다. ■

이 정리는 f가 멱급수를 가지면 그 급수가 $\sum_{n=0}^{\infty} \frac{f^{(n)}(c)}{n!}(x-c)^n$로 표현되어야 함을 의미하므로 이러한 형태의 멱급수를 따로 테일러급수 혹은 매클로린 급수라고 부른다. 단, 이를 위해서는 f가 무한번 미분 가능해야한다는 것에 주의하자.

정의 8.14 테일러급수와 매클로린급수

함수 f가 $x = c$에서 무한번 미분가능할 때 다음의 급수

$$\sum_{n=0}^{\infty} \frac{f^{(n)}(c)}{n!}(x-c)^n$$

를 $x = c$에서의 f의 **테일러급수**(Taylor series)라 한다. 특별히, $x = 0$에서의 f의 테일러급수

$$\sum_{n=0}^{\infty} \frac{f^{(n)}(0)}{n!}x^n$$

을 **매클로린급수**(Maclaurin series)라고 한다.

예제 8.15

다음에 답하시오.

(1) 함수 $f(x) = e^x$의 매클로린 급수를 구하시오.

(2) 함수 $f(x) = \sin x$의 $x = \pi$에서의 테일러급수를 구하시오.

풀이 (1) 모든 정수 $n \geq 0$에 대하여 $f^{(n)}(x) = e^x$이 성립하고, $f^{(n)}(0) = e^0 = 1$이므로, 함수 $f(x) = e^x$의 매클로린급수는 다음과 같다.

$$\sum_{n=0}^{\infty} \frac{f^{(n)}(0)}{n!}x^n = \sum_{n=0}^{\infty} \frac{x^n}{n!} = 1 + x + \frac{x^2}{2!} + \frac{x^3}{3!} + \frac{x^4}{4!} + \cdots$$

(2) 삼각함수의 미분에 의해 다음이 성립하므로

$$f(x) = \sin x, \; f'(x) = \cos x, \; f''(x) = -\sin x, \; f'''(x) = -\cos x$$

$$f^{(4)}(x) = \sin x,\ f^{(5)}(x) = \cos x,\ f^{(6)}(x) = -\sin x,\ f^{(7)}(x) = -\cos x$$
$$\vdots$$

모든 정수 $k \geq 0$에 대하여 $f^{(4k)}(x) = \sin x$과 $f^{(4k+1)}(x) = \cos x$, $f^{(4k+2)}(x) = -\sin x$, 그리고 $f^{(4k+3)}(x) = -\cos x$이 성립함을 알 수 있다. 따라서, 모든 정수 $k \geq 0$에 대하여

$$f^{(4k)}(\pi) = 0,\ f^{(4k+1)}(\pi) = -1,\ f^{(4k+2)}(\pi) = 0,\ f^{(4k+3)}(\pi) = 1$$

이다. 즉, $f(x) = \sum_{n=0}^{\infty} \frac{f^{(n)}(\pi)}{n!}(x-\pi)^n$에서 $\frac{f^{(n)}(\pi)}{n!}$이 n이 짝수일때는 모두 0이며, 홀수일때는 순서대로 $\frac{-1}{n!}$과 $\frac{1}{n!}$이 번갈아가면서 나타나게 된다. 따라서 f의 $x = \pi$에서의 테일러급수를 다음과 같이 나타낼 수 있다.

$$\begin{aligned}\sum_{n=0}^{\infty} \frac{f^{(n)}(\pi)}{n!}(x-\pi)^n &= -(x-\pi) + \frac{1}{3!}(x-\pi)^3 - \frac{1}{5!}(x-\pi)^5 + \cdots \\ &= \sum_{n=0}^{\infty} \frac{(-1)^{n+1}}{(2n+1)!}(x-\pi)^{2n+1}\end{aligned}$$
■

무한번 미분 가능한 모든 함수 f가 그 함수의 $x = c$에서의 테일러급수로 표현된다면 큰 고민 없이 멱급수의 성질을 사용할 수 있겠지만, 언제나 그런 것은 아니다. 따라서, 주어진 함수가 테일러급수로 표현되는지를 확인하는 것이 중요한데, 이를 위해 다음과 같이 f의 $x = c$에서의 테일러급수의 $m+1$번째 항까지의 부분합인 $x = c$에서 전개한 f의 m차 **테일러다항식**(Taylor polynomial) $P_{c,m}(x)$를 고려한다.

$$\begin{aligned}P_{c,m}(x) &= \sum_{n=0}^{m} \frac{f^{(n)}(c)}{n!}(x-c)^n \\ &= f(c) + \frac{f'(c)}{1!}(x-c) + \frac{f''(c)}{2!}(x-c)^2 + \cdots + \frac{f^{(m)}(c)}{m!}(x-c)^m\end{aligned}$$

이때, 만약 함수 f의 $x = c$에서의 m**차 나머지** (또는, 간단히 **나머지**(remainder)라 하기도 한다.)

$$R_{c,m}(x) = f(x) - P_{c,m}(x)$$

가 $m \to \infty$일때 0으로수렴한다면, 식

$$\lim_{m\to\infty} P_{c,m}(x) = \lim_{m\to\infty} (f(x) - R_{c,m}(x)) = f(x)$$

이 성립하여 함수 f가 그 함수의 $x = c$에서의 테일러급수로 표현될 것이다. 따라서

$R_{c,m}(x)$를 구체적으로 표현해 주는 테일러 정리가 결정적이다.

정리 8.16 테일러의 정리(Taylor's theorem)

정수 $m \geq 0$에 대하여 함수 f가 서로 다른 두 실수 x와 c를 원소로 갖는 구간 I에서 $m+1$계 도함수를 갖는다고 하면, 등식

$$R_{c,m}(x) = \frac{f^{(m+1)}(v_{m+1})}{(m+1)!}(x-c)^{m+1}$$

이 성립하는 x와 c사이의 실수 v_{m+1}이 존재한다. 즉, 다음이 성립한다.

$$\begin{aligned} f(x) &= P_{c,m}(x) + \frac{f^{(m+1)}(v_{m+1})}{(m+1)!}(x-c)^{m+1} \\ &= \sum_{n=0}^{m} \frac{f^{(n)}(c)}{n!}(x-c)^n + \frac{f^{(m+1)}(v_{m+1})}{(m+1)!}(x-c)^{m+1} \end{aligned}$$

증명 두함수 $F(t)$와 $G(t)$ $(t \in I)$를 다음과 같이 정의한다.

$$F(t) = f(x) - P_{t,m}(x) = f(x) - f(t) - f'(t)(x-t) - \cdots - \frac{f^{(m)}(t)}{m!}(x-t)^m$$

$$G(t) = \frac{(x-t)^{m+1}}{(m+1)!}$$

이 함수들의 도함수는

$$\begin{aligned} F'(t) = &- f'(t) \\ &+ \left[f'(t) - f^{(2)}(t)(x-t)\right] \\ &+ \left[f^{(2)}(t)(x-t) - \frac{1}{2!}f^{(3)}(t)(x-t)^2\right] \\ &\cdots \\ &+ \left[\frac{1}{(m-1)!}f^{(m)}(t)(x-t)^{m-1} - \frac{1}{m!}f^{(m+1)}(t)(x-t)^m\right] \\ = &- \frac{f^{(m+1)}(t)}{m!}(x-t)^m \\ G'(t) = &- \frac{(x-t)^m}{m!} \end{aligned}$$

이고, 이에 코시의 평균값정리 정리 3.19을 적용하면 등식

$$[F(x) - F(c)]G'(v_{m+1}) = [G(x) - G(c)]F'(v_{m+1})$$

을 만족하는 x와 c 사이에 있는 실수 v_{m+1}가 존재함을 알 수 있다. 이때,

$$F(x) = 0 = G(x) \text{ 이고 } G'(v_{m+1}) \neq 0$$

이기 때문에 등식

$$F(c)=\frac{F'(v_{m+1})}{G'(v_{m+1})}G(c)=\frac{-f^{(m+1)}(v_{m+1})(x-v_{m+1})^m/m!}{-(x-v_{m+1})^m/m!}\cdot\frac{(x-c)^{m+1}}{(m+1)!}$$
$$=\frac{f^{(m+1)}(v_{m+1})}{(m+1)!}(x-c)^{m+1}$$

한편 F의 정의로부터 등식

$$\frac{f^{(m+1)}(v_{m+1})}{(m+1)!}(x-c)^{m+1}=F(c)=f(x)-P_{c,m}(x)$$

이 성립함을 알 수 있으므로, 주어진 명제의 증명을 완료한다. ■

따라서, 함수가 그것의 테일러급수로 표현된다는 것을 살펴보기 위해서는 위 정리의 $\frac{f^{(m+1)}(v_{m+1})}{(m+1)!}(x-c)^{m+1}$이 $m\to\infty$일 때 0으로 수렴한다는 것을 보이는 것이 중요하다. 이를 위해서 다음이 유용하게 사용될 수 있다.

따름정리 8.17 함수 f가 서로 다른 두 실수 x와 c를 원소로 갖는 구간 I에서 무한번 미분 가능하고, x와 c 사이의 모든 실수 t와 모든 자연수 m에 대하여 부등식

$$|f^{(m)}(t)|\le M$$

이 성립하는 양수 M이 존재한다면,

$$m\to\infty \text{ 일 때 } R_{c,m}(x)\to 0$$

이 성립한다. 즉, 다음과 같이 $f(x)$가 급수로 표현이 된다.

$$f(x)=\sum_{n=0}^{\infty}\frac{f^{(n)}(c)}{n!}(x-c)^n$$

증명 테일러 정리 8.16의 v_{m+1}이 x와 c사이의 숫자이므로 주어진 가정으로부터 다음이 성립한다.

$$|R_{c,m}(x)|=\left|\frac{f^{(m+1)}(v_{m+1})}{(m+1)!}(x-c)^{n+1}\right|\le\frac{M|x-c|^{m+1}}{(m+1)!}$$

이때 정리 7.19에 의해 $\lim_{m\to 0}\frac{|x-c|^{m+1}}{(m+1)!}=0$ 이 성립하므로 다음이 성립한다.

$$\lim_{m\to 0}R_{c,m}(x)=0$$ ■

예제 8.18

모든 실수 x에 대하여 다음의 등식이 성립함을 보이시오.

(1) $e^x = \sum_{n=0}^{\infty} \frac{x^n}{n!}$

(2) $\sin x = \sum_{n=0}^{\infty} (-1)^n \frac{x^{2n+1}}{(2n+1)!}$

(3) $\cos x = \sum_{n=0}^{\infty} (-1)^n \frac{x^{2n}}{(2n)!}$

(4) $\sin x = \sum_{n=0}^{\infty} \frac{(-1)^{n+1}}{(2n+1)!} (x-\pi)^{2n+1}$

풀이 (1) 임의로 선택한 실수 x에 대하여 $f(x) = e^x$는 $f^{(m)}(x) = e^x$를 만족하므로 M이 $e^0 = 1$과 e^x 중 큰 수로 정의하면 x와 0사이의 모든 실수 t와 모든 자연수 m에 대하여 부등식

$$|f^{(m)}(t)| = e^t \leq M$$

이 성립한다. 따라서, 따름정리 8.17에 의해 $f(x)$는 그것의 매클로린급수와 같다. 즉, 임의의 x에서

$$e^x = \sum_{n=0}^{\infty} \frac{f^{(n)}(0)}{n!} x^n = \sum_{n=0}^{\infty} \frac{x^n}{n!}$$

이 성립한다.

(2) 임의로 선택한 실수 x와 $f(x) = \sin x$에 대하여 예제 8.15의 (2)에서의 계산을 적용하면 $f^{(m)}(x)$가 m에 따라 $\pm \sin x$거나 $\pm \cos x$ 중 하나이며 등식

$$f^{(4k)}(0) = 0, \ f^{(4k+1)}(0) = 1, \ f^{(4k+2)}(0) = 0, \ f^{(4k+3)}(0) = -1$$

이 성립한다는 것을 알 수 있다. 이때, x와 0사이의 모든 실수 t와 모든 자연수 m에 대하여 $|f^{(m)}(t)| \leq 1$이 성립하므로 따름정리 8.17에 의해 $f(x)$는 그것의 매클로린급수와 같다. 즉, 임의의 x에서

$$\sin x = \sum_{n=0}^{\infty} \frac{f^{(n)}(0)}{n!} x^n = \sum_{n=0}^{\infty} (-1)^n \frac{x^{2n+1}}{(2n+1)!}$$

이 성립한다.

(3) 임의로 선택한 실수 x와 $f(x) = \cos x$에 대하여 예제 8.15의 (2)에서의 계산을 적용하면 $f^{(m)}(x)$가 m에 따라 $\pm \sin x$거나 $\pm \cos x$ 중 하나이며 등식

$$f^{(4k)}(0) = 1, \ f^{(4k+1)}(0) = 0, \ f^{(4k+2)}(0) = -1, \ f^{(4k+3)}(0) = 0$$

이 성립한다는 것을 알 수 있다.

이때, x와 0사이의 모든 실수 t와 모든 자연수 m에 대하여 $|f^{(m)}(t)| \le 1$이 성립하므로 따름정리 8.17에 의해 $f(x)$는 그것의 매클로린급수와 같다. 즉, 임의의 x에서

$$\cos x = \sum_{n=0}^{\infty} \frac{f^{(n)}(0)}{n!} x^n = \sum_{n=0}^{\infty} (-1)^n \frac{x^{2n}}{(2n)!}$$

이 성립한다.

(4) 예제 8.15에서 $f(x) = \sin x$의 $x = \pi$에서의 테일러급수가

$$\sum_{n=0}^{\infty} \frac{f^{(n)}(\pi)}{n!}(x-\pi)^n = \sum_{n=0}^{\infty} \frac{(-1)^{n+1}}{(2n+1)!}(x-\pi)^{2n+1}$$

라는 것을 살펴보았다.

이때, $f^m(x)$는 m에 따라 변하지만, 언제나 $\pm\sin x$거나 $\pm\cos x$이기 때문에 임의의 실수 x에 대하여 $|f^m(x)| \le 1$이 성립한다. 따라서, 따름정리 8.17에 의해 $\sin x = \displaystyle\sum_{n=0}^{\infty} \frac{(-1)^{n+1}}{(2n+1)!}(x-\pi)^{2n+1}$가 성립한다. ■

함수의 변형 또는 멱급수의 성질을 활용하면 이미 알려진 함수의 멱급수 형태로부터 다양한 함수의 멱급수를 얻는 것이 가능하다. 예를 들어, 등식 $\sin x = \displaystyle\sum_{n=0}^{\infty}(-1)^n \frac{x^{2n+1}}{(2n+1)!}$이 모든 실수 x에 대하여 성립하므로

$$\sin(x-\pi) = \sum_{n=0}^{\infty}(-1)^n \frac{(x-\pi)^{2n+1}}{(2n+1)!}$$

이 성립한다. 이때, $-\sin(x-\pi) = \sin x$이므로 다음의 등식을 유도할 수 있다.

$$\sin x = -\sin(x-\pi) = -\sum_{n=0}^{\infty}(-1)^n \frac{(x-\pi)^{2n+1}}{(2n+1)!} = \sum_{n=0}^{\infty}(-1)^{n+1} \frac{(x-\pi)^{2n+1}}{(2n+1)!}$$

또한, $\sin x$의 도함수가 $\cos x$이므로 $\sin x$의 매클로린급수 $\displaystyle\sum_{n=0}^{\infty}(-1)^n \frac{x^{2n+1}}{(2n+1)!}$에 항렬미분 정리 8.11을 적용하면 다음을 알 수 있다.

$$\cos x = (\sin x)' = \left(\sum_{n=0}^{\infty}(-1)^n \frac{x^{2n+1}}{(2n+1)!}\right)' = \sum_{n=0}^{\infty}(-1)^n \frac{x^{2n}}{(2n)!}$$

이 사실들은 예제 8.18에서 얻은 결과와 정확하게 일치한다.

예제 8.19

함수 $f(x) = e^{x^2-2x}$ 의 $x = 1$ 에서의 테일러급수를 구하시오.

풀이 예제 8.18으로부터 등식 $e^x = \sum_{n=0}^{\infty} \frac{x^n}{n!}$ 이 성립함을 알고 있으므로, 등식

$$e^{(x-1)^2} = \sum_{n=0}^{\infty} \frac{(x-1)^2 n}{n!}$$

을 알 수 있다. 이때, $e^{x^2-2x} = e^{(x-1)^2}e^{-1}$ 이 성립하므로, e^{x^2-2x} 의 $x = 1$ 에서의 테일러급수는 다음과 같다.

$$e^{x^2-2x} = \frac{1}{e}e^{(x-1)^2} = \frac{1}{e}\sum_{n=0}^{\infty} \frac{(x-1)^2 n}{n!} = \sum_{n=0}^{\infty} \frac{(x-1)^2 n}{n!e}$$

■

이 방법을 응용하면 다음과 같이 복잡한 함수의 미분계수를 구할 수 있다.

예제 8.20

함수 $f(x) = x^4 \sin(x^3)$ 의 매클로린급수를 구하고, 이를 이용하여 $f^{(9)}(0)$ 의 값을 구하시오.

풀이 예제 8.18으로부터 등식 $\sin x = \sum_{n=0}^{\infty}(-1)^n \frac{x^{2n+1}}{(2n+1)!}$ 이 성립함을 알고 있으므로, f 의 매클로린급수는 다음과 같이 얻을 수 있다.

$$f(x) = x^4 \sin(x^3) = x^4 \sum_{n=0}^{\infty}(-1)^n \frac{x^{2n+1}}{(2n+1)!} = \sum_{n=0}^{\infty}(-1)^n \frac{x^{2n+5}}{(2n+1)!}$$

이때, $\sum_{n=0}^{\infty}(-1)^n \frac{x^{2n+5}}{(2n+1)!} = \sum_{n=0}^{\infty} \frac{f^{(n)(0)}}{n!} x^n$ 이 성립해야 하므로 두 식에 나타나는 x^m 의 계수는 서로 같아야 한다. 즉,

$$(-1)^2 \frac{x^9}{5!} = \frac{f^{(9)}(0)}{9!} x^9$$

이 성립해야 하므로 $f^{(9)}(0) = \frac{9!}{5!}$ 이다.

■

테일러급수와 매클로린급수는 함수의 근삿값을 구할 때 매우 유용할 수 있다. 예를 들어, $\sin(0.1)$ 을 계산하고자 한다면, 이 값을 직접 계산하여 정확하게 얻는 것은 불가능하지만 다음의 **교대급수의 오차**를 활용하면 매우 가까운 근삿값을 얻는 것은 가능하다.

참고 8.21

$a_n \geq 0$이고 $a_n \geq a_{n+1}$을 만족하는 수열 $\{a_n\}$으로 만들어진 급수 $\sum_{n=0}^{\infty}(-1)^n a_n$ 가 실수 L로 수렴하면 다음의 부등식이 성립한다.

$$\begin{aligned}\left|L - \sum_{n=0}^{m}(-1)^{n-1}a_n\right| &= |a_{m+1} - a_{m+2} + a_{m+3} - a_{m+4} + a_{m+5} - \cdots| \\ &= (a_{m+1} - a_{m+2}) + (a_{m+3} - a_{m+4}) + (a_{m+5} - \cdots \\ &= a_{m+1} - (a_{m+2} - a_{m+3}) - (a_{m+4} - a_{m+5}) - \cdots \\ &\leq a_{m+1}\end{aligned}$$

$\sin x$의 매클로린 급수 $\sin x = \sum_{n=0}^{\infty}(-1)^n \frac{x^{2n+1}}{(2n+1)!}$ 로부터 등식

$$\sin\frac{1}{10} = \sum_{n=0}^{\infty}\frac{(-1)^n}{(2n+1)!}\left(\frac{1}{10}\right)^{2n+1}$$

이 성립함을 알 수 있는데, 위의 교대급수의 오차를 $\sin(0.1)$에 적용하면

$$\left|\sin\frac{1}{10} - \sum_{n=0}^{m}\frac{(-1)^n}{(2n+1)!}\left(\frac{1}{10}\right)^{2n+1}\right| \leq \frac{1}{(2m+3)!}\left(\frac{1}{10}\right)^{2m+3}$$

이 성립하게 된다. 따라서, 예를 들어 $\sin(0.1)$의 근사값으로 $m = 1$까지의 부분합 $\frac{1}{10} - \frac{1}{6}\left(\frac{1}{1000}\right)$을 활용한다면 그 오차는 $\frac{1}{5!}\left(\frac{1}{10}\right)^5$ 이하 이다. 이 방법은 다음의 예제 8.22처럼 정적분에도 적용할 수 있다.

예제 8.22

정적분 $\int_0^1 \sin x^3\, dx$ 의 값과 $\int_0^1 x^3\, dx$ 의 차이가 $\frac{1}{60}$ 보다 작음을 보이시오.

풀이 예제 8.18로부터 다음의 등식을 얻는다.

$$\sin x^3 = \sum_{n=0}^{\infty}(-1)^n \frac{x^{6n+3}}{(2n+1)!}$$

이때, 모든 $x \in [0, 1]$에 대하여 $\frac{x^{6n+3}}{(2n+1)!}$ 이 0보다 크거나 같으며 n이 커짐에 따라 감소하므로 교대급수의 오차에 의해 부등식

$$\left|\sin x^3 - \sum_{n=0}^{m}\frac{(-1)^n}{(2n+1)!}x^{6n+3}\right| \leq \frac{1}{(2m+3)!}x^{6m+9}$$

이 성립한다. $m=0$일 때의 이 부등식에 의해 다음이 성립한다.

$$\left|\int_0^1 \sin x^3\, dx - \int_0^1 x^3\, dx\right| \leq \int_0^1 \frac{1}{6}x^9\, dx = \frac{1}{60}$$

8.2 연습문제

1. 다음 함수들을 매클로린급수로 전개하고 수렴반경 r을 구하시오.

   (1) $f(x) = \dfrac{1}{1-x}$　　(2) $f(x) = \ln(1+x^2)$　　(3) $f(x) = \dfrac{1-x}{1+x}$

   (4) $f(x) = e^{2x}$　　(5) $f(x) = \cos \pi x$　　(6) $f(x) = (1+x)^{-2}$

   (7) $f(x) = e^{x^2}$

2. 함수 $f(x) = e^{-x}$을 $x=-2$에서의 테일러급수로 전개하시오.

3. $\int \cos(x^2)\, dx$에 대한 매클로린급수를 구하시오 (단, 항은 적분상수 포함 6개 이상 표시).

4. 다음에서 $f^{(9)}(0)$을 구하시오.

   (1) $f(x) = x^2 \sin x$　　(2) $f(x) = x\cos(x^2)$

5. 함수 $f(x) = xe^{-x}$을 매클로린급수로 전개하고, 이를 이용하여 $f^{(100)}(0)$의 값을 구하시오.

6. 급수를 이용하여 다음의 극한값을 구하시오.

$$\lim_{x\to 0} \frac{e^x - 1 - x}{x^2}$$

7. 함수 $f(x) = \ln(4+x^4)$의 매클로린급수를 구하고, 이 급수의 수렴반경을 구하시오.

9장

벡터공간과 행렬

물리학에서는 속도, 가속도, 힘 등 크기와 방향이 동시에 주어진 값인 벡터를 다루는데, 벡터를 보다 더 잘 다루기 위해서는 그 벡터들의 변환을 이해해야 한다. 많은 변환 중에서도 선형이라는 특별한 구조를 갖는 변환을 표현하고, 또 다루기 위해서는 행렬을 학습하는 것이 필수 적이다. 행렬은 사실 물리학에서만 이용하는 개념이 아니고, 대다수의 수리정보를 한번에 표현할 수 있게 해준다는 그 특성 때문에 수학, 통계, 그리고 대다수의 공학에서 사용하고 있다. 특히, 최근에는 엄청난 기술의 진보를 통해 매우 많은 양의 데이터를 한꺼번에 처리하는 것이 가능해지면서 인공지능과 빅데이터 분야의 많은 발전이 있었는데, 행렬에 관한 이론이 이러한 분야에서 가장 기본적인 도구로 사용하고 있는 만큼 행렬이론의 중요성이 보다 더 대두되고 있다.

9.1 벡터와 벡터공간

자연수 n에 대하여 집합

$$\mathbb{R}^n = \{(x_1, x_2, \ldots, x_n) \mid x_i \in \mathbb{R}, i = 1, 2, \ldots, n\}$$

을 고려하면, 이 집합의 임의의 원소 $\mathbf{u} = (u_1, u_2, \ldots, u_n)$, $\mathbf{v} = (v_1, v_2, \ldots, v_n)$와 $\alpha \in \mathbb{R}$에 대하여 **합**(addition)과 **스칼라곱**(scalar multiplication)을 다음과 같이 정의할 수 있다.

$$\mathbf{u} + \mathbf{v} = (u_1 + v_1, u_2 + v_2, \ldots, u_n + v_n),$$
$$\alpha\mathbf{u} = (\alpha u_1, \alpha u_2, \ldots, \alpha u_n)$$

그리고 어렵지 않게 이 두 연산이 다음의 성질을 만족한다는 것을 보일 수 있다.

정리 9.1 $\mathbf{0} = (0, \cdots, 0) \in \mathbb{R}^n$과, 임의의 $\mathbf{u}, \mathbf{v}, \mathbf{w} \in \mathbb{R}^n$ 그리고 임의의 실수 $\alpha, \beta \in \mathbb{R}$에 대하여 다음이 성립한다.

(1) $\mathbf{u} + \mathbf{v} = \mathbf{v} + \mathbf{u}$

(2) $(\mathbf{u} + \mathbf{v}) + \mathbf{w} = \mathbf{u} + (\mathbf{v} + \mathbf{w})$

(3) $\mathbf{u} + \mathbf{0} = \mathbf{0} + \mathbf{u} = \mathbf{u}$

(4) $\mathbf{u} + (-\mathbf{u}) = \mathbf{0}$ (단, $-\mathbf{u} = (-1)\mathbf{u} = (-u_1, \ldots, -u_n)$)

(5) $\alpha(\mathbf{u} + \mathbf{v}) = \alpha\mathbf{u} + \alpha\mathbf{v}$

(6) $(\alpha + \beta)\mathbf{u} = \alpha\mathbf{u} + \beta\mathbf{u}$

(7) $\alpha(\beta\mathbf{u}) = (\alpha\beta)\mathbf{u}$

(8) $1\mathbf{u} = \mathbf{u}$

이러한 두 연산 합과 스칼라곱은 꼭 $\mathbb{R}^n$이 아니어도 정의가 될 수 있다. 예를 들어, 복소수 집합 $\mathbb{C}$에 대하여

$$\mathbb{C}^n = \{(x_1, x_2, \ldots, x_n) \mid x_i \in \mathbb{C}, i = 1, 2, \ldots, n\}$$

을 고려하면 $\mathbb{R}^n$에서와 같은 방식으로 연산을 정의할 수있다. 뿐만 아니라 이 연산은 정리 9.1의 8가지 성질을 만족하는데, 우리는 정리 9.1의 8가지 성질을 만족하는 두 연산 합과 스칼라곱이 주어진 집합을 **벡터공간**(vector space)이라 한다. 즉, $\mathbb{R}^n$과 $\mathbb{C}^n$은 모두 벡터공간이 된다.

벡터공간의 원소는 **벡터**(vector)라 하고, 특별히 정리 9.1의 $\mathbf{0} = (0, \cdots, 0)$는 **영벡터**(zero vector), 벡터 $-\mathbf{u}$는 $\mathbf{u}$의 **역벡터**(inverse vector)라 부른다.

벡터공간 중에서도 $\mathbb{R}^n$은 매우 특별하고 기본적인 벡터공간이며, 이 공간을 따로 **유클리드 벡터공간**(Euclidean vector space)이라 한다. 이 장에서는 벡터 공간 중에서도 $\mathbb{R}^n$에 대해서만 학습할 예정이다.

다음에서는 $\mathbb{R}^n$을 벡터공간이라 하고, 또 그 원소를 벡터라고 하는 근본적인 이유를 답하기 위해 기하학적인 관점에서의 벡터와 그것의 직교좌표계를 이용한 표현을 학습한다. 그리고, 이 공간에서 자연스럽게 정의하는 벡터의 크기와 내적을 살펴본다.

9.1.1 기하학적 관점에서의 벡터

넓이나 길이, 질량과 같은 물리적 양(quantity)은 주어진 양의 크기(magnitude)를 나타내는 실수를 사용해서 표시할 수 있는데, 이를 **스칼라**(scalar)라고 한다. 한편, 힘, 속도 또는 가속도와 같이 이러한 물리적 양과는 다르게 실수로만 표현하는 것이 불가능한 대상이 있다. 이들은 크기 뿐만이 아니라 방향을 가지고 있는데, 벡터는 이렇게 크기와 방향을 동시에 표현하는 양을 말하기 위해 만들어진 개념이다.

벡터를 나타내는 가장 쉬운 방법은 평면이나 3차원 공간에 방향과 길이가 있는 선분, 즉 화살표를 그려서 표현하는 것이다. 실수선 $\mathbb{R}$에서도 동일하게 생각하는 것이 가능하지만 이 경우 방향이 왼쪽, 오른쪽 두 경우 밖에 없어 매우 단순하므로, 특별히 $\mathbb{R}^2$ 위의 화살표를 생각하는 **평면벡터**(planar vector), 3차원 공간 $\mathbb{R}^3$상의 화살표를 생각하는 **3차원 공간벡터**(3-dimensional spatial vector)를 기준으로 설명하고자 한다.

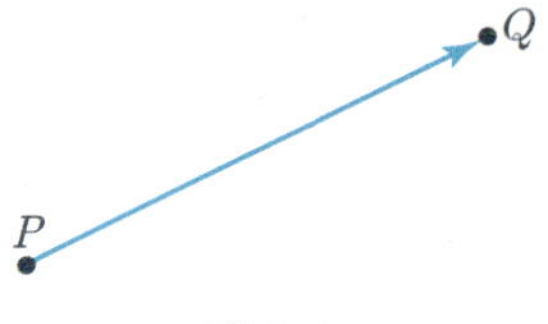

그림 9.1

평면벡터와 공간벡터 두 경우 모두 이 화살표는 시작점인 P와 끝점인 Q가 존

재하는데, 각각 P를 **시점**(initial point) Q를 **종점**(terminal point)이라 한다. 그리고 이 두 점을 이용해 주어진 벡터를 $\overrightarrow{PQ}$로 표현할 수 있다. 만약 벡터를 보다 간단히 표현하고자 한다면 굵은 문자 **a, b, u, v**, $\cdots$ 등을 이용해 다음과 같이 기술할 수 있다.

$$\mathbf{u} = \overrightarrow{PQ}$$

이때 벡터 $\mathbf{u}$의 **크기**(norm) 또는 **길이**(length)는 $\|\mathbf{u}\|$으로 나타내며, 길이가 1인 벡터를 **단위벡터**(unit vector)라 한다.

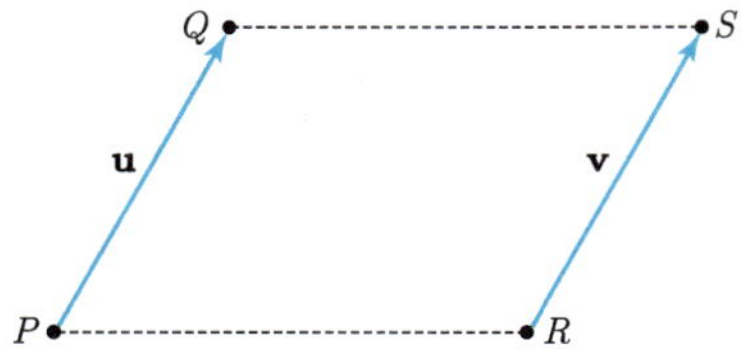

그림 9.2

벡터는 그것의 크기와 방향만을 고려하므로, 그 벡터의 위치는 고려하지 않는다. 즉, 벡터 $\mathbf{u} = \overrightarrow{PQ}$와 $\mathbf{v} = \overrightarrow{RS}$가 있을 때, 어느 하나를 평행이동하여 다른 하나와 완전히 겹쳐진다면 이 두 벡터는 **같다**(equal)고 하고 다음과 같이 표시한다.

$$\mathbf{u} = \mathbf{v}$$

벡터들에 대해서는 자연스럽게 합과 스칼라곱이라는 두 가지 기본적인 연산을 정의할 수 있다. 벡터들의 합의 경우 그림 9.3와 같이 벡터 $\mathbf{u} = \overrightarrow{PQ}$, $\mathbf{v} = \overrightarrow{RS}$가 주어져 있을 때, $\overrightarrow{PQ}$의 끝점 Q와 $\overrightarrow{RS}$의 시점 R이 일치하도록 벡터 $\overrightarrow{RS}$을 평행이동하여 만든 삼각형 $\Delta PQS'$의 빗변 $\overrightarrow{PS'}$를 $\mathbf{u}$와 $\mathbf{v}$의 **합**(addition)이라 하고, 다음과 같이 $\mathbf{u} + \mathbf{v}$로 나타낸다.

$$\mathbf{u} + \mathbf{v} = \overrightarrow{PS'}$$

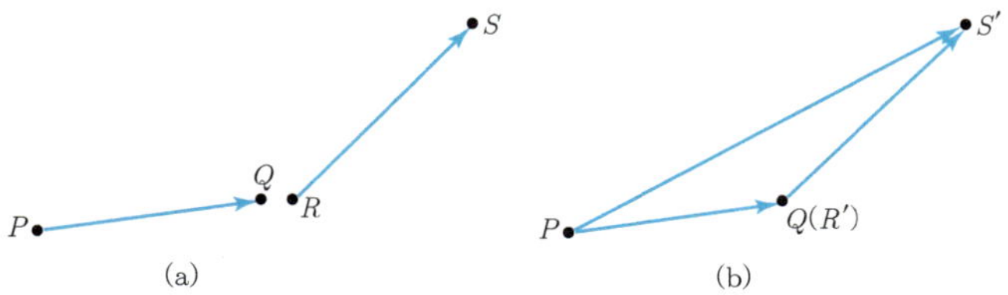

그림 9.3

종점과 시점이 일치하는, 즉 크기가 0인 특수한 벡터를 **영벡터**(zero vector)라 하고

$\mathbf{0}$으로 표시하는데, 임의의 벡터 $\mathbf{u}$에 대하여 등식

$$\mathbf{u} + \mathbf{0} = \mathbf{0} + \mathbf{u} = \mathbf{u}$$

가 성립하는 것이 자명하다. 따라서 영벡터는 벡터의 합연산에서 항등원 역할을 한다. 참고로, 스칼라인 실수 0과 벡터 $\mathbf{0}$을 구별해야함에 주의하자.

벡터의 **스칼라곱**(scalar multiplication)의 경우, 영벡터가 아닌 벡터 $\mathbf{u}$와 실수 $\alpha \neq 0$에 대한 스칼라곱 αu는 $\alpha > 0$이면 $\mathbf{u}$와 같은 방향을 갖고 크기가 $|\alpha|\|\mathbf{u}\|$인 벡터로, $\alpha < 0$이면 $\mathbf{u}$와 반대 방향이고 크기가 $|\alpha|\|\mathbf{u}\|$인 벡터로 정의한다. 또한, $\alpha = 0$이거나 $\mathbf{u} = \mathbf{0}$이면 $\alpha\mathbf{u} = \mathbf{0}$으로 정의한다.

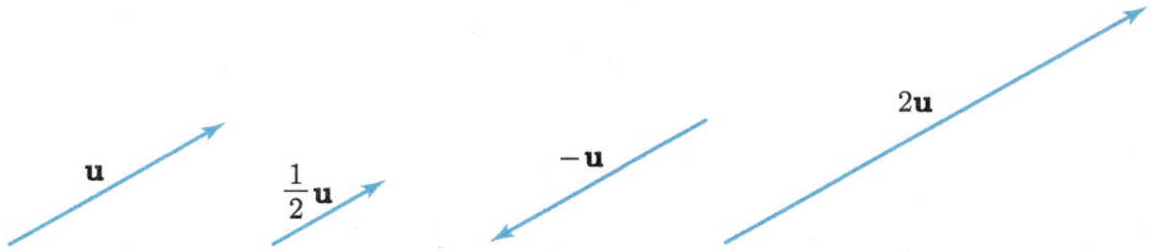

그림 9.4

만약 $\alpha = -1$라면, $(-1)\mathbf{u}$를 편의상 $-\mathbf{u}$로 간단히 쓰고, 이 벡터는 u와 크기가 같은 하지만 방향은 정반대인 벡터가 된다. 따라서

$$\mathbf{u} + (-\mathbf{u}) = (-\mathbf{u}) + \mathbf{u} = \mathbf{0}$$

이 성립하는데, 이러한 이유로 즉 $-\mathbf{u}$를 $\mathbf{u}$의 **역벡터**(inverse vector)라고 부른다.

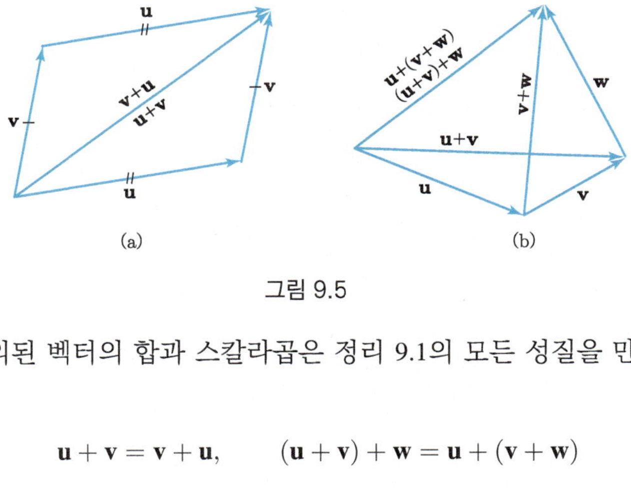

그림 9.5

이렇게 정의된 벡터의 합과 스칼라곱은 정리 9.1의 모든 성질을 만족한다. 예를 들어, 두 등식

$$\mathbf{u} + \mathbf{v} = \mathbf{v} + \mathbf{u}, \qquad (\mathbf{u} + \mathbf{v}) + \mathbf{w} = \mathbf{u} + (\mathbf{v} + \mathbf{w})$$

는 그림 9.5를 통해 이해 가능하고, 등식

$$\alpha(\mathbf{u} + \mathbf{v}) = \alpha\mathbf{u} + \alpha\mathbf{v}$$

는 그림 9.6를 통해 어렵지 않게 이해할 수 있다.

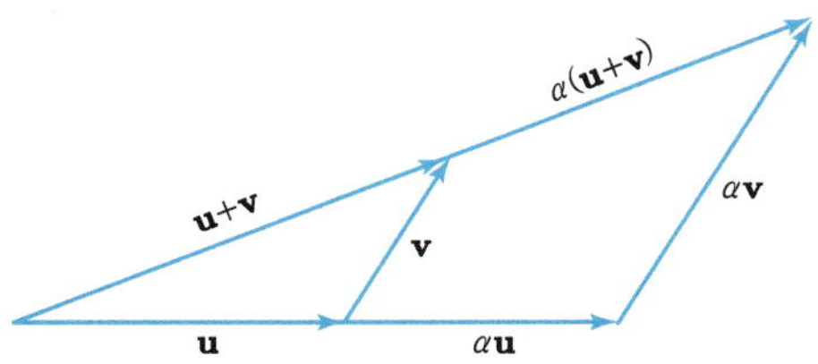

그림 9.6

앞에서 언급한 바와 같이 $\mathbb{R}^2$ 나 $\mathbb{R}^3$ 외에도 많은 공간이 이러한 성질들을 가지고 있으며 또 이 성질들이 벡터들을 설명하는 가장 근본적인 성질이 된다. 이러한 이유로 보다 일반적인 의미에서 정리 9.1의 모든 성질을 만족하는 합, 스칼라곱 연산을 갖는 집합을 벡터공간이라 정의하게 된 것이다.

9.1.2 직교좌표계에서의 벡터의 표현

9.1.1절에서는 기하학적인 관점에서 $\mathbb{R}^2$ 와 $\mathbb{R}^3$ 에서의 벡터를 설명했다면, 이 절에서는 이 벡터를 보다 간단하게 표현할 수 있게 해주는 직교좌표계를 이용한 벡터의 표현을 학습한다. 앞으로의 설명은 편의상 $\mathbb{R}^3$ 를 기준으로 하지만, 동일하게 $\mathbb{R}^2$ 에 대해서도 적용 가능하며, 이 표현 방법은 이 장의 시작에서 살펴본 $\mathbb{R}^n$ 에서의 벡터의 합과 스칼라곱으로 자연스럽게 확장된다.

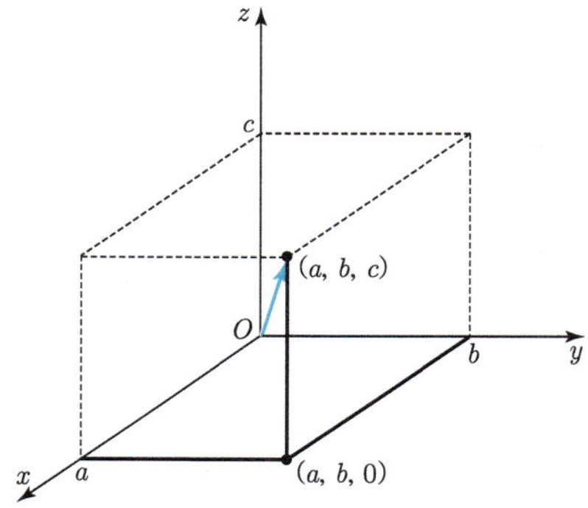

그림 9.7

특정 벡터를 평행이동하여 만들 수 있는 벡터는 모두 같은 것으로 보기 때문에 시점이 원점인 벡터만을 생각해도 무방하다. 이 경우, 각 벡터는 모두 그 벡터의 종점에만 의존하므로 이 종점과 벡터를 **동일시**(identification)할 수 있다. 즉, 그림 9.7와 같이 임의로 주어진 3차원 공간벡터 $\mathbf{u}$는 시점이 원점인 벡터로 평행이동하여 $\mathbb{R}^3$ 의 종점의 좌표 (a, b, c)로 표시할 수 있다.

이때 a, b, c를 각각 $\mathbf{u}$의 x **성분**, y **성분**, z **성분**이라고 하며, (a, b, c)를 $\mathbf{u}$의 **성분표시**

(component representation)라고 부른다. 그리고 편의상 다음과 같이 쓴다.

$$\mathbf{u} = (a, b, c)$$

이 성분표시에 의하면 9.1.1절에서 정의한 벡터 $\mathbf{u} = (a, b, c)$의 크기 $\|\mathbf{u}\|$는 원점과 점 (a, b, c)까지의 거리이므로 피타고라스 정리로부터 다음의 등식이 성립한다.

$$\|\mathbf{u}\| = \sqrt{a^2 + b^2 + c^2}$$

뿐만 아니라 3차원 공간벡터의 합과 스칼라곱이 각각 $\mathbb{R}^3$에서 정의된 합과 스칼라곱으로 표현된다는 사실을 알 수 있다. 즉, 벡터 $\mathbf{u} = (a, b, c)$와 $\mathbf{v} = (d, e, f)$, 실수 α에 대하여 다음이 성립한다.[1]

$$\mathbf{u} + \mathbf{v} = (a + d, b + e, c + f) = (a, b, c) + (d, e, f)$$
$$\alpha\mathbf{u} = (\alpha a, \alpha b, \alpha c) = \alpha(a, b, c)$$

한편, 벡터

$$\mathbf{e}_1 = (1, 0, 0), \quad \mathbf{e}_2 = (0, 1, 0), \quad \mathbf{e}_3 = (0, 0, 1)$$

를 각각 x 축 방향, y 축 방향, z 축 방향의 **표준단위벡터**(standard unit vector)라고 하는데, 이 벡터들과 공간벡터의 합과 스칼라곱을 이용하면 다음과 같이 벡터 $\mathbf{u} = (a, b, c)$를 표현할 수 있다.[2]

$$\mathbf{u} = (a, b, c) = a\mathbf{e}_1 + b\mathbf{e}_2 + c\mathbf{e}_3$$

성분표시를 $\mathbb{R}^2$에서의 벡터에 대해서 적용하면, 평면 벡터 u가 $\mathbf{u} = (a, b)$로 표현된다. 이 경우 표준단위 벡터는 $\mathbf{e}_1 = (1, 0)$, $\mathbf{e}_2 = (0, 1)$가 되며, 두 평면 벡터 $\mathbf{u} = (a, b)$, $\mathbf{v} = (d, e)$와 실수 α에 대한 벡터의 합과 스칼라곱은 다음과 같이 쓸 수 있다.

$$\mathbf{u} + \mathbf{v} = (a + d, b + e) = (a, b) + (d, e)$$
$$\alpha\mathbf{u} = (\alpha a, \alpha b) = \alpha(a, b)$$

이때, 벡터 u의 크기 $\|u\| = \sqrt{a^2 + b^2}$이다.

이를 통해 $\mathbb{R}^2$에서의 표현과 $\mathbb{R}^3$에서의 표현의 차이는 단지 마지막 성분이 추가되었느냐 추가되지 않았느냐의 차이일 뿐임을 알 수 있다. 그리고 이 성분을 추가하거나 빼

[1]이 두 등식에서 맨 왼쪽의 식은 각각 9.1.1절에서 학습한 3차원 공간벡터의 합과 스칼라배이며 맨 오른쪽의 식은 각각 9.1절 맨 처음에 정의한 $n = 3$일 때 $\mathbb{R}^n$에서의 합과 스칼라배를 의미한다.

[2]표준단위벡터 $\mathbf{e}_1$, $\mathbf{e}_2$, $\mathbf{k} = \mathbf{e}_3$ 대신 다음과 같이 $\mathbf{i}$, $\mathbf{j}$, $\mathbf{k}$를 쓰기도 한다.

$$\mathbf{i} = \mathbf{e}_1, \ \mathbf{j} = \mathbf{e}_2, \ \mathbf{k} = \mathbf{e}_3$$

는 일을 계속 반복할 수 있다는 것을 어렵지 않게 볼 수 있는데, 이는 이 장의 처음에서 벡터와 벡터공간을 정의한 것 처럼 $\mathbb{R}^n = \{(x_1, x_2, \ldots, x_n) \mid x_i \in \mathbb{R}, i = 1, 2, \ldots, n\}$의 원소 $\mathbf{u} = (u_1, u_2, \ldots, u_n)$를 벡터로 생각하고, 벡터 $\mathbf{v} = (v_1, v_2, \ldots, v_n)$와 $\alpha \in \mathbb{R}$에 대하여 합과 스칼라곱을 다음과 같이 정의하는 것이 자연스럽다는 것을 말해준다.

$$\begin{aligned}\mathbf{u} + \mathbf{v} &= (u_1 + v_1, u_2 + v_2, \ldots, u_n + v_n),\\ \alpha\mathbf{u} &= (\alpha u_1, \alpha u_2, \ldots, \alpha u_n)\end{aligned}$$

또한, $\mathbb{R}^n$의 원소 중 i번째 성분만 1이고 나머지 성분이 0인 벡터 $\mathbf{e}_i$를 i번째 **표준단위벡터**라 하며, 이를 이용해 벡터 $\mathbf{u} = (u_1, u_2, \ldots, u_n)$를 $\mathbf{u} = \sum_{i=1}^{n} u_i\mathbf{e}_i$로 표현할 수 있다. 그리고, 벡터 $\mathbf{u}$의 **크기**(norm)는 다음과 같이 정의한다.

$$\|\mathbf{u}\| = \sqrt{u_1^2 + u_2^2 + \ldots + u_n^2} = \sqrt{\sum_{i=1}^{n} u_i^2}$$

이러한 표현 방법은 $\mathbb{R}^2$, $\mathbb{R}^3$뿐 아니라 $\mathbb{R}$그리고 보다 다양한 벡터공간을 쉽게 다룰 수 있게 해준다.

9.1.3 벡터의 내적

$\mathbb{R}^n$의 원점 O와 임의의 원점이 아닌 서로 다른 두 점 P와 Q로 만들어지는 삼각형 ΔOPQ을 생각해보면, 세 점은 한 평면 위에 있기 때문에 이 삼각형은 이미 알려진 많은 기하학적인 성질들이 성립하게 될 것이다. 예를 들어, ΔOPQ의 꼭짓점 O에서의 각도를 θ $(0 < \theta < \pi)$라 한다면 제이코사인 법칙에 의해 다음의 등식이 성립한다.

$$L(\overline{PQ})^2 = L(\overline{OP})^2 + L(\overline{OQ})^2 - 2L(\overline{OP})L(\overline{OQ})\cos\theta \tag{9.1}$$

이때, 이 식의 L은 주어진 선분의 길이를 말해주는 함수로 생각하자. 즉, 예를 들어, $L(\overline{PQ})$는 선분 $\overline{PQ}$의 길이를 말한다. 이 등식은 지금까지 학습한 벡터를 활용해 다시 기술하는 것이 가능하다. 즉, 그림 9.8와 같이 $\mathbf{u} = \overrightarrow{OP}$, $\mathbf{v} = \overrightarrow{OQ}$로 정의하면 등식 $\mathbf{u} = \mathbf{v} + \overrightarrow{QP}$로부터

$$\overrightarrow{QP} = \mathbf{u} - \mathbf{v}$$

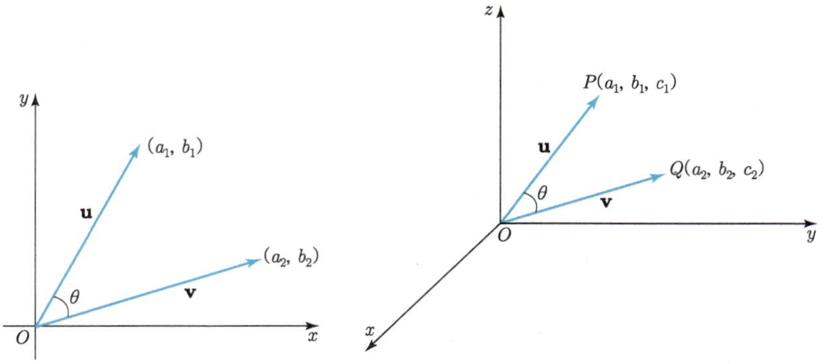

그림 9.8 두 벡터의 사잇각

가 성립함을 알 수 있다 (그림 9.9 참고).[3] 이때, 각 선분의 길이는 그에 해당하는 벡터의 크기이므로, 앞서 제이코사인법칙으로부터 얻은 식 (9.1)은 다음의 식과 같다.

$$\|\mathbf{u}-\mathbf{v}\|^2 = \|\mathbf{u}\|^2 + \|\mathbf{v}\|^2 - 2\|\mathbf{u}\|\|\mathbf{v}\|\cos\theta \tag{9.2}$$

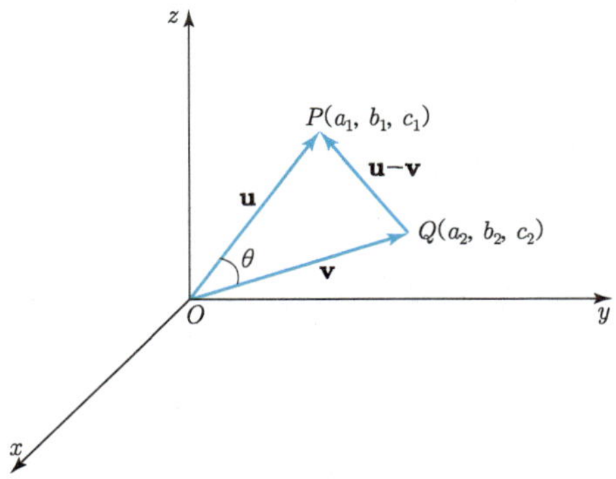

그림 9.9

이때, 이 등식에만 주목해 보면 이 등식이 θ가 0이거나 π인 경우에도 성립함을 알 수 있다. $\theta = 0$이라는 것은 $\mathbf{u}$의 방향이 $\mathbf{v}$와 같은 방향이라는 것을, $\theta = \pi$라는 것은 서로 반대 방향이 되는 것을 말하며 두 경우 모두 $\mathbf{u} = \alpha\mathbf{v}$를 만족하는 실수 α가 존재한다. 우리는 이러한 경우에 $\mathbf{u}$가 $\mathbf{v}$와 **나란하다**(parallel) 또는 $\mathbf{u}$와 $\mathbf{v}$가 나란한 방향을 가진다고 한다. 참고로, $\theta = 0$이면 $\alpha \geq 0$이며 $\theta = \pi$이면 $\alpha \leq 0$이 성립한다. 따라서, 이 두 경우 모두 다음이 성립한다.

$$\|\mathbf{u}-\mathbf{v}\|^2 = (\alpha-1)^2\|\mathbf{v}\|^2 = \alpha^2\|\mathbf{v}\|^2 - 2\alpha\|\mathbf{v}\|^2 + \|\mathbf{v}\|^2$$

[3] 한 점에서 다른 한점으로의 벡터를 원점이 시점인 벡터들의 차로 표현하는 이 표현 방법은 매우 유용한 표현이므로 반드시 기억하도록 하자.

$$= \|\mathbf{u}\|^2 + \|\mathbf{v}\|^2 - 2\|\mathbf{u}\|\|\mathbf{v}\|\cos\theta$$

즉, θ가 0이거나 π인 경우에도 등식 (9.2)가 성립한다. 지금까지의 내용을 점이 아닌 벡터의 관점에서 다시 정리해보면 원점을 시점으로 하는 두 벡터 $\mathbf{u}$와 $\mathbf{v}$에 대해서 θ $(0 \le \theta \le \pi)$를 두 벡터의 원점에서의 사잇각이라 한다면 이들은 등식 (9.2)를 만족한다.[4] 그리고, 등식 (9.2)의 우변에 나타나는 항 중 $\|\mathbf{u}\|\,\|\mathbf{v}\|\cos\theta$를 두 벡터 $\mathbf{u}$와 $\mathbf{v}$의 내적 $\mathbf{u}\cdot\mathbf{v}$로 정의한다.

정의 9.2 벡터의 내적

사잇각이 θ $(0 \le \theta \le \pi)$인 두 벡터 $\mathbf{u} \in \mathbb{R}^n$와 $\mathbf{v} \in \mathbb{R}^n$의 **내적**(inner product) $\mathbf{u}\cdot\mathbf{v}$는 다음과 같이 정의된다.

$$\mathbf{u}\cdot\mathbf{v} = \begin{cases} \|\mathbf{u}\|\,\|\mathbf{v}\|\cos\theta, & (\mathbf{u} \ne \mathbf{0}, \mathbf{v} \ne \mathbf{0}\text{일 때}) \\ 0, & (\mathbf{u} = \mathbf{0} \text{ 또는 } \mathbf{v} = \mathbf{0}\text{일 때}) \end{cases}$$

내적은 두 $\mathbf{0}$이 아닌 벡터 사이의 각도 θ를 등식

$$\cos\theta = \frac{\mathbf{u}\cdot\mathbf{v}}{\|\mathbf{u}\|\|\mathbf{v}\|}$$

으로 설명해주기 때문에 내적은 다양한 기하학적 개념을 생각할 수 있게 해준다. 그 중 가장 대표적인 것이 벡터의 수직이다. 내적의 정의를 살펴보면 영벡터가 아닌 두 벡터 $\mathbf{u}$와 $\mathbf{v}$가 수직, 즉, 사잇각 θ가 $\pi/2$라는 것은 내적 $\mathbf{u}\cdot\mathbf{v}$가 0이라는 것과 동치이다. 따라서, 이를 보다 확장하여 임의의 두 벡터 $\mathbf{u}, \mathbf{v}$에 대해 $\mathbf{u}\cdot\mathbf{v} = 0$인 경우를 $\mathbf{u}$와 $\mathbf{v}$가 서로 **수직**(perpendicular)이다 또는 **직교**(orthogonal)한다고 정의하며, 간단히 $\mathbf{u} \perp \mathbf{v}$라고 표기한다.

이처럼 내적은 벡터들의 기하학적인 관계를 설명하는데 큰 역할을 하기 때문에 벡터의 내적을 계산하는 것이 중요하다. 하지만 내적을 계산하는데 정의만을 사용하기에는 사잇각 θ를 다루기가 쉽지 않으므로 다음의 정리를 유용하게 사용한다.

정리 9.3 벡터의 내적 계산

두 벡터 $\mathbf{u} = (u_1, u_2, ..., u_n) \in \mathbb{R}^n$와 $\mathbf{v} = (v_1, v_2, ..., v_n) \in \mathbb{R}^n$에 대하여 다음이 성립한다.

$$\mathbf{u}\cdot\mathbf{v} = u_1v_1 + u_2v_2 + \cdots + u_nv_n = \sum_{i=1}^{n} u_iv_i$$

[4] 사잇각 θ의 범위를 $0 \le \theta \le \pi$로 한정한다는 것은 두 벡터가 이루는 두 각 중 작은 쪽을 고려한다는 의미이다.

증명 식(9.2)와 벡터의 크기의 정의로부터 다음을 얻을 수 있다.

$$\begin{aligned}2\mathbf{u}\cdot\mathbf{v} &= \|\mathbf{u}\|\cdot\|\mathbf{v}\|\cos\theta = \|\mathbf{u}\|^2+\|\mathbf{v}\|^2-\|\mathbf{u}-\mathbf{v}\|^2 \\ &= \sum_{i=1}^{n}u_i^2+\sum_{i=1}^{n}v_i^2-\sum_{i=1}^{n}(u_i-v_i)^2 = 2\sum_{i=1}^{n}u_iv_i\end{aligned}$$

따라서 등식 $\mathbf{u}\cdot\mathbf{v}=\sum_{i=1}^{n}u_iv_i$ 이 성립한다. ■

특별히 자주 사용하는 $\mathbb{R}^2$와 $\mathbb{R}^3$의 경우 내적 계산식을 다시 써보면 다음과 같다.

(1) $\mathbb{R}^2$의 경우 : $\mathbf{u}=(a_1,b_1)$와 $\mathbf{v}=(a_2,b_2)$일 때 다음이 성립한다.

$$\mathbf{u}\cdot\mathbf{v}=a_1a_2+b_1b_2$$

(2) $\mathbb{R}^3$의 경우 : $\mathbf{u}=(a_1,b_1,c_1)$와 $\mathbf{v}=(a_2,b_2,c_2)$일 때 다음이 성립한다.

$$\mathbf{u}\cdot\mathbf{v}=a_1a_2+b_1b_2+c_1c_2$$

예제 9.4

두 벡터 $\mathbf{u}=(2,-1,1)$, $\mathbf{v}=(1,1,2)$의 사잇각 θ를 구하시오.

풀이 정리 9.3와 벡터의 크기의 정의로부터 다음의 등식이 만족함을 알 수 있다.

$$\begin{aligned}\mathbf{u}\cdot\mathbf{v} &= (2,-1,1)\cdot(1,1,2)=3 \\ \|\mathbf{u}\| &= \sqrt{2^2+(-1)^2+1^2}=\sqrt{6} \\ \|\mathbf{v}\| &= \sqrt{1^2+1^2+2^2}=\sqrt{6}\end{aligned}$$

따라서, 두 벡터 $\mathbf{u}$, $\mathbf{v}$의 사잇각 θ $(0\le\theta\le\pi)$에 대하여 등식

$$\cos\theta=\frac{3}{\sqrt{6}\sqrt{6}}=\frac{1}{2}$$

이 성립하므로 $\theta=\frac{\pi}{3}$를 얻을 수 있다. ■

예제 9.5

표준단위벡터 $\mathbf{e}_1$, $\mathbf{e}_2$, $\mathbf{e}_3$를 변으로 갖는 정육면체의 원점을 지나는 대각선과 x축이 이루는 각 θ에 대하여 $\sin\theta$를 구하시오.

풀이 주어진 정육면체는 그림 9.10과 같으므로, 원점을 지나는 대각선은 $(0,0,0)$에서 $(1,1,1)$로의 벡터는$\mathbf{u}=(1,1,1)$이다. 따라서, 원점을 지나는 대각선과 x축이

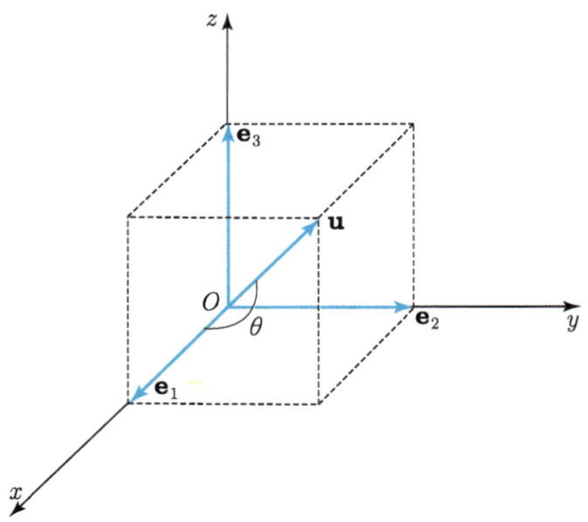

그림 9.10

이루는 각은 $\mathbf{u}$와 $\mathbf{e}_1$의 사잇각이 되고, 등식 $\|\mathbf{u}\|^2 = 3$, $\|\mathbf{e}_1\|^2 = 1$, $\mathbf{u} \cdot \mathbf{e}_1 = 1$ 로부터

$$\cos\theta = \frac{\mathbf{u} \cdot \mathbf{e}_1}{\|\mathbf{u}\|\|\mathbf{e}_1\|} = \frac{1}{\sqrt{3}\sqrt{1}} = \frac{1}{\sqrt{3}}.$$

를 알 수 있다. 따라서, $\sin\theta = \sqrt{1-\cos^2\theta} = \sqrt{\frac{2}{3}}$을 알 수 있다. ■

정리 9.3는 다음과 같이 내적이 갖는 다양한 성질을 살펴볼 수 있게 해준다.

정리 9.6 자연수 $n \geq 1$과 세 벡터 $\mathbf{u}, \mathbf{v}, \mathbf{w} \in \mathbb{R}^n$, 그리고 실수 $\alpha \in \mathbb{R}$에 대해 다음이 성립한다.

(1) $\mathbf{u} \cdot \mathbf{v} = \mathbf{v} \cdot \mathbf{u}$

(2) $(\mathbf{u}+\mathbf{v}) \cdot \mathbf{w} = \mathbf{u} \cdot \mathbf{w} + \mathbf{v} \cdot \mathbf{w}$

(3) $\alpha(\mathbf{u} \cdot \mathbf{v}) = (\alpha\mathbf{u}) \cdot \mathbf{v} = \mathbf{u} \cdot (\alpha\mathbf{v})$

(4) $\mathbf{u} \cdot \mathbf{u} = \|\mathbf{u}\|^2 \geq 0$

(5) **(코시-슈바르츠 부등식)** $|\mathbf{u} \cdot \mathbf{v}| \leq \|\mathbf{u}\|\|\mathbf{v}\|$

(6) **(삼각부등식[5])** $\|\mathbf{u}+\mathbf{v}\| \leq \|\mathbf{u}\| + \|\mathbf{v}\|$

증명 (1), (2), (3), (4), (5)는 내적의 정의 또는 정리 9.3를 이용해 쉽게 증명할 수 있으므로 생략한다.

(6) (1), (2), (4) 그리고 (5)에 의해 다음이 성립하므로 (6)이 성립한다.

$$\|\mathbf{u}+\mathbf{v}\|^2 = (\mathbf{u}+\mathbf{v}) \cdot (\mathbf{u}+\mathbf{v})$$

[5]삼각부등식은 삼각형의 한 변의 길이가 나머지 두 변의 길이의 합보다 작다는 사실을 설명하는 부등식이다.

$$
\begin{aligned}
&= \mathbf{u}\cdot(\mathbf{u}+\mathbf{v}) + \mathbf{v}\cdot(\mathbf{u}+\mathbf{v}) \\
&= \mathbf{u}\cdot\mathbf{u} + \mathbf{u}\cdot\mathbf{v} + \mathbf{v}\cdot\mathbf{u} + \mathbf{v}\cdot\mathbf{v} \\
&\le \|\mathbf{u}\|^2 + 2\|\mathbf{u}\|\|\mathbf{v}\| + \|\mathbf{v}\|^2 \\
&= (\|\mathbf{u}\| + \|\mathbf{v}\|)^2 \qquad \blacksquare
\end{aligned}
$$

내적을 활용할 수 있는 또 다른 개념으로는 정사영이 있다. 그림 9.11에서처럼 영벡터가 아닌 두 벡터 $\mathbf{u}$와 $\mathbf{v}$가 있다면 이 두 벡터에 의해 유일하게 결정되는 평면 위에서 벡터 $\mathbf{v}$와 나란한 벡터 $\mathbf{u}_1$과 벡터 $\mathbf{v}$와 수직인 벡터 $\mathbf{u}_2$로 벡터 $\mathbf{u}$를 분해하여 다음과 같이 표현할 수 있다.

$$\mathbf{u} = \mathbf{u}_1 + \mathbf{u}_2$$

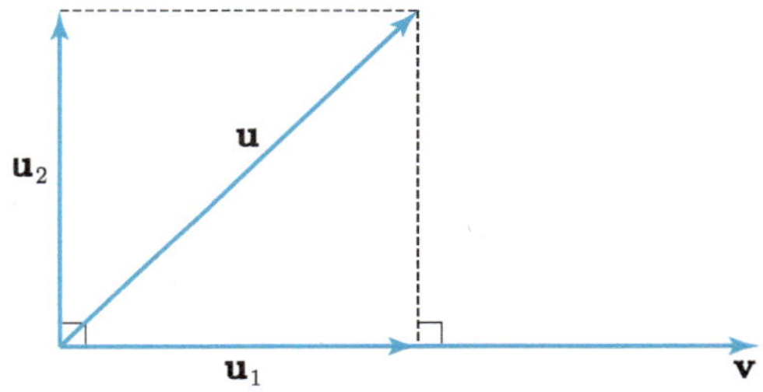

그림 9.11

이때, 내적의 정의로부터 벡터 $\mathbf{u}$와 $\mathbf{v}$의 사잇각 θ에 대하여 등식

$$\|\mathbf{u}\|\cos\theta = \frac{\mathbf{u}\cdot\mathbf{v}}{\|\mathbf{v}\|}$$

이 성립함을 알 수 있는데, 피타고라스 정리로부터 $\theta \le \pi/2$인 경우 좌변의 $\|\mathbf{u}\|\cos\theta$가 $\mathbf{u}_1$의 크기가 된다는 것을 알 수 있다. 정리하자면, $\mathbf{u}_1$은 $\mathbf{v}$와 나란하면서 크기가 $\|\mathbf{u}\|\cos\theta$인 벡터이다. 즉, $\mathbf{u}_1 = \frac{\mathbf{u}\cdot\mathbf{v}}{\|\mathbf{v}\|}\frac{\mathbf{v}}{\|\mathbf{v}\|}$이 성립한다. 이때, 내적의 정의에 의해 $\|\mathbf{v}\|^2 = \mathbf{v}\cdot\mathbf{v}$가 성립하므로 이를 이용해 다시 정리하면 다음의 등식을 얻을 수 있다.

$$\mathbf{u}_1 = \frac{\mathbf{u}\cdot\mathbf{v}}{\|\mathbf{v}\|}\frac{\mathbf{v}}{\|\mathbf{v}\|} = \left(\frac{\mathbf{u}\cdot\mathbf{v}}{\mathbf{v}\cdot\mathbf{v}}\right)\mathbf{v}$$

만약, 사잇각 θ가 $\frac{\pi}{2} < \theta \le \pi$을 만족한다면, $\cos\theta$가 음수이므로 $-\|\mathbf{u}\|$가 $\mathbf{u}_1$의 크기가 되고 $\mathbf{u}_1$의 방향은 $\mathbf{v}$의 반대방향 즉 $-\mathbf{v}$와 같은 방향이 된다. 따라서, 앞선 계산을 반복하면 이 경우에도 마찬가지로 등식

$$\mathbf{u}_1 = \left(\frac{\mathbf{u}\cdot\mathbf{v}}{\mathbf{v}\cdot\mathbf{v}}\right)\mathbf{v}$$

이 성립함을 알 수 있다. 또한, 벡터 $\mathbf{u}_2$가 실제로 $\mathbf{v}$와 수직이 된다는 것을 다음의

계산을 통해 확인할 수 있다.

$$\mathbf{u}_2 \cdot \mathbf{v} = (\mathbf{u} - \mathbf{u}_1) \cdot \mathbf{v} = \left[\mathbf{u} - \left(\frac{\mathbf{u}\cdot\mathbf{v}}{\mathbf{v}\cdot\mathbf{v}}\right)\mathbf{v}\right] \cdot \mathbf{v}$$
$$= \mathbf{u}\cdot\mathbf{v} - \left(\frac{\mathbf{u}\cdot\mathbf{v}}{\mathbf{v}\cdot\mathbf{v}}\right)\mathbf{v}\cdot\mathbf{v} = \mathbf{u}\cdot\mathbf{v} - \mathbf{u}\cdot\mathbf{v} = 0$$

정리 9.7 자연수 $n \geq 1$과 영벡터가 아닌 두 벡터 $\mathbf{u} \in \mathbb{R}^n$와 $\mathbf{v} \in \mathbb{R}^n$에 대하여

$$\mathbf{u}_1 = \left(\frac{\mathbf{u}\cdot\mathbf{v}}{\mathbf{v}\cdot\mathbf{v}}\right)\mathbf{v}, \quad \mathbf{u}_2 = \mathbf{u} - \mathbf{u}_1$$

는 다음을 만족하며, 세 조건을 만족하는 유일한 벡터이다.

(i) $\mathbf{u}_1 = \alpha\mathbf{v}$를 만족하는 $\alpha \in \mathbb{R}$이 존재한다.

(ii) $\mathbf{u}_2 \perp \mathbf{v}$

(iii) $\mathbf{u} = \mathbf{u}_1 + \mathbf{u}_2$

증명 두벡터 $\mathbf{u}_1$, $\mathbf{u}_2$가 (i), (ii), (iii)를 만족한다는 것은 이전에 확인했으므로, 유일성만 증명하면 충분하다. 벡터 $\mathbf{z}_1$, $\mathbf{z}_2$가 (i), (ii), (iii)를 만족한다고 가정하면, 정리 9.6와 조건 (ii), (iii)으로부터 다음을 알 수 있다.

$$\mathbf{u}\cdot\mathbf{v} = (\mathbf{z}_1 + \mathbf{z}_2)\cdot\mathbf{v} = \mathbf{z}_1\cdot\mathbf{v}$$

이때, 조건 (i)으로부터 $\beta \in \mathbb{R}^2$가 등식 $\mathbf{z}_1 = \beta\mathbf{v}$를 만족한다고 하면 위 식으로부터 다음을 알 수 있다.

$$\beta\|\mathbf{v}\| = \beta\mathbf{v}\cdot\mathbf{v} = \mathbf{z}_1\cdot\mathbf{v} = \mathbf{u}\cdot\mathbf{v}$$

따라서, $\beta = \dfrac{\mathbf{u}\cdot\mathbf{v}}{\mathbf{v}\cdot\mathbf{v}}$이다. 즉, 다음이 성립한다.

$$\mathbf{z}_1 = \mathbf{u}_1, \quad \mathbf{z}_2 = \mathbf{u}_2$$ ■

이러한 이유로, $\mathbf{0}$이 아닌 두 벡터 $\mathbf{u}$와 $\mathbf{v}$에 대하여 벡터 $\left(\dfrac{\mathbf{u}\cdot\mathbf{v}}{\mathbf{v}\cdot\mathbf{v}}\right)\mathbf{v}$를 벡터 $\mathbf{u}$의 벡터 $\mathbf{v}$에 대한 **정사영**(orthogonal projection) 또는 벡터 $\mathbf{u}$의 벡터 $\mathbf{v}$로의 **정사영**(orthogonal projection)이라고 한다. 또한, 실수 $\dfrac{\mathbf{u}\cdot\mathbf{v}}{\mathbf{v}\cdot\mathbf{v}}$를 벡터 $\mathbf{u}$의 $\mathbf{v}$ 성분이라고 부른다.

예제 9.8

벡터 $\mathbf{u} = (1, -1, 1)$의 벡터 $\mathbf{v} = (-1, 0, -2)$에 대한 정사영을 구하시오.

풀이 등식

$$\mathbf{u}\cdot\mathbf{v} = (1, -1, 1)\cdot(-1, 0, -2) = -3$$

$$\mathbf{v} \cdot \mathbf{v} = (-1)^2 + (-2)^2 = 5$$

로부터 다음과 같이 정사영을 구할 수 있다.

$$\left(\frac{\mathbf{u} \cdot \mathbf{v}}{\mathbf{v} \cdot \mathbf{v}}\right) \mathbf{v} = \frac{-3}{5}(-1, 0, -2) = \left(\frac{3}{5}, 0, \frac{6}{5}\right)$$ ■

끝으로 정사영이 보다 직관적으로 다양한 등식을 이해할 수 있게 해준다는 것을 언급하고자 한다. 예를 들어, 정리 9.6의 (2)는 그림 9.12과 같이 정사영을 통해 이해할 수 있다.

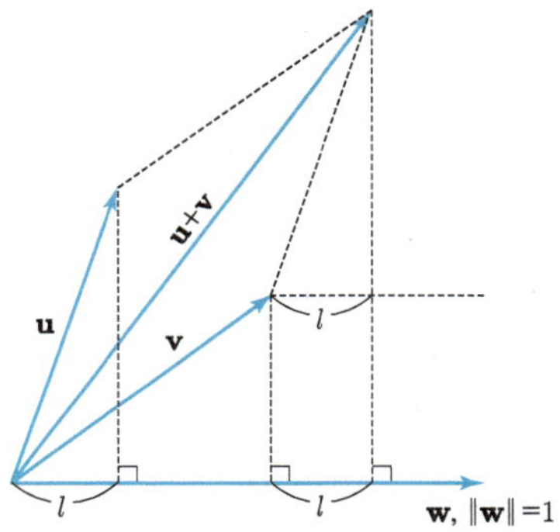

그림 9.12

9.1 연습문제

1. 벡터 $\mathbf{u} = (1,\ 2,\ 3)$, $\mathbf{v} = (-1,\ 0,\ 1)$에 대하여 다음을 구하시오.

   (1) $\mathbf{u} + \mathbf{v}$ (2) $2\mathbf{u} - 3\mathbf{v}$

   (3) $3\mathbf{u} - 7\mathbf{v}$ (4) $-\mathbf{u} - 2\mathbf{v}$

2. 벡터 $\mathbf{u} = (-1, 3, 2)$, $\mathbf{v} = (1, 1, 1)$, $\mathbf{w} = (-3, 1, 2)$에 대하여 $a\mathbf{u} + b\mathbf{v} + c\mathbf{w} = (-5, -1, 8)$ 이 되는 수 a, b, c를 구하시오.

3. 벡터 $\mathbf{u} = (3, 0, 1, 2)$, $\mathbf{v} = (-1, 2, 7, -3)$, $\mathbf{w} = (2, 0, 1, 1)$에 대하여 다음을 구하시오.

(1) $\|\mathbf{u}+\mathbf{v}\|$ (2) $\|\mathbf{u}\|+\|\mathbf{v}\|$

(3) $\|-2\mathbf{u}\|+2\|\mathbf{u}\|$ (4) $\|3\mathbf{u}-5\mathbf{v}+\mathbf{w}\|$

(5) $\dfrac{1}{\|\mathbf{w}\|}\mathbf{w}$ (6) $\left\|\dfrac{\mathbf{w}}{\|\mathbf{w}\|}\right\|$

4. 다음 벡터들과 나란한 단위벡터를 모두 구하시오.

(1) $(3,-4)$ (2) $(1,2,3)$ (3) $(1,0,-1)$

5. 두 벡터 $\mathbf{u}=(1,2,3)$와 $\mathbf{v}=(2,-3,-1)$의 사잇각 θ를 구하시오.

6. 아래 주어진 벡터에 대해 내적 $\mathbf{u}\cdot\mathbf{v}$를 계산하시오.

(1) $\mathbf{u}=(-1,\ 3),\quad \mathbf{v}=(2,\ 4)$

(2) $\mathbf{u}=(-1,\ 1,\ 4),\quad \mathbf{v}=(3,\ 2,\ -2)$

(3) $\mathbf{u}=(1,\ -1,\ 1,\ 4),\quad \mathbf{v}=(1,\ 1,\ 2,\ -2)$

(4) $\mathbf{u}=(-1,\ 1,\ 2,\ 4),\quad \mathbf{v}=(1,\ 0,\ 2,\ -2)$

7. $\mathbb{R}^2$에서 벡터 $(-2,\ 4)$에 직교하고 길이가 1인 벡터 두 개를 구하시오.

8. $\mathbb{R}^3$에서 벡터 $(1,\ -2,\ 4)$에 직교하고 길이가 1인 벡터가 무수히 많음을 보이시오.

9. $\mathbb{R}^3$에서 두 벡터 $\mathbf{u}=(2,-6,-3)$와 $\mathbf{v}=(4,3,-1)$에 동시에 서로 수직인 단위벡터를 모두 구하시오.

10. $\mathbb{R}^3$에서 $(0,2,3)$에 수직이고 서로 직교하는 두 개의 단위벡터를 한 쌍 구하시오.

11. 삼각형 OPQ에 관한 제이코사인법칙

$$\|\overrightarrow{PQ}\|^2=\|\overrightarrow{OP}\|^2+\|\overrightarrow{OQ}\|^2-2\|\overrightarrow{OP}\|\,\|\overrightarrow{OQ}\|\cos\theta$$

을 증명하시오. 단, $\angle POQ=\theta$.

12. 평면벡터 혹은 3차원 공간벡터 $\mathbf{u}$와 $\mathbf{v}$가 수직일 필요충분조건이

$$\|\mathbf{u}+\mathbf{v}\|=\|\mathbf{u}-\mathbf{v}\|$$

임을 증명하시오.

9.2 행렬

수 a_{ij} $(i = 1, 2, \cdots, m,\ j = 1, 2, \cdots, n)$로 구성된 직사각형 모양의 배열

$$A = \begin{pmatrix} a_{11} & a_{12} & \cdots & a_{1n} \\ a_{21} & a_{22} & \cdots & a_{2n} \\ \vdots & \vdots & \ddots & \vdots \\ a_{m1} & a_{m2} & \cdots & a_{mn} \end{pmatrix}$$

를 **행렬**(matrix)이라 하고, a_{ij}에 따라 실행렬, 복소행렬 등으로 부르기도 한다. 즉, 실수인 a_{ij}만 다루는 경우에는 **실행렬**(real matrix), 복소수인 a_{ij}만 다루는 경우에는 **복소행렬**(complex matrix)이라고 한다. 우리는 실행렬만을 다룰 것이기 때문에 특별한 언급이 없다면 모든 행렬은 실행렬로 생각하자.

앞서 주어진 행렬 A를 살펴보면 m개의 벡터

$$(a_{11}, a_{12}, \ldots, a_{1n}),\ (a_{21}, a_{22}, \ldots, a_{2n}),\ \cdots,\ (a_{m1}, a_{m2}, \ldots, a_{mn})$$

를 아래로 하나씩 순차적으로 나열한 형태라는 것을 알 수 있다. 그리고, 이때의 각 벡터는 가로 방향으로 숫자를 나열한 형태이므로 행의 형태를 띄고 있다. 이러한 이유로 $i = 1, 2, \cdots, m$에 대하여

$$A_i = \begin{pmatrix} a_{i1} & a_{i2} & \cdots & a_{in} \end{pmatrix}$$

를 행렬 A의 i번째 **행**(row) 또는 i번째 **행벡터**(row vector)라 한다.

만약 세로 방향으로 숫자를 나열한 형태의 벡터를 고려한다면 행렬 A는 $j = 1, 2, \cdots, n$에 대하여 벡터

$$A^j = \begin{pmatrix} a_{1j} \\ a_{2j} \\ \vdots \\ a_{mj} \end{pmatrix}$$

를 왼쪽에서 오른쪽으로 하나씩 순차적으로 나열한 형태로 볼 수 있다. 따라서, A^j를 행렬 A의 j번째 **열**(column) 또는 j번째 **열벡터**(column vector)라 한다.

i번째 행, j번째 열은 더 간단히 i**행**, j**열**라고 하기도 하며 행벡터들과 열벡터들을 모아 원래의 행렬을 다음과 같이 표기할 수 있다.

$$A = \begin{pmatrix} A_1 \\ A_2 \\ \vdots \\ A_m \end{pmatrix} = \begin{pmatrix} A^1 & A^2 & \cdots & A^n \end{pmatrix}$$

보다 근본적으로 행렬 A는 i번째 행과 j번째 열이 만나는 자리의 수 a_{ij}에 의해 결정되는데, 이때 a_{ij}를 A의 ij번째 **성분**(component)이라 하고 이를 활용하여 다음과 같이 A를 간단히 나타낸다.

$$A = (a_{ij}), \ \ 1 \le i \le m, 1 \le j \le n$$

ij번째 성분은 더 간단히 ij**성분**이라고 하기도 한다. m개의 행과, n개의 열로 구성된 행렬은 $m \times n$행렬 또는 **크기**(size)가 $m \times n$인 행렬이라 하며 모든 $m \times n$행렬의 집합을 $M_{m \times n}$으로 나타낸다. 특히 $m = n$인 경우, 즉 $n \times n$행렬은 **정사각행렬**(square matrix)이라고 한다.

행렬을 다룰 때는 필요에 의해 성분의 위치를 변경하여 생각하기도 한다. 그 중에서 행렬 $A = (a_{ij}) \in M_{m \times n}$의 ij성분 a_{ij}를 ji성분으로 갖는 행렬 $(a_{ji}) \in M_{n \times m}$을 A의 **전치행렬**(transposed matrix)이라 하고 $A^{\intercal}$로 나타낸다. 즉,

$$A = \begin{pmatrix} a_{11} & a_{12} & \cdots & a_{1n} \\ a_{21} & a_{22} & \cdots & a_{2n} \\ \vdots & \vdots & \ddots & \vdots \\ a_{m1} & a_{m2} & \cdots & a_{mn} \end{pmatrix} \text{이면 } A^{\intercal} = \begin{pmatrix} a_{11} & a_{21} & \cdots & a_{m1} \\ a_{12} & a_{22} & \cdots & a_{m2} \\ \vdots & \vdots & \ddots & \vdots \\ a_{1n} & a_{2n} & \cdots & a_{mn} \end{pmatrix} \text{이다.}$$

참고로, 임의의 행렬 A에 대하여 등식 $(A^{\intercal})^{\intercal} = A$이 성립하는 것은 전치행렬의 정의로부터 자명하다. 특별히 $A^{\intercal} = A$일 때, 행렬 A를 **대칭행렬**(symmetric matrix)이라 한다. 즉, 모든 $1 \le i, j \le n$에 대하여 $a_{ji} = a_{ij}$이면 A는 대칭행렬이다. 뿐만 아니라 주어진 행렬 A의 열벡터를 행렬로 보고 전치행렬을 얻으면 $A^{\intercal}$의 행벡터가 된다. 마찬가지로 A의 행벡터의 전치행렬은 $A^{\intercal}$의 열벡터가 된다. 예를 들어, 행렬 A의 j번째 열벡터 $A^j = \begin{pmatrix} a_{1j} \\ \vdots \\ a_{mj} \end{pmatrix}$는 $m \times 1$행렬로 볼 수 있으므로 이것의 전치행렬 $(A^j)^{\intercal}$을 얻을 수 있는데, 이 전치행렬은 $A^{\intercal}$의 j번째 행벡터 $(a_{1j} \cdots a_{mj})$와 같다. 따라서, 이를 이용해 다음과 같이 전치행렬을 표현하는 것도 가능하다.

$$A^{\intercal} = \begin{pmatrix} (A^1)^{\intercal} \\ (A^2)^{\intercal} \\ \vdots \\ (A^n)^{\intercal} \end{pmatrix} = \begin{pmatrix} (A_1)^{\intercal} & (A_2)^{\intercal} & \cdots & (A_m)^{\intercal} \end{pmatrix}$$

행렬은 벡터와 같이 자연스럽게 상등과 합, 스칼라곱을 정의하는 것이 가능하다.

정의 9.9

(1) 두 $m \times n$ 행렬 $A = (a_{ij})$, $B = (b_{ij})$가 **같다**(equal)는 것은 모든 i, j에 대하여 $a_{ij} = b_{ij}$라는 것을 말하며, 간단히 $A = B$로 쓴다.

(2) 두 $m \times n$ 행렬 $A = (a_{ij})$와 $B = (b_{ij})$의 **합**(sum)은 ij성분이 $a_{ij} + b_{ij}$인 행렬을 말하고 $A + B$로 나타낸다. 즉, 다음의 등식이 성립한다.

$$A + B = (a_{ij}) + (b_{ij}) = (a_{ij} + b_{ij})$$

(3) 실수 $\alpha \in \mathbb{R}$와 $m \times n$ 행렬 $A = (a_{ij})$의 **스칼라곱**(scalar multiplication)은 ij 성분이 αa_{ij}인 행렬을 말하고 αA로 나타낸다. 즉, 즉, 다음의 등식이 성립한다.

$$\alpha A = \alpha\,(a_{ij}) = (\alpha a_{ij})$$

본질적으로 행렬의 합, 스칼라곱 연산은 벡터의 그것과 다르지 않다. 따라서 벡터가 만족했던 다음의 성질을 동일하게 만족한다. 단, 합에 대한 항등원 역할을 하는 행렬은 모든 성분이 0인 $m \times n$행렬인데, 이를 특별히 **영행렬**(zero matrix)이라 하고 O로 나타낸다. 특히 크기가 $m \times 1$이나 $1 \times n$인 영행렬의 경우는 필요에 따라 벡터로 생각할 수도 있으므로 $\mathbf{0}$으로 나타내기도 한다. 뿐만 아니라 합에 대한 역원 $(-1)A$는 벡터에서처럼 간단히 $-A$라고 표기한다.

정리 9.10 행렬 A, B, $C \in M_{m\times n}$와 $\alpha, \beta \in \mathbb{R}$에 대하여 다음이 성립한다.

(1) $A + B = B + A$

(2) $(A + B) + C = A + (B + C)$

(3) $A + O = O + A = A$

(4) $A + (-A) = (-A) + A = O$

(5) $\alpha(A + B) = \alpha A + \alpha B$

(6) $(\alpha + \beta)A = \alpha A + \beta A$

(7) $(\alpha\beta)A = \alpha(\beta A)$

(8) $1A = A$

앞서 살펴본 일반적인 벡터공간에 대한 설명에서 합과 스칼라곱 연산이 위 성질을 만족하는 경우 벡터공간이라고 한다 했는데, 위의 정리는 이러한 관점에서 $M_{m\times n}$이 주어진 합과 스칼라곱에 대해 벡터공간이 된다는 것을 말해준다. 다음은 전치와 관련된 합과 스칼라곱 연산의 성질인데, 증명은 자명하므로 생략하도록 한다.

정리 9.11 행렬 $A, B \in M_{m\times n}$와 $\alpha \in \mathbb{R}$에 대하여 다음이 성립한다.

(1) $(A+B)^\intercal = A^\intercal + B^\intercal$

(2) $(\alpha A)^\intercal = \alpha A^\intercal$

예제 9.12

행렬 $A = \begin{pmatrix} 1 & 2 \\ 3 & 6 \end{pmatrix}$, $B = \begin{pmatrix} 2 & 4 \\ -1 & -2 \end{pmatrix}$에 대하여 $(A+3B)^\intercal$와 $A^\intercal + 3B^\intercal$가 같다는 것을 합, 스칼라곱, 전치행렬의 정의만을 이용해 확인하시오.

풀이 다음의 식들을 통해 두 결과가 같음을 확인한다.

$$\begin{aligned}(A+3B)^\intercal &= \left(\begin{pmatrix} 1 & 2 \\ 3 & 6 \end{pmatrix} + 3\begin{pmatrix} 2 & 4 \\ -1 & -2 \end{pmatrix}\right)^\intercal = \left(\begin{pmatrix} 1 & 2 \\ 3 & 6 \end{pmatrix} + \begin{pmatrix} 6 & 12 \\ -3 & -6 \end{pmatrix}\right)^\intercal \\ &= \begin{pmatrix} 7 & 14 \\ 0 & 0 \end{pmatrix}^\intercal = \begin{pmatrix} 7 & 0 \\ 14 & 0 \end{pmatrix} \\ A^\intercal + 3B^\intercal &= \begin{pmatrix} 1 & 2 \\ 3 & 6 \end{pmatrix}^\intercal + 3\begin{pmatrix} 2 & 4 \\ -1 & -2 \end{pmatrix}^\intercal = \begin{pmatrix} 1 & 3 \\ 2 & 6 \end{pmatrix} + 3\begin{pmatrix} 2 & -1 \\ 4 & -2 \end{pmatrix} \\ &= \begin{pmatrix} 1 & 3 \\ 2 & 6 \end{pmatrix} + \begin{pmatrix} 6 & -3 \\ 12 & -6 \end{pmatrix} = \begin{pmatrix} 7 & 0 \\ 14 & 0 \end{pmatrix}\end{aligned}$$ ■

행렬에서는 합과 스칼라곱 외에 곱 연산을 고려할 수 있으며 다음과 같이 정의한다.

정의 9.13 두 행렬 $A = (a_{ij}) \in M_{m\times n}$, $B = (b_{ij}) \in M_{n\times r}$의 **곱**(product) $AB \in M_{m\times r}$는 다음과 같이 정의한다.

$$AB = (c_{ij}) = \left(\sum_{k=1}^{n} a_{ik}b_{kj}\right) = (a_{i1}b_{1j} + a_{i2}b_{2j} + \cdots + a_{in}b_{nj})$$

행렬의 곱은 합 또는 스칼라곱과 비교하여 복잡하게 정의한 것처럼 보이지만 곱 연산은 연립방정식이나 벡터공간의 선형변환의 합성과 같은 중요한 개념들을 간단히 표현할 수 있게 해주는 자연스러운 정의인데, 이와 관련된 내용은 추후에 살펴보도록 한다.

행렬의 곱의 정의를 살펴보면 행렬 A의 열의 개수와 B의 행의 개수가 같을 때만 곱 AB를 계산하는 것이 가능하다. 즉, $m \times n$행렬 A와 $n \times r$행렬 B의 곱 AB는 언제나 가능하지만 B와 A의 곱 BA는 n과 r이 같을 때만 가능하다. 뿐만 아니라, 숫자의 곱과는 달리 행렬의 곱 AB와 BA가 모두 계산이 가능한 경우일 지라도, 그 결과가 같을 수도 다를 수도 있다.

예제 9.14

행렬 $A = \begin{pmatrix} 1 & 2 \\ 3 & 6 \end{pmatrix}$, $B = \begin{pmatrix} 2 & 4 \\ -1 & -2 \end{pmatrix}$에 대하여 AB와 BA를 구하고, AB와 BA가 다름을 확인하시오.

풀이 행렬의 곱의 정의에 따라 다음과 같이 계산한다.

$$\begin{aligned} AB &= \begin{pmatrix} 1 & 2 \\ 3 & 6 \end{pmatrix}\begin{pmatrix} 2 & 4 \\ -1 & -2 \end{pmatrix} = \begin{pmatrix} 1\cdot 2 + 2\cdot(-1) & 1\cdot 4 + 2\cdot(-2) \\ 3\cdot 2 + 6\cdot(-1) & 3\cdot 4 + 6\cdot(-2) \end{pmatrix} \\ &= \begin{pmatrix} 0 & 0 \\ 0 & 0 \end{pmatrix} \\ BA &= \begin{pmatrix} 2 & 4 \\ -1 & -2 \end{pmatrix}\begin{pmatrix} 1 & 2 \\ 3 & 6 \end{pmatrix} = \begin{pmatrix} 2\cdot 1 + 4\cdot 3 & 2\cdot 2 + 4\cdot 6 \\ (-1)\cdot 1 + (-2)\cdot 3 & 2\cdot(-1) + (-2)\cdot 6 \end{pmatrix} \\ &= \begin{pmatrix} 14 & 28 \\ -7 & -14 \end{pmatrix} \end{aligned}$$

따라서, $AB \neq BA$라는 것을 볼 수 있다. ■

정사각행렬인 $n \times n$행렬들, 즉 $M_{n\times n}$의 원소인 행렬들에 대해서는 언제나 곱 연산이 가능하다. 이 경우 숫자의 거듭제곱처럼 정사각행렬 $A \in M_{n\times n}$의 거듭제곱 AA, AAA, $\cdots$ 등은 A^2, A^3, $\cdots$ 으로 간단히 나타낸다.[6]

다음은 행렬의 곱과 관련한 주요 성질들이다. 기본적으로 실수 연산이 가지고 있는 성질과 매우 유사하지만, 교환법칙이 성립하지 않는다는 것에 유의하자.

정리 9.15 행렬 곱의 기본 성질

임의의 실수 $\alpha \in \mathbb{R}$와 아래의 각 등식에 나타나는 연산이 가능한 행렬 A, B, C에 대하여 다음이 성립한다.

(1) $(AB)C = A(BC)$ (2) $A(B+C) = AB + AC$

(3) $(A+B)C = AC + BC$ (4) $\alpha(AB) = (\alpha A)B = A(\alpha B)$

(5)$(AB)^{\intercal} = B^{\intercal}A^{\intercal}$

증명 모든 증명은 성분 계산을 통해 등식을 확인하는 것이므로 가장 복잡한 (1)과 (5)의 증명만 살펴본다.

(1) 이 계산이 가능하다는 것은 행렬 A의 열의 개수와 행렬 B의 행의 개수가 같고, 또 행렬 B의 열의 개수와 행렬 C의 행의 개수가 같다는 것이다.

[6] 행렬 A의 열벡터의 경우도 $A^1, A^2, \ldots, A^n$ 으로 나타내지만, 이 경우에는 항상 열벡터라는 언급을 하므로 거듭제곱과 구분을 하기 바란다.

따라서 행렬 다음과 같이 행렬의 크기를 가정하자.

$$A = (a_{ij}) \in M_{m\times n}, \quad B = (b_{jk}) \in M_{n\times r}, \quad C = (c_{kl}) \in M_{r\times s}$$

이때 행렬 AB의 ik성분은 $\sum_{j=1}^{n} a_{ij}b_{jk}$, 행렬 BC의 jl성분은 $\sum_{k=1}^{r} b_{jk}c_{kl}$ 이다. 따라서, 행렬 $(AB)C$의 il성분은

$$\sum_{k=1}^{r}\left(\left(\sum_{j=1}^{n} a_{ij}b_{jk}\right)c_{kl}\right) = \sum_{k=1}^{r}\sum_{j=1}^{n}(a_{ij}b_{jk})c_{kl} = \sum_{k=1}^{r}\sum_{j=1}^{n} a_{ij}b_{jk}c_{kl}$$

이고, 행렬 $A(BC)$의 il성분은

$$\sum_{j=1}^{n}\left(a_{ij}\left(\sum_{k=1}^{r} b_{jk}c_{kl}\right)\right) = \sum_{j=1}^{n}\sum_{k=1}^{r} a_{ij}(b_{jk}c_{kl}) = \sum_{k=1}^{r}\sum_{j=1}^{n} a_{ij}b_{jk}c_{kl}$$

이다. 즉, 행렬 $(AB)C$와 $A(BC)$의 il성분은 같으므로 $(AB)C = A(BC)$가 성립한다.

(5) 이 계산이 가능하다는 것은 행렬 A의 열의 개수와 행렬 B의 행의 개수가 같다는 것이므로 다음과 같이 행렬의 크기를 가정하자.

$$A = (a_{ij}) \in M_{m\times n}, \quad B = (b_{jk}) \in M_{n\times r}$$

이때, 행렬 $AB = (c_{ik})$라 놓으면 AB의 ik성분은 $c_{ik} = \sum_{j=1}^{n} a_{ij}b_{jk}$ 이므로

$(AB)^{\intercal}$의 ik성분은 $c_{ki} = \sum_{j=1}^{n} a_{kj}b_{ji}$ 이다.

한편 $B^{\intercal}$의 ij성분은 b_{ji}, $A^{\intercal}$의 jk성분은 a_{kj} 이므로 $B^{\intercal}A^{\intercal}$의 ik성분은 $\sum_{j=1}^{n} b_{ji}a_{kj}$ 이다. 따라서 $(AB)^{\intercal}$의 ik성분과 $B^{\intercal}A^{\intercal}$의 ik성분이 같다. 즉, $(AB)^{\intercal} = B^{\intercal}A^{\intercal}$이 성립한다. ■

예제 9.16

다음 행렬 A, B, C에 대하여 $AB + AC$, $A(B + C)$, $(AB)^{\intercal}$, $B^{\intercal}A^{\intercal}$를 합과 곱의 정의를 이용해 계산하시오.

$$A = \begin{pmatrix} 2 & 0 & 1 \\ -1 & 0 & 4 \end{pmatrix} \qquad B = \begin{pmatrix} -1 & 0 & 4 \\ 1 & 3 & 0 \\ -1 & 1 & 1 \end{pmatrix} \qquad C = \begin{pmatrix} 1 & 0 & 0 \\ 1 & -3 & 0 \\ -1 & -1 & -1 \end{pmatrix}$$

풀이 연산의 정의를 활용하여 다음과 같이 계산한다.

$$AB+AC=\begin{pmatrix}2&0&1\\-1&0&4\end{pmatrix}\begin{pmatrix}-1&0&4\\1&3&0\\-1&1&1\end{pmatrix}+\begin{pmatrix}2&0&1\\-1&0&4\end{pmatrix}\begin{pmatrix}1&0&0\\1&-3&0\\-1&-1&-1\end{pmatrix}$$

$$=\begin{pmatrix}-3&1&9\\-3&4&0\end{pmatrix}+\begin{pmatrix}1&-1&-1\\-5&-4&-4\end{pmatrix}=\begin{pmatrix}-2&0&8\\-8&0&-4\end{pmatrix}$$

$$A(B+C)=\begin{pmatrix}2&0&1\\-1&0&4\end{pmatrix}\left(\begin{pmatrix}-1&0&4\\1&3&0\\-1&1&1\end{pmatrix}+\begin{pmatrix}1&0&0\\1&-3&0\\-1&-1&-1\end{pmatrix}\right)$$

$$=\begin{pmatrix}2&0&1\\-1&0&4\end{pmatrix}\begin{pmatrix}0&0&4\\2&0&0\\-2&0&0\end{pmatrix}=\begin{pmatrix}-2&0&8\\-8&0&-4\end{pmatrix}$$

$$(AB)^{\intercal}=\begin{pmatrix}-3&1&9\\-3&4&0\end{pmatrix}^{\intercal}=\begin{pmatrix}-3&-3\\1&4\\9&0\end{pmatrix}$$

$$B^{\intercal}A^{\intercal}=\begin{pmatrix}-1&1&-1\\0&3&1\\4&0&1\end{pmatrix}\begin{pmatrix}2&-1\\0&0\\1&4\end{pmatrix}=\begin{pmatrix}-3&-3\\1&4\\9&0\end{pmatrix}$$ ■

행렬을 잘 다루기 위해 행렬을 이해하기 쉽도록 간단히 표현하는 것이 중요할 때가 있는데, 이와 관련해 행렬의 곱을 행벡터와 열벡터들의 연산을 통해 간단히 기술하는 것을 우선 생각해보자. $A_1, \cdots, A_m$을 A의 행벡터, $B^1, \cdots, B^r$를 B의 열벡터라고 하면, 곱 AB의 ij성분은 내적과 전치행렬을 이용해 $A_i \cdot (B^j)^{\intercal}$로 쓸 수 있다. 또한, A_i와 B^j의 곱 A_iB^j는 숫자 하나로 구성된 행렬이 되는데, 이때 그 숫자는 마찬가지로 AB의 ij성분과 같다. 편의상 이를 행렬이 아닌 숫자로 나타낸다면, $A_i \cdot (B^j)^{\intercal} = A_iB^j$로 생각할 수 있다. 즉, AB의 ij성분을 c_{ij}라 한다면 다음의 등식이 성립하게 된다.

$$A_iB^j=\begin{pmatrix}a_{i1}&a_{i2}&\cdots&a_{in}\end{pmatrix}\begin{pmatrix}b_{1j}\\b_{2j}\\\vdots\\b_{nj}\end{pmatrix}=c_{ij}=A_i\cdot(B^j)^{\intercal}$$

열벡터, 행벡터에 대하여 이와 비슷한 표현을 적용한다면 다음과 같이 행렬곱을 간단하게 기술할 수 있으며 이는 매우 유용하게 사용된다.

$$AB=\begin{pmatrix}A_1\cdot(B^1)^{\intercal}&A_1\cdot(B^2)^{\intercal}&\cdots&A_1\cdot(B^r)^{\intercal}\\A_2\cdot(B^1)^{\intercal}&A_2\cdot(B^2)^{\intercal}&\cdots&A_2\cdot(B^r)^{\intercal}\\\vdots&\vdots&\ddots&\vdots\\A_m\cdot(B^1)^{\intercal}&A_m\cdot(B^2)^{\intercal}&\cdots&A_m\cdot(B^r)^{\intercal}\end{pmatrix}$$

$$= \begin{pmatrix} A_1B^1 & A_1B^2 & \cdots & A_1B^r \\ A_2B^1 & A_2B^2 & \cdots & A_2B^r \\ \vdots & \vdots & \ddots & \vdots \\ A_mB^1 & A_mB^2 & \cdots & A_mB^r \end{pmatrix}$$

$$= \begin{pmatrix} AB^1 & AB^2 & \cdots & AB^r \end{pmatrix} = \begin{pmatrix} A_1 \\ A_2 \\ \vdots \\ A_m \end{pmatrix} \begin{pmatrix} B^1 & B^2 & \cdots & B^r \end{pmatrix}$$

또한, 행렬은 그것의 형태에 따라 매우 특별한 성질을 갖기도 하는데, 이러한 이유로 특별한 성분들과 행렬을 부르는 용어가 존재한다. 정사각행렬 $A = (a_{ij}) \in M_{n\times n}$ 에서 왼쪽 위부터 오른쪽 아래까지의 대각선에 나타나는 성분들, 즉 성분 a_{11}, a_{22}, $\cdots$, a_{nn}을 행렬 A의 **주대각성분**(principal diagonal component)이라 한다. 그리고 이 주대각성분을 기준으로 행렬의 형태를 구분짓는데, 주대각성분 이외의 모든 성분이 0인 정사각행렬을 **대각행렬**(diagonal matrix), 모든 주대각성분이 일정한 수 α인 대각행렬을 **스칼라 행렬**(scalar matrix), 그리고 주대각성분이 모두 1인 대각행렬을 n **차 항등행렬** 또는 **항등행렬**(identity matrix)이라 한다. 항등행렬의 경우 행렬의 크기 $n\times n$을 강조하고 싶을 때는 I_n, 크기를 너무 명확히 알 수 있어 강조하지 않아도 될 때는 I로 간단히 나타낸다. 끝으로 주대각성분의 위쪽 성분이 모두 0이거나, 아래쪽 성분이 모두 0인 행렬을 **삼각행렬**(triangular matrix)이라 한다.

다음은 곱 연산의 정의로부터 매우 쉽게 얻을 수 있는, 하지만 매우 중요한 정리이다.

정리 9.17 임의의 행렬 $A \in M_{m\times n}$에 대하여 다음이 성립한다.

$$AI_n = A = I_mA.$$

만약, 정사각행렬의 모임인 $M_{n\times n}$에서 행렬 곱을 생각해본다면, 이미 살펴본 것처럼 $M_{n\times n}$의 임의의 행렬들은 언제나 곱 연산을 할 수 있다. 이때, 정리 9.17는 항등행렬 I_n이 $M_{n\times n}$에서의 곱 연산에 대하여 항등원 역할을 한다는 것을 말해준다. 따라서, 정사각 행렬 $A \in M_{n\times n}$의 곱에 대한 역원을 다음과 같이 생각하는 것은 매우 자연스러운 일이 되는데, 이는 후에 연립방정식이나 선형사상에 대한 이해를 하는데 매우 중요하게 사용된다.

정의 9.18 행렬 $A \in M_{n\times n}$에 대하여 등식

$$AB = BA = I_n \tag{9.3}$$

을 만족하는 행렬 $B \in M_{n\times n}$가 존재한다면, A를 **가역행렬**(invertible matrix)이라 하고, B를 A의 **역행렬**(inverse matrix)이라 한다. 이때, B를 A^{-1}로 쓰는 것이 일반적이며 등식 (9.3)은 다음과 같이 쓴다.

$$AA^{-1} = A^{-1}A = I_n$$

참고로, 행렬 $A \in M_{n\times n}$의 역행렬이 존재한다면 그것은 오직 하나뿐이다. 즉, 등식 $AB = BA = I_n$와 $AC = CA = I_n$를 만족하는 행렬 $B, C \in M_{n\times n}$가 존재한다면 다음이 성립한다.

$$C = CI_n = C(AB) = (CA)B = I_nB = B$$

즉, B와 C는 같으므로 역행렬은 유일하다.

특별한 형태의 행렬의 경우 그 역행렬을 찾는 것이 어렵지 않다. 예를 들어, I_n의 역행렬은 I_n 자신이라는 것은 항등행렬의 성질 정리 9.17로부터 매우 자명하고, 더 나아가 다음과 같이 대각행렬의 역행렬도 간단한 계산을 통해 얻을 수 있다.

예제 9.19

$a_{11}a_{22}\cdots a_{nn} \neq 0$인 대각 행렬

$$A = \begin{pmatrix} a_{11} & 0 & \cdots & 0 \\ 0 & a_{22} & \cdots & 0 \\ \vdots & \vdots & \ddots & \vdots \\ 0 & 0 & \cdots & a_{nn} \end{pmatrix}$$

의 역행렬을 구하시오.

풀이 행렬의 곱연산의 정의로부터 다음 행렬이 A의 역행렬이라는 것이 자명하다.

$$A^{-1} = \begin{pmatrix} a_{11}^{-1} & 0 & \cdots & 0 \\ 0 & a_{22}^{-1} & \cdots & 0 \\ \vdots & \vdots & \ddots & \vdots \\ 0 & 0 & \cdots & a_{nn}^{-1} \end{pmatrix}$$ ■

임의의 정사각행렬에 대하여 역행렬이 항상 존재하는 것은 아니다. 이와 관련해서는 앞으로 학습하게 될 행렬식, 그리고 여인수 전개 등에서 보다 자세히 학습하게 될 것인데, 이번 장에서는 2×2행렬의 역행렬만을 살펴본다.

정리 9.20 2×2**행렬의 역행렬**

행렬 $A = \begin{pmatrix} a & b \\ c & d \end{pmatrix}$가 가역행렬이 될 필요충분조건은 $ad - bc \neq 0$이고, 이때의 역행렬은 다음과 같다.

$$A^{-1} = \frac{1}{ad - bc}\begin{pmatrix} d & -b \\ -c & a \end{pmatrix}$$

증명 우선, A가 식 $ad - bc \neq 0$을 만족한다고 가정하고, 행렬 B을 아래와 같이 정의하자.

$$B = \frac{1}{ad - bc}\begin{pmatrix} d & -b \\ -c & a \end{pmatrix}$$

행렬의 곱연산의 정의로부터 등식 $AB = BA = I$이 성립하는 것이 자명하다. 따라서 A는 가역행렬이고, $A^{-1} = B$ 이다.

다음으로, A가 가역행렬이라고 가정하고, 그것의 역행렬을 $A^{-1} = \begin{pmatrix} x & y \\ u & v \end{pmatrix}$로 쓰자. 역행렬과 곱 연산의 정의에 의해

$$AA^{-1} = \begin{pmatrix} a & b \\ c & d \end{pmatrix}\begin{pmatrix} x & y \\ u & v \end{pmatrix} = \begin{pmatrix} ax + bu & ay + bv \\ cx + du & cy + dv \end{pmatrix} = \begin{pmatrix} 1 & 0 \\ 0 & 1 \end{pmatrix} = I$$

이 성립한다. 따라서, 다음과 같은 연립방정식을 얻는다.

$$ax + bu = 1 \tag{9.4}$$

$$ay + bv = 0 \tag{9.5}$$

$$cx + du = 0 \tag{9.6}$$

$$cy + dv = 1 \tag{9.7}$$

역행렬이 존재한다는 것은 이 연립방정식을 만족하는 해 x, y, u, v가 존재한다는 것인데, 만약 $ad - bc = 0$이면 이 연립방정식은 해를 갖지 않는다. 즉, 식 (9.4)의 양변에 d배를 하고, 식 (9.6)에 b배를 한 후 새로 만든 두 식을 빼는 형태로 정리하면 $d = 0$을 얻을 수 있고, 이와 같은 방법을 식 (9.5)와 (9.7)에 적용하면 $b = 0$을 얻는다. 이 결과를 식 (9.4)에 적용하면 $a \neq 0$, $x \neq 0$을 알 수 있는데, 이를 다시 (9.5)에 적용하면 $y = 0$이 된다. 이때, $y = 0$, $d = 0$이라는 사실은 식 (9.7)에 모순이 된다. 따라서 $ad - bc \neq 0$를 알 수 있다. 그리고 이 경우 위 연립방정식의 해는 다음과 같다는 것이 자명하다.

$$x = \frac{d}{ad - bc}, \quad y = \frac{-b}{ad - bc}, \quad u = \frac{-c}{ad - bc}, \quad v = \frac{a}{ad - bc}$$

즉, 다음이 성립한다.

$$A^{-1} = \begin{pmatrix} x & y \\ u & v \end{pmatrix} = \frac{1}{ad-bc}\begin{pmatrix} d & -b \\ -c & a \end{pmatrix}$$ ■

예제 9.21

다음 행렬의 역행렬이 존재하면 구하시오.

(1) $A = \begin{pmatrix} 1 & 2 \\ 3 & 3 \end{pmatrix}$ (2) $A = \begin{pmatrix} \cos\theta & -\sin\theta \\ \sin\theta & \cos\theta \end{pmatrix}$ $(\theta \in \mathbb{R})$

풀이 (1) $ad-bc = -3 \neq 0$이므로 정리 9.20에 의해 역행렬 A^{-1}이 존재하고 다음이 성립한다.

$$A^{-1} = \frac{1}{-3}\begin{pmatrix} 3 & -2 \\ -3 & 1 \end{pmatrix} = \begin{pmatrix} -1 & \frac{2}{3} \\ 1 & -\frac{1}{3} \end{pmatrix}$$

(2) 임의의 $\theta \in \mathbb{R}$에 대하여 $(\cos\theta)^2 + (\sin\theta)^2 = 1 \neq 0$이므로 정리 9.20에 의해 역행렬 A^{-1}이 존재하고 다음이 성립한다.

$$A^{-1} = \begin{pmatrix} \cos\theta & \sin\theta \\ -\sin\theta & \cos\theta \end{pmatrix}$$ ■

끝으로 역행렬과 관련된 주요 연산의 성질을 살펴본다.

정리 9.22 두행렬 $A, B \in M_{n\times n}$가 모두 가역행렬이면

(1) A^{-1}도 가역행렬이며 $(A^{-1})^{-1} = A$이 성립한다.

(2) AB도 가역행렬이며 $(AB)^{-1} = B^{-1}A^{-1}$이 성립한다.

(3) $A^{\intercal}$도 가역행렬이며 $(A^{\intercal})^{-1} = (A^{-1})^{\intercal}$이 성립한다.

증명 (1) A가 가역행렬이라는 것은 등식 $AA^{-1} = A^{-1}A = I$이 성립한다는 것인데, A^{-1}를 기준으로 이 등식을 다시 보면 A^{-1}의 역행렬이 A가 된다는 것을 알 수 있다. 즉 $(A^{-1})^{-1} = A$이다.

(2) A, B가 가역행렬이므로 역행렬 A^{-1}, B^{-1}가 존재한다. 이때 정리 9.15를 $(AB)(B^{-1}A^{-1})$와 $(B^{-1}A^{-1})(AB)$에 적용하면 다음을 알 수 있다.

$$(AB)(B^{-1}A^{-1}) = A(BB^{-1})A^{-1} = AIA^{-1} = AA^{-1} = I,$$
$$(B^{-1}A^{-1})(AB) = B^{-1}(A^{-1}A)B = B^{-1}IB = B^{-1}B = I$$

즉, $(AB)^{-1} = B^{-1}A^{-1}$이 성립한다.

(3) A가 가역행렬이라는 것은 등식 $AA^{-1} = A^{-1}A = I$이 성립한다는 것인데, 이 식의 모든 항을 전치시키고 정리 9.15를 적용하면 다음을 알 수 있다.

$$I = (A^{-1}A)^{\mathsf{T}} = A^{\mathsf{T}}(A^{-1})^{\mathsf{T}}, \qquad I = (AA^{-1})^{\mathsf{T}} = (A^{-1})^{\mathsf{T}}A^{\mathsf{T}}$$

따라서, $(A^{\mathsf{T}})^{-1} = (A^{-1})^{\mathsf{T}}$이 성립한다. ■

9.2 연습문제

1. $A = \begin{pmatrix} 3 & -1 \\ 3 & 4 \end{pmatrix}$, $B = \begin{pmatrix} 2 & -3 \\ 1 & 2 \end{pmatrix}$일 때 $A+B$, $3A$, B^2, B^3을 구하시오.

2. 다음 각 경우에 대해 $(AB)C$와 $A(BC)$를 계산하시오.

   (1) $A = \begin{pmatrix} 1 & 2 \\ 2 & 1 \end{pmatrix}$, $\quad B = \begin{pmatrix} -1 & 1 & 2 \\ 1 & 2 & -2 \end{pmatrix}$, $\quad C = \begin{pmatrix} 1 & 4 \\ 2 & 2 \\ -2 & 1 \end{pmatrix}$

   (2) $A = \begin{pmatrix} 1 & 0 & 1 \\ 2 & 1 & -1 \end{pmatrix}$, $\quad B = \begin{pmatrix} -1 & 1 & 2 \\ 1 & 2 & 1 \\ 3 & 2 & 1 \end{pmatrix}$, $\quad C = \begin{pmatrix} 1 & 4 \\ 2 & 2 \\ -1 & 1 \end{pmatrix}$

3. $A = \begin{pmatrix} 1 & 0 & 1 \\ 2 & 1 & -1 \\ 1 & 2 & 5 \end{pmatrix}$, $B = \begin{pmatrix} x \\ y \\ z \end{pmatrix}$, $C = \begin{pmatrix} 1 \\ 0 \\ 0 \end{pmatrix}$일 때

   (1) AB를 구하시오.

   (2) $AB = C$를 만족하는 x, y, z를 구하시오.

4. 다음 행렬 A, B에 대해 A^n, B^n을 구하시오.

$$A = \begin{pmatrix} a & 2 \\ 0 & a \end{pmatrix}, \qquad B = \begin{pmatrix} a & 1 & 0 \\ 0 & a & 1 \\ 0 & 0 & a \end{pmatrix}$$

5. 다음 행렬 A에 대해 $5A$, $\dfrac{1}{3}A$, A^n, $(5A)^{\mathsf{T}}$, $(\frac{1}{3}A)^{\mathsf{T}}$, $(A^n)^{\mathsf{T}}$ 등을 구하시오.

$$A = \begin{pmatrix} \cos\theta & -\sin\theta \\ \sin\theta & \cos\theta \end{pmatrix}$$

6. $A = \begin{pmatrix} 1 & 3 \\ -2 & 0 \end{pmatrix}$, $B = \begin{pmatrix} 2 & 1 \\ -1 & 1 \end{pmatrix}$에 대해 $(A+B)(A-B) = A^2 - B^2$이 성립하는가?

7. $(A+B)^2 \neq A^2+2AB+B^2$ 인 행렬의 예를 드시오.

8. $A \neq O$ 이면서 $A^2 = O$ 인 2×2 행렬의 예를 드시오. (참고: 행렬 $A \in M_{n\times n}$, $A \neq O$ 에 대해 $AB = O$, $BA = O$ 인 행렬 $B \in M_{n\times n}$, $B \neq O$ 가 존재할 때, A 를 **영인자**(zero-divisor)라 한다.)

9. 행렬의 곱셈에서 좌소거법칙이 성립하지 않는다는 것을 예를 들어 설명하시오. 즉, A 가 영행렬이 아니고 $AB = AC$ 이지만 $B \neq C$ 일 수 있다는 예를 드시오.

10. 2×2 행렬 A, B 둘 다 가역행렬이면서 $AB \neq BA$ 인 예를 드시오.

11. A 를 임의의 행렬이라고 할 때 $AA^\intercal$ 와 $A^\intercal A$ 가 항상 대칭행렬이 됨을 보이시오.

12. 다음을 증명하시오.
    (1) A 가 가역행렬이고 $AB = AC$ 이면 $B = C$ 이다.
    (2) A 가 가역행렬이고 $\lambda \neq 0$, $A = \lambda B$ 일 때, $A^{-1} = \dfrac{1}{\lambda}B^{-1}$ 이다.
    (3) 가역행렬 A, B 가 대칭행렬일 때, $((AB)^\intercal)^{-1} = A^{-1}B^{-1}$ 이다

13. 정사각행렬 $A \in M_{n\times n}$ 가 $AA^\intercal = I_n$ 이면 A 를 **직교행렬**(orthogonal matrix)이라 한다. 모든 직교행렬은 항상 가역행렬임을 보이시오. 즉, $AA^\intercal = I_n$ 이면 $A^\intercal A = I_n$ 임을 보이시오.

9.3 행렬식

정사각행렬의 역행렬을 찾는 것은 연립방정식이나 선형사상과 관련하여 매우 중요한데, 앞서 살펴본 것과 같이 모든 정사각행렬이 가역행렬인 것은 아니다. 특히, 정리 9.20를 보면 2×2 행렬이 가역행렬이 될 필요충분조건이 어떤 식으로 간단하게 기술이 되었는데, 일반적인 $n \times n$ 행렬이 가역행렬이 될 필요충분조건 또한 주어진 행렬과 관계된 어떤 식으로 간단히 기술된다. 이번 장에서는 이 식을 일컫는 행렬식을 학습한다.

집합 $J_n = \{1, 2, \ldots, n\}$ 위의 전단사함수 $\sigma : J_n \to J_n$를 **치환**(permutation)이라 하며, J_n 위의 모든 치환의 모임을 S_n으로 나타낸다. 이때 치환 σ는 이를 더 쉽게 볼 수 있도록 숫자의 나열을 이용해 다음과 같이 표현하는 것이 일반적이다.[7]

$$\sigma = \begin{pmatrix} 1 & 2 & \cdots & n \\ \sigma(1) & \sigma(2) & \cdots & \sigma(n) \end{pmatrix}$$

이 표현에서의 윗줄은 σ의 정의역 J_n에 있는 숫자들을 모두 순서대로 나열한 것이고, 그 아랫줄은 각 숫자가 σ에 의해 옮겨진 함수의 상을 순서대로 나열한 것이다. 이때, $\sigma(1),\ \sigma(2), \ldots,\ \sigma(n)$는 $1, 2, \ldots, n$이 모두 정확히 한번씩 나타나는, 즉 $1, 2, \ldots, n$를 어떤 순서로 다시 나열한 것이 된다.

예제 9.23

집합 $\{1, 2, 3\}$ 위의 치환을 모두 구하시오. 즉, S_3의 원소를 모두 구하시오.

풀이 $\{1, 2, 3\}$에서 $\{1, 2, 3\}$으로 가는 전단사함수는 다음과 같이 총 6개 (3!개) 가 있다.

$$\begin{pmatrix} 1 & 2 & 3 \\ 1 & 2 & 3 \end{pmatrix}, \quad \begin{pmatrix} 1 & 2 & 3 \\ 2 & 3 & 1 \end{pmatrix}, \quad \begin{pmatrix} 1 & 2 & 3 \\ 3 & 1 & 2 \end{pmatrix},$$
$$\begin{pmatrix} 1 & 2 & 3 \\ 1 & 3 & 2 \end{pmatrix}, \quad \begin{pmatrix} 1 & 2 & 3 \\ 3 & 2 & 1 \end{pmatrix}, \quad \begin{pmatrix} 1 & 2 & 3 \\ 2 & 1 & 3 \end{pmatrix}.$$

■

집합 $J_n = \{1, 2, \ldots, n\}$에서 정의된 두개의 치환 σ, δ은 합성이 가능한 함수이므로 자연스럽게 합성함수를 이용해 치환의 **곱**(product) (또는 **합성**(composition))을 정의할 수 있다.

$$(\sigma\delta)(i) = (\sigma \circ \delta)(i) = (\sigma(\delta(i))), \quad i = 1, 2, \ldots, n$$

[7] 형태는 행렬과 비슷하지만 행렬이 아니라는 것에 주의하자.

이때, J_n에서의 항등 함수

$$I = \begin{pmatrix} 1 & 2 & \cdots & n \\ 1 & 2 & \cdots & n \end{pmatrix}$$

는 특별히 **항등치환**(identity permutation)이라 하며, 항등치환이 치환의 곱에 대하여 항등원이 되는 것은 자명하다.[8]

한편, 치환 σ는 전단사 함수 이므로 언제나 역함수가 존재한다. 이때 σ의 역함수를 **역치환**(inverse permutation)이라 하고 σ^{-1}로 쓴다. 또한 자명하게 σ^{-1}는 치환의 곱에 대하여 σ의 역원이다. 즉, $\sigma\sigma^{-1} = \sigma^{-1}\sigma = I$이다.

예제 9.24

다음 치환에 대하여 곱 $\sigma\delta$와 $\delta\sigma$, 역치환 σ^{-1}를 구하시오.

$$\sigma = \begin{pmatrix} 1 & 2 & 3 & 4 & 5 \\ 3 & 1 & 4 & 5 & 2 \end{pmatrix}, \qquad \delta = \begin{pmatrix} 1 & 2 & 3 & 4 & 5 \\ 4 & 1 & 5 & 3 & 2 \end{pmatrix}$$

풀이 치환의 곱과 역치환의 정의에 따라 다음과 같이 얻는다.[9]

$$\sigma\delta = \begin{pmatrix} 1 & 2 & 3 & 4 & 5 \\ 3 & 1 & 4 & 5 & 2 \end{pmatrix} \begin{pmatrix} 1 & 2 & 3 & 4 & 5 \\ 4 & 1 & 5 & 3 & 2 \end{pmatrix} = \begin{pmatrix} 1 & 2 & 3 & 4 & 5 \\ 5 & 3 & 2 & 4 & 1 \end{pmatrix}$$

$$\delta\sigma = \begin{pmatrix} 1 & 2 & 3 & 4 & 5 \\ 4 & 1 & 5 & 3 & 2 \end{pmatrix} \begin{pmatrix} 1 & 2 & 3 & 4 & 5 \\ 3 & 1 & 4 & 5 & 2 \end{pmatrix} = \begin{pmatrix} 1 & 2 & 3 & 4 & 5 \\ 5 & 4 & 3 & 2 & 1 \end{pmatrix}$$

$$\sigma^{-1} = \left(\begin{pmatrix} 1 & 2 & 3 & 4 & 5 \\ 3 & 1 & 4 & 5 & 2 \end{pmatrix} \right)^{-1} = \begin{pmatrix} 1 & 2 & 3 & 4 & 5 \\ 2 & 5 & 1 & 3 & 4 \end{pmatrix} \quad ■$$

치환은 순환이라는 개념을 이용해 보다 더 간단히 쓰는 것이 가능하다. 만약 서로 다른 어떤 원소들 $i_1, i_2, \ldots, i_r \in J_n$ $(r \leq n)$이 치환 σ에 대하여

$$\sigma(i_1) = i_2, \quad \sigma(i_2) = i_3, \quad \ldots, \quad \sigma(i_{r-1}) = i_r, \quad \sigma(i_r) = i_1$$

을 만족한다면, 이를 i_1의 **순환**(cycle)이라고 하며 $i_1 \to i_2 \to \cdots \to i_{r-1} \to i_r \to i_1$로 간단히 기술할 수 있다.[10] 만약, 치환 σ가 어떤 순환 $i_1, i_2, \ldots, i_r$을 갖고 이 순환을 제외한 J_n의 나머지 숫자는 σ에 의하여 변하지 않을 때, 이 치환 σ를 길이가 r인 **순환치환**(cycle permutation)이라 한다. 길이가 r인 순환치환은 본질적으로 해당 순환이 이 치환을 모두 설명하므로 다음과 같이 나타낼 수 있다.

$$\sigma = (i_1 \ \ i_2 \ \ \cdots \ \ i_{r-1} \ \ i_r)$$

참고로, 항등치환은 길이가 1인 순환치환이며, 이를 임의의 $i \in J_n$에 대하여 $I = (i)$

[8] 항등치환은 항등행렬과 같은 기호를 쓰지만 둘은 다르다. 각각은 사용하는 상황이 다르므로, 주어진 상황에 따라서 기호를 구분해 인식하도록 하자.

[9] 이를 통해 일반적으로 치환의 곱에서는 교환법칙이 성립하지 않음을 알 수 있다.

[10] 순환은 i_1가 σ에 의해 이동하다가 다시 i_1에 도착하는 것으로 생각할 수 있다.

로 나타낼 수 있다.

임의의 치환은 언제나 순환치환의 곱으로 표현할 수 있는데, 다음의 예제를 통해 연습해보도록 하자.

예제 9.25

다음 치환을 순환치환의 곱으로 나타내시오.

(1) $\sigma = \begin{pmatrix} 1 & 2 & 3 & 4 & 5 & 6 \\ 2 & 1 & 3 & 4 & 6 & 5 \end{pmatrix}$ (2) $\delta = \begin{pmatrix} 1 & 2 & 3 & 4 & 5 \\ 1 & 2 & 5 & 3 & 4 \end{pmatrix}$

풀이 (1) σ는 두개의 순환 $1 \to 2$, $5 \to 6$을 갖고 그 외의 숫자 3, 4는 σ에 의해 변하지 않는다. 이때, 두개의 순환치환 $(1\ 2)$과 $(5\ 6)$을 합성하면 σ가 된다는 것을 확인할 수 있다. 즉 $\sigma = (5\ 6)(1\ 2) = (1\ 2)(5\ 6)$이다.

(2) σ는 한개의 순환 $3 \to 5 \to 4 \to 3$을 갖고 그 외의 숫자 1, 2는 σ에 의해 변하지 않는다. 따라서, $\delta = (3\ 5\ 4)$이다. ■

참고로, 다른 집합에서 정의된 서로 다른 치환이 순환치환의 곱으로 표현했을 때 같을 수 있음에 유의하자. 예를 들어, 치환

$$\gamma = \begin{pmatrix} 1 & 2 & 3 & 4 & 5 & 6 & 7 \\ 2 & 1 & 3 & 4 & 6 & 5 & 7 \end{pmatrix}$$

을 예제 9.25에서 적용한 방법을 이용해 순환치환의 곱으로 나타내면 $\gamma = (5\ 6)(1\ 2) = (1\ 2)(5\ 6)$이다. 이는 예제 9.25의 (1)의 결과와 같지만, 최초에 주어진 두 치환은 다른 치환이다.

길이가 2인 순환치환 $(i\ j)$는 숫자 i와 j만 서로 바꿔주는 매우 단순한 치환으로 이런 의미에서 이를 **호환**(transposition)이라 한다. 참고로, 호환 $(i\ j)$의 역치환은 자기 자신 $(i\ j)$이다. 즉, $(i\ j)(i\ j) = I$이다. 임의의 순환치환 $(i_1\ i_2\ \cdots\ i_{r-1}\ i_r)$은 다음과 같이 언제나 호환의 유한한 곱으로 표현이 가능하다.

$$(i_1\ \ i_2\ \ \cdots\ \ i_{r-1}\ \ i_r) = (i_1\ \ i_r)(i_1\ \ i_{r-1})\ \cdots\ (i_1\ \ i_2)$$

즉, 치환 $(i_1\ \ i_r)(i_1\ \ i_{r-1})\ \cdots\ (i_1\ \ i_2)$에 i_k를 $1 < k < r$을 넣으면 오른쪽으로부터 i_k를 포함하는 최초의 호환에 의해 i_1로 변하고 또 이는 그 바로 다음에 나타나는 호환에 의해 i_{k+1}로 변하게 된다. 같은 방식을 그 외의 숫자에 적용하면, i_1은 오른쪽으로부터 i_1를 포함하는 최초의 호환이 첫 호환이므로 이 호환에 의해 i_2로 변하고 그 이후에는 i_2를 포함하는 호환이 없으므로 최종적으로 i_2로 변하고, i_r은 오른쪽으로부터 i_r를 포함하는 최초의 호환이 마지막 호환이므로 i_1으로 변하는 것을 알 수 있다. 이는 순환치환 $(i_1\ \ i_2\ \ \cdots\ \ i_{r-1}\ \ i_r)$에 i_k, $1 \le k \le r$를 넣은 결과와 같다.[11]

[11]이러한 계산은 순환치환의 곱에 대해서도 적용이 가능하다.

예제 9.26

다음 치환을 호환의 곱으로 나타내시오.

(1) $\sigma = \begin{pmatrix} 1 & 2 & 3 & 4 \\ 4 & 1 & 3 & 2 \end{pmatrix}$ (2) $\delta = \begin{pmatrix} 1 & 2 & 3 & 4 & 5 & 6 \\ 2 & 4 & 1 & 3 & 6 & 5 \end{pmatrix}$

풀이 (1) 치환 σ이 순환 치환 $(1\ 4\ 2)$라는 것은 자명하다. 따라서 σ는 $(1\ 2)(1\ 4)$.

(2) 치환 δ는 두개의 순환 $(1\ 2\ 4\ 3)$과 $(5\ 6)$를 가지므로 순환치환의 곱 $\delta = (1\ 2\ 4\ 3)(5\ 6)$로 볼 수 있다. 따라서, $\delta = (1\ 3)(1\ 4)(1\ 2)(5\ 6)$ 이다.

■

모든 치환은 순환치환의 곱으로 표현되고, 또 모든 순환치환은 호환의 곱으로 표현된다. 즉, 모든 치환은 언제나 호환의 곱으로 표현되는데, 이를 구성하는 호환의 개수에 따라서 짝치환과 홀치환을 구분한다. 즉, 짝수 개의 호환의 곱으로 표시되는 치환을 **짝치환**(even permutation)이라 하고, 홀수 개의 호환의 곱으로 표시되는 치환을 **홀치환**(odd permutation)이라 한다.[12] 이때, 항등치환 I는 $(i, i)(i, i)$라고 생각할 수 있으므로 짝치환으로 생각한다.

예제 9.27

S_3의 원소를 의 치환을 짝치환과 홀치환으로 분류하시오.

풀이 예제 9.23의 결과를 활용하여, 다음과 같이 분류한다.

짝치환 :

$$\begin{pmatrix} 1 & 2 & 3 \\ 1 & 2 & 3 \end{pmatrix},\ \begin{pmatrix} 1 & 2 & 3 \\ 2 & 3 & 1 \end{pmatrix} = (1\ 3)(1\ 2),\ \begin{pmatrix} 1 & 2 & 3 \\ 3 & 1 & 2 \end{pmatrix} = (1\ 2)(1\ 3)$$

홀치환 :

$$\begin{pmatrix} 1 & 2 & 3 \\ 1 & 3 & 2 \end{pmatrix} = (2\ 3),\ \begin{pmatrix} 1 & 2 & 3 \\ 3 & 2 & 1 \end{pmatrix} = (1\ 3),\ \begin{pmatrix} 1 & 2 & 3 \\ 2 & 1 & 3 \end{pmatrix} = (1\ 2)$$

■

홀치환과 짝치환을 이용하여 다음과 같이 **부호함수**(sign map) $\text{sgn} : S_n \longrightarrow \{1, -1\}$를 정의한다.

$$\text{sgn}(\sigma) = \begin{cases} 1, & (\sigma\text{가 짝치환일 때}) \\ -1, & (\sigma\text{가 홀치환일 때}) \end{cases}$$

[12]하나의 치환을 호환의 곱으로 표현하는 방법은 무한히 존재한다. 하지만, 그때 사용하는 치환의 갯수는 언제나 홀수거나 짝수 둘 중 하나로만 결정된다는 것이 알려져 있다.

이때, $\operatorname{sgn}(\sigma)$를 σ의 **부호**(sign)라 하고, 부호함수는 자명하게 다음 성질을 만족한다.

정리 9.28 부호 함수 $\operatorname{sgn} : S_n \longrightarrow \{1, -1\}$과 치환 $\sigma, \delta \in S_n$에 대하여

(1) 항등치환 I에 대하여 $\operatorname{sgn}(\sigma) = 1$이 성립한다.

(2) σ가 호환이면 $\operatorname{sgn}(\sigma) = -1$이 성립한다.

(3) $\operatorname{sgn}(\sigma) = \operatorname{sgn}(\sigma^{-1})$이 성립한다.

(4) $\operatorname{sgn}(\sigma\delta) = \operatorname{sgn}(\sigma)\operatorname{sgn}(\delta)$이 성립한다.

치환과 부호함수는 다음과 같이 주어진 행렬 $A \in M_{n\times n}$의 행렬식을 정의하는데 이용된다.

정의 9.29 행렬 $A = (a_{ij}) \in M_{n\times n}$에 대하여

$$\sum_{\sigma\in S_n} \operatorname{sgn}(\sigma)\, a_{1\sigma(1)}\, a_{2\sigma(2)} \cdots a_{n\sigma(n)}$$

을 행렬 A의 **행렬식**(determinant)이라 하며

$$\det A,\ |A|,\ \begin{vmatrix} a_{11} & a_{12} & \cdots & a_{1n} \\ a_{21} & a_{22} & \cdots & a_{2n} \\ \vdots & \vdots & & \vdots \\ a_{n1} & a_{n2} & \cdots & a_{nn} \end{vmatrix},\ \left|\begin{pmatrix} a_{11} & a_{12} & \cdots & a_{1n} \\ a_{21} & a_{22} & \cdots & a_{2n} \\ \vdots & \vdots & & \vdots \\ a_{n1} & a_{n2} & \cdots & a_{nn} \end{pmatrix}\right|$$

등으로 나타낸다.

1×1 정사각행렬 $A = (a)$의 경우 $n = 1$인 경우 이므로 S_1은 항등치환만 존재한다. 즉, A의 행렬식이 $\det A = a$라는 것이 자명하다. 다음은 2×2 행렬의 행렬식이다.

예제 9.30

$A = \begin{pmatrix} a & b \\ c & d \end{pmatrix}$의 행렬식을 구하시오.

풀이 $A = \begin{pmatrix} a_{11} & a_{12} \\ a_{21} & a_{22} \end{pmatrix}$라 두고, 정의 9.29를 적용하자.

$n = 2$인 경우인데, 이때 S_2는 $\{I,\ (1\ 2)\}$라는 것이 자명하다. 이때 각 치환의 부호는

$$\operatorname{sgn}(I) = 1,\ \operatorname{sgn}((1\ 2)) = -1$$

이므로 행렬 A의 행렬식은 정의에 따라 다음과 같다.

$$\det A = \text{sgn}\,(1)\, a_{11}a_{22} + \text{sgn}\,((1\ 2))\, a_{12}a_{21} = a_{11}a_{22} - a_{12}a_{21}$$

즉, A의 행렬식은 $ad - bc$이다. ■

이 예제의 결과인 $ad-bc$가 정리 9.20의 2×2 행렬이 가역행렬일 필요충분조건에서 나오는 식과 정확히 일치한다는 점을 기억하자. 다음은 3×3 행렬의 행렬식이다.

예제 9.31

$A = (a_{ij}) \in M_{3\times 3}$의 행렬식을 구하시오.

풀이 $n = 3$인 경우인데, 이때 S_3은 예제 9.27에서 분류한바와 같이

$$S_3 = \{I,\ (1\ 2\ 3),\ (1\ 3\ 2),\ (2\ 3),\ (1\ 3),\ (1\ 2)\}$$

이다. 따라서 다음과 같이 정의 9.29를 적용해 행렬식을 계산한다.

$$\begin{aligned}\det A &= \sum_{\sigma\in S_3} \text{sgn}\,(\sigma)\, a_{1\sigma(1)}\, a_{2\sigma(2)}\, a_{3\sigma(3)} \\ &= a_{11}\,a_{22}\,a_{33} + a_{12}\,a_{23}\,a_{31} + a_{13}\,a_{21}\,a_{32} \\ &\quad - a_{11}\,a_{23}\,a_{32} - a_{13}\,a_{22}\,a_{31} - a_{12}\,a_{21}\,a_{33}\end{aligned}$$ ■

2차 및 3차 정사각행렬의 행렬식은 그림 9.13을 이용해 계산하는 것이 가능하다. 각 그림의 부호 +나 −에서 시작한 화살표를 따라서 나타나는 숫자들을 다 곱하고,

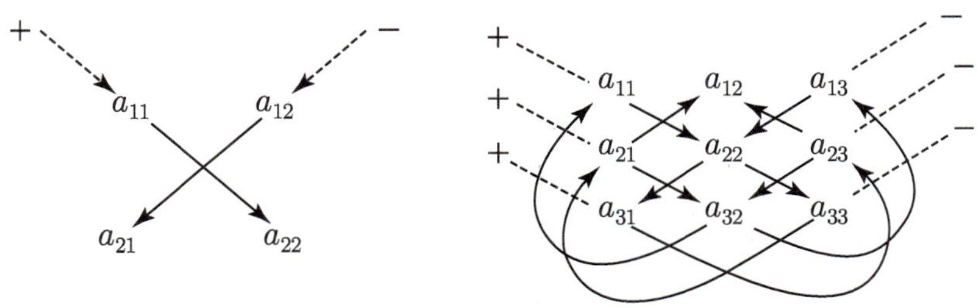

그림 9.13 사루스의 법칙

그 값에 처음에 주어진 부호를 적용해 모두 더하면 앞서 얻은 2×2 행렬과 3×3 행렬의 행렬식의 결과와 동일한 결과를 얻을 수 있다. 이 방법은 **사루스의 법칙** (Sarrus rule)이라 하고, 비교적 복잡한 행렬식 공식을 구조적으로 기억할 수 있게 해준다는 점에서 유용할 수 있다. 하지만, 사루스의 법칙은 4×4 이상의 크기를 갖는 정사각행렬에 대해서는 성립하지 않는다는 사실을 기억하도록 하자. 이런 크기가 큰 행렬의 행렬식은 정의 9.29를 사용하거나 앞으로 학습하게 될 여인수 전개, 또는 행렬식의 성질을 이용해서 계산하는 것이 보편적이다.

예제 9.32

다음 행렬의 행렬식을 계산하시오.

(1) $A = \begin{pmatrix} 1 & -1 \\ 2 & 1 \end{pmatrix}$ (2) $B = \begin{pmatrix} 1 & 4 & 2 \\ 2 & 0 & 8 \\ 3 & -1 & 9 \end{pmatrix}$

풀이 사루스의 법칙을 활용하면 다음의 결과를 얻을 수 있다.

(1) $\det A = 1 \cdot 1 - (-1) \cdot 2 = 3$

(2) $|B| = 1 \cdot 0 \cdot 9 + 2 \cdot (-1) \cdot 2 + 3 \cdot 8 \cdot 4 - 2 \cdot 0 \cdot 3 - 8 \cdot (-1) \cdot 1 - 9 \cdot 2 \cdot 4 = 28$

■

다음은 주어진 행렬의 행렬식과 그 행렬의 전치행렬의 행렬식이 같다는 것을 보여주는 정리이다. 이 정리는 후에 행벡터와 관련된 행렬식의 성질이 열벡터에 대해서도 동일하게 적용 될 수 있음을 보이는데 유용하게 사용된다.

정리 9.33 임의의 행렬 $A \in M_{n\times n}$는 다음 등식을 만족한다.

$$|A| = |A^{\mathsf{T}}|$$

증명 행렬 A와 A^{T}을 각각

$$A = (a_{ij}), \quad A^{\mathsf{T}} = (b_{ij})$$

라 하고, 다음을 우선 살펴본다.

(i) 임의의 치환 $\sigma \in S_n$에 대하여 등식

$$b_{1\sigma(1)}\, b_{2\sigma(2)} \cdots b_{n\sigma(n)} = b_{\sigma^{-1}(1)1}\, b_{\sigma^{-1}(2)2} \cdots b_{\sigma^{-1}(n)n}$$

이 성립한다. 이는 등식 $b_{i\sigma(i)} = b_{\sigma^{-1}(\sigma(i))\sigma(i)}$이 성립하고 이 항은 각각의 i에 대하여 위 등식의 좌변과 우변에 단 한번씩 만 나타난다. 따라서, 양변에서 곱을 구성하고 있는 숫자들은 본질적으로 같으므로 양변이 같다.

(ii) 임의의 치환 $\delta \in S_n$에 대하여 등식

$$b_{\delta(1)1}\, b_{\delta(2)2} \cdots b_{\delta(n)n} = a_{1\delta(1)}\, a_{2\delta(2)} \cdots a_{n\delta(n)}$$

이 성립한다. 이는 임의의 i, j에 대하여 $b_{ij} = a_{ji}$이 성립하므로 자명하다.

위 사실들과 $\operatorname{sgn}(\sigma) = \operatorname{sgn}(\sigma^{-1})$라는 사실은 다음의 등식이 성립한다는 것을 말해준다.

$$|A^{\mathsf{T}}| = \sum_{\sigma \in S_n} \operatorname{sgn}(\sigma)\, b_{1\sigma(1)}\, b_{2\sigma(2)} \cdots b_{n\sigma(n)}$$

$$
\begin{aligned}
&= \sum_{\sigma \in S_n} \operatorname{sgn}(\sigma^{-1})\, b_{\sigma^{-1}(1)1}\, b_{\sigma^{-1}(2)2} \cdots b_{\sigma^{-1}(n)n} \\
&= \sum_{\sigma^{-1} \in S_n} \operatorname{sgn}(\sigma^{-1})\, b_{\sigma^{-1}(1)1}\, b_{\sigma^{-1}(2)2} \cdots b_{\sigma^{-1}(n)n} \\
&= \sum_{\delta \in S_n} \operatorname{sgn}(\delta)\, b_{\delta(1)1}\, b_{\delta(2)2} \cdots b_{\delta(n)n} \\
&= \sum_{\delta \in S_n} \operatorname{sgn}(\delta)\, a_{1\delta(1)}\, a_{2\delta(2)} \cdots a_{n\delta(n)} \\
&= |A|
\end{aligned}
$$

■

예제 9.34

다음 행렬 A, B에 대하여 $|A| = |A^\intercal|$, $|B| = |B^\intercal|$가 성립함을 확인하시오.

$$
A = \begin{pmatrix} 1 & 2 \\ 1 & 0 \end{pmatrix}, \qquad B = \begin{pmatrix} 1 & 2 & 3 \\ 0 & 1 & 1 \\ 1 & 0 & 2 \end{pmatrix}
$$

풀이 주어진 행렬 A, B에 대하여 행렬식의 정의나 사루스의 법칙을 적용하면 다음을 얻을 수 있다.

$$
|A| = \begin{vmatrix} 1 & 2 \\ 1 & 0 \end{vmatrix} = -2, \qquad |A^\intercal| = \begin{vmatrix} 1 & 1 \\ 2 & 0 \end{vmatrix} = -2
$$

$$
|B| = \begin{vmatrix} 1 & 2 & 3 \\ 0 & 1 & 1 \\ 1 & 0 & 2 \end{vmatrix} = 1 \cdot 1 \cdot 2 + 1 \cdot 1 \cdot 2 - 3 \cdot 1 \cdot 1 = 1
$$

$$
|B^\intercal| = \begin{vmatrix} 1 & 0 & 1 \\ 2 & 1 & 0 \\ 3 & 1 & 2 \end{vmatrix} = 1 \cdot 1 \cdot 2 + 2 \cdot 1 \cdot 1 - 1 \cdot 1 \cdot 3 = 1
$$

■

행렬이 만약 삼각행렬이라면 행렬식은 주대각성분으로 간단하게 계산된다.

정리 9.35 삼각행렬 $A = (a_{ij}) \in M_{n \times n}$은 다음 등식을 만족한다.

$$
|A| = a_{11}\, a_{22} \cdots a_{nn}
$$

증명 행렬식

$$
|A| = \sum_{\sigma \in S_n} \operatorname{sgn}(\sigma)\, a_{1\sigma(1)}\, a_{2\sigma(2)} \cdots a_{n\sigma(n)}
$$

를 구성하고 있는 임의의 $a_{1\sigma(1)}\, a_{2\sigma(2)} \cdots a_{n\sigma(n)}$는 행렬 A의 성분들 중에서 행과 열이 중복되지 않도록 n개를 선택하여 곱한 값이다. 따라서, 행렬 $A = (a_{ij})$

가 삼각행렬이라면 $a_{11}\,a_{22}\,\cdots\,a_{nn}$ 를 제외한 $a_{1\sigma(1)}\,a_{2\sigma(2)}\,\cdots\,a_{n\sigma(n)}$ 에는 반드시 하나 이상의 0이 곱해져 있다. 따라서 다음이 성립한다.

$$|A| = \sum_{\sigma \in S_n} \operatorname{sgn}(\sigma)\, a_{1\sigma(1)}\, a_{2\sigma(2)} \cdots a_{n\sigma(n)} = a_{11}\, a_{22} \cdots a_{nn}$$ ■

예제 9.36

아래 행렬에 대해 행렬식을 계산하시오.

$$A = \begin{pmatrix} 1 & 7 & 8 \\ 0 & 1 & 2 \\ 0 & 0 & 2 \end{pmatrix}, \qquad B = \begin{pmatrix} 2 & 0 & 0 & 0 \\ 3 & 1 & 0 & 0 \\ 10 & 14 & 3 & 0 \\ 2 & 15 & 6 & 4 \end{pmatrix}$$

풀이 두행렬은 삼각행렬이므로 정리 9.35에 따라 주대각성분의 곱으로 다음과 같이 행렬식을 계산한다.

$$|A| = 1 \cdot 1 \cdot 2 = 2, \quad |B| = 2 \cdot 1 \cdot 3 \cdot 4 = 24$$ ■

끝으로 크기가 큰 일반적인 행렬의 행렬식을 계산할 때 유용하게 사용할 수 있는 행렬식의 성질을 증명없이 살펴보도록 하자.

정리 9.37 행렬식의 성질

행렬 $A = (a_{ij}) \in M_{n\times n}$ 에 대하여 다음이 성립한다.

(1) A의 한 개의 행(또는 열)에 α배를 해 얻은 행렬을 B라 하면, 등식 $|B| = \alpha|A|$ 가 성립한다.

(2) A의 두 개의 행(또는 열)의 순서를 바꿔 얻은 행렬을 B라 하면, 등식 $|B| = -|A|$가 성립한다.

(3) A의 특정 행(또는 열)에 α배 한 행벡터(또는 열벡터)를 처음 선택한 행(또는 열)과는 다른 행(또는 열)에 더해 얻은 행렬을 B라 하면, 등식 $|B| = |A|$가 성립한다.[13]

이 정리를 좀 더 이해하기 위해서 행렬 $A = \begin{pmatrix} 1 & 1 & 0 \\ 3 & 2 & 1 \\ 4 & 3 & 2 \end{pmatrix}$ 의 행렬식을 A를 변환해 얻은 행렬들의 행렬식으로 나타내보자. 첫째로 A의 두번째 행에 두 배를 해 얻은

[13] 한번 행을 선택하면 이 후에도 행을, 열을 선택했다면 이 후에도 열을 선택하여 얻는다.

행렬을 $B = \begin{pmatrix} 1 & 1 & 0 \\ 6 & 4 & 2 \\ 4 & 3 & 2 \end{pmatrix}$, 세번째 열에 세 배를 해 얻은 행렬을 $C = \begin{pmatrix} 1 & 1 & 0 \\ 3 & 2 & 3 \\ 4 & 3 & 6 \end{pmatrix}$라 하면 정리 9.37 (1)에 의해 등식 $|A| = \frac{1}{2}|B| = \frac{1}{3}|C|$, 즉,

$$\begin{vmatrix} 1 & 1 & 0 \\ 3 & 2 & 1 \\ 4 & 3 & 2 \end{vmatrix} = \frac{1}{2}\begin{vmatrix} 1 & 1 & 0 \\ 6 & 4 & 2 \\ 4 & 3 & 2 \end{vmatrix} = \frac{1}{3}\begin{vmatrix} 1 & 1 & 0 \\ 3 & 2 & 3 \\ 4 & 3 & 6 \end{vmatrix}$$

이 성립한다. 만약 A의 첫번째 행과 두번째 행의 순서를 바꿔 얻은 행렬을 $D = \begin{pmatrix} 3 & 2 & 1 \\ 1 & 1 & 0 \\ 4 & 3 & 2 \end{pmatrix}$, 첫번째 열과 세번째 열의 순서를 바꿔 얻은 행렬을 $E = \begin{pmatrix} 0 & 1 & 1 \\ 1 & 2 & 3 \\ 2 & 3 & 4 \end{pmatrix}$라 하면 정리 9.37 (2)에 의해 등식 $|A| = -|D| = -|E|$, 즉 등식

$$\begin{vmatrix} 1 & 1 & 0 \\ 3 & 2 & 1 \\ 4 & 3 & 2 \end{vmatrix} = -\begin{vmatrix} 3 & 2 & 1 \\ 1 & 1 & 0 \\ 4 & 3 & 2 \end{vmatrix} = -\begin{vmatrix} 0 & 1 & 1 \\ 1 & 2 & 3 \\ 2 & 3 & 4 \end{vmatrix}$$

이 성립한다. 끝으로, A의 두번째 행에 두배를 해 얻은 행벡터를 첫번째 행에 더해 얻은 행렬 $F = \begin{pmatrix} 7 & 5 & 2 \\ 3 & 2 & 1 \\ 4 & 3 & 2 \end{pmatrix}$와 A의 첫번째 열에 -1을 곱해 얻은 열벡터를 세번째 열에 더해 얻은 행렬 $G = \begin{pmatrix} 1 & 1 & -1 \\ 3 & 2 & -2 \\ 4 & 3 & -2 \end{pmatrix}$는 정리 9.37 (3)에 의해 등식 $|A| = |F| = |G|$, 즉 등식

$$\begin{vmatrix} 1 & 1 & 0 \\ 3 & 2 & 1 \\ 4 & 3 & 2 \end{vmatrix} = \begin{vmatrix} 7 & 5 & 2 \\ 3 & 2 & 1 \\ 4 & 3 & 2 \end{vmatrix} = \begin{vmatrix} 1 & 1 & -1 \\ 3 & 2 & -2 \\ 4 & 3 & -2 \end{vmatrix}$$

을 만족한다. 이 변환 방법을 이용해 주어진 행렬을 행렬식을 계산하기 편한 형태로 변환하면 정리 9.37로부터 쉽게 행렬식을 계산할 수 있다.

예제 9.38

행렬식의 성질을 이용하여 다음 행렬식을 구하시오.

(1) $\begin{vmatrix} 2 & 1 & 0 \\ 4 & 2 & 1 \\ 4 & 3 & 3 \end{vmatrix}$ (2) $\begin{vmatrix} 1 & 1 & 1 \\ a & b & c \\ a^2 & b^2 & c^2 \end{vmatrix}$

풀이 행렬식 계산이 간단한 형태가 되도록 행렬식의 성질을 써서 주어진 행렬을 삼각행렬로 변환하여 계산한다.

(1)

$$\begin{vmatrix} 2 & 1 & 0 \\ 4 & 2 & 1 \\ 4 & 3 & 3 \end{vmatrix} = \begin{vmatrix} 2 & 1 & 0 \\ 4-4 & 2-2 & 1-0 \\ 4 & 3 & 3 \end{vmatrix} = \begin{vmatrix} 2 & 1 & 0 \\ 0 & 0 & 1 \\ 4 & 3 & 3 \end{vmatrix} \quad (\because 2\text{행} - 2 \cdot 1\text{행})$$

$$= \begin{vmatrix} 2 & 1 & 0 \\ 0 & 0 & 1 \\ 4-4 & 3-2 & 3-0 \end{vmatrix} = \begin{vmatrix} 2 & 1 & 0 \\ 0 & 0 & 1 \\ 0 & 1 & 3 \end{vmatrix} \quad (\because 3\text{행} - 2 \cdot 1\text{행})$$

$$= (-1) \begin{vmatrix} 2 & 1 & 0 \\ 0 & 1 & 3 \\ 0 & 0 & 1 \end{vmatrix} \quad (\because 2\text{행과 } 3\text{행 교환})$$

$$= -2 \cdot 1 \cdot 1 = -2 \quad (\because \text{삼각행렬의 행렬식})$$

(2)

$$\begin{vmatrix} 1 & 1 & 1 \\ a & b & c \\ a^2 & b^2 & c^2 \end{vmatrix} = \begin{vmatrix} 1 & 1-1 & 1 \\ a & b-a & c \\ a^2 & b^2-a^2 & c^2 \end{vmatrix} \quad (\because 2\text{열} - 1\text{열})$$

$$= \begin{vmatrix} 1 & 1-1 & 1-1 \\ a & b-a & c-a \\ a^2 & b^2-a^2 & c^2-a^2 \end{vmatrix} \quad (\because 3\text{열} - 1\text{열})$$

$$= \begin{vmatrix} 1 & 0 & 0 \\ a & b-a & c-a \\ a^2 & (b+a)(b-a) & (c+a)(c-a) \end{vmatrix}$$

$$= (b-a) \begin{vmatrix} 1 & 0 & 0 \\ a & 1 & c-a \\ a^2 & a+b & (c+a)(c-a) \end{vmatrix} \quad (\because 2\text{열}/(b-a))$$

$$= (b-a)(c-a) \begin{vmatrix} 1 & 0 & 0 \\ a & 1 & 1 \\ a^2 & a+b & a+c \end{vmatrix} \quad (\because 3\text{열}/(c-a))$$

$$= (b-a)(c-a) \begin{vmatrix} 1 & 0 & 0 \\ a & 1 & 0 \\ a^2 & a+b & c-b \end{vmatrix} \quad (\because 3\text{열} - 2\text{열})$$

$$= (b-a)(c-a)(c-b) \quad (\because \text{삼각행렬의 행렬식})$$

9.3 연습문제

1. 다음 치환의 곱을 구하시오.

(1) (1 2)(1 3)(2 4)

(2) (1 4)(1 3)(2 1)

(3) $\begin{pmatrix} 1 & 2 & 3 & 4 & 5 \\ 4 & 3 & 2 & 5 & 1 \end{pmatrix} \begin{pmatrix} 1 & 2 & 3 & 4 & 5 \\ 2 & 3 & 4 & 5 & 1 \end{pmatrix}$

(4) $\begin{pmatrix} 1 & 2 & 3 & 4 & 5 \\ 2 & 3 & 4 & 5 & 1 \end{pmatrix} \begin{pmatrix} 1 & 2 & 3 & 4 & 5 \\ 4 & 3 & 2 & 5 & 1 \end{pmatrix}$

2. 다음 치환을 순환치환의 곱과 호환의 곱으로 나타내고 치환의 부호를 구하시오.

(1) $\begin{pmatrix} 1 & 2 & 3 & 4 & 5 & 6 \\ 2 & 3 & 4 & 5 & 1 & 6 \end{pmatrix}$ (2) $\begin{pmatrix} 1 & 2 & 3 & 4 & 5 & 6 \\ 4 & 3 & 2 & 5 & 1 & 6 \end{pmatrix}$

3. 행렬식의 정의 9.29를 사용하여 다음 행렬식을 계산하시오.

(1) $\begin{vmatrix} 0 & 6 & 2 \\ 8 & 6 & 8 \\ 3 & 2 & 2 \end{vmatrix}$ (2) $\begin{vmatrix} 1 & 3 & 7 \\ 2 & 0 & -8 \\ -1 & -3 & 4 \end{vmatrix}$

(3) $\begin{vmatrix} 1 & 1 & 1 \\ a & b & c \\ a^3 & b^3 & c^3 \end{vmatrix}$ (4) $\begin{vmatrix} b^2+c^2 & b^2 & c^2 \\ a^2 & a^2+c^2 & c^2 \\ a^2 & b^2 & a^2+b^2 \end{vmatrix}$

4. 행렬식의 성질을 이용하여 다음 행렬식을 간단히 나타내시오.

(1) $\begin{vmatrix} 1 & x & y & 1 \\ 1 & x & x & 1 \\ x & x & xy & 1 \\ x & 1 & xy & y \end{vmatrix}$ (2) $\begin{vmatrix} a & b-c & c+b \\ a+c & b & c-a \\ a-b & b+a & c \end{vmatrix}$

(3) $\begin{vmatrix} a+b+c & -c & -b \\ -c & a+b+c & -a \\ -b & -a & a+b+c \end{vmatrix}$ (4) $\begin{vmatrix} (b+c)^2 & a^2 & a^2 \\ b^2 & (c+a)^2 & b^2 \\ c^2 & c^2 & (a+b)^2 \end{vmatrix}$

5. 다음 식을 만족하는 x의 값을 구하시오.

(1) $\begin{vmatrix} x-1 & -2 \\ 1 & x-4 \end{vmatrix} = 0$ (2) $\begin{vmatrix} x+3 & -1 & 1 \\ 5 & x-3 & 1 \\ 6 & -6 & x+5 \end{vmatrix} = 0$

(3) $\begin{vmatrix} 1 & 1 & 1 \\ 1 & x & 2 \\ 1 & x^2 & 4 \end{vmatrix} = 0$ (4) $\begin{vmatrix} 0 & 1 & \sin x \\ \cos x & 0 & \sin x \\ \cos x & 1 & 0 \end{vmatrix} = 0$

6. 행렬 $A = (a_{ij}) \in M_{n\times n}$에서 한 행(또는 열)의 성분이 모두 0이면 $|A| = 0$임을 보이시오.

7. 정사각행렬 A의 두 행(또는 열)의 성분이 같으면 $|A| = 0$임을 보이시오.

8. 행렬 $A \in M_{n\times n}$와 수 α에 대하여 $|\alpha A| = \alpha^n |A|$임을 보이시오.

9.4 여인수 전개와 역행렬

이 절에서는 $n \times n$ 행렬의 행렬식을 보다 체계적으로 계산할 수 있게 해주는 행렬식의 여인수 전개와 여인수를 이용해 역행렬을 만드는 방법에 대해 학습한다.

행렬 $A = (a_{ij}) \in M_{n \times n}$ 에서 하나의 항 a_{ij} 를 선택하고 이 항이 속한 행과 열을 A 에서 제거하면, 자연스럽게 $(n-1) \times (n-1)$ 행렬을 얻을 수 있다. 이때 이 행렬의 행렬식을 a_{ij} 에 대한 **소행렬식**(minor)이라 하고 M_{ij} 로 쓴다. 즉,

$$M_{ij} = \begin{vmatrix} a_{11} & \cdots & a_{1j-1} & a_{1j+1} & \cdots & a_{1n} \\ \vdots & & \vdots & \vdots & & \vdots \\ a_{i-11} & \cdots & a_{i-1j-1} & a_{i-1j+1} & \cdots & a_{i-1n} \\ a_{i+11} & \cdots & a_{i+1j-1} & a_{i+1j+1} & \cdots & a_{i+1n} \\ \vdots & & \vdots & \vdots & & \vdots \\ a_{n1} & \cdots & a_{nj-1} & a_{nj+1} & \cdots & a_{nn} \end{vmatrix}$$

로 정의한다. 이때, a_{ij} 에 대한소행렬식에 $(-1)^{i+j}$ 를 곱한 수

$$A_{ij} = (-1)^{i+j} M_{ij}$$

를 a_{ij} 의 **여인수**(cofactor)라 한다.

A_{ij} 는 각 ij 에 따라 결정되므로 자연스럽게 행렬 (A_{ij}) 를 고려할 수 있는데, 이 행렬의 전치행렬을 수반행렬이라 한다. 즉, 아래와 같이 여인수 A_{ji} 를 ij 성분으로 갖는 행렬을 **수반행렬**(adjoint matrix)이라 하고 adj A 로 나타낸다.

$$\text{adj}\, A = (A_{ij})^{\mathsf{T}} = \begin{pmatrix} A_{11} & A_{21} & \cdots & A_{n1} \\ A_{12} & A_{22} & \cdots & A_{n2} \\ \vdots & \vdots & & \vdots \\ A_{1n} & A_{2n} & \cdots & A_{nn} \end{pmatrix}$$

예제 9.39

행렬 $A = \begin{pmatrix} 1 & 2 & 3 \\ 1 & 3 & 1 \\ 2 & 3 & 1 \end{pmatrix}$ 의 소행렬식, 여인수, 수반행렬을 구하시오.

그림 9.14

풀이 A의 소행렬식은

$$M_{11} = \begin{vmatrix} 3 & 1 \\ 3 & 1 \end{vmatrix} = 0, \qquad M_{12} = \begin{vmatrix} 1 & 1 \\ 2 & 1 \end{vmatrix} = -1, \qquad M_{13} = \begin{vmatrix} 1 & 3 \\ 2 & 3 \end{vmatrix} = -3,$$

$$M_{21} = \begin{vmatrix} 2 & 3 \\ 3 & 1 \end{vmatrix} = -7, \qquad M_{22} = \begin{vmatrix} 1 & 3 \\ 2 & 1 \end{vmatrix} = -5, \qquad M_{23} = \begin{vmatrix} 1 & 2 \\ 2 & 3 \end{vmatrix} = -1,$$

$$M_{31} = \begin{vmatrix} 2 & 3 \\ 3 & 1 \end{vmatrix} = -7, \qquad M_{32} = \begin{vmatrix} 1 & 3 \\ 1 & 1 \end{vmatrix} = -2, \qquad M_{33} = \begin{vmatrix} 1 & 2 \\ 1 & 3 \end{vmatrix} = 1$$

이고, A의 여인수는

$$A_{11} = M_{11} = 0, \qquad A_{12} = -M_{12} = 1, \qquad A_{13} = M_{13} = -3,$$

$$A_{21} = -M_{21} = 7, \qquad A_{22} = M_{22} = -5, \qquad A_{23} = -M_{23} = 1,$$

$$A_{31} = M_{31} = -7, \qquad A_{32} = -M_{32} = 2, \qquad A_{33} = M_{33} = 1$$

이다. 따라서 수반행렬은 다음과 같다.

$$\operatorname{adj} A = \begin{pmatrix} 0 & 7 & -7 \\ 1 & -5 & 2 \\ -3 & 1 & 1 \end{pmatrix}$$

■

여인수는 $n \times n$행렬의 행렬식을 계산하는데 사용할 수 있는데, 이 방법을 여인수 전개라 한다.

정리 9.40 여인수 전개

행렬 $A = (a_{ij}) \in M_{n \times n}$의 행렬식 $|A|$는 다음과 같이 계산할 수 있다.

(1) i번째 행에 관한 여인수 전개 $(1 \le i \le n)$

$$|A| = a_{i1}A_{i1} + a_{i2}A_{i2} + \cdots + a_{in}A_{in}$$

(2) j번째 열에 관한 여인수 전개 $(1 \le j \le n)$

$$|A| = a_{1j}A_{1j} + a_{2j}A_{2j} + \cdots + a_{nj}A_{nj}$$

이 정리는 행렬식의 정의와 수학적 귀납법을 이용해 증명 가능하지만 여기서는 생략한다. 대신 특정 예시에서 이 등식이 성립한다는 것을 확인해보자. 행렬 $A = (a_{ij}) = \begin{pmatrix} 1 & 2 & 3 \\ 4 & 5 & 0 \\ 0 & 1 & 2 \end{pmatrix}$에 앞서 학습한 행렬식의 정의 또는 사루스의 법칙을 적용하면 행렬식이 6이라는 것을 알 수 있다. 만약 A에 대하여 정리 9.40의 첫번째 행에 관한 여인수 전개를 적용해 보면, A의 $i = 1$일 때의 여인수가 $A_{11} = 10$, $A_{12} = -8$,

$A_{13} = 4$이므로 다음을 알 수 있다.

$$|A| = a_{11}A_{11} + a_{12}A_{12} + a_{13}A_{13} = 1 \cdot 10 + 2 \cdot (-8) + 3 \cdot 4 = 6$$

이는 앞서 얻은 결과와 정확히 일치한다. 다른 행 또는 열에 대한 여인수 전개를 적용해도 같은 결과를 얻을 수 있다는 것은 각자 확인해보도록 하자.

예제 9.41

여인수 전개를 이용해 다음의 행렬식을 계산하시오.

(1) $\begin{vmatrix} 2 & 4 & 1 \\ 1 & 1 & 2 \\ -3 & 5 & 1 \end{vmatrix}$ (2) $\begin{vmatrix} 0 & x & 1 \\ 1 & x & x \\ x & x & 1 \end{vmatrix}$

풀이 (1) 첫번째 행에 대한 여인수전개를 적용하면 행렬식은 다음과 같다.

$$\begin{vmatrix} 2 & 4 & 1 \\ 1 & 1 & 2 \\ -3 & 5 & 1 \end{vmatrix} = 2 \cdot \begin{vmatrix} 1 & 2 \\ 5 & 1 \end{vmatrix} - 4 \cdot \begin{vmatrix} 1 & 2 \\ -3 & 1 \end{vmatrix} + 1 \cdot \begin{vmatrix} 1 & 1 \\ -3 & 5 \end{vmatrix} = -38$$

(2) 두번째 열에 대한 여인수전개를 적용하면 행렬식은 다음과 같다.

$$\begin{aligned} \begin{vmatrix} 0 & x & 1 \\ 1 & x & x \\ x & x & 1 \end{vmatrix} &= -x \cdot \begin{vmatrix} 1 & x \\ x & 1 \end{vmatrix} + x \cdot \begin{vmatrix} 0 & 1 \\ x & 1 \end{vmatrix} - x \cdot \begin{vmatrix} 0 & 1 \\ 1 & x \end{vmatrix} \\ &= x(x^2 - 1 - x + 1) = x^2(x-1) \end{aligned}$$

■

앞에서 여인수 전개를 사용하여 3차 정사각행렬 $A = (a_{ij})$의 행렬식은

$$\begin{aligned} |A| &= a_{11}A_{11} + a_{12}A_{12} + a_{13}A_{13}, \\ |A| &= a_{21}A_{21} + a_{22}A_{22} + a_{23}A_{23}, \\ |A| &= a_{31}A_{31} + a_{32}A_{32} + a_{33}A_{33} \end{aligned}$$

과 같이 표현된다는 것을 알아보았다. 위 식들은 전개식 $\sum_{j=1}^{3} a_{ij}A_{kj}$ $(i, k = 1, 2, 3)$에서 $i = k$이면 $\sum_{j=1}^{3} a_{ij}A_{ij} = |A|$임을 나타낸다. 이 전개식에서 $i \neq k$일 때를 생각해보자. 예를 들어, $i = 1$이고 $k = 2$이면

$$\begin{aligned} \sum_{j=1}^{3} a_{1j}A_{2j} &= a_{11}A_{21} + a_{12}A_{22} + a_{13}A_{23} \\ &= a_{11}((-1)^{2+1}M_{21}) + a_{12}((-1)^{2+2}M_{22}) + a_{13}((-1)^{2+3}M_{23}) \\ &= -a_{11}\begin{vmatrix} a_{12} & a_{13} \\ a_{32} & a_{33} \end{vmatrix} + a_{12}\begin{vmatrix} a_{11} & a_{13} \\ a_{31} & a_{33} \end{vmatrix} - a_{13}\begin{vmatrix} a_{11} & a_{12} \\ a_{31} & a_{32} \end{vmatrix} = 0 \end{aligned}$$

이다. 나머지 경우에 대해서도 $i \neq k$이면 $\sum_{j=1}^{3} a_{ij}A_{kj} = 0$임을 알 수 있다. 일반적으로 n차 정사각행렬에서도 이와 같은 성질이 성립한다.

여인수를 이용해 역행렬을 만드는 방법에는 다음 두 정리가 중요하다. 첫번째는 두 $n \times n$행렬의 곱의 행렬식이 각각의 행렬식의 곱과 같다는 정리이다. 이는 행렬식을 다룰 때 매우 유용하고 중요하지만 증명을 위해서는 행렬의 분해를 이용하므로 이 책에서는 생략한다.

정리 9.42 임의의 행렬 $A, B \in M_{n\times n}$에 대하여 다음 등식이 성립한다.

$$|AB| = |A||B|$$

그 다음은 여인수와 관련된 다음의 등식이다.

정리 9.43 행렬 $A = (a_{ij}) \in M_{n\times n}$에서 다음의 전개식이 성립한다.

(1) $\sum_{j=1}^{n} a_{ij}A_{kj} = \begin{cases} |A|, & i = k\text{일 때} \\ 0, & i \neq k\text{일 때} \end{cases}$ (2) $\sum_{i=1}^{n} a_{ij}A_{ik} = \begin{cases} |A|, & j = k\text{일 때} \\ 0, & j \neq k\text{일 때} \end{cases}$

증명 (2)는 (1)의 증명과 동일한 방법으로 보일 수 있으므로 생략한다. 단지, (1)의 증명에서 행에 관한 것을 열에 관한 것으로 바꾸면 된다.

($i = k$일 때) 이 경우 식 $\sum_{j=1}^{n} a_{ij}A_{kj}$는 정리 9.40의 k번째 행에 관한 여인수 전개이므로 주어진 행렬 A의 행렬식과 같다.

($i \neq k$일 때) k번째 행이 A의 i번째 행과 같고 그 외의 성분이 모두 A의 해당 위치에서의 성분과 같은 행렬을 아래와 같이 B_k, 또 k번째 행이 영벡터이며 그 외의 성분이 모두 A의 해당 위치에서의 성분과 같은 행렬을 아래와 같이 C_k라 하자.

$$B_k = \begin{pmatrix} a_{11} & \cdots & a_{1n} \\ \vdots & \vdots & \vdots \\ a_{k-11} & \cdots & a_{k-1n} \\ a_{i1} & \cdots & a_{in} \\ a_{k+11} & \cdots & a_{k+1n} \\ \vdots & \vdots & \vdots \\ a_{n1} & \cdots & a_{nn} \end{pmatrix}, \quad C_k = \begin{pmatrix} a_{11} & \cdots & a_{1n} \\ \vdots & \vdots & \vdots \\ a_{k-11} & \cdots & a_{k-1n} \\ 0 & \cdots & 0 \\ a_{k+11} & \cdots & a_{k+1n} \\ \vdots & \vdots & \vdots \\ a_{n1} & \cdots & a_{nn} \end{pmatrix}$$

이때, B_k와 C_k에 대하여 k번째 행에 관한 여인수 전개를 얻으면 이는 각각 $\sum_{j=1}^{n} a_{ij}A_{kj}$과 $\sum_{j=1}^{n} 0 \cdot A_{kj}$이 된다. 따라서, 다음 등식이 성립한다.

$$|B_k| = \sum_{j=1}^{n} a_{ij} A_{kj}, \quad |C_k| = \sum_{j=1}^{n} 0 \cdot A_{kj} = 0$$

이때, C_k는 B_k의 k번째 행에 i번째 행을 빼서 얻은 행렬로 볼 수 있으므로 행렬식의 성질 정리 9.37에 따라 $|B_k| = |C_k| = 0$이 성립한다. 즉, 다음이 성립한다.

$$\sum_{j=1}^{n} a_{ij} A_{kj} = 0$$

■

정리 9.44 역행렬

행렬 $A = (a_{ij}) \in M_{n\times n}$가 가역행렬이 되기 위한 필요충분조건은 $|A| \neq 0$이다. 그리고, 이때의 역행렬은 다음과 같다.

$$A^{-1} = \frac{1}{|A|} \operatorname{adj} A = \frac{1}{|A|} (A_{ij})^{\intercal}$$

증명 행렬 A가 가역행렬이면 A의 역행렬 A^{-1}가 존재한다. 즉, 등식 $AA^{-1} = A^{-1}A = I$이 성립한다. 따라서, 정리 9.42에 의해 $|A||A^{-1}| = |AA^{-1}| = |I| = 1$이 성립하므로 $|A| \neq 0$이다.

역으로 행렬 A가 식 $|A| \neq 0$을 만족한다고 하자. 이때, A와 수반행렬 $\operatorname{adj} A$의 곱을 정리 9.43를 이용해 계산하면 다음과 같다.

$$A \operatorname{adj} A = \begin{pmatrix} a_{11} & a_{12} & \cdots & a_{1n} \\ a_{21} & a_{22} & \cdots & a_{2n} \\ \vdots & \vdots & & \vdots \\ a_{n1} & a_{n2} & \cdots & a_{nn} \end{pmatrix} \begin{pmatrix} A_{11} & A_{21} & \cdots & A_{n1} \\ A_{12} & A_{22} & \cdots & A_{n2} \\ \vdots & \vdots & & \vdots \\ A_{1n} & A_{2n} & \cdots & A_{nn} \end{pmatrix}$$

$$= \begin{pmatrix} \sum_{j=1}^{n} a_{1j}A_{1j} & \sum_{j=1}^{n} a_{1j}A_{2j} & \cdots & \sum_{j=1}^{n} a_{1j}A_{nj} \\ \sum_{j=1}^{n} a_{2j}A_{1j} & \sum_{j=1}^{n} a_{2j}A_{2j} & \cdots & \sum_{j=1}^{n} a_{2j}A_{nj} \\ \vdots & \vdots & & \vdots \\ \sum_{j=1}^{n} a_{nj}A_{1j} & \sum_{j=1}^{n} a_{nj}A_{2j} & \cdots & \sum_{j=1}^{n} a_{nj}A_{nj} \end{pmatrix}$$

$$= \begin{pmatrix} |A| & 0 & \cdots & 0 \\ 0 & |A| & \cdots & 0 \\ \vdots & \vdots & & \vdots \\ 0 & 0 & \cdots & |A| \end{pmatrix} = |A| \begin{pmatrix} 1 & 0 & \cdots & 0 \\ 0 & 1 & \cdots & 0 \\ \vdots & \vdots & & \vdots \\ 0 & 0 & \cdots & 1 \end{pmatrix} = |A|I$$

그리고 같은 방법으로 $\operatorname{adj} AA = |A|I$이 성립하는 것을 확인할 수 있다. 즉,

다음이 성립한다.

$$A\left(\frac{1}{|A|}\operatorname{adj} A\right) = \left(\frac{1}{|A|}\operatorname{adj} A\right)A = I$$

따라서, 행렬 A의 역행렬이 존재하며 그 역행렬은 다음과 같다.

$$A^{-1} = \frac{1}{|A|}\operatorname{adj} A$$

■

예제 9.45

행렬 $A = \begin{pmatrix} 1 & 1 & 0 \\ 1 & 1 & 1 \\ 2 & 2 & 1 \end{pmatrix}$ 의 역행렬이 존재하지 않는다는 것을 보이시오.

풀이 행렬 A의 첫번째 행을 두번째 행에 더해서 만든 행렬 $B = \begin{pmatrix} 1 & 1 & 0 \\ 2 & 2 & 1 \\ 2 & 2 & 1 \end{pmatrix}$ 와 B의 두번째 행을 세번째 행에 빼서 만든 행렬 $C = \begin{pmatrix} 1 & 1 & 0 \\ 2 & 2 & 1 \\ 0 & 0 & 0 \end{pmatrix}$ 를 고려하면 행렬식의 성질 정리 9.37 (3)에 의해 다음의 등식이 성립한다.

$$|A| = |B| = |C|$$

이때, C의 세번째 행에 대하여 여인수 전개를 적용하면 (또는 행렬식의 성질 정리 9.37 (1)을 적용하면) $|C| = 0$을 알 수 있으므로 $|A| = 0$이다. 따라서, 정리 9.44에 따라 A의 역행렬이 존재하지 않는다는 것을 알 수 있다. ■

예제 9.46

행렬 $A = \begin{pmatrix} 1 & 2 & 3 \\ -1 & 2 & 3 \\ 1 & 4 & 9 \end{pmatrix}$ 의 역행렬을 구하시오.

풀이 다음의 단계에 따라 역행렬을 구한다.

(i) 행렬 A의 소행렬식 M_{ij}

$$M_{11} = \begin{vmatrix} 2 & 3 \\ 4 & 9 \end{vmatrix} = 6, \quad M_{12} = \begin{vmatrix} -1 & 3 \\ 1 & 9 \end{vmatrix} = -12, \quad M_{13} = \begin{vmatrix} -1 & 2 \\ 1 & 4 \end{vmatrix} = -6,$$

$$M_{21} = \begin{vmatrix} 2 & 3 \\ 4 & 9 \end{vmatrix} = 6, \quad M_{22} = \begin{vmatrix} 1 & 3 \\ 1 & 9 \end{vmatrix} = 6, \quad M_{23} = \begin{vmatrix} 1 & 2 \\ 1 & 4 \end{vmatrix} = 2,$$

$$M_{31} = \begin{vmatrix} 2 & 3 \\ 2 & 3 \end{vmatrix} = 0, \quad M_{32} = \begin{vmatrix} 1 & 3 \\ -1 & 3 \end{vmatrix} = 6, \quad M_{33} = \begin{vmatrix} 1 & 2 \\ -1 & 2 \end{vmatrix} = 4$$

(ii) 행렬 A 여인수 A_{ij}

$$A_{11} = M_{11} = 6, \qquad A_{12} = -M_{12} = 12, \qquad A_{13} = M_{13} = -6,$$
$$A_{21} = -M_{21} = -6, \qquad A_{22} = M_{22} = 6, \qquad A_{23} = -M_{23} = -2,$$
$$A_{31} = M_{31} = 0, \qquad A_{32} = -M_{32} = -6, \qquad A_{33} = M_{33} = 4$$

(iii) 행렬 A의 수반행렬 adj A

$$\operatorname{adj} A = \begin{pmatrix} 6 & -6 & 0 \\ 12 & 6 & -6 \\ -6 & -2 & 4 \end{pmatrix}$$

(iv) 행렬 A의 행렬식 $A = (a_{ij})$라 했을 때 첫번째 행에 대한 여인수 전개를 적용하면 다음과 같다.

$$|A| = a_{11}A_{11} + a_{12}A_{12} + a_{13}A_{13} = 1 \cdot 6 + 2 \cdot 12 + 3 \cdot (-6) = 12$$

(v) 행렬 A의 역행렬

$$A^{-1} = \frac{1}{|A|} \operatorname{adj} A = \frac{1}{12} \begin{pmatrix} 6 & -6 & 0 \\ 12 & 6 & -6 \\ -6 & -2 & 4 \end{pmatrix}$$
$$= \begin{pmatrix} 1/2 & -1/2 & 0 \\ 1 & 1/2 & -1/2 \\ -1/2 & -1/6 & 1/3 \end{pmatrix}$$

9.4 연습문제

1. 여인수 전개를 이용하여 다음 행렬식을 계산하시오.

(1) $\begin{vmatrix} 1 & 2 & 3 & 4 \\ 2 & 4 & 1 & 3 \\ 3 & 1 & 4 & 2 \\ 4 & 3 & 2 & 1 \end{vmatrix}$ (2) $\begin{vmatrix} 1 & 1 & 1 & 1 & 1 \\ -1 & 2 & 0 & 0 & 0 \\ 1 & -1 & 2 & 0 & 0 \\ 0 & 0 & -1 & 2 & 0 \\ 0 & 0 & 0 & -1 & 2 \end{vmatrix}$

(3) $\begin{vmatrix} 1 & 1 & 1 & 1 \\ a & x & a & a \\ b & b & x & b \\ c & c & c & x \end{vmatrix}$ (4) $\begin{vmatrix} -1 & a & 0 & 0 \\ a & b & 0 & 1 \\ b & 0 & 1 & 0 \\ 0 & 1 & a & 0 \end{vmatrix}$

2. 다음 행렬식을 계산하시오.

(1) $\begin{vmatrix} 2 & -3 & 5 \\ -7 & 4 & -4 \\ 1 & 3 & 5 \end{vmatrix}$ (2) $\begin{vmatrix} 3 & 5 & -2 & 6 \\ 1 & 2 & -1 & 1 \\ 2 & 4 & 1 & 5 \\ 3 & 7 & 5 & 3 \end{vmatrix}$

(3) $\begin{vmatrix} 0 & 1 & 1 & 1 \\ 1 & 0 & 1 & 1 \\ 1 & 1 & 0 & 1 \\ 1 & 1 & 1 & 0 \end{vmatrix}$

(4) $\begin{vmatrix} 1 & a_1 & \cdots & a_1^{n-1} \\ 1 & a_2 & \cdots & a_2^{n-1} \\ & & \cdots & \\ 1 & a_n & \cdots & a_n^{n-1} \end{vmatrix}$

(5) $\begin{vmatrix} 1 & a & a^2 & a^3 \\ 1 & b & b^2 & b^3 \\ 1 & c & c^2 & c^3 \\ 1 & d & d^2 & d^3 \end{vmatrix}$

3. 적당한 방법을 사용하여 다음 정사각행렬의 행렬식을 계산하시오.

(1) $\begin{vmatrix} 1 & 2 & 3 & 4 & 5 \\ 1^2 & 2^2 & 3^2 & 4^2 & 5^2 \\ 1^3 & 2^3 & 3^3 & 4^3 & 5^3 \\ 1^4 & 2^4 & 3^4 & 4^4 & 5^4 \\ 1^5 & 2^5 & 3^5 & 4^5 & 5^5 \end{vmatrix}$

(2) $\begin{vmatrix} 0 & 1 & 1 & \cdots & 1 \\ 1 & 0 & 1 & \cdots & 1 \\ 1 & 1 & 0 & \cdots & 1 \\ \vdots & \vdots & \vdots & & \vdots \\ 1 & 1 & 1 & \cdots & 0 \end{vmatrix}$ (n차)

4. 다음 행렬의 역행렬이 존재하면 구하시오.

(1) $A = \begin{pmatrix} 1 & 1 & 2 \\ 0 & 1 & 1 \\ 0 & 0 & 1 \end{pmatrix}$

(2) $B = \begin{pmatrix} 1 & 2 & 3 \\ 2 & 5 & 3 \\ 1 & 0 & 8 \end{pmatrix}$

(3) $C = \begin{pmatrix} 1 & 1 & 2 \\ 1 & 2 & 3 \\ 1 & 2 & 4 \end{pmatrix}$

(4) $D = \begin{pmatrix} \cos x & -\sin x & 0 \\ \sin x & \cos x & 0 \\ 0 & 0 & 1 \end{pmatrix}$

5. 아래 등식이 성립함을 보이시오.

$$\begin{vmatrix} a_{11}+b_{11} & a_{12}+b_{12} & a_{13}+b_{13} \\ a_{21} & a_{22} & a_{23} \\ a_{31} & a_{32} & a_{33} \end{vmatrix} = \begin{vmatrix} a_{11} & a_{12} & a_{13} \\ a_{21} & a_{22} & a_{23} \\ a_{31} & a_{32} & a_{33} \end{vmatrix} + \begin{vmatrix} b_{11} & b_{12} & b_{13} \\ a_{21} & a_{22} & a_{23} \\ a_{31} & a_{32} & a_{33} \end{vmatrix}$$

6. A가 n차 정사각행렬이고 $\det A = 5$일 때 아래 행렬식을 계산하시오.

(1) $\det(3A)$

(2) $\det(2A^{-1})$

(3) $\det((2A^{-1})^{-1})$

(4) $\det(A^3)$

7. A가 가역행렬이면 $|A^{-1}| = |A|^{-1}$임을 증명하시오.

8. $AA^{\mathsf{T}} = I$인 정사각행렬 A를 **직교행렬**(orthogonal matrix)이라 한다. 이때, $|A| = \pm 1$임을 보이시오.

9.5 연립방정식과 행렬

행렬이론이 가장 직접적으로 응용되는 곳은 연립방정식의 해를 찾는 것이라 할 수 있다. 이 절에서는 연립방정식의 해를 찾는 다양한 방법을 학습하고, 역행렬 및 행렬식과의 관계를 살펴본다.

다음의 연립방정식

$$\begin{cases} a_{11}x_1 + a_{12}x_2 + \cdots + a_{1n}x_n = b_1 \\ a_{21}x_1 + a_{22}x_2 + \cdots + a_{2n}x_n = b_2 \\ \qquad\qquad\vdots \\ a_{m1}x_1 + a_{m2}x_2 + \cdots + a_{mn}x_n = b_m \end{cases}$$

은 행렬의 곱을 이용해 다음과 같이 쓸 수 있다.

$$\begin{pmatrix} a_{11} & a_{12} & \cdots & a_{1n} \\ a_{21} & a_{22} & \cdots & a_{2n} \\ \vdots & \vdots & \ddots & \vdots \\ a_{m1} & a_{m2} & \cdots & a_{mn} \end{pmatrix} \begin{pmatrix} x_1 \\ x_2 \\ \vdots \\ x_n \end{pmatrix} = \begin{pmatrix} b_1 \\ b_2 \\ \vdots \\ b_m \end{pmatrix}$$

따라서, 세 행렬

$$A = (a_{ij}) \in M_{m\times n}, \quad X = \begin{pmatrix} x_1 \\ x_2 \\ \vdots \\ x_n \end{pmatrix}, \quad B = \begin{pmatrix} b_1 \\ b_2 \\ \vdots \\ b_m \end{pmatrix}$$

를 이용하면 다음과 같이 간단한 행렬로 표현할 수 있다.

$$AX = B$$

특별히 A와 B를 각각 주어진 연립방정식의 **계수행렬**(coefficient matrix)과 **상수행렬**(constant matrix)이라 한다. 이때, 상수행렬 B가 영행렬 O인 경우의 연립방정식, 즉, 연립방정식 $AX = O$를 **동차연립방정식**(homogeneous system)이라 하고, $B \neq O$인 연립방정식 $AX = B$를 **비동차연립방정식**(nonhomogeneous system)이라 한다.

이 절에서는 특별한 경우를 제외하고 기본적으로 미지수의 개수 n과 방정식의 개수 m이 같은 경우를 고려할 예정이다.

정리 9.47 상수 행렬 $B \in M_{n\times 1}$와 가역행렬인 계수 행렬 $A \in M_{n\times n}$에 의해 구성된 연립방정식 $AX = B$는 단 하나의 해를 가지며 그 해는 다음과 같다.

$$X = A^{-1}B$$

증명 행렬 A가 가역이므로 역행렬 A^{-1}가 존재한다. 따라서 $AX = B$의 해가 $X = A^{-1}B$로 유일하다는 것을 다음을 통해 알 수 있다.

$$AX = B \Leftrightarrow A^{-1}(AX) = A^{-1}B \Leftrightarrow X = A^{-1}B \qquad \blacksquare$$

예제 9.48

역행렬을 이용하여 다음 연립방정식의 해를 구하시오.

(1) $\begin{cases} x + 2y = 1 \\ 3x + y = 1 \end{cases}$ (2) $\begin{cases} 2x - 5y + 2z = 7 \\ x + 2y - 4z = 3 \\ 3x - 4y - 6z = 5 \end{cases}$

풀이 (1) 다음 행렬에 의해 주어진 방정식은 $AX = B$로 나타낼 수 있다.

$$A = \begin{pmatrix} 1 & 2 \\ 3 & 1 \end{pmatrix}, \quad X = \begin{pmatrix} x \\ y \end{pmatrix}, \quad B = \begin{pmatrix} 1 \\ 1 \end{pmatrix}$$

이때, 정리 9.20 또는 9.44로부터 A의 역행렬

$$A^{-1} = -\frac{1}{5}\begin{pmatrix} 1 & -2 \\ -3 & 1 \end{pmatrix}$$

을 얻을 수 있다. 따라서, 방정식의 해는 다음과 같다.

$$X = A^{-1}B = \begin{pmatrix} \frac{1}{5} \\ \frac{2}{5} \end{pmatrix}$$

(2) 다음 행렬에 의해 주어진 방정식은 $AX = B$로 나타낼 수 있다.

$$A = \begin{pmatrix} 2 & -5 & 2 \\ 1 & 2 & -4 \\ 3 & -4 & -6 \end{pmatrix}, \quad X = \begin{pmatrix} x \\ y \\ z \end{pmatrix}, \quad B = \begin{pmatrix} 7 \\ 3 \\ 5 \end{pmatrix}$$

이때, 정리 9.44로부터 A의 역행렬

$$A^{-1} = \frac{1}{|A|}\operatorname{adj} A = -\frac{1}{46}\begin{pmatrix} -28 & -38 & 16 \\ -6 & -18 & 10 \\ -10 & -7 & 9 \end{pmatrix}$$

을 얻을 수 있다. 따라서, 방정식의 해는 다음과 같다.

$$X = \begin{pmatrix} x \\ y \\ z \end{pmatrix} = A^{-1}B = -\frac{1}{46}\begin{pmatrix} -28 & -38 & 16 \\ -6 & -18 & 10 \\ -10 & -7 & 9 \end{pmatrix}\begin{pmatrix} 7 \\ 3 \\ 5 \end{pmatrix} = \begin{pmatrix} 5 \\ 1 \\ 1 \end{pmatrix} \qquad \blacksquare$$

9.5.1 가우스-조단 소거법

일반적으로 행렬의 크기가 매우 큰 경우 역행렬을 구하기 위해서는 매우 많은 연산 횟수가 필요해 컴퓨터를 이용하는 경우에도 많은 시간과 비용이 필요할 수 있다. 이 경우 연립방정식을 풀거나 역행렬을 구할 때 **가우스-조단 소거법**(Gauss–Jordan elimination) (또는 가우스 소거법)을 사용하면 유용하다. 뿐만 아니라 이 방법은 행렬을 보다 직관적으로 이해할 수 있게 도움을 준다.

가우스-조단 소거법에서는 방정식 $AX = B$에 대하여 다음과 같이 계수행렬 A의 오른쪽에 상수행렬 B를 첨가한 **첨가행렬**(augmented matrix)을 이용한다.

$$(A|B) = \begin{pmatrix} a_{11} & a_{12} & \cdots & a_{1n} & \vdots & b_1 \\ a_{21} & a_{22} & \cdots & a_{2n} & \vdots & b_2 \\ \vdots & \vdots & \ddots & \vdots & \vdots & \vdots \\ a_{n1} & a_{n2} & \cdots & a_{nn} & \vdots & b_n \end{pmatrix}$$

연립방정식의 해를 구하는 기본적인 방법은 주어진 식들에 적당한 숫자를 곱해 얻은 식을 또 다른 식들에 빼거나 더하여 식에서 미지수를 최대한 줄이는 방식을 사용한다. 그리고 이 과정이 진행됨에 따라 새로운 연립방정식이 만들어지는데, 새로 만들어진 연립방정식의 해와 원래 방정식의 해가 같다는 것이 이 방법에서의 중요한 점이다. 한편, 연립방정식 $AX = B$의 첨가행렬은 원래의 연립방정식과 일대일 대응 관계에 있는데, 이를 이용해 앞서 설명한 과정을 간소화하여 표현할 수 있다. 예를 들어, 다음과 같이 연립방정식

$$\begin{cases} x + 3y + 3z = -2 \\ 2x + 7y + 8z = 0 \\ x + 5y + z = 0 \end{cases}$$

의 풀이 과정을 첨가행렬로 나타내보자. 우선 주어진 연립방정식은 다음과 같이 표현된다.

$$\begin{cases} x + 3y + 3z = -2 \\ 2x + 7y + 8z = 0 \\ x + 5y + z = 0 \end{cases} \qquad \Longleftrightarrow \qquad \begin{pmatrix} 1 & 3 & 3 & \vdots & -2 \\ 2 & 7 & 8 & \vdots & 0 \\ 1 & 5 & 1 & \vdots & 0 \end{pmatrix}$$

이때, 첫 번째 식(1행)에 -2를 곱하여 두 번째 식(2행)에 더하고, 첫 번째 식(1행)에

-1을 곱하여 세 번째 식(3행)에 더하면 다음을 얻는다.

$$\begin{cases} x + 3y + 3z = -2 \\ y + 2z = 4 \\ 2y - 2z = 2 \end{cases} \quad \Longleftrightarrow \quad \begin{pmatrix} 1 & 3 & 3 & \vdots & -2 \\ 0 & 1 & 2 & \vdots & 4 \\ 0 & 2 & -2 & \vdots & 2 \end{pmatrix}$$

그리고, 두 번째 식(2행)에 -3을 곱하여 첫 번째 식(1행)에 더하고 두 번째 식(2행)에 -2를 곱하여 세 번째 식(3행)에 더하면 다음을 얻을 수 있다.

$$\begin{cases} x - 3z = -14 \\ y + 2z = 4 \\ -6z = -6 \end{cases} \quad \Longleftrightarrow \quad \begin{pmatrix} 1 & 0 & -3 & \vdots & -14 \\ 0 & 1 & 2 & \vdots & 4 \\ 0 & 0 & -6 & \vdots & -6 \end{pmatrix}$$

이 식의 세 번째 식(3행)에 $-1/6$을 곱한 방정식은 다음과 같다.

$$\begin{cases} x - 3z = -14 \\ y + 2z = 4 \\ z = 1 \end{cases} \quad \Longleftrightarrow \quad \begin{pmatrix} 1 & 0 & -3 & \vdots & -14 \\ 0 & 1 & 2 & \vdots & 4 \\ 0 & 0 & 1 & \vdots & 1 \end{pmatrix}$$

끝으로 세 번째 식(3행)에 3을 곱하여 첫 번째 식(1행)에 더하고 세 번째 식(3행)에 -2를 곱하여 두 번째 식(2행)에 더하면 다음을 얻을 수 있다.

$$\begin{cases} x = -11 \\ y = 2 \\ z = 1 \end{cases} \quad \Longleftrightarrow \quad \begin{pmatrix} 1 & 0 & 0 & \vdots & -11 \\ 0 & 1 & 0 & \vdots & 2 \\ 0 & 0 & 1 & \vdots & 1 \end{pmatrix}$$

위 과정에서 발생한 모든 방정식은 모두 같은 해를 갖기 때문에 주어진 방정식의 해는 마지막에 얻은 값들이 된다. 이때의 첨가행렬의 모양을 보면 점선을 기준으로 왼편은 항등행렬이고, 오른쪽은 이 방정식의 해가 나열되었다는 것을 알 수 있다. 따라서, 정리해보면 연립방정식의 해를 구한다는 것은 첨가행렬에서의 왼쪽 부분이 항등행렬이 나오도록 행렬을 변환한다는 것이며, 그때의 오른쪽에 나타나는 벡터가 그 해가 된다. 단, 이 변환에는 다음의 (1), (2), (3) 연산만 사용하며 이를 **기본행연산** (elementary row operations)이라 부른다.

요점정리

(1) 한 행(한 방정식)에 0이 아닌 상수 c를 곱한다.

(2) 한 행(한 방정식)을 $c(\neq 0)$배하여 다른 행(다른 방정식)에 더한다.

(3) 두 행(두 방정식)을 바꾼다.

이 과정을 체계적으로 기술해보자면 주어진 연립방정식의 첨가행렬에 기본행연산을 반복 적용하여 첨가행렬의 주대각성분의 아래 성분이 모두 0이 되도록 만들고, 이 후에 또다시 기본행연산을 반복적용하여 주대각성분 위쪽 성분을 최대한 0으로 만들어 주준다. 이렇게 연립방정식의 해를 구하는 방법을 **가우스–조단 소거법**(Gaussi–Jordan elimination)이라고 부른다. 이 과정에서 나타난 주대각성분 아래의 모든 성분이 0인 행렬을 **행사다리꼴**(row echelon form)이라 하며, 행사다리꼴 까지 구하고 해를 찾는 방법은 **가우스 소거법**(Gauss elimination)이라 한다.

$$\begin{pmatrix} * & * & * & * & * & * & * \\ * & * & * & * & * & * & * \\ 0 & * & * & * & * & * & * \\ 0 & 0 & 0 & * & * & * & * \\ 0 & 0 & 0 & 0 & 0 & * & * \\ 0 & 0 & 0 & 0 & 0 & 0 & * \end{pmatrix}$$

그림 9.15 행사다리꼴

예제 9.49

가우스–조단 소거법으로 다음 연립방정식의 해를 구하시오.

$$\begin{cases} x + 2y + 3z = 6 \\ 2x - 3y + 2z = 14 \\ 3x + y - z = -2 \end{cases}$$

풀이 주어진 연립방정식에 대응하는 첨가행렬 $\begin{pmatrix} 1 & 2 & 3 & \vdots & 6 \\ 2 & -3 & 2 & \vdots & 14 \\ 3 & 1 & -1 & \vdots & -2 \end{pmatrix}$ 에 기본행연산을 다음과 같이 적용하여 왼쪽을 항등행렬로 만든다.

$$\begin{pmatrix} 2\text{행} - 2 \times 1\text{행} \\ 3\text{행} - 3 \times 1\text{행} \end{pmatrix} \text{ 적용} \Rightarrow \begin{pmatrix} 1 & 2 & 3 & \vdots & 6 \\ 0 & -7 & -4 & \vdots & 2 \\ 0 & -5 & -10 & \vdots & -20 \end{pmatrix}$$

$$\left(-\tfrac{1}{5} \times 3\text{행}\right) \text{ 적용} \Rightarrow \begin{pmatrix} 1 & 2 & 3 & \vdots & 6 \\ 0 & -7 & -4 & \vdots & 2 \\ 0 & 1 & 2 & \vdots & 4 \end{pmatrix}$$

$$(2\text{행},\ 3\text{행 교환})\ \text{적용} \Rightarrow \begin{pmatrix} 1 & 2 & 3 & \vdots & 6 \\ 0 & 1 & 2 & \vdots & 4 \\ 0 & -7 & -4 & \vdots & 2 \end{pmatrix}$$

$$\begin{pmatrix} 3\text{행} + 7 \times 2\text{행} \\ 1\text{행} - 2 \times 2\text{행} \end{pmatrix} \text{적용} \Rightarrow \begin{pmatrix} 1 & 0 & -1 & \vdots & -2 \\ 0 & 1 & 2 & \vdots & 4 \\ 0 & 0 & 10 & \vdots & 30 \end{pmatrix}$$

$$\left(\tfrac{1}{10} \times 3\text{행}\right) \text{적용} \Rightarrow \begin{pmatrix} 1 & 0 & -1 & \vdots & -2 \\ 0 & 1 & 2 & \vdots & 4 \\ 0 & 0 & 1 & \vdots & 3 \end{pmatrix}$$

$$\begin{pmatrix} 2\text{행} - 2 \times 3\text{행} \\ 1\text{행} + 3\text{행} \end{pmatrix} \text{적용} \Rightarrow \begin{pmatrix} 1 & 0 & 0 & \vdots & 1 \\ 0 & 1 & 0 & \vdots & -2 \\ 0 & 0 & 1 & \vdots & 3 \end{pmatrix}$$

따라서 구하는 해는 $x = 1,\ y = -2,\ z = 3$이다. ■

역행렬을 이용하여 해를 구하는 것은 유일한 해를 가질 경우에만 적용할 수 있다. 그러나 가우스 소거법은 유일해가 아닐 경우에도 적용이 가능하다. 다음 예제를 살펴보자.

예제 9.50

가우스 소거법으로 다음 연립방정식의 해를 구하시오.

$$\begin{cases} x - z + 2u = 0 \\ 2x - 3y - 4u = 0 \\ y + 2z + 3u = 0 \\ 3x - 2y + z + u = 0 \end{cases}$$

풀이 주어진 연립방정식에 대응하는 첨가행렬 $\begin{pmatrix} 1 & 0 & -1 & 2 & \vdots & 0 \\ 2 & -3 & 0 & -4 & \vdots & 0 \\ 0 & 1 & 2 & 3 & \vdots & 0 \\ 3 & -2 & 1 & 1 & \vdots & 0 \end{pmatrix}$에 기본 행연산을 적용하여 행사다리꼴을 만들면 다음과 같다.

$$\begin{pmatrix} 2행 - 2 \times 1행 \\ 4행 - 3 \times 1행 \end{pmatrix} 적용 \Rightarrow \begin{pmatrix} 1 & 0 & -1 & 2 & \vdots & 0 \\ 0 & -3 & 2 & -8 & \vdots & 0 \\ 0 & 1 & 2 & 3 & \vdots & 0 \\ 0 & -2 & 4 & -5 & \vdots & 0 \end{pmatrix}$$

$$(2행,\ 3행\ 교환)\ 적용 \Rightarrow \begin{pmatrix} 1 & 0 & -1 & 2 & \vdots & 0 \\ 0 & 1 & 2 & 3 & \vdots & 0 \\ 0 & -3 & 2 & -8 & \vdots & 0 \\ 0 & -2 & 4 & -5 & \vdots & 0 \end{pmatrix}$$

$$\begin{pmatrix} 3행 + 3 \times 2행 \\ 4행 + 2 \times 2행 \end{pmatrix} 적용 \Rightarrow \begin{pmatrix} 1 & 0 & -1 & 2 & \vdots & 0 \\ 0 & 1 & 2 & 3 & \vdots & 0 \\ 0 & 0 & 8 & 1 & \vdots & 0 \\ 0 & 0 & 8 & 1 & \vdots & 0 \end{pmatrix}$$

$$(4행 - 3행)\ 적용 \Rightarrow \begin{pmatrix} 1 & 0 & -1 & 2 & \vdots & 0 \\ 0 & 1 & 2 & 3 & \vdots & 0 \\ 0 & 0 & 8 & 1 & \vdots & 0 \\ 0 & 0 & 0 & 0 & \vdots & 0 \end{pmatrix}$$

마지막 첨가행렬의 3행은 방정식 $8z + u = 0$에 대응되는데, $z = k$로 놓으면 $u = -8k$를 얻을 수 있다. 이를 2행에 대응되는 방정식 $y + 2z + 3u = 0$에 적용하면 $y+2k-24k = 0$, 즉 $y = 22k$를 얻을 수 있다. 끝으로 1행에 대응되는 방정식 $x - z + 2u = 0$에 이 결과를 적용하면 $x - k - 16k = 0$, 즉 $x = 17k$를 얻는다. 따라서, 임의의 수 k에 대하여 다음이 문제에 주어진 연립장정식의 해가 된다.

$$x = 17k, \quad y = 22k, \quad z = k, \quad u = -8k$$

■

예제 9.50의 풀이에서 가우스 소거법으로 만든 최종단계의 첨가행렬은 사실상 미지수의 개수보다 방정식의 개수가 적은 연립방정식에 해당하고, 이 연립방정식의 해는 무한하게 존재한다. 사실 이러한 사실은 미지수의 개수보다 방정식의 개수가 적은 모든 동차연립방정식에서 성립한다. 즉, 계수 행렬 $A \in M_{m\times n}$에 의해 만들어진 동차연립방정식 $AX = O$의 해의 개수는 부등식 $m < n$이 성립하는 경우 무한하다. 이 사실의 증명도 본질적으로 예제 9.50의 풀이와 크게 다르지 않지만, 여기에서는 따로 설명하지 않는다. 이 사실은 더 나아가 일반적인 연립방정식의 해의 개수에 대한 정보도 제공한다. 상수 행렬 $B \in M_{m\times 1}$와 계수 행렬 $A \in M_{m\times n}$로 만들어진

연립방정식 $AX = B$의 해 $\hat{X}$이 존재하는 경우 동차 방정식 $AX = O$의 임의의 해 $\hat{Y}$에 대하여 $\hat{X} + \hat{Y}$ 또한 $AX = B$의 해가 된다는 것을 다음의 등식으로부터 알 수 있다.

$$A(\hat{X} + \hat{Y}) = A\hat{X} + A\hat{Y} = B$$

따라서, 부등식 $m < n$이 성립하고 $AX = B$의해가 존재하는 경우 그 해의 총 개수는 무한하다.[14]

정리 9.51 상수 행렬 $B \in M_{m\times 1}$와 계수 행렬 $A \in M_{m\times n}$에 대하여 부등식 $m < n$이 성립한다면,

(1) 동차연립방정식 $AX = O$의 해의 개수는 무한하다.

(2) 연립방정식 $AX = B$의 해가 존재한다면 그 수는 무한하다.

한편, 기본행연산은 역행렬을 구하는데도 매우 중요한 역할을 한다. 그 이유는 사실상 행렬 $n \times n$행렬 A의 역행렬 A^{-1}는 등식

$$AX^1 = \begin{pmatrix}1\\0\\0\\\vdots\\0\\0\end{pmatrix},\ AX^2 = \begin{pmatrix}0\\1\\0\\\vdots\\0\\0\end{pmatrix},\ AX^3 = \begin{pmatrix}0\\0\\1\\\vdots\\0\\0\end{pmatrix},\ \cdots,\ AX^n = \begin{pmatrix}0\\0\\0\\\vdots\\0\\1\end{pmatrix}$$

을 만족하는 해 $X^1, X^2, \ldots, X^n$에 의해

$$A^{-1} = \begin{pmatrix}X^1 & X^2 & X^3 & \cdots & X^n\end{pmatrix}$$

로 구성되기 때문이다. 따라서, 행렬 A의 오른쪽에 I_n을 첨가하여 $(A|I_n)$을 만들고 이 행렬에 가우스–조단 소거법을 적용하여 오른쪽에 만들어진 행렬이 바로 역행렬 A^{-1}이 된다.

예제 9.52

기본행연산을 사용하여 다음 행렬의 역행렬을 구하시오.

$$A = \begin{pmatrix}1 & 2 & 3\\2 & 5 & 3\\1 & 0 & 8\end{pmatrix}$$

[14]방정식의 해의 개수와 관련된 사실들은 후에 벡터공간의 기저를 학습할 때 중요하게 사용할 예정이므로 기억하도록 하자.

풀이 다음과 같이 행렬 A의 우측에 항등행렬 I_3를 쓴 첨가행렬 $(A|I_3)$을 만든다.

$$(A|I_3) = \begin{pmatrix} 1 & 2 & 3 & \vdots & 1 & 0 & 0 \\ 2 & 5 & 3 & \vdots & 0 & 1 & 0 \\ 1 & 0 & 8 & \vdots & 0 & 0 & 1 \end{pmatrix}$$

이 행렬에 아래와 같이 기본행 연산을 적용한다.

$$\begin{pmatrix} 2\text{행} - 2 \times 1\text{행} \\ 3\text{행} - 1\text{행} \end{pmatrix} \text{ 적용} \Rightarrow \begin{pmatrix} 1 & 2 & 3 & \vdots & 1 & 0 & 0 \\ 0 & 1 & -3 & \vdots & -2 & 1 & 0 \\ 0 & -2 & 5 & \vdots & -1 & 0 & 1 \end{pmatrix}$$

$$(3\text{행} + 2 \times 2\text{행}) \text{ 적용} \Rightarrow \begin{pmatrix} 1 & 2 & 3 & \vdots & 1 & 0 & 0 \\ 0 & 1 & -3 & \vdots & -2 & 1 & 0 \\ 0 & 0 & -1 & \vdots & -5 & 2 & 1 \end{pmatrix}$$

$$(3\text{행} \times (-1)) \text{ 적용} \Rightarrow \begin{pmatrix} 1 & 2 & 3 & \vdots & 1 & 0 & 0 \\ 0 & 1 & -3 & \vdots & -2 & 1 & 0 \\ 0 & 0 & 1 & \vdots & 5 & -2 & -1 \end{pmatrix}$$

$$\begin{pmatrix} 1\text{행} - 3 \times 3\text{행} \\ 2\text{행} + 3 \times 3\text{행} \end{pmatrix} \text{ 적용} \Rightarrow \begin{pmatrix} 1 & 2 & 0 & \vdots & -14 & 6 & 3 \\ 0 & 1 & 0 & \vdots & 13 & -5 & -3 \\ 0 & 0 & 1 & \vdots & 5 & -2 & -1 \end{pmatrix}$$

$$(1\text{행} - 2 \times 2\text{행}) \text{ 적용} \Rightarrow \begin{pmatrix} 1 & 0 & 0 & \vdots & -40 & 16 & 9 \\ 0 & 1 & 0 & \vdots & 13 & -5 & -3 \\ 0 & 0 & 1 & \vdots & 5 & -2 & -1 \end{pmatrix}$$

따라서, 역행렬 A^{-1}은 다음과 같다.

$$A^{-1} = \begin{pmatrix} -40 & 16 & 9 \\ 13 & -5 & -3 \\ 5 & -2 & -1 \end{pmatrix}$$

■

9.5.2 크래머의 법칙

끝으로 행렬식만을 이용해 연립방정식의 해를 구하는 방법인 크래머의 법칙을 소개하며 이 절을 마무리 한다.

정리 9.53 크래머의 법칙(Cramer's Rule)

상수행렬 $B = (b_1\ b_2\ b_3\ \cdots\ b_n)^\intercal \in M_{n\times 1}$와 계수행렬 $A = (a_{ij}) \in M_{n\times n}$에 의해 구성된 연립방정식 $AX = B$는 $|A| \neq 0$인 경우 단 하나의 해 $X = (x_1\ x_2\ x_3\ \cdots\ x_n)^\intercal$를 가지며, 각 $j = 1, 2, \ldots, n$에 대하여 x_j는 다음과 같다.

$$x_j = \frac{1}{|A|}\begin{vmatrix} a_{11} & \cdots & a_{1j-1} & b_1 & a_{1j+1} & \cdots & a_{1n} \\ a_{21} & \cdots & a_{2j-1} & b_2 & a_{2j+1} & \cdots & a_{2n} \\ \vdots & & \vdots & \vdots & & \vdots & \\ a_{n1} & \cdots & a_{nj-1} & b_n & a_{nj+1} & \cdots & a_{nn} \end{vmatrix}$$

$\uparrow$ j 열

예제 9.54

크래머의 법칙으로 다음 연립방정식의 해를 구하시오.

(1) $\begin{cases} x + 2y = 1 \\ x - y = 3 \end{cases}$ (2) $\begin{cases} x + 2y + 2z = 1 \\ x - y + z = 2 \\ 2x + 3y - z = 1 \end{cases}$

풀이 (1) 주어진 연립방정식의 상수 행렬 B와 계수행렬 A는 다음과 같다.

$$B = \begin{pmatrix} 1 \\ 3 \end{pmatrix} \quad A = \begin{pmatrix} 1 & 2 \\ 1 & -1 \end{pmatrix}$$

따라서, $|A|$를 구하고, 크래머의 법칙을 적용하면 주어진 연립방정식 해 x, y를 다음과 같이 얻을 수 있다.

$$|A| = \begin{vmatrix} 1 & 2 \\ 1 & -1 \end{vmatrix} = -3 \quad x = \frac{1}{|A|}\begin{vmatrix} 1 & 2 \\ 3 & -1 \end{vmatrix} = \frac{7}{3} \quad y = \frac{1}{|A|}\begin{vmatrix} 1 & 1 \\ 1 & 3 \end{vmatrix} = -\frac{2}{3}$$

(2) 주어진 연립방정식의 상수 행렬 B와 계수행렬 A는 다음과 같다.

$$B = \begin{pmatrix} 1 \\ 2 \\ 1 \end{pmatrix} \quad A = \begin{pmatrix} 1 & 2 & 2 \\ 1 & -1 & 1 \\ 2 & 3 & -1 \end{pmatrix}$$

따라서, $|A|$를 구하고, 크래머의 법칙을 적용하면 주어진 연립방정식 해 x, y, z를 다음과 같이 얻을 수 있다.

$$x = \frac{1}{|A|}\begin{vmatrix} 1 & 2 & 2 \\ 2 & -1 & 1 \\ 1 & 3 & -1 \end{vmatrix} = \frac{18}{14} = \frac{9}{7}$$

$$|A| = \begin{vmatrix} 1 & 2 & 2 \\ 1 & -1 & 1 \\ 2 & 3 & -1 \end{vmatrix} = 14 \qquad y = \frac{1}{|A|}\begin{vmatrix} 1 & 1 & 2 \\ 1 & 2 & 1 \\ 2 & 1 & -1 \end{vmatrix} = -\frac{-6}{14} = \frac{-3}{7}$$

$$z = \frac{1}{|A|}\begin{vmatrix} 1 & 2 & 1 \\ 1 & -1 & 2 \\ 2 & 3 & 1 \end{vmatrix} = \frac{4}{14} = \frac{2}{7}$$

9.5 연습문제

1. 역행렬을 이용하여 다음 연립방정식의 해를 구하시오.

(1) $\begin{cases} x + y = -1 \\ x - 2y = 1 \end{cases}$ (2) $\begin{cases} x + 2y = 3 \\ x - 2y = -1 \end{cases}$

2. 역행렬을 이용하여 다음 연립방정식의 해를 구하시오.

(1) $\begin{cases} x + y + 2z = -1 \\ x - 2y + z = -5 \\ 3x + y + z = 3 \end{cases}$ (2) $\begin{cases} x + y + z = 1 \\ x + y - 2z = -2 \\ 2x + y + z = 3 \end{cases}$

(3) $\begin{cases} 2x + 4y + 6z = 2 \\ -x + 2y + 3z = 2 \\ x + 4y + 9z = 1 \end{cases}$ (4) $\begin{cases} x + y = 1 \\ x + y + z = 2 \\ 2y + z = 3 \end{cases}$

3. 가우스 소거법을 이용하여 다음 연립방정식의 해를 구하시오.

(1) $\begin{cases} x + y + 2z = -1 \\ x - 2y + z = -5 \\ 3x + y + z = 3 \end{cases}$ (2) $\begin{cases} x + y + z = 1 \\ x + y - 2z = -2 \\ 2x + y + z = 3 \end{cases}$

(3) $\begin{cases} 3x - 6y - z - w = 0 \\ x - 2y + 5z - 3w = 0 \\ 2x - 4y + 3z - w = 3 \end{cases}$ (4) $\begin{cases} x - 3y + 2z = 2 \\ 5x - 15y + 7z = 10 \end{cases}$

4. 기본행연산을 사용하여 다음 행렬의 역행렬을 구하시오.

(1) $A = \begin{pmatrix} 1 & 1 & 2 \\ 0 & 1 & 1 \\ 0 & 0 & 1 \end{pmatrix}$ (2) $B = \begin{pmatrix} 1 & 2 & 3 \\ 2 & 5 & 3 \\ 1 & 0 & 8 \end{pmatrix}$

(3) $C = \begin{pmatrix} 1 & 1 & 2 \\ 1 & 2 & 3 \\ 1 & 2 & 4 \end{pmatrix}$ (4) $D = \begin{pmatrix} \cos x & -\sin x & 0 \\ \sin x & \cos x & 0 \\ 0 & 0 & 1 \end{pmatrix}$

5. 크래머의 공식을 이용하여 다음 연립방정식의 해를 구하시오.

(1) $\begin{cases} 2x + y + z = 4 \\ x + 3y - 2z = 2 \\ 7x - 6y + z = 2 \end{cases}$

(2) $\begin{cases} 2x + 3y + 4z = 7 \\ 3x + y - z = 7 \\ -4x + 2y + 3z = -1 \end{cases}$

(3) $\begin{cases} 2x + 3y + 4z = 4 \\ 4x + 3y + z = -6 \\ x + 2y + 4z = 6 \end{cases}$

(4) $\begin{cases} 2x + y + z = 7 \\ 3x + 2y + z = -3 \\ y + z = 5 \end{cases}$

9.6 벡터공간 $\mathbb{R}^n$ 과 기저

앞서 9.1절의 9.1.2에서 학습한 바와 같이 $\mathbb{R}^n$ 의 임의의 원소 $\mathbf{u} = (u_1, \cdots, u_n)$은 $\mathbb{R}^n$ 의 표준단위벡터

$$\mathbf{e}_1 = (1, 0, \cdots, 0),\ \mathbf{e}_2 = (0, 1, 0, \cdots, 0),\ \cdots,\ \mathbf{e}_n = (0, \cdots, 0, 1)$$

에 의해

$$\mathbf{u} = \sum_{i=1}^{n} u_i \mathbf{e}_i = u_1 \mathbf{e}_1 + \cdots + u_n \mathbf{e}_n$$

로 표현되며, 이 표현은 유일하다. 즉, $\mathbf{u} = \sum_{i=1}^{n} v_i \mathbf{e}_i$ 라면 모든 $1 \le i \le n$에 대하여 $u_i = v_i$가 성립한다. 예를 들어, 벡터 $(2, -1, 2, 4)$를 단위벡터 $\mathbf{e}_1 = (1, 0, 0, 0)$, $\mathbf{e}_2 = (0, 1, 0, 0)$, $\mathbf{e}_3 = (0, 0, 1, 0)$, $\mathbf{e}_4 = (0, 0, 0, 1)$의 식으로 나타낸다면 다음의 한가지 표현밖에 없다.

$$(2, -1, 2, 7) = 2\mathbf{e}_1 + (-1)\mathbf{e}_2 + 2\mathbf{e}_3 + 4\mathbf{e}_4$$

이와 같은 현상은 꼭 표준단위벡터를 사용하지 않더라도 나타날 수 있다. 예를 들어, $\mathbb{R}^2$ 의 벡터 $\mathbf{z} = \left(\frac{1}{2}, \frac{1}{4}\right)$ 와 $\mathbf{v} = \left(\frac{1}{2}, \frac{1}{2}\right)$ 를 고려해보면 $\mathbb{R}^2$ 의 표준단위벡터들이 다음과 같이 표현된다.

$$\mathbf{e}_1 = 4\left(\frac{1}{2}, \frac{1}{4}\right) + (-2)\left(\frac{1}{2}, \frac{1}{2}\right) = 4\mathbf{z} - 2\mathbf{v}$$
$$\mathbf{e}_2 = (-4)\left(\frac{1}{2}, \frac{1}{4}\right) + 4\left(\frac{1}{2}, \frac{1}{2}\right) = -4\mathbf{z} + 4\mathbf{v}$$

이는 임의의 벡터 $\mathbf{u} = (u_1, u_2) \in \mathbb{R}^2$가 $\mathbb{R}^2$의 표준단위벡터로 표현된다는 것으로부터 다음과 같이 $\mathbf{u}$가 $\mathbf{z}$와 $\mathbf{v}$에 의해 표현된다는 것을 말해 준다.

$$\begin{aligned}\mathbf{u} &= u_1\mathbf{e}_1 + u_2\mathbf{e}_2 = u_1(4\mathbf{z} - 2\mathbf{v}) + u_2(-4\mathbf{z} + 4\mathbf{v}) \\ &= (4u_1 - 4u_2)\mathbf{z} + (-2u_1 + 4u_2)\mathbf{v}\end{aligned}$$

다만 차이가 있다면 이 표현이 유일한 것 인지는 금방 확인되지 않는다. 이번 절에서는 이렇게 벡터들을 다른 벡터들로 표현하는 방법과 이로부터 파생되는 다양한 개념을 학습하고자 한다.

정의 9.55 벡터들의 일차결합

자연수 n과 m에 대하여 $\mathbb{R}^n$의 m개의 벡터 $\mathbf{v}_1, \mathbf{v}_2, \cdots, \mathbf{v}_m$의 **일차결합**(linear combination)은 m개의 실수 $\alpha_1, \alpha_2, \cdots, \alpha_m$에 의해 다음과 같이 만들어지는 형태를 말한다.

$$\alpha_1\mathbf{v}_1 + \alpha_2\mathbf{v}_2 + \cdots + \alpha_m\mathbf{v}_m$$

일차결합의 정의를 이용해 앞서 살펴본 등식

$$\mathbf{u} = (4u_1 - 4u_2)\mathbf{z} + (-2u_1 + 4u_2)\mathbf{v}$$

을 다시 살펴보면, 이 식의 우변은 벡터의 $\mathbf{z}$, $\mathbf{v}$ 일차결합이다. 즉, 벡터 $\mathbf{u}$를 벡터 $\mathbf{z}$와 $\mathbf{v}$의 일차결합으로 쓴 것이 $(4u_1 - 4u_2)\mathbf{z} + (-2u_1 + 4u_2)\mathbf{v}$라 할 수 있다.

우리는 우선 연립방정식을 이용해 주어진 벡터를 다른 벡터들의 일차결합으로 표현하는 방법을 살펴본다.

예제 9.56

$\mathbb{R}^2$의 벡터 (a, b)를 벡터 $(1, 1)$과 $(1, -1)$의 일차결합으로 표현하시오.

풀이 벡터 (a, b)를 벡터 $(1, 1)$과 $(1, -1)$의 일차결합으로 표현한다는 것은 다음의 등식을 만족하는 미지수 α와 β를 찾는 것과 같다.

$$(a, b) = \alpha(1, 1) + \beta(1, -1)$$

따라서, 연립방정식 $a = \alpha + \beta$, $b = \alpha - \beta$를 얻을 수 있고, 이를 통해 다음이 성립함을 알 수 있다.

$$\alpha = \frac{a+b}{2}, \quad \beta = \frac{a-b}{2}$$

즉, 다음의 등식이 성립한다.

$$(a, b) = \frac{a+b}{2}(1, 1) + \frac{a-b}{2}(1, -1)$$ ■

위의 예시에서 임의의 벡터 (a, b)를 벡터 $(1, 1)$과 $(1, -1)$의 일차결합으로 표현할 수 있었던 근본적인 이유는 벡터 $(1, 1)$과 $(1, -1)$이 서로가 서로를 일차결합으로 표현할 수 없는 "근본적으로 다른 방향"의 벡터가 "충분히 많이" 있기 때문이다.

예를 들어, 서로 반대 방향인 나란한 두벡터 $(1, 1)$과 $(-1, -1)$를 생각해보면 이들의 일차결합은 다음의 등식을 만족한다.

$$\alpha(1, 1) + \beta(-1, -1) = (\alpha - \beta, \alpha - \beta) = (\alpha - \beta)(1, 1)$$

따라서, $(1,1)$과 $(-1,-1)$의 일차결합으로 표현할 수 있는 벡터는 그림 9.16와 같이 벡터 $(1,1)$을 반대방향을 포함하여 연장, 또는 축소해서 만들 수 있는 벡터 뿐이다. 즉, $\mathbb{R}^2$의 모든 원소가 두 벡터 $(1,1)$과 $(-1,-1)$의 일차결합으로 표현되는 것은 아니다.

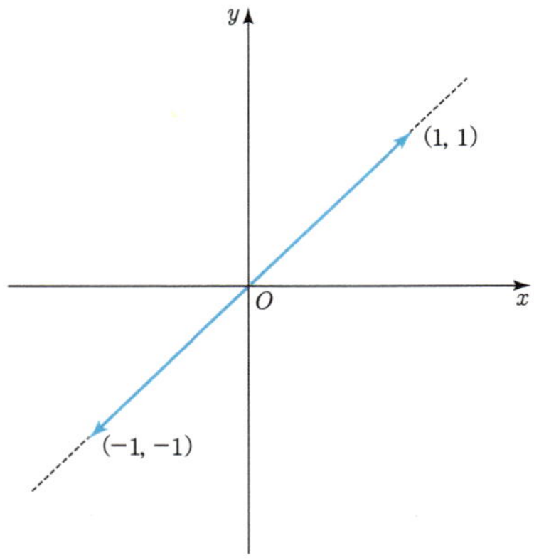

그림 9.16

이 결과를 좀 더 해석해보면 벡터 $(1,1)$과 $(1,-1)$를 고려했을 때처럼 벡터 $(1,1)$과 $(-1,-1)$를 고려했을 때도 총 2개의 벡터를 사용하고 있긴 하지만 두 벡터는 근본적으로 하나의 방향만을 표현할 수 있기 때문에 실질적으로 하나의 벡터를 사용한 것으로 생각할 수 있다. 따라서, 이 경우는 "근본적으로 다른 방향"의 벡터를 "충분히 많이" 사용하지 않은 경우로 볼 수 있다.

우리는 이렇게 근본적으로 다른 방향의 벡터가 충분히 많아 모든 벡터를 이 벡터들의 일차결합으로 나타낼 수 있는 경우 생성이라는 단어를 사용해 다음과 같이 표현한다.

정의 9.57 자연수 n과 m에 대하여 $\mathbb{R}^n$의 m개의 벡터 $\mathbf{v}_1, \mathbf{v}_2, \cdots, \mathbf{v}_m \in \mathbb{R}^n$의 일차결합으로 표현할 수 있는 모든 벡터의 모임을 다음과 같이 $\text{Span}(\mathbf{v}_1, \mathbf{v}_2, \cdots, \mathbf{v}_m)$로 쓰고 $\mathbf{v}_1, \mathbf{v}_2, \cdots, \mathbf{v}_m$의 **생성**(span)이라고 말한다.

$$\text{Span}(\mathbf{v}_1, \mathbf{v}_2, \cdots, \mathbf{v}_m) = \{\alpha_1\mathbf{v}_1 + \alpha_2\mathbf{v}_2 + \cdots + \alpha_m\mathbf{v}_m \ : \ \alpha_1, \alpha_2, ..., \alpha_m \in \mathbb{R}\}$$

특별히 $\text{Span}(\mathbf{v}_1, \mathbf{v}_2, \cdots, \mathbf{v}_m) = \mathbb{R}^n$이 될 때, 즉, 임의의 벡터 $\mathbf{u} \in \mathbb{R}^n$가 벡터 $\mathbf{v}_1, \mathbf{v}_2, \cdots, \mathbf{v}_m$의 일차결합으로 표현되는 경우 $\mathbf{v}_1, \mathbf{v}_2, \cdots, \mathbf{v}_m$이 $\mathbb{R}^n$을 **생성한다**고 한다.

예제 9.58

세 벡터 $(1,1,0)$, $(1,0,1)$, $(0,1,1)$이 $\mathbb{R}^3$을 생성함을 보이시오.

풀이 임의의 벡터 $(x,y,z) \in \mathbb{R}^3$에 대하여 등식

$$\alpha_1(1,1,0) + \alpha_2(1,0,1) + \alpha_3(0,1,1) = (x,y,z)$$

이 성립한다는 것은 다음의 연립방정식을 만족하는 해가 존재한다는 것이다.

$$\begin{cases} \alpha_1 + \alpha_2 = x \\ \alpha_1 + \alpha_3 = y \\ \alpha_2 + \alpha_3 = z \end{cases}$$

한편 이 방정식은 다음을 해로 갖는다는 것을 쉽게 알 수 있다.

$$\alpha_1 = \frac{1}{2}(x+y-z),\ \alpha_2 = \frac{1}{2}(x-y+z),\ \alpha_3 = \frac{1}{2}(-x+y+z)$$

따라서, $(1,1,0)$, $(1,0,1)$, $(0,1,1)$이 $\mathbb{R}^3$을을 생성한다. ■

한편 지금까지의 관찰을 보면 $\mathbb{R}^2$의 임의의 벡터 (a,b)를 일차결합으로 표현하기 위해 근본적으로 다른 방향인 두개의 벡터가 있으면 될 것이라 충분히 예상할 수 있을 것이다. 그렇다면 그 이상의 벡터가 있다면 어떻게 될까? 예를 들어, 벡터 (a,b)를 벡터 $(1,1)$과 $(1,-1)$ 그리고 $(0,1)$ 총 3개의 벡터의 일차결합으로 표현하는 경우를 생각해 보면 임의의 실수 c에 대하여 다음의 등식이 성립함을 알 수 있다.

$$(a,b) = \frac{a+b-c}{2}(1,1) + \frac{a-b+c}{2}(1,-1) + c(0,1) \tag{9.8}$$

즉, 이 경우에는 그 벡터들의 일차결합이 유일하지 않은데, 사실 이 현상의 본질적인 이유는 $(0,1)$이 $(1,1)$과 $(1,-1)$의 일차결합

$$(0,1) = \frac{1}{2}(1,1) - \frac{1}{2}(1,-1)$$

으로 표현되기 때문이다. 이러한 이유로 벡터들의 일차결합 표현의 유일성을 고려하기 위해 벡터들의 일차독립과 일차종속이라는 개념을 도입한다.

정의 9.59 일차독립과 일차종속

자연수 n과 m에 대하여

(1) 벡터 $\mathbf{v}_1, \mathbf{v}_2, \cdots, \mathbf{v}_m \in \mathbb{R}^n$이 **일차독립**(linearly independent)이라는 것은 m

개의 실수 $\alpha_1, \alpha_2, \cdots, \alpha_m$ 이 등식

$$\alpha_1 \mathbf{v}_1 + \alpha_2 \mathbf{v}_2 + \cdots + \alpha_m \mathbf{v}_m = \mathbf{0}$$

을 만족한다면 $\alpha_1 = \alpha_2 = \cdots = \alpha_m = 0$이 되는 경우를 말한다.

(2) 벡터 $\mathbf{v}_1, \mathbf{v}_2, \cdots, \mathbf{v}_m \in \mathbb{R}^n$ 이 **일차종속**(linearly dependent)이라는 것은 $\mathbf{v}_1, \mathbf{v}_2, \cdots, \mathbf{v}_m \in \mathbb{R}^n$ 이 일차독립이 아니라는 것이다. 즉, 등식

$$\alpha_1 \mathbf{v}_1 + \alpha_2 \mathbf{v}_2 + \cdots + \alpha_m \mathbf{v}_m = \mathbf{0}$$

을 만족하면서 적어도 하나는 0이 아닌 m개의 실수 $\alpha_1, \alpha_2, \cdots, \alpha_m$ 가 존재한다는 것이다.

예시 9.56의 벡터 $(1,1)$는 $(1,-1)$ 일차독립이라는 것을 쉽게 볼 수 있다. 즉, 풀이에서 등식 $(a,b) = \alpha(1,1) + \beta(1,-1)$이 성립하면 $\alpha = \frac{a+b}{2}$, $\beta = \frac{a-b}{2}$이 성립해야 한다는 것을 확인하였는데, $\mathbf{0} = (0,0) = (a,b)$인 경우에는 $\alpha = 0$, $\beta = 0$이 된다.

반면, 벡터 $(1,1)$, $(1,-1)$, $(0,1)$은 다음의 등식으로부터 일차종속이라는 것을 알 수 있다.

$$(0,0) = \frac{-c}{2}(1,1) + \frac{c}{2}(1,-1) + c(0,1) \quad \forall c \in \mathbb{R}$$

이 예시와 관련하여 앞서 주어진 벡터의 벡터 $(1,1)$, $(1,-1)$, $(0,1)$의 선형결합 표현이 유일하지 않은 이유가 $(0,1)$이 $(1,1)$과 $(1,-1)$의 일차결합으로 표현되기 때문이라 했는데, 다음은 이러한 현상이 일차종속과 관련 있음을 보여주는 정리이다.

정리 9.60 자연수 n과 m에 대하여 벡터 $\mathbf{v}_1, \mathbf{v}_2, \cdots, \mathbf{v}_m \in \mathbb{R}^n$ 이 일차종속일 필요충분조건은 어떤 $\mathbf{v}_k$ $(1 \le k \le m)$가 나머지 벡터들의 일차결합으로 표현되는 것이다.

증명 $\mathbf{v}_1, \mathbf{v}_2, \cdots, \mathbf{v}_m \in \mathbb{R}^n$ 이 일차종속이면

$$\alpha_1 \mathbf{v}_1 + \alpha_2 \mathbf{v}_2 + \cdots + \alpha_m \mathbf{v}_m = \mathbf{0}$$

를 만족하면서 적어도 하나는 0이 아닌 실수 $\alpha_1, \alpha_2, \cdots, \alpha_m$ 이 존재한다. 이때, α_k 가 0이 아닌 실수라고 하면 다음의 등식이 성립한다.

$$\mathbf{v}_k = \left(-\frac{\alpha_1}{\alpha_k}\right)\mathbf{v}_1 + \cdots + \left(-\frac{\alpha_{k-1}}{\alpha_k}\right)\mathbf{v}_{k-1} + \left(-\frac{\alpha_{k+1}}{\alpha_k}\right)\mathbf{v}_{k+1} + \cdots + \left(-\frac{\alpha_m}{\alpha_k}\right)\mathbf{v}_m$$

즉, $\mathbf{v}_k$ 가 나머지 벡터들의 일차결합으로 표현된다. 역으로 어떤 $\mathbf{v}_k$ 가 나머지

벡터들의 일차결합으로 표현된다고 가정하자. 즉,

$$\mathbf{v}_k = \alpha_1\mathbf{v}_1 + \cdots + \alpha_{k-1}\mathbf{v}_{k-1} + \alpha_{k+1}\mathbf{v}_{k+1} + \cdots + \alpha_m\mathbf{v}_m$$

인 실수들 $\alpha_1, \cdots, \alpha_{k-1}, \alpha_{k+1}, \cdots, \alpha_m$이 존재한다. 따라서 등식

$$\alpha_1\mathbf{v}_1 + \cdots + \alpha_{k-1}\mathbf{v}_{k-1} - \mathbf{v}_k + \alpha_{k+1}\mathbf{v}_{k+1} + \cdots + \alpha_m\mathbf{v}_m = \mathbf{0}$$

이 성립하고, 이때 $\mathbf{v}_k$의 계수는 $-1 \neq 0$이므로 $\mathbf{v}_1, \mathbf{v}_2, \cdots, \mathbf{v}_m \in \mathbb{R}^n$가 일차종속이다. ■

다음은 일차독립의 정의와 위 정리로부터 간단히 알아볼 수 있는 일차독립과 일차종속과 관련한 사실들이다.

(1) $\mathbb{R}^n$의 표준단위벡터 $\mathbf{e}_1, \cdots, \mathbf{e}_n$은 일차독립이다.

(2) 하나의 벡터 $\mathbf{u} \in \mathbb{R}^n$가 일차독립이 될 필요충분조건은 $\mathbf{u} \neq \mathbf{0}$이다. 즉, $\mathbf{u}$가 일차종속이 될 필요충분조건은 $\mathbf{u} = \mathbf{0}$이다.

(3) 벡터 $\mathbf{v}_1, \mathbf{v}_2, \cdots, \mathbf{v}_m \in \mathbb{R}^n$ 중에 벡터 $\mathbf{0}$이 있다면 $\mathbf{v}_1, \mathbf{v}_2, \cdots, \mathbf{v}_m$는 일차종속이다.

이 중 (1)의 경우 표준단위벡터 $\mathbf{e}_1, \cdots, \mathbf{e}_n$는 서로 수직인 벡터라는 것을 내적을 이용해 쉽게 알 수 있는데, 다음의 정리는 이를 보다 일반화하여 서로 수직인 벡터들의 모임이 일차독립이라는 사실을 알려준다.

정리 9.61 부등식 $m \leq n$을 만족하는 자연수 m과 n에 대하여 $\mathbf{0}$이 아닌 서로 수직인 벡터들 $\mathbf{v}_1, \mathbf{v}_2, \cdots, \mathbf{v}_m \in \mathbb{R}^n$은 일차독립이다.

증명 실수 $\alpha_1, \cdots, \alpha_m$가 다음의 등식을 만족한다고 하자.

$$\alpha_1\mathbf{v}_1 + \cdots + \alpha_m\mathbf{v}_m = \mathbf{0}$$

이 식의 양변과 $\mathbf{v}_k$ $(1 \leq k \leq m)$을 내적하면 $i \neq k$일 때 $\mathbf{v}_k \cdot \mathbf{v}_i = 0$이 성립하므로 다음을 알 수 있다.

$$\alpha_k\|\mathbf{v}_k\| = \alpha_k\mathbf{v}_k \cdot \mathbf{v}_k = \mathbf{v}_k \cdot (\alpha_1\mathbf{v}_1 + \cdots + \alpha_m\mathbf{v}_m) = \mathbf{v}_k \cdot \mathbf{0} = 0$$

따라서, 모든 $1 \leq k \leq m$에 대하여 $\alpha_k = 0$이 성립한다. 즉, $\alpha_1 = \cdots = \alpha_m = 0$이므로 $\mathbf{v}_1, \mathbf{v}_2, \cdots, \mathbf{v}_m$은 일차독립이다. ■

하지만, 다음의 예시와 같이 직교가 아닌 벡터들도 일차독립이 될 수 있다.

예제 9.62

세 벡터 $(1,1,0)$, $(1,0,1)$, $(1,1,1) \in \mathbb{R}^3$이 일차독립임을 보이시오.

풀이 등식 $\alpha_1(1,1,0)+\alpha_2(1,0,1)+\alpha_3(1,1,1)=(0,0,0)$으로부터 다음의 연립방정식을 얻을 수 있다.

$$\begin{cases} \alpha_1+\alpha_2+\alpha_3=0 \\ \alpha_1+\alpha_3=0 \\ \alpha_2+\alpha_3=0 \end{cases}$$

이 연립방정식의 해는 $\alpha_1 = \alpha_2 = \alpha_3 = 0$로 유일하므로, $\alpha_1(1,1,0)+\alpha_2(1,0,1)+\alpha_3(1,1,1)=(0,0,0)$이면 $\alpha_1=\alpha_2=\alpha_3=0$이 성립한다. ■

지금까지 살펴본 예시들을 보면 일차독립인 벡터들의 경우 주어진 벡터를 이 벡터들의 일차결합으로 표현할 때 연립방정식이 하나 만들어지고, 그 해가 유일하게 결정된다. 따라서, 일차독립이 벡터의 일차결합 표현의 유일성과 관계가 있음을 알 수 있는데, 다음의 정리는 이 관찰이 사실이라는 것을 보여준다.

정리 9.63 자연수 n과 m에 대하여 벡터 $\mathbf{v}_1, \mathbf{v}_2, \cdots, \mathbf{v}_m \in \mathbb{R}^n$이 일차 독립이라는 것과 임의의 원소 $\mathbf{u} \in \mathrm{Span}(\mathbf{v}_1, \mathbf{v}_2, \cdots, \mathbf{v}_m)$에 대하여 그것의 $\mathbf{v}_1, \mathbf{v}_2, \cdots, \mathbf{v}_m$을 이용한 일차 결합 표현이 유일하다는 것이 동치이다.

증명 우선, $\mathbf{v}_1, \cdots, \mathbf{v}_m$이 일차독립인 경우를 생각해보자. 생성의 정의로부터 벡터 $\mathbf{u} \in \mathbb{R}^n$가 $\mathbf{v}_1, \cdots, \mathbf{v}_m$의 어떠한 일차결합으로 표현된다는 것은 자명한데, 그 표현이 두가지 이상 존재한다고 하자. 즉 등식

$$\mathbf{u} = \alpha_1\mathbf{v}_1 + \cdots + \alpha_m\mathbf{v}_m = \beta_1\mathbf{v}_1 + \cdots + \beta_m\mathbf{v}_m$$

이 성립하는 두가지 방식이 존재한다고 하자. 이것은 등식

$$(\alpha_1-\beta_1)\mathbf{v}_1 + \cdots + (\alpha_m-\beta_m)\mathbf{v}_m = \mathbf{0}$$

이 성립함을 의미하고, 이때 가정인 $\mathbf{v}_1, \cdots, \mathbf{v}_m$이 일차독립이라는 것으로부터 다음이 성립함을 알 수 있다.

$$\alpha_1-\beta_1 = \cdots = \alpha_m-\beta_m = 0$$

즉, $\alpha_1=\beta_1, \cdots, \alpha_m=\beta_m$이다. 따라서 $\mathbf{u}$의 $\mathbf{v}_1, \mathbf{v}_2, \cdots, \mathbf{v}_m$을 이용한 일차 결합 표현이 유일하다.

반대로, 임의의 $\mathbf{u}$에 대하여 그것의 $\mathbf{v}_1, \mathbf{v}_2, \cdots, \mathbf{v}_m$을 이용한 일차 결합 표현이 유일하다고 가정하자. 이때, 등식

$$\mathbf{0} = \alpha_1\mathbf{v}_1 + \cdots + \alpha_m\mathbf{v}_m$$

이 $\alpha_1 = \alpha_2 = \ldots = \alpha_m = 0$일 때 성립하는데, 가정에 따라 이 등식이 성립하는 $\alpha_1, \alpha_2, \ldots, \alpha_m$이 유일하게 결정되어야 하므로 $\mathbf{v}_1, \mathbf{v}_2, \cdots, \mathbf{v}_m$이 일차독립이다. ■

이 정리로부터 자연스럽게 기저의 개념을 도입한다.

정의 9.64 자연수 n에 대하여 $\mathbf{v}_1, \mathbf{v}_2, \cdots, \mathbf{v}_n \in \mathbb{R}^n$이 일차독립이면서 동시에 $\mathbb{R}^n$를 생성하는 경우, $\mathbf{v}_1, \mathbf{v}_2, \cdots, \mathbf{v}_n$을 $\mathbb{R}^n$의 **기저**(basis)라 한다.

지금까지 살펴본 내용을 통해 위 정의를 다시 설명해보면, $\mathbb{R}^n$의 기저란 $\mathbb{R}^n$의 모든 원소를 일차결합으로 유일하게 표현할 수 있는 벡터들의 모임 부르고자 만든 개념이라 할 수 있다. 예를 들어, 표준단위벡터 $\mathbf{e}_1, \cdots, \mathbf{e}_n$은 $\mathbb{R}^n$의 기저가 되고, 이는 가장 흔히 사용하는 기저이기 때문에

$$\mathbf{e}_1, \cdots, \mathbf{e}_n$$

을 $\mathbb{R}^n$의 **표준기저**(standard basis)라고 부른다. 다음을 통해 표준기저가 아닌 기저가 충분히 많이 있다는 것을 확인하자.

예제 9.65

세 벡터 $(1,1,0)$, $(1,0,1)$, $(0,1,1)$이 $\mathbb{R}^3$의 기저임을 보이시오.

풀이 예제 9.58에서 $(1,1,0)$, $(1,0,1)$, $(0,1,1)$이 $\mathbb{R}^3$을 생성한다는 것을 살펴보았으므로 이 벡터들이 일차독립인 것만 보이면 충분한데, 이는 등식

$$(0,0,0) = \alpha_1(1,1,0) + \alpha_2(1,0,1) + \alpha_3(0,1,1) = (\alpha_1 + \alpha_2, \alpha_1 + \alpha_3, \alpha_2 + \alpha_3)$$

을 통해 만들어지는 연립방정식의 해가 $\alpha_1 = \alpha_2 = \alpha_3 = 0$로 유일하다는 것을 쉽게 알 수 있으므로 증명을 마무리할 수 있다. ■

기저의 정의 9.64를 살펴보면 $\mathbb{R}^n$의 기저가 되는 벡터의 개수를 n개로 고정했음을 확인할 수 있다. 사실 기저의 정의에서 벡터의 개수를 n으로 정해두지 않아도 되는데, 그 이유는 어떤 벡터들의 모임 $\{\mathbf{v}_1, \mathbf{v}_2, \ldots, \mathbf{v}_m\} \subset \mathbb{R}^n$이 일차 독립이면서 동시에 $\mathbb{R}^n$을 생성하면 반드시 그 벡터들의 개수 m은 n과 같아야 하기 때문이다. 이는 다음의

정리로부터 알 수 있다.

정리 9.66 세 자연수 $n, m, k \in \mathbb{N}$와 두 벡터들의 모임 $\{\mathbf{v}_1, \mathbf{v}_2, ..., \mathbf{v}_m\} \subset \mathbb{R}^n$, $\{\mathbf{w}_1, \mathbf{w}_2, ..., \mathbf{w}_k\} \subset \mathbb{R}^n$에 대하여 다음의 두 조건이 만족하면 부등식 $m \leq k$가 성립한다.

(i) $\mathbf{v}_1, \mathbf{v}_2, ..., \mathbf{v}_m$이 일차독립이다.

(ii) 포함관계 $\mathrm{Span}(\mathbf{v}_1, \mathbf{v}_2, ..., \mathbf{v}_m) \subset \mathrm{Span}(\mathbf{w}_1, \mathbf{w}_2, ..., \mathbf{w}_k)$이 성립한다.

증명 가정 (ii)로부터 각 $1 \leq j \leq m$에 대하여 다음의 등식을 만족하는 a_{ij}가 존재한다.

$$\mathbf{v}_j = \alpha_{1j}\mathbf{w}_1 + \alpha_{2j}\mathbf{w}_2 + \cdots + \alpha_{kj}\mathbf{w}_k$$

따라서, 등식 $t_1\mathbf{v}_1 + t_2\mathbf{v}_2 + \cdots t_m\mathbf{v}_m = \mathbf{0}$은 다음과 같이 표현하는 것이 가능하다.

$$\begin{aligned}
\mathbf{0} &= t_1\alpha_{11}\mathbf{w}_1 + t_1\alpha_{21}\mathbf{w}_2 + \cdots + t_1\alpha_{k1}\mathbf{w}_k \\
&\quad + t_2\alpha_{12}\mathbf{w}_1 + t_2\alpha_{22}\mathbf{w}_2 + \cdots + t_2\alpha_{k2}\mathbf{w}_k \\
&\quad \cdots \\
&\quad + t_m\alpha_{1m}\mathbf{w}_1 + t_m\alpha_{2m}\mathbf{w}_2 + \cdots + t_m\alpha_{km}\mathbf{w}_k \\
&= (t_1\alpha_{11} + t_2\alpha_{12} + \cdots + t_m\alpha_{1m})\mathbf{w}_1 \\
&\quad + (t_1\alpha_{21} + t_2\alpha_{22} + \cdots + t_m\alpha_{2m})\mathbf{w}_2 \\
&\quad \cdots \\
&\quad + (t_1\alpha_{k1} + t_2\alpha_{k2} + \cdots + t_m\alpha_{km})\mathbf{w}_k
\end{aligned}$$

따라서, 다음의 방정식

$$\begin{pmatrix} a_{11} & a_{21} & \cdots & a_{1m} \\ a_{21} & a_{22} & \cdots & a_{2m} \\ \vdots & \vdots & \ddots & \vdots \\ a_{k1} & a_{k2} & \cdots & a_{km} \end{pmatrix} \begin{pmatrix} t_1 \\ t_2 \\ \vdots \\ t_m \end{pmatrix} = \begin{pmatrix} 0 \\ 0 \\ \vdots \\ 0 \end{pmatrix}$$

의 해는 $t_1\mathbf{v}_1 + t_2\mathbf{v}_2 + \cdots t_m\mathbf{v}_m = \mathbf{0}$을 만족한다.
이때, 만약 부등식 $m > k$가 성립한다면, 이 행렬로 표현된 방정식은 미지수의 개수가 방정식의 개수보다 많은 경우에 해당한다. 따라서 정리 9.51로부터 이 방정식의 해가 무한하게 존재한다는 것을 알 수 있다. 즉, 조건 (i)의 $\mathbf{v}_1, \mathbf{v}_2, ..., \mathbf{v}_m$가 일차독립이라는 것에 모순이다. ∎

$\mathbb{R}^n$ 의 표준기저 $\mathbf{e}_1, \cdots, \mathbf{e}_n$는 그 자체만으로도 서로 독립이며 $\mathbb{R}^n$을 생성한다는 것을 알 수 있다. 따라서, 정리 9.66로부터 $\mathbb{R}^n$을 생성하는 일차독립인 벡터들의 갯수는 반드시 n보다 작거나 같아야 한다는 것을 알 수 있다. 반대로, 어떤 $\mathbb{R}^n$을 생성하는 일차독립인 벡터들의 갯수가 m이라면 $\mathbf{e}_1, \cdots, \mathbf{e}_n$이 일차독립이고 $\mathbb{R}^n$을 생성한다는 사실과 정리 9.66로부터 n이 m보다 작거나 같다는 것을 알 수 있다. 따라서, $m = n$이 성립한다. 즉, $\mathbb{R}^n$을 생성하는 일차독립인 벡터들의 갯수는 언제나 n이다. 이러한 이유로, 보다 벡터공간의 기저를 그 벡터공간을 생성하는 일차독립인 벡터로 정의할 수 있으며 그 벡터의 개수를 그 공간의 **차원**(dimension)이라 정의한다.

예제 9.67

세 벡터 $(1,0), (1,1), (0,1) \in \mathbb{R}^2$는 $\mathbb{R}^2$를 생성하지만 $\mathbb{R}^2$의 기저가 아니라는 것을 확인하시오.

풀이 $(1,0), (0,1)$은 $\mathbb{R}^2$의 표준기저이므로 다음이 성립한다.

$$\mathbb{R}^2 = \text{Span}((1,0),(0,1)) \subset \text{Span}((1,0),(1,1),(0,1)) \subset \mathbb{R}^2$$

즉, $(1,0), (1,1), (0,1)$는 $\mathbb{R}^2$를 생성한다. 하지만, $(1,0), (1,1), (0,1)$는 개수가 3개 이므로 정리 9.66로부터 $\mathbb{R}^2$의 기저가 아니라는 것을 알 수 있다. ■

한편, 정리 9.66는 아래와 같이 $\mathbb{R}^n$에서 일차독립인 n개의 벡터가 $\mathbb{R}^n$을 생성한다는 것도 말해준다.

정리 9.68 벡터 $\mathbf{v}_1, \mathbf{v}_2, ..., \mathbf{v}_n \in \mathbb{R}^n$이 일차독립이면 이 벡터들은 $\mathbb{R}^n$을 생성한다. 즉, $\mathbf{v}_1, \mathbf{v}_2, ..., \mathbf{v}_n$은 $\mathbb{R}^n$의 기저가 된다.

증명 만약 $\text{Span}\{\mathbf{v}_1, \mathbf{v}_2, ..., \mathbf{v}_n\} \neq \mathbb{R}^n$라면 다음의 벡터가 존재하는데,

$$\mathbf{z} \in \mathbb{R}^n \setminus \text{Span}\{\mathbf{v}_1, \mathbf{v}_2, ..., \mathbf{v}_n\},$$

이를 활용해 다음의 등식을 만족하는 $\alpha_1, \alpha_2, ..., \alpha_{n+1}$을 생각해보자.

$$\alpha_1\mathbf{v}_1 + \alpha_2 + \mathbf{v}_2 + ... + \alpha_n\mathbf{v}_n + \alpha_{n+1}\mathbf{z} = \mathbf{0}$$

만약 $\alpha_{n+1} \neq 0$라면 $\mathbf{z} \in \text{Span}\{\mathbf{v}_1, \mathbf{v}_2, ..., \mathbf{v}_n\}$라는 것이 자명하므로, $\alpha_{n+1} = 0$이라는 것을 알 수 있다. 또한, 이 경우 벡터 $\mathbf{v}_1, \mathbf{v}_2, ..., \mathbf{v}_n \in \mathbb{R}^n$이 일차독립이라는 사실로부터 모든 α_i가 0이라는 것을 알 수 있다. 즉 , $\mathbf{v}_1, \mathbf{v}_2, ..., \mathbf{v}_n, \mathbf{z}$가 일차독립이다. 이때, $\text{Span}\{\mathbf{v}_1, \mathbf{v}_2, ..., \mathbf{v}_n, \mathbf{z}\}$은 $\mathbb{R}^n$에 포함되므로 정리 9.66와 표준기저 $\mathbf{e}_1, \cdots, \mathbf{e}_n$가 $\mathbb{R}^n$의 기저라는 사실에 의해 성립할 수 없는 부등식

$n+1 \le n$이 성립하게 된다. 즉, 가정이 성립할 수 없으므로 다음이 성립한다.

$$\mathrm{Span}\{\mathbf{v}_1, \mathbf{v}_2, ..., \mathbf{v}_n\} = \mathbb{R}^n \qquad ■$$

지금까지의 내용을 정리해보면 $\mathbb{R}^n$의 기저는 다음과 같이 설명할 수 있다.

(1) $\mathbb{R}^n$을 생성하는 일차독립인 벡터

(2) $\mathbb{R}^n$의 일차독립인 n개의 벡터

(3) $\mathbb{R}^n$을 생성하는 n개의 벡터

끝으로, 기저가 좌표라는 개념을 일반화하는데 사용할 수 있음을 살펴보자. $\mathbb{R}^n$의 벡터의 성분 즉 좌표는 그 벡터를 표준기저의 선형결합으로 나타냈을 때 각 표준기저의 계수라는 것을 알 수 있다. 그리고, 이 표현은 유일하므로 이 벡터를 기술하는데 사용하는 것이 가능하다. 이러한 성질은 꼭 표준기저가 아니더라도 기저를 사용할 때 관찰할 수 있다. 즉, 임의의 벡터는 주어진기저들의 유일한 일차결합으로 결정된다. 따라서 이 일차결합에서 나타난 기저의 계수들을 주어진 기저에 대한 좌표로 볼 수 있다. 즉, 기저를 고려하게 되면 새로운 좌표계를 고려할 수 있다.

정의 9.69 자연수 n과 $\mathbb{R}^n$의 기저 $\mathbf{v}_1, \mathbf{v}_2, \cdots, \mathbf{v}_n$에 대하여 벡터 $\mathbf{u} \in \mathbb{R}^n$가

$$\mathbf{u} = \alpha_1\mathbf{v}_1 + \cdots + \alpha_n\mathbf{v}_n$$

로 표현될 때 $(\alpha_1, \cdots, \alpha_n)$를 기저 $\mathcal{B} = \{\mathbf{v}_1, \cdots, \mathbf{v}_n\}$에 대한 벡터 $\mathbf{u}$의 **좌표** (coordinate)라 하고, 줄여서 다음과 같이 나타낸다.

$$\mathbf{u} = (\alpha_1, \cdots, \alpha_n)_{\mathcal{B}}$$

예제 9.70

$\mathbb{R}^3$의 기저 $\mathcal{B} = \{(1,-1,0), (1,0,-1), (0,1,1)\}$에 대해 벡터 $(1,1,0)$의 좌표를 구하시오

풀이 등식

$$(1,1,0) = \alpha_1(1,-1,0) + \alpha_2(1,0,-1) + \alpha_3(0,1,1)$$

으로부터 만들어지는 연립방정식을 풀면 $\alpha_1 = 0$ $\alpha_2 = \alpha_3 = 1$를 쉽게 얻을 수 있다. 따라서 벡터 $(1,1,0)$의 $\mathcal{B}$에 대한 좌표는 다음과 같다.

$$(1,1,0) = (0,1,1)_{\mathcal{B}} \qquad ■$$

9.6 연습문제

1. 다음 벡터들이 일차독립인지 조사하시오.
   (1) $(1,\ -1,\ 1),\ (2,\ 0,\ 1),\ (0,\ 1,\ -1)$
   (2) $(1,\ 0,\ 1),\ (0,\ 2,\ 0),\ (3,\ 0,\ 0)$
   (3) $(1,\ 0,\ 0),\ (1,\ 1,\ 1),\ (0,\ 1,\ 1)$
   (4) $(1,\ -2,\ 3),\ (5,\ 6,\ -1),\ (3,\ 2,\ 1)$

2. 위 문제의 벡터들이 $\mathbb{R}^3$을 생성하는지 조사하시오.

3. 다음 벡터들이 $\mathbb{R}^3$의 기저임을 보이고, 이들에 관한 벡터 $(1,\ -1,\ 1)$의 좌표를 구하시오.
   (1) $(1,\ 0,\ 0),\ (1,\ 1,\ 0),\ (1,\ 1,\ 1)$
   (2) $(1,\ 1,\ 0),\ (0,\ 0,\ 1),\ (0,\ 1,\ 0)$

4. 벡터 $\mathbf{v}_1,\ \mathbf{v}_2,\ \mathbf{v}_3$가 벡터공간 $\mathbb{R}^3$의 기저일 때, 다음 벡터들도 $\mathbb{R}^3$의 기저임을 보이시오.

$$\mathbf{v}_1,\ \mathbf{v}_1 + \mathbf{v}_2,\ \mathbf{v}_1 + \mathbf{v}_2 + \mathbf{v}_3$$

5. $\mathbb{R}^n$의 모든 벡터와 서로 수직인 벡터는 영벡터 뿐임을 증명하시오.

6. $\mathbf{v}_1, \mathbf{v}_2, \cdots, \mathbf{v}_n$이 $\mathbb{R}^n$의 수직인 단위벡터들이다. 실수 $\alpha_k,\ 1 \le k \le n$에 대해 다음을 증명하시오.

$$||\alpha_1\mathbf{v}_1 + \cdots + \alpha_n\mathbf{v}_n||^2 = \alpha_1^2 + \cdots + \alpha_n^2.$$

7. 두 벡터 $\mathbf{u},\ \mathbf{v} \in \mathbb{R}^n$가 일차종속일 필요충분조건이 어떤 $\alpha \in \mathbb{R}$에 대해

$$\mathbf{u} = \alpha\mathbf{v} \text{ 이거나 } \mathbf{v} = \alpha\mathbf{u}$$

   임을 보이시오.

8. $\mathbf{v}_1, \mathbf{v}_2, \cdots, \mathbf{v}_n$가 일차독립이면 $\mathbf{v}_1, \mathbf{v}_2, \cdots, \mathbf{v}_k,\ k < n$도 일차독립임을 보이시오.

9. **(Gram-Schmidt 방법)**

$\mathbf{v}_1, \mathbf{v}_2, \cdots, \mathbf{v}_n$ 이 $\mathbb{R}^n$ 의 기저라고 할 때 다음과 같은 벡터들을 정의한다.

$$\mathbf{u}_1 = \mathbf{v}_1, \quad \mathbf{u}_k = \mathbf{v}_k - \frac{\mathbf{v}_k \cdot \mathbf{u}_1}{\mathbf{u}_1 \cdot \mathbf{u}_1}\mathbf{u}_1 - \cdots - \frac{\mathbf{v}_k \cdot \mathbf{u}_{k-1}}{\mathbf{u}_{k-1} \cdot \mathbf{u}_{k-1}}\mathbf{u}_{k-1}, \ 2 \le k \le n.$$

(1) $\mathbf{u}_k \neq \mathbf{0}$, $1 \le k \le n$ 임을 보이시오.

(2) $\mathbf{u}_1, \cdots, \mathbf{u}_n$ 이 서로 수직임을 보이시오.

(3) $\mathbf{w}_k = \dfrac{1}{||\mathbf{u}_k||}\mathbf{u}_k$, $1 \le k \le n$ 라고 정의하면 $\mathbf{w}_1, \cdots, \mathbf{w}_n$ 이 $\mathbb{R}^n$ 을 생성함을 보이시오. (따라서 $\mathbf{w}_1, \cdots, \mathbf{w}_n$ 은 서로 수직이고 크기가 1인 기저가 된다.)

(4) 예제 9.70의 벡터들에 이 방법을 적용하여 서로 직교하고 크기가 1인 기저를 구하시오.

9.7 선형사상과 행렬

벡터공간을 학습하기 전까지 살펴본 함수들은 대부분 실수공간 $\mathbb{R}$에서 정의된 실숫값을 갖는 함수였다. 하지만, 보다 많은 현상을 설명하기 위해서는 $\mathbb{R}$이 아닌 곳에서 정의된 함수, 예를 들어, 벡터공간 $\mathbb{R}^n$에서 벡터공간 $\mathbb{R}^m$으로의 함수 등을 고려할 필요가 있다. 벡터공간 $\mathbb{R}^n$에서 벡터공간 $\mathbb{R}^m$으로의 함수는 특별히 **사상**(map) 또는 **변환**(transformation)이라고도 하는데, 사상에 대해서도 실수공간에서 정의된 함수와 마찬가지로 극한, 연속성, 미분 그리고 적분을 고려하는 것이 가능하다. 이 절에서는 다양한 사상 중에서도 가장 기본적이면서 가장 중요한 사상인 선형사상을 학습하고, 이들과 행렬의 관계를 살펴본다.

일차함수 $f(x) = cx$ $(c \in \mathbb{R})$는 $\mathbb{R}$에서 정의된 함수를 배울 때 가장 먼저 배우는 함수 중 하나이다. 그리고 일차함수의 그래프가 $\mathbb{R}^2$에서 원점을 지나는 직선이 된다는 것이 매우 중요한 관찰 중 하나였다. 그런데, 이를 좀 더 자세히 생각해보면 이 함수의 그래프가 원점을 지나는 직선이 되는 본질적인 이유가 f가 다음을 만족하기 때문이라는 것을 어렵지 않게 확인할 수 있다.

$$\forall x, y \in \mathbb{R}\ \forall \alpha \in \mathbb{R} \quad \text{(i) } f(x+y) = f(x) + f(y), \quad \text{(ii) } f(\alpha x) = \alpha x$$

이 성질은 $\mathbb{R}^n$에서 정의된 함수에 대해서도 고려할 수 있는데, 벡터공간 $\mathbb{R}^n$에서 벡터공간 $\mathbb{R}^m$으로의 사상 중에서 이 성질을 만족하는 사상을 특별히 선형사상이라고 부른다.[15]

정의 9.71 사상 $T : \mathbb{R}^n \to \mathbb{R}^m$가 모든 $\mathbf{u}, \mathbf{v} \in \mathbb{R}^n$와 $\alpha \in \mathbb{R}$에 대하여 다음 조건을 만족시킬 때 **선형사상**(linear map) 또는 **선형변환**(linear transformation)이라 한다.

(i) $T(\mathbf{u} + \mathbf{v}) = T(\mathbf{u}) + T(\mathbf{v})$,

(ii) $T(\alpha\mathbf{u}) = \alpha T(\mathbf{u})$.

선형사상을 직관적으로 설명하면 두 벡터를 더하고 나서 변환시킨 것과 변환시키고 나서 더한 것이 같게 되고, 스칼라곱을 하고 나서 변환시킨 것과 변환시키고 나서 스칼라곱을 한 것이 같게 되는 사상이 선형사상이다. 이러한 성질은 사실 매우 특별한 성질이고, 다음의 예시에서 보는 바와 같이 보편적으로는 성립하지 않는다.

[15] 선형사상은 수학, 물리학, 공학 등에서 매우 중요한 역할을 하고, 동시에 보다 복잡한 함수를 이해하는 도구로 사용할 수 있다.

예제 9.72

다음 사상 T가 선형사상이 아니라는 것을 보이시오.

(1) $T(x) = |x|$로 정의된 사상 $T : \mathbb{R} \to \mathbb{R}$

(2) $T(x) = \sin x$으로 정의된 사상 $T : \mathbb{R} \to \mathbb{R}$

(3) $T(x, y) = (x+1, y+2)$ 으로 정의된 사상 $T : \mathbb{R}^2 \to \mathbb{R}^2$

(4) $T(x, y, z) = (x^2, y^2)$ 으로 정의된 사상 $T : \mathbb{R}^3 \to \mathbb{R}^2$

풀이 (1) 다음 식으로부터 T가 선형사상이 아니라는 것을 알 수 있다.

$$T(1+(-1)) = |0| = 0 \qquad T(1) + T(-1) = |1| + |-1| = 2$$

(2) 다음 식으로부터 T가 선형사상이 아니라는 것을 알 수 있다.

$$T\left(\frac{\pi}{4} + \frac{\pi}{4}\right) = \sin\frac{\pi}{2} = 1 \quad T\left(\frac{\pi}{4}\right) + T\left(\frac{\pi}{4}\right) = \sin\frac{\pi}{4} + \sin\frac{\pi}{4} = \sqrt{2}$$

(3) 다음 식으로부터 T가 선형사상이 아니라는 것을 알 수 있다.

$$T\left((1,1) + (0,0)\right) = T(1,1) = (1+1, 1+2) = (2,3)$$
$$T(1,1) + T(0,0) = (1+1, 1+2) + (0+1, 0+2) = (3,5)$$

(4) 다음 식으로부터 T가 선형사상이 아니라는 것을 알 수 있다.

$$T\left(2(1,0,0)\right) = T(2,0,0) = (4,0) \qquad 2T(1,0,0) = 2(1,0) = (2,0)$$

■

앞서 언급한바와 같이 $\mathbb{R}$에서 정의된 일차함수 $f(x) = cx$ $(c \in \mathbb{R})$는 성형사상이다. 그리고, 앞으로 살펴보겠지만, $\mathbb{R}$에서 $\mathbb{R}$으로의 선형사상은 이렇게 원점을 지나는 일차함수 뿐이다. 하지만, $\mathbb{R}^n$에서는 보다 다양한 선형함수가 존재한다.

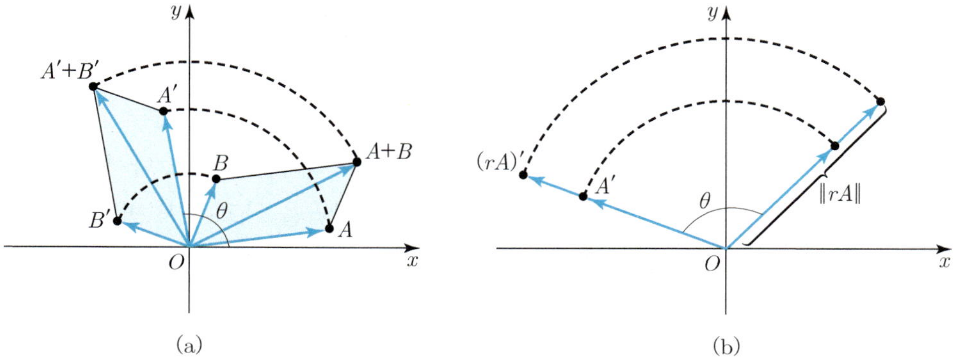

그림 9.17 회전변환의 선형성

예를 들어, $\mathbb{R}^2$에서 주어진 점을 원점을 중심으로 양의 방향으로 θ만큼 회전시켜 얻은 점에 대응시키는 사상을 생각해보자.

이 사상은 그림 9.17에서 보듯이 두 벡터를 더하고 나서 회전시킨 것과 각각을 회전시킨 후 더한 것이 정확히 일치하며, 벡터에 스칼라곱을 한 후 회전시킨 것과 벡터를 회전시켜 얻은 벡터에 스칼라곱을 한 것이 일치함을 직관적으로 알 수 있다. 실제로 이 사상은 선형사상이고, 이 사상을 특별히 회전변환이라 부른다.

이러한 선형사상을 잘 다루기 위해서는 직관적인 설명이 아닌, 수학적인 언어로 명확하게 기술할 필요가 있다. 이때, 사용할 수 있는 것이 바로 행렬이다. 선형사상은 행렬 그리고 그것의 곱 연산과 매우 밀접한 연관이 있는데, 이를 설명하기 위해 이 절에서는 앞으로 편의상 벡터공간 $\mathbb{R}^n$의 원소가 모두 열벡터로 만들어졌다고 생각한다.

이미 학습한 행렬의 곱 연산으로 구성된 등식

$$\begin{pmatrix} a_{11} & a_{12} & \cdots & a_{1n} \\ a_{21} & a_{22} & \cdots & a_{2n} \\ \vdots & \vdots & \ddots & \vdots \\ a_{m1} & a_{m2} & \cdots & a_{mn} \end{pmatrix} \begin{pmatrix} x_1 \\ x_2 \\ \vdots \\ x_n \end{pmatrix} = \begin{pmatrix} a_{11}x_1 + \cdots + a_{1n}x_n \\ \vdots \\ a_{m1}x_1 + \cdots + a_{mn}x_n \end{pmatrix} \tag{9.9}$$

을 관찰하면 $(a_{ij}) \in M_{m\times n}$를 A, $(x_1\ x_2\ \cdots\ x_n)^\intercal$를 $\mathbf{x} \in \mathbb{R}^n$라 했을 때 $A\mathbf{x}$가 $\mathbb{R}^m$의 원소가 된다는 것을 알 수 있다. 즉, A라는 행렬은 곱 연산을 통해 $\mathbb{R}^n$의 원소 $\mathbf{x}$를 $\mathbb{R}^m$의 원소 $A\mathbf{x}$로 변환해주는 것으로 볼 수 있다. 따라서, 다음과 같은 사상 $L_A : \mathbb{R}^n \to \mathbb{R}^m$를 생각할 수 있다.[16]

$$L_A(\mathbf{x}) = A\mathbf{x}, \quad \mathbf{x} \in \mathbb{R}^n \tag{9.10}$$

그리고, 행렬 곱의 기본성질 정리 9.15 (2)와 (4)로부터 L_A가 선형사상이라는 것을 알 수 있다. 즉, 임의의 $\mathbf{u}, \mathbf{v} \in \mathbb{R}^n$, $\alpha \in \mathbb{R}$에 대하여 다음이 성립한다.

(i) $L_A(\mathbf{u}+\mathbf{v}) = A(\mathbf{u}+\mathbf{v}) = A\mathbf{u} + A\mathbf{v} = L_A(\mathbf{u}) + L_A(\mathbf{v})$

(ii) $L_A(\alpha\mathbf{u}) = A(\alpha\mathbf{u}) = \alpha(A\mathbf{u}) = \alpha L_A(\mathbf{u})$

즉, 간단히 정리해보면 행렬은 행렬의 곱 연산을 통해서 언제나 선형사상으로 볼 수 있다는 것이다.

다음의 정리는 이 관찰의 역이 성립한다는 것을 말해 주는데, 이를 위해서는 다음과 같이 식 (9.9)의 연산 결과를 행렬의 열벡터의 선형결합으로 해석하는 것이 필요하다.

[16]특별히 $n = m = 1$인 경우를 생각해 본다면, 이곳에 나타난 모든 행렬과 벡터는 1×1행렬이라는 것을 알 수 있다. 뿐만 아니라, 여기에 나타난 행렬곱은 실수의 곱과 다르지 않다. 따라서, 이 함수는 $\mathbb{R}$에서의 일차함수가 된다.

$$x_1 \begin{pmatrix} a_{11} \\ a_{21} \\ \vdots \\ a_{m1} \end{pmatrix} + x_2 \begin{pmatrix} a_{12} \\ a_{22} \\ \vdots \\ a_{m2} \end{pmatrix} + \cdots + x_n \begin{pmatrix} a_{1n} \\ a_{2n} \\ \vdots \\ a_{mn} \end{pmatrix} = \begin{pmatrix} a_{11}x_1 + \cdots + a_{1n}x_n \\ \vdots \\ a_{m1}x_1 + \cdots + a_{mn}x_n \end{pmatrix}$$

정리 9.73 임의의 선형사상 $T : \mathbb{R}^n \to \mathbb{R}^m$에 대하여 등식

$$T = L_A \quad (\text{즉, } \forall \mathbf{x} \in \mathbb{R}^n \ T(\mathbf{x}) = A\mathbf{x})$$

를 만족하는 행렬 $A \in M_{m \times n}$가 유일하게 존재한다. 이때, A의 i열($1 \le i \le n$)은 $T(\mathbf{e}_i)$와 같다. 즉, 다음이 성립한다.

$$A = \begin{pmatrix} T(\mathbf{e}_1) & T(\mathbf{e}_2) & \cdots & T(\mathbf{e}_n) \end{pmatrix}$$

증명 임의의 $\mathbf{x} = (x_1, x_2, ..., x_n)^\intercal \in \mathbb{R}^n$는

$$\mathbf{x} = x_1\mathbf{e}_1 + \cdots + x_n\mathbf{e}_n$$

를 만족하므로, T가 선형사상이라는 것으로부터 다음의 등식이 성립한다.

$$T(\mathbf{x}) = x_1 T(\mathbf{e}_1) + \cdots + x_n T(\mathbf{e}_n) = \begin{pmatrix} T(\mathbf{e}_1) & T(\mathbf{e}_2) & \cdots & T(\mathbf{e}_n) \end{pmatrix} \mathbf{x}$$

즉, 행렬 $A = \begin{pmatrix} T(\mathbf{e}_1) & T(\mathbf{e}_2) & \cdots & T(\mathbf{e}_n) \end{pmatrix}$는 다음을 만족한다.

$$T(\mathbf{x}) = A\mathbf{x} = L_A(\mathbf{x})$$

■

따라서, 선형사상을 다룬다는 것은 그것에 해당하는 행렬을 다룬다는 것으로 이해할 수 있으며, 이 행렬을 주어진 선형사상의 행렬표현이라 부른다.

정의 9.74 선형사상 $T : \mathbb{R}^n \to \mathbb{R}^m$에 대하여 등식

$$T = L_A \quad (\text{즉, } \forall \mathbf{x} \in \mathbb{R}^n \ T(\mathbf{x}) = A\mathbf{x})$$

을 만족하는 A를 T의 **행렬표현**(matrix representation)이라 한다.

다음은 대표적인 선형사상인 확대변환, 정사영, 회전변환, 대칭변환을 행렬로 이해하는 예제이다.

예제 9.75 **[확대변환(dilation)]**

양수 $\alpha > 0$에 대하여 벡터의 크기를 α-배 만큼 변화시키는 사상 $T : \mathbb{R}^n \to \mathbb{R}^n$을

확대변환이라 한다. 즉, 확대변환은 다음을 만족하는 사상을 말한다.

$$\forall \mathbf{x} \in \mathbb{R}^n \; T(\mathbf{x}) = \alpha \mathbf{x}$$

이 등식은 자명하게 $T(\mathbf{x}) = \alpha I_n \mathbf{x}$으로 쓸 수 있으므로, T의 행렬표현 A는 다음과 같다.

$$A = I_n \in M_{n \times n}$$

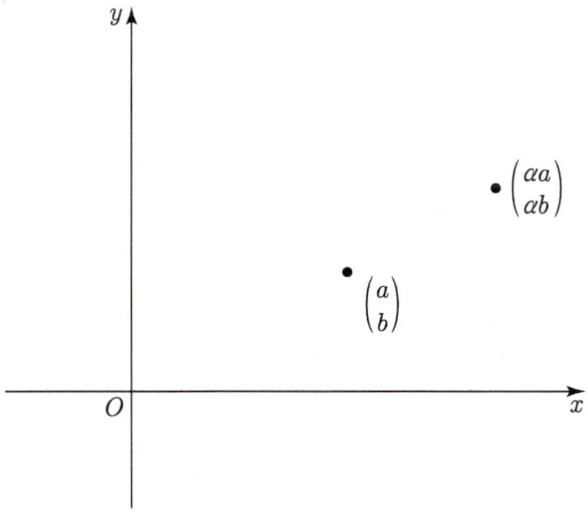

그림 9.18 확대변환

예제 9.76 [정사영(projection)]

영벡터가 아닌 벡터 $\mathbf{y} \in \mathbb{R}^n$에 대하여 벡터 $\mathbf{x} \in \mathbb{R}^n$를 $\mathbf{x}$의 $\mathbf{y}$로의 정사영으로 변환해주는 사상 $T_\mathbf{y}$를 정사영이라 한다. 이때 $T_\mathbf{y}$는 선형사상이고, $T_\mathbf{y}$의 행렬표현 A는 다음과 같다.

$$A = \frac{\mathbf{y}\mathbf{y}^\mathsf{T}}{\mathbf{y}^\mathsf{T}\mathbf{y}} \in M_{n \times n}$$

풀이 $\mathbf{x}$가 영벡터 $\mathbf{0}$인 경우는 $\mathbf{x}$의 정사영을 $\mathbf{0}$으로 볼 수 있으므로, $\mathbf{x} \neq \mathbf{0}$인 경우만 고려한다. 정리 9.7에 따르면 행벡터로 표현된 영벡터가 아닌 벡터들 $\mathbf{u} \in \mathbb{R}^n$와 $\mathbf{v} \in \mathbb{R}^n$에 대하여 다음의 벡터가 $\mathbf{u} \in \mathbb{R}^n$의 $\mathbf{v} \in \mathbb{R}^n$로의 정사영이 된다.

$$\left(\frac{\mathbf{u} \cdot \mathbf{v}}{\mathbf{v} \cdot \mathbf{v}}\right)\mathbf{v} = \left(\frac{\mathbf{v}\mathbf{u}^\mathsf{T}}{\mathbf{v}\mathbf{v}^\mathsf{T}}\right)\mathbf{v}$$

하지만, 이는 행벡터를 기준으로 설명한 것이므로, 이 식을 열벡터인 $\mathbf{x}, \mathbf{y} \in \mathbb{R}^n$

에 적용하여 $\mathbf{x} \in \mathbb{R}^n$ 의 $\mathbf{y} \in \mathbb{R}^n$ 로의 정사영을 얻으면 다음과 같다.

$$\left(\frac{\mathbf{y}^\top \mathbf{x}}{\mathbf{y}^\top \mathbf{y}}\right)\mathbf{y}$$

따라서, 이 식을 정리하면 다음을 알 수 있다.

$$T_{\mathbf{y}}(\mathbf{x}) = \mathbf{y}\left(\frac{\mathbf{y}^\top \mathbf{x}}{\mathbf{y}^\top \mathbf{y}}\right) = \left(\frac{\mathbf{y}\mathbf{y}^\top}{\mathbf{y}^\top \mathbf{y}}\right)\mathbf{x}$$

즉, $T_{\mathbf{v}}$는 선형사상이며, 그것의 행렬표현은 $\left(\frac{\mathbf{y}\mathbf{y}^\top}{\mathbf{y}^\top \mathbf{y}}\right)$ 이다. ■

예제 9.77 [회전변환(rotation)]

벡터 $\mathbf{x} \in \mathbb{R}^2$ 에 대하여 $\mathbf{x}$를 원점을 중심으로 양의 방향으로 θ $(0 \le \theta \le 2\pi)$만큼 회전한 벡터 $\mathbf{z}$로 변환해주는 사상 $T_\theta : \mathbb{R}^2 \to \mathbb{R}^2$를 회전변환이라 한다. 이때, T_θ는 선형사상이고, T_θ의 행렬표현 A는 다음과 같다.

$$A = \begin{pmatrix} \cos\theta & -\sin\theta \\ \sin\theta & \cos\theta \end{pmatrix}$$

풀이 $\mathbf{x}$가 영벡터 $\mathbf{0}$인 경우는 $\mathbf{x}$를 회전한 벡터도 $\mathbf{0}$이므로 $\mathbf{x} \neq \mathbf{0}$인 경우만 고려한다. 즉, $\mathbf{x} = (a, b)^\top$가 $\|\mathbf{x}\| > 0$인 경우를 생각한다.

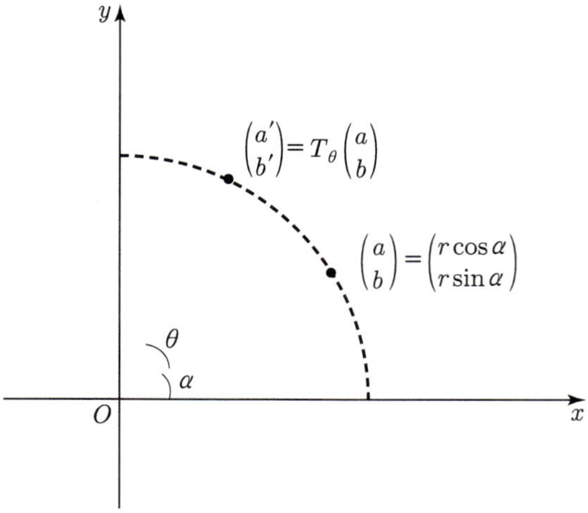

그림 9.19 회전변환

$r = \|\mathbf{x}\|$라 두면, 자명하게 $a = r\cos\alpha$, $b = r\sin\alpha$가 성립한다. 이때, 그림 9.19에서처럼 $T_\theta(\mathbf{x})$를 $(a', b')^\top$라 두면 삼각함수의 덧셈정리에 의해 다음을 알 수 있다.

$$a' = r\cos(\theta + \alpha) = r(\cos\theta\cos\alpha - \sin\theta\sin\alpha) = \cos\theta a - \sin\theta b$$

$$b' = r\sin(\theta+\alpha) = r(\sin\theta\cos\alpha + \cos\theta\sin\alpha) = \sin\theta a + \cos\theta b$$

이를 다시 행렬을 이용해 표현하면 다음의 등식을 얻을 수 있다.

$$T_\theta(\mathbf{x}) = \begin{pmatrix} \cos\theta & -\sin\theta \\ \sin\theta & \cos\theta \end{pmatrix} \mathbf{x}$$

즉, T_θ는 선형사상이며, 그것의 행렬표현은 $\begin{pmatrix} \cos\theta & -\sin\theta \\ \sin\theta & \cos\theta \end{pmatrix}$이다. ■

예제 9.77에서는 삼각함수 공식을 이용해 회전변화의 행렬표현을 직접 구하였는데, 만약 이 회전변환이 선형사상이라는 것을 받아들였다면 정리 9.73을 이용해 더 간단하게 회전변환의 행렬표현을 구할 수 있다.

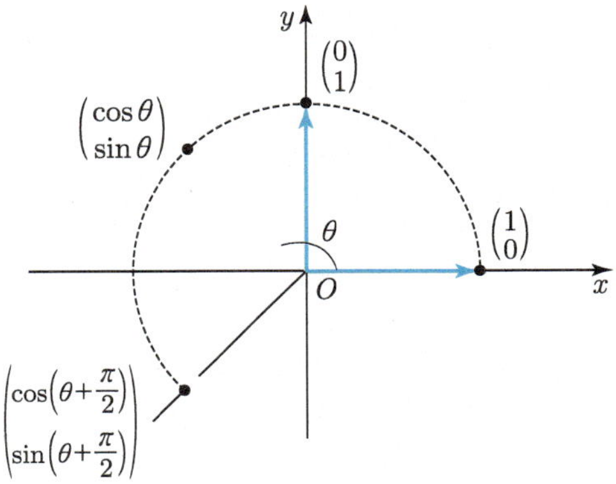

그림 9.20

표준단위벡터 $\mathbf{e}_1$, $\mathbf{e}_2$의 함수값 $T_\theta(\mathbf{e}_1)$, $T_\theta(\mathbf{e}_2)$를 계산하면 다음과 같다 (그림 9.20 참고).

$$T_\theta\left(\begin{pmatrix} 1 \\ 0 \end{pmatrix}\right) = \begin{pmatrix} \cos\theta \\ \sin\theta \end{pmatrix}, \quad T_\theta\left(\begin{pmatrix} 0 \\ 1 \end{pmatrix}\right) = \begin{pmatrix} \cos(\theta+\frac{\pi}{2}) \\ \sin(\theta+\frac{\pi}{2}) \end{pmatrix} = \begin{pmatrix} -\sin\theta \\ \cos\theta \end{pmatrix}$$

따라서, 정리 9.73에 의해 T_θ의 행렬표현은 다음과 같이 $T_\theta(\mathbf{e}_1)$, $T_\theta(\mathbf{e}_2)$를 순서대로 열벡터로 나열한 행렬이 된다.

$$A = \begin{pmatrix} \cos\theta & -\sin\theta \\ \sin\theta & \cos\theta \end{pmatrix}$$

예제 9.78 **[$y = x$에 대한 대칭변환(reflection)]**

벡터 $\mathbf{x} \in \mathbb{R}^2$를 평면 $\mathbb{R}^2$상의 직선 $y = x$를 축으로 대칭시켜 벡터 $\mathbf{z}$로 변환해주는 사상 $T : \mathbb{R}^2 \to \mathbb{R}^2$를 $y = x$에 대한 대칭변환이라 한다. 즉, $y = x$에 대한 대칭변환은 T는 $\mathbf{x}$의 x좌표와 y좌표를 서로 바꾸어주는 사상을 말한다. 이 사상은 자명하게

선형사상이라는 것을 알 수 있고, T의 행렬표현 A는 다음과 같다.

$$A = \begin{pmatrix} 0 & 1 \\ 1 & 0 \end{pmatrix} \in M_{2\times 2}$$

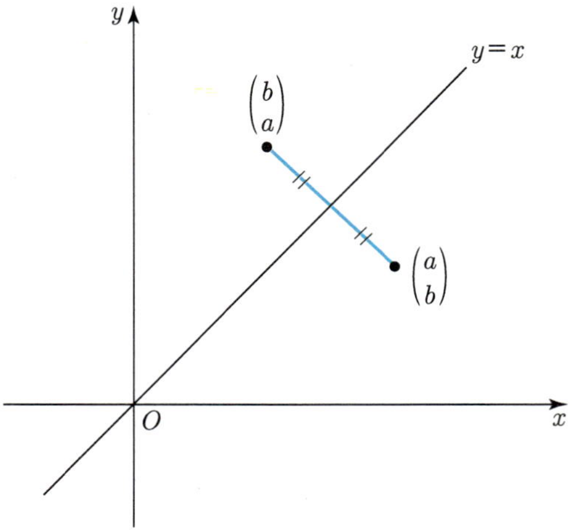

그림 9.21 대칭변환

예제 9.79 **[x축에 대한 대칭변환(reflection)]**

벡터 $\mathbf{x} \in \mathbb{R}^2$를 평면 $\mathbb{R}^2$상의 직선인 x축, 즉 $y = 0$을 축으로 대칭시켜 벡터 $\mathbf{z}$로 변환해주는 사상 $T : \mathbb{R}^2 \to \mathbb{R}^2$를 x축에 대한 대칭변환이라 한다. 즉, x축에 대한 대칭변환은 T는 $\mathbf{x}$의 x좌표는 그대로 두고 y좌표에만 -1을 곱해주는 사상을 말한다. 이 사상은 자명하게 선형사상이라는 것을 알 수 있고, T의 행렬표현 A는 다음과 같다.

$$A = \begin{pmatrix} 1 & 0 \\ 0 & -1 \end{pmatrix}$$

지금까지 선형사상이 정확히 행렬에 대응된다는 것을 확인하였는데, 앞서 학습한 행렬의 합과 곱, 역행렬 등 행렬에서 살펴본 다양한 연산을 선형사상의 입장에서 살펴보자.

정리 9.80 **행렬의 연산과 선형사상**

(1) 항등사상 $I : \mathbb{R}^n \to \mathbb{R}^n$의 행렬표현은 항등행렬 I_n이다. 즉, 다음이 성립한다.

$$\forall \mathbf{x} \in \mathbb{R}^n \;\; I(\mathbf{x}) = I_n \mathbf{x}$$

(2) 선형사상 $T : \mathbb{R}^n \to \mathbb{R}^m$와 $G : \mathbb{R}^n \to \mathbb{R}^m$의 행렬표현이 각각 행렬 $A \in M_{m\times n}$

와 $B \in M_{m\times n}$이면, 사상 $T+G$의 행렬표현은 $A+B$이다. 즉, 다음이 성립한다.

$$\forall \mathbf{x} \in \mathbb{R}^n \ (T+G)(\mathbf{x}) = (A+B)\mathbf{x}$$

(3) 선형사상 $T : \mathbb{R}^n \to \mathbb{R}^m$와 $G : \mathbb{R}^r \to \mathbb{R}^n$의 행렬표현이 각각 행렬 $A \in M_{n\times m}$와 $B \in M_{n\times r}$이면, 사상 $T \circ G$의 행렬표현은 AB이다. 즉, 다음이 성립한다.

$$\forall \mathbf{x} \in \mathbb{R}^r \ T \circ G(\mathbf{x}) = AB\mathbf{x}$$

(4) 선형사상 $T : \mathbb{R}^n \to \mathbb{R}^n$의 역함수가 존재한다는 것은 그것의 행렬표현 $A \in M_{n\times n}$가 가역행렬라는 것과 동치이다. 그리고, 선형사상 T의 역함수가 존재하는 경우 이 역함수 또한 선형사상이며 그것의 행렬표현은 A^{-1}이다. 즉, 다음이 성립한다.

$$\forall \mathbf{x} \in \mathbb{R}^r \ T^{-1}(\mathbf{x}) = A^{-1}\mathbf{x}$$

증명 (1) I가 항등사상이라는 것은 임의의 $\mathbf{x} \in \mathbb{R}^n$에 대하여 $I(\mathbf{x}) = \mathbf{x}$가 성립한다는 것이므로, 예제 9.75에서의 $\alpha = 1$인 확대변환으로 볼 수 있다. 따라서, 이 사실은 자명하다.

(2) 이 사실은 다음의 등식에 의해 성립한다.

$$\mathbf{x} \in \mathbb{R}^n \ (T+G)(\mathbf{x}) = T(\mathbf{x}) + G(\mathbf{x}) = A\mathbf{x} + B\mathbf{x} = (A+B)\mathbf{x}$$

(3) 이 사실은 다음의 등식에 의해 성립한다.

$$\mathbf{x} \in \mathbb{R}^r \ T \circ G(\mathbf{x}) = T(G(\mathbf{x})) = T(B\mathbf{x}) = AB\mathbf{x}$$

(4) (T의 역함수가 존재하는 경우) 우선 T의 역함수가 선형사상이라는 것을 확인하자. 임의로 선택한 벡터 $\mathbf{u}, \mathbf{v} \in \mathbb{R}^n$에 대하여 다음과 같이 벡터 $\mathbf{x}, \mathbf{y} \in \mathbb{R}^n$를 정의하자.

$$\mathbf{x} = T^{-1}(\mathbf{u}) \quad \mathbf{y} = T^{-1}(\mathbf{y})$$

그러면 임의의 실수 $\alpha, \beta \in \mathbb{R}$에 대하여 다음이 성립한다.

$$\begin{aligned} T^{-1}(\alpha\mathbf{u} + \beta\mathbf{v}) &= T^{-1}(\alpha T(\mathbf{x}) + \beta T(\mathbf{y})) \\ &= T^{-1}(T(\alpha\mathbf{x} + \beta\mathbf{y})) \\ &= \alpha\mathbf{x} + \beta\mathbf{y} \\ &= \alpha T^{-1}(\mathbf{u}) + \beta T^{-1}(\mathbf{u}) \end{aligned}$$

T^{-1}가 선형사상이므로 이것의 행렬표현 B가 존재하게 되는데, 이때 (3)에 의해 다음이 성립한다.

$$\mathbf{x} \in \mathbb{R}^r \ I\mathbf{x} = T \circ T^{-1}(\mathbf{x}) = AB\mathbf{x}$$

즉, 항등사상 I의 행렬표현이 AB이므로, (1)로부터 $AB = I_n$라는 것을 알 수 있다. 같은 방법으로 $BA = I_n$을 보일 수 있으므로, B는 A의 역행렬이다. 즉, A는 가역행렬이다.

(A의 역행렬이 존재하는 경우) 식 (9.10)에 행렬 A와 그것의 역행렬 A^{-1}을 적용해 선형사상 L_A, $L_{A^{-1}}$를 만들면 $T = L_A$이므로 $T \circ L_{A^{-1}} = L_A \circ L_{A^{-1}}$가 성립한다는 것을 알 수 있다. 따라서 (3)으로부터 $T \circ L_{A^{-1}}$의 행렬표현이 I_n이라는 것을 알 수 있다. 즉,

$$T \circ L_{A^{-1}}(\mathbf{x}) = I_n\mathbf{x} = I(\mathbf{x})$$

가 성립하므로 $T \circ L_{A^{-1}}$는 항등사상 I이다. 같은 방법으로 $L_{A^{-1}} \circ T$도 I라는 것을 보일 수 있으므로, T의 역함수가 존재하며 그것이 $L_{A^{-1}}$라는 것을 알 수 있다. ∎

보통 함수의 경우 그것의 역함수의 존재성을 안다고 하더라도, 그 역함수를 구체적으로 표현하는 것은 매우 어려운 일이다. 하지만, 벡터공간에서 정의된 역함수가 존재하는 선형사상의 경우에는 위에서 살펴본 바와 같이 역행렬을 이용하면 간단히 표현할 수 있다. 따라서, 선형사상의 역함수의 존재성을 파악하는 것이 매우 중요한데, 이는 다시 역행렬의 존재성을 이용하면 명확히 이해하는 것이 가능하다. 이를 위해 행렬의 열벡터 중 일차독립을 유지하면서 뽑아낼 수 있는 열벡터의 최대 개수를 말하는 행렬의 **계수**(rank)를 고려한다.[17] 예를 들어, 행렬

$$A = \begin{pmatrix} 1 & -2 & 3 \\ 1 & -2 & 3 \\ 1 & 1 & 0 \end{pmatrix}$$

를 생각해보면, 이 행렬을 구성하고 있는 3개의 열벡터 중 두번째 열벡터 A^2와 세번째 열벡터 A^3를 모아보면 이 벡터들은 자명하게 일차독립이다. 하지만, 여기에 첫번째 열벡터 A^1을 추가하면 등식 $A^1 = A^2 + A^3$ 때문에 일차독립이 성립하지 않는다. 즉, A에서 일차독립을 유지하면서 뽑아낼 수 있는 열벡터의 최대 개수는 2이다. 다시 말해 A의 계수는 2이다.

---

[17]주어진 행렬의 계수와 그 행렬의 전치행렬의 계수는 같다는 사실이 알려져 있어, 계수를 정의할 때 열벡터가 아닌 행벡터를 이용해도 무방하다.

다음의 정리는 계수와 역행렬의 존재성, 그리고 연립방정식의 해의 관계에 대한 정리이다.

정리 9.81 행렬 $A \in M_{n\times n}$에 대하여 다음의 조건들이 모두 동치이다.

(i) A는 가역행렬이다.

(ii) 임의의 $\mathbf{b} \in \mathbb{R}^n$에 대하여 $\mathbf{x} \in \mathbb{R}^n$에 대한 연립방정식 $A\mathbf{x} = \mathbf{b}$의 해가 유일하게 존재한다.

(iii) $\mathbf{x} \in \mathbb{R}^n$에 대한 동차연립방정식 $A\mathbf{x} = \mathbf{0}$의 해가 유일하게 존재한다.

(iv) A의 계수가 n이다.

(v) $A^\intercal$의 계수가 n이다.

(vi) $|A| \neq 0$이다.

증명 ((i) $\Longrightarrow$ (ii)) 이 사실은 정리 9.47로부터 자명하다.

((ii) $\Longrightarrow$ (iii)) 이 사실은 (iii)이 $\mathbf{b} = \mathbf{0}$인 경우의 (ii)에 해당하므로 자명하다.

((iii) $\Longrightarrow$ (iv)) 벡터 $\mathbf{x} = (x_1\ x_2\ \cdots\ x_n)^\intercal$에 대하여 등식 $A\mathbf{x} = \mathbf{0}$는 아래와 같이 표현된다.

$$x_1A^1 + \cdots + x_nA^n = \mathbf{0}$$

이때, $A^1, \cdots, A^n$는 A의 열벡터이다. 따라서, $A\mathbf{x} = \mathbf{0}$가 유일한 해를 갖는다는 것은 $\mathbf{x} = \mathbf{0}$가 성립한다는 것이고, 이는 $A^1, \cdots, A^n$이 일차독립이라는 것과 같다.

((iv) $\Longrightarrow$ (ii)) A의 열벡터 $A^1, \cdots, A^n$는 일차독립인 n개의 벡터이므로 정리 9.68에 의해 $\mathbb{R}^n$의 기저가 된다. 따라서, 정리 9.63에 의해 임의의 $\mathbf{b} \in \mathbb{R}^n$에 대하여 등식

$$x_1A^1 + \cdots + x_nA^n = \mathbf{b}$$

을 만족하는 계수 $x_1\ x_2\ \cdots\ x_n$이 유일하게 존재한다. 다시 말해, 임의의 $\mathbf{b} \in \mathbb{R}^n$에 대하여 $\mathbf{x} \in \mathbb{R}^n$에 대한 연립방정식 $A\mathbf{x} = \mathbf{b}$의 해가 유일하게 존재한다.

((ii) $\Longrightarrow$ (i)) (ii)는 A를 행렬표현으로 갖는 선형사상 L_A가 일대일대응함수라는 뜻과 같다. 따라서, 정리 9.80 (4)에 의해 A의 역행렬이 존재한다.

((i) $\Longleftrightarrow$ (vi)) 이 사실은 정리 9.44에 의해 성립한다.

((vi) $\Longleftrightarrow$ (v)) 정리 9.33에 의해 $|A| = |A^\intercal|$가 성립한다. 따라서, 앞서 살펴본 동치관계들에 의해 $|A| \neq 0$이라는 것, $A^\intercal$이 가역행렬라는 것, $A^\intercal$의 계수가 n

이라는 것이 모두 동치관계에 있는 명제라는 것을 알 수 있다. ▪

정리 9.81은 $n \times n$ 행렬 A가 가역행렬이라는 것과 $A^\intercal$의 계수가 n이라는 것, 즉 모든 A의 행벡터가 일차독립이라는 것이 동치라는 것을 말해준다. 한편, 9.5.1절에서 살펴본 기본행 연산을 이용한 가우스 소거법을 기억해보면 이 방법은 행렬의 일부 행벡터들의 일차결합을 다른 행벡터에 빼거나 더하여 주어진 행렬을 보다 간단한 행사다리꼴 형태로 만드는 것이다. 따라서, 기본행 연산을 반복해서 행렬을 변형하더라도 행벡터들의 독립성은 유지가 된다. 즉, 기본행 연산을 통해 얻은 행사다리꼴의 행벡터가 모두 일차독립이라는 것과 원래 행렬의 행벡터가 일차독립이라는 것은 동치이다. 그리고, 기본행 연산을 통해 만들어진 행사다리 꼴의 모든 행벡터가 $\mathbf{0}$이 아니라는 것과 이 행사다리꼴을 구성하고 있는 행벡터가 모두 일차독립이라는 것이 동치라는 것이 자명하므로, 주어진 $n \times n$ 행렬이 가역행렬인지 아닌지를 확인하기 위해서는 기본행 연산을 통해 얻은 행사다리꼴의 $\mathbf{0}$이 아닌 행벡터의 개수가 n인지 아닌지만 확인하면 충분하다.

예제 9.82

기본행 연산을 통해 행렬 A가 가역행렬이 아니라는 것을 보이시오.

$$A = \begin{pmatrix} 1 & -1 & 0 \\ 1 & 4 & 5 \\ 2 & 2 & 4 \end{pmatrix}$$

풀이 기본행연산을 적용하여 다음과 같이 A의 행사다리꼴을 얻는다.

$$(1\text{행과 }3\text{행 교환})\text{ 적용} \Rightarrow \begin{pmatrix} 2 & 2 & 4 \\ 1 & 4 & 5 \\ 1 & -1 & 0 \end{pmatrix}$$

$$(1\text{행} \times \tfrac{1}{2})\text{ 적용} \Rightarrow \begin{pmatrix} 1 & 1 & 2 \\ 1 & 4 & 5 \\ 1 & -1 & 0 \end{pmatrix}$$

$$\begin{pmatrix} 2\text{행} - 1\text{행} \\ 3\text{행} - 1\text{행} \end{pmatrix} \Rightarrow \begin{pmatrix} 1 & 1 & 2 \\ 0 & 3 & 3 \\ 0 & -2 & -2 \end{pmatrix}$$

$$(3\text{행} + \tfrac{2}{3} \times 2\text{행})\text{ 적용} \Rightarrow \begin{pmatrix} 1 & 1 & 2 \\ 0 & 3 & 3 \\ 0 & 0 & 0 \end{pmatrix}$$

얻은 행사다리꼴에서 $\mathbf{0}$이 아닌 행벡터가 2개이므로 행렬 A는 가역행렬이 아니다. ▪

9.7 연습문제

1. 사상 $T:\mathbb{R}^2\to\mathbb{R}^2$가 다음과 같을 때 선형사상이 아닌 것은?

(1) $T(x,\ y)=(x+2y,\ -2x)$ (2) $T(x,\ y)=(x,\ 1)$

(3) $T(x,\ y)=(y,\ 0)$ (4) $T(x,\ y)=(0,\ x+y)$

(5) $T(x,\ y)=(2x-y,\ x)$ (6) $T(x,\ y)=(xy,\ 0)$

(7) $T(x,\ y)=(x, x+y)$ (8) $T(x, y)=(2x,\ -x)$

2. 다음 주어지는 사상들이 선형사상이 되는지를 알아 보아라. 만약 선형사상이 되면 그것을 증명하고, 그렇지 않으면 반례를 제시하시오.

(1) 사상 $T:\mathbb{R}^2\to\mathbb{R}^2$이 $T(x,y)=k(x,y)$으로 정의된다. 단, k는 상수.

(2) 사상 $T:\mathbb{R}^3\to\mathbb{R}^2$이 $T(x,y,z)=(x,y+z)$으로 정의된다.

(3) 사상 $T:\mathbb{R}^2\to\mathbb{R}^3$이 $T(x,y)=(x,y,x+y)$으로 정의된다.

(4) 사상 $T:\mathbb{R}\to\mathbb{R}$이 $T(x)=kx$으로 정의된다. 단, k는 상수.

(5) 사상 $T:\mathbb{R}\to\mathbb{R}$이 $T(x)=\tan x$로 정의된다.

(6) 사상 $T:\mathbb{R}\to\mathbb{R}$이 $T(x)=\ln x$로 정의된다.

3. 다음 행렬로 만들어지는 선형사상을 구하시오.

(1) $\begin{pmatrix}2&1\\0&1\end{pmatrix}$ (2) $\begin{pmatrix}1&0&1\\1&-1&-1\end{pmatrix}$

(3) $\begin{pmatrix}-1&0&-1&4\\0&1&-1&0\\2&1&0&1\end{pmatrix}$ (4) $\begin{pmatrix}2&1&3\\0&1&0\\1&-1&0\\0&1&1\end{pmatrix}$

4. 다음 선형사상의 행렬표현을 구하시오.

(1) $T:\mathbb{R}^2\to\mathbb{R}^2,\ T(x,\ y)=(x+y,\ 2x)$

(2) $T:\mathbb{R}^3\to\mathbb{R}^2,\ T(x,\ y,\ z)=(2x+3y-4z,\ -2x+5y+4z)$

(3) $T:\mathbb{R}^3\to\mathbb{R}^3,\ T(x,\ y,\ z)=(x+y,\ 3y,\ 2z)$

(4) $T:\mathbb{R}\to\mathbb{R}^2,\ T(x)=(3x,\ 4x)$

5. 다음 주어지는 사상들이 선형사상임을 설명하고 그 행렬표현들을 구하시오.

(1) $\mathbb{R}^2$에서 x 축에 대한 대칭변환

(2) $\mathbb{R}^2$에서 y 축에 대한 대칭변환

(3) $\mathbb{R}^2$ 에서 직선 $y=-x$ 에 대한 대칭변환

(4) $\mathbb{R}^2$ 에서 점을 $\frac{\pi}{6}$ 만큼 회전시키는 사상

(5) $\mathbb{R}^2$ 에서 점을 π 만큼 회전시키는 사상

(6) $\mathbb{R}^2$ 의 점을 z 좌표를 0을 주어 $\mathbb{R}^3$ 으로 집어넣는 사상

6. 다음 주어지는 사상들이 선형사상임을 설명하고 그 행렬표현들을 구하시오.

(1) $\mathbb{R}^3$ 의 점을 xy 평면으로 정사영시키는 사상

(2) $\mathbb{R}^3$ 의 점에 대해 x 좌표와 z 좌표를 서로 바꾸어주는 사상

(3) $\mathbb{R}^3$ 의 점에 대해 x 좌표를 y 좌표로 y 좌표를 z 좌표로 z 좌표를 x 좌표로 각각 바꾸어주는 사상

(4) $\mathbb{R}^3$ 의 점들을 z 축을 회전축으로 $\frac{\pi}{2}$ 만큼 회전시키는 사상

(5) $\mathbb{R}^3$ 의 점들을 x 축을 회전축으로 $\frac{\pi}{4}$ 만큼 회전시키는 사상

(6) $\mathbb{R}^3$ 의 점들을 y 축을 회전축으로 해서 θ 만큼 회전시키는 사상

7. $T(\mathbf{x})=\alpha\mathbf{x}$ 로 정의한 선형사상 $T:\mathbb{R}^n\to\mathbb{R}^n$ 에 관한 행렬표현을 구하시오.

8. $T:\mathbb{R}^2\to\mathbb{R}^2, T(\mathbf{v})=\mathbf{u}+\mathbf{v}$ 을 선형사상으로 만드는 벡터 $\mathbf{u}$ 를 찾으시오.

9. $T(x,\,y,\,z)=(x+y,\,y+z,\,z+x)$ 로 정의된 선형사상 $T:\mathbb{R}^3\to\mathbb{R}^3$ 에 대하여

(1) T 의 행렬표현을 구하시오.

(2) $T(1,\,0,\,0),\,T(0,\,1,\,0),\,T(0,\,0,\,1)$ 은 $\mathbb{R}^3$ 의 기저인가?

10. 선형사상 $T:\mathbb{R}^4\to\mathbb{R}^3, T(x,\,y,\,z,\,w)=(x,\,z,\,w)$ 와 선형사상 $S:\mathbb{R}^3\to\mathbb{R}^2, S(x,\,y,\,z)=(z,\,x+y)$ 에 대하여

(1) T 에 관한 행렬표현 A 를 구하시오.

(2) S 에 관한 행렬표현 B 를 구하시오.

(3) $S\circ T$ 에 관한 행렬표현 C 를 구하시오.

(4) 행렬 BA 와 C 를 비교하시오.

부록

A 미분공식

• 일반 미분공식

1. $\frac{d}{dx}c = 0$ (c 는 상수)

2. $\frac{d}{dx}\big(cf(x)\big) = cf'(x)$ (c 는 상수)

3. $\frac{d}{dx}\big(f(x)+g(x)\big) = f'(x)+g'(x)$

4. $\frac{d}{dx}\big(f(x)-g(x)\big) = f'(x)-g'(x)$

5. $\frac{d}{dx}\big(f(x)g(x)\big) = f'(x)g(x)+f(x)g'(x)$ (Product Rule)

6. $\frac{d}{dx}\left(\frac{f(x)}{g(x)}\right) = \frac{f'(x)g(x)-f(x)g'(x)}{\big(g(x)\big)^2}$ (Quotient Rule)

7. $\frac{d}{dx}f\big(g(x)\big) = f'\big(g(x)\big)g'(x)$ (Chain Rule)

8. $\frac{d}{dx}x^n = nx^{n-1}$ (Power Rule)

• 지수함수 · 로그함수의 미분공식

9. $\frac{d}{dx}a^x = a^x \ln a$

10. $\frac{d}{dx}e^x = e^x$

11. $\frac{d}{dx}\log_a x = \frac{1}{x \ln a}$

12. $\frac{d}{dx}\ln x = \frac{1}{x}$

• 삼각함수의 미분공식

13. $\frac{d}{dx}\sin x = \cos x$

14. $\frac{d}{dx}\cos x = -\sin x$

15. $\frac{d}{dx}\tan x = \sec^2 x$

16. $\dfrac{d}{dx}\cot x = -\csc^2 x$

17. $\dfrac{d}{dx}\csc x = -\csc x \cot x$

18. $\dfrac{d}{dx}\sec x = \sec x \tan x$

B 적분공식

• 일반 적분공식

1. $\int u\,dv = uv - \int v\,du$

2. $\int u^n\,du = \frac{1}{n+1}u^{n+1} + c \qquad (n \neq -1)$

3. $\int \frac{1}{u}\,du = \ln|u| + c$

4. $\int e^u\,du = e^u + c$

5. $\int a^u\,du = \frac{a^u}{\ln a} + c$

6. $\int \sin u\,du = -\cos u + c$

7. $\int \cos u\,du = \sin u + c$

8. $\int \sec^2 u\,du = \tan u + c$

9. $\int \csc^2 u\,du = -\cot u + c$

10. $\int \sec u \tan u\,du = \sec u + c$

11. $\int \csc u \cot u\,du = -\csc u + c$

12. $\int \tan u\,du = \ln|\sec u| + c$

13. $\int \cot u\,du = \ln|\sin u| + c$

14. $\int \sec u\,du = \ln|\sec u + \tan u| + c$

15. $\int \csc u\,du = \ln|\csc u - \cot u| + c$

16. $\int \frac{1}{a^2 - u^2}\,du = \frac{1}{2a}\ln\left|\frac{u+a}{u-a}\right| + c$

17. $\int \frac{1}{u^2 - a^2}\, du = \frac{1}{2a} \ln \left| \frac{u-a}{u+a} \right| + c$

18. $\int (u^2 \pm a^2)^{\frac{3}{2}}\, du = \frac{1}{4} u(u^2 \pm a^2)^{\frac{3}{2}} \pm \frac{3}{8} a^2 u \sqrt{u^2 \pm a^2} + \frac{3}{8} a^4 \ln \left| u + \sqrt{u^2 + a^2} \right| + c$

- **$\sqrt{a^2 + u^2}$, $(a > 0)$ 을 포함한 형태의 적분공식**

22. $\int \sqrt{a^2 + u^2}\, du = \frac{u}{2} \sqrt{a^2 + u^2} + \frac{a^2}{2} \ln \left| u + \sqrt{a^2 + u^2} \right| + c$

23. $\int u^2 \sqrt{a^2 + u^2}\, du = \frac{u}{8} (a^2 + 2u^2) \sqrt{a^2 + u^2} - \frac{a^4}{8} \ln \left| u + \sqrt{a^2 + u^2} \right| + c$

24. $\int \frac{\sqrt{a^2 + u^2}}{u}\, du = \sqrt{a^2 + u^2} - a \ln \left| \frac{a + \sqrt{a^2 + u^2}}{u} \right| + c$

25. $\int \frac{\sqrt{a^2 + u^2}}{u^2}\, du = -\frac{\sqrt{a^2 + u^2}}{u} + \ln \left| u + \sqrt{a^2 + u^2} \right| + c$

26. $\int \frac{1}{\sqrt{a^2 + u^2}}\, du = \ln \left| u + \sqrt{a^2 + u^2} \right| + c$

27. $\int \frac{u^2}{\sqrt{a^2 + u^2}}\, du = \frac{u}{2} \sqrt{a^2 + u^2} - \frac{a^2}{2} \ln \left| u + \sqrt{a^2 + u^2} \right| + c$

28. $\int \frac{1}{u\sqrt{a^2 + u^2}}\, du = -\frac{1}{a} \ln \left| \frac{\sqrt{a^2 + u^2} + a}{u} \right| + c$

29. $\int \frac{1}{u^2 \sqrt{a^2 + u^2}}\, du = -\frac{\sqrt{a^2 + u^2}}{a^2 u} + c$

30. $\int \frac{1}{(a^2 + u^2)^{\frac{3}{2}}}\, du = \frac{u}{a^2 \sqrt{a^2 + u^2}} + c$

- **$\sqrt{a^2 - u^2}$, $(a > 0)$ 을 포함한 형태의 적분공식**

31. $\int \sqrt{a^2 - u^2}\, du = \frac{u}{2} \sqrt{a^2 - u^2} + \frac{a^2}{2} \sin^{-1} \frac{u}{a} + c$

32. $\int u^2 \sqrt{a^2 - u^2}\, du = \frac{u}{8} \left(2u^2 - a^2\right) \sqrt{a^2 - u^2} + \frac{a^4}{8} \sin^{-1} \frac{u}{a} + c$

33. $\int \frac{\sqrt{a^2 - u^2}}{u}\, du = \sqrt{a^2 - u^2} - a \ln \left| \frac{a + \sqrt{a^2 - u^2}}{u} \right| + c$

34. $\int \frac{\sqrt{a^2 - u^2}}{u^2}\, du = -\frac{1}{u} \sqrt{a^2 - u^2} - \sin^{-1} \frac{u}{a} + c$

35. $\displaystyle\int \frac{u^2}{\sqrt{a^2-u^2}}\,du = -\frac{u}{2}\sqrt{a^2-u^2}+\frac{a^2}{2}\sin^{-1}\frac{u}{a}+c$

36. $\displaystyle\int \frac{1}{u\sqrt{a^2-u^2}}\,du = -\frac{1}{a}\ln\left|\frac{a+\sqrt{a^2-u^2}}{u}\right|+c$

37. $\displaystyle\int \frac{1}{u^2\sqrt{a^2-u^2}}\,du = -\frac{1}{a^2u}\sqrt{a^2-u^2}+c$

38. $\displaystyle\int (a^2-u^2)^{\frac{3}{2}}\,du = -\frac{u}{8}(2u^2-5a^2)\sqrt{a^2-u^2}+\frac{3a^4}{8}\sin^{-1}\frac{u}{a}+c$

39. $\displaystyle\int \frac{1}{(a^2-u^2)^{\frac{3}{2}}}\,du = \frac{u}{a^2\sqrt{a^2-u^2}}+c$

- **$\sqrt{u^2-a^2}$, $(a>0)$ 을 포함한 형태의 적분공식**

40. $\displaystyle\int \sqrt{u^2-a^2}\,du = \frac{u}{2}\sqrt{u^2-a^2}-\frac{a^2}{2}\ln\left|u+\sqrt{u^2-a^2}\right|+c$

41. $\displaystyle\int u^2\sqrt{u^2-a^2}\,du = \frac{u}{8}(2u^2-a^2)\sqrt{u^2-a^2}-\frac{a^4}{8}\ln\left|u+\sqrt{u^2-a^2}\right|+c$

42. $\displaystyle\int \frac{\sqrt{u^2-a^2}}{u}\,du = \sqrt{u^2-a^2}-a\cos^{-1}\frac{a}{\ln|u|}+c$

43. $\displaystyle\int \frac{\sqrt{u^2-a^2}}{u^2}\,du = -\frac{\sqrt{u^2-a^2}}{u}+\ln\left|u+\sqrt{u^2-a^2}\right|+c$

44. $\displaystyle\int \frac{1}{\sqrt{u^2-a^2}}\,du = \ln\left|u+\sqrt{u^2-a^2}\right|+c$

45. $\displaystyle\int \frac{u^2}{\sqrt{u^2-a^2}}\,du = \frac{u}{2}\sqrt{u^2-a^2}+\frac{a^2}{2}\ln\left|u+\sqrt{u^2-a^2}\right|+c$

46. $\displaystyle\int \frac{1}{u^2\sqrt{u^2-a^2}}\,du = \frac{\sqrt{u^2-a^2}}{a^2u}+c$

47. $\displaystyle\int \frac{1}{(u^2-a^2)^{\frac{3}{2}}}\,du = -\frac{u}{a^2\sqrt{u^2-a^2}}+c$

• $a+bu$ 를 포함한 형태의 적분공식

48. $\displaystyle\int \frac{u}{a+bu}\,du = \frac{1}{b^2}\left(a+bu-a\ln|a+bu|\right)+c$

49. $\displaystyle\int \frac{u^2}{a+bu}\,du = \frac{1}{2b^3}\Big((a+bu)^2-4a(a+bu)+2a^2\ln|a+bu|\Big)+c$

50. $\displaystyle\int \frac{1}{u(a+bu)}\,du = \frac{1}{a}\ln\left|\frac{u}{a+bu}\right|+c$

51. $\displaystyle\int \frac{1}{u^2(a+bu)}\,du = -\frac{1}{au}+\frac{b}{a^2}\ln\left|\frac{a+bu}{u}\right|+c$

52. $\displaystyle\int \frac{u}{(a+bu)^2}\,du = \frac{a}{b^2(a+bu)}+\frac{1}{b^2}\ln|a+bu|+c$

53. $\displaystyle\int \frac{1}{u(a+bu)^2}\,du = \frac{1}{a(a+bu)}-\frac{1}{a^2}\ln\left|\frac{a+bu}{u}\right|+c$

54. $\displaystyle\int \frac{u^2}{(a+bu)^2}\,du = \frac{1}{b^3}\left(a+bu-\frac{a^2}{a+bu}-2a\ln|a+bu|\right)+c$

55. $\displaystyle\int u\sqrt{a+bu}\,du = \frac{2}{15b^2}(3bu-2a)(a+bu)^{\frac{3}{2}}+c$

56. $\displaystyle\int \frac{u}{\sqrt{a+bu}}\,du = \frac{2}{3b^2}(bu-2a)\sqrt{a+bu}+c$

57. $\displaystyle\int \frac{u^2}{\sqrt{a+bu}}\,du = \frac{2}{15b^3}\left(8a^2+3b^2u^2-4abu\right)\sqrt{a+bu}+c$

58. $$\int \frac{1}{u\sqrt{a+bu}}\,du = \begin{cases} \dfrac{1}{\sqrt{a}}\ln\left|\dfrac{\sqrt{a+bu}-\sqrt{a}}{\sqrt{a+bu}+\sqrt{a}}\right|+c & (\text{if } a>0) \\[2ex] \dfrac{2}{\sqrt{-a}}\tan^{-1}\sqrt{\dfrac{a+bu}{-a}}+c & (\text{if } a>0) \end{cases}$$

59. $\displaystyle\int \frac{\sqrt{a+bu}}{u}\,du = 2\sqrt{a+bu}+a\int\frac{1}{u\sqrt{a+bu}}\,du$

60. $\displaystyle\int \frac{\sqrt{a+bu}}{u^2}\,du = -\frac{\sqrt{a+bu}}{u}+\frac{b}{2}\int\frac{1}{u\sqrt{a+bu}}\,du$

61. $\displaystyle\int u^n\sqrt{a+bu}\,du = \frac{2}{b(2n+3)}\left(u^n(a+bu)^{\frac{3}{2}}-na\int u^{n-1}\sqrt{a+bu}\,du\right)$

62. $\displaystyle\int \frac{u^n}{\sqrt{a+bu}}\,du = \frac{2u^n\sqrt{a+bu}}{b(2n+1)}-\frac{2na}{b(2n+1)}\int\frac{u^{n-1}}{\sqrt{a+bu}}\,du$

63. $\displaystyle\int \frac{1}{u^n\sqrt{a+bu}}\,du = -\frac{\sqrt{a+bu}}{a(n-1)u^{n-1}}-\frac{b(2n-3)}{2a(n-1)}\int\frac{1}{u^{n-1}\sqrt{a+bu}}\,du$

• 삼각함수를 포함한 형태의 적분공식

64. $\int \sin^2 u\,du = \frac{1}{2}u - \frac{1}{4}\sin 2u + c$

65. $\int \cos^2 u\,du = \frac{1}{2}u + \frac{1}{4}\sin 2u + c$

66. $\int \tan^2 u\,du = \tan u - u + c$

67. $\int \cot^2 u\,du = -\cot u - u + c$

68. $\int \sin^3 u\,du = -\frac{1}{3}\left(2 + \sin^2 u\right)\cos u + c$

69. $\int \cos^3 u\,du = \frac{1}{3}\left(2 + \cos^2 u\right)\sin u + c$

70. $\int \tan^3 u\,du = \frac{1}{2}\tan^2 u + \ln|\cos u| + c$

71. $\int \cot^3 u\,du = -\frac{1}{2}\cot^2 u - \ln|\sin u| + c$

72. $\int \sec^3 u\,du = \frac{1}{2}\sec u\tan u + \frac{1}{2}\ln|\sec u + \tan u| + c$

73. $\int \csc^3 u\,du = -\frac{1}{2}\csc u\cot u + \frac{1}{2}\ln|\csc u - \cot u| + c$

74. $\int \sin^n u\,du = -\frac{1}{n}\sin^{n-1} u\cos u + \frac{n-1}{n}\int \sin^{n-2} u\,du$

75. $\int \cos^n u\,du = \frac{1}{n}\cos^{n-1} u\sin u + \frac{n-1}{n}\int \cos^{n-2} u\,du$

76. $\int \tan^n u\,du = \frac{1}{n-1}\tan^{n-1} u - \int \tan^{n-2} u\,du$

77. $\int \cot^n u\,du = -\frac{1}{n-1}\cot^{n-1} u - \int \cot^{n-2} u\,du$

78. $\int \sec^n u\,du = \frac{1}{n-1}\tan u\sec^{n-2} u + \frac{n-2}{n-1}\int \sec^{n-2} u\,du$

79. $\int \csc^n u\,du = -\frac{1}{n-1}\cot u\csc^{n-2} u + \frac{n-2}{n-1}\int \csc^{n-2} u\,du$

80. $\int \sin au\,\sin bu\,du = \frac{1}{2(a-b)}\sin(a-b)u - \frac{1}{2(a+b)}\sin(a+b)u + c$

81. $\int \cos au\,\cos bu\,du = \frac{1}{2(a-b)}\sin(a-b)u + \frac{1}{2(a+b)}\sin(a+b)u + c$

82. $\displaystyle\int \sin au \cos bu\, du = -\frac{1}{2(a-b)}\cos(a-b)u - \frac{1}{2(a+b)}\cos(a+b)u + c$

83. $\displaystyle\int u\sin u\, du = \sin u - u\cos u + c$

84. $\displaystyle\int u\cos u\, du = \cos u + u\sin u + c$

85. $\displaystyle\int u^n \sin u\, du = -u^n \cos u + n\int u^{n-1}\cos u\, du$

86. $\displaystyle\int u^n \cos u\, du = u^n \sin u - n\int u^{n-1}\sin u\, du$

87. $\displaystyle\int \sin^n u\cos^m u\, du = \begin{cases} -\dfrac{\sin^{n-1}u\cos^{m+1}u}{n+m} + \dfrac{n-1}{n+m}\displaystyle\int \sin^{n-2}u\cos^m u\, du \\ \dfrac{\sin^{n+1}u\cos^{m-1}u}{n+m} + \dfrac{m-1}{n+m}\displaystyle\int \sin^n u\cos^{m-2}u\, du \end{cases}$

• 지수함수 · 로그함수를 포함한 형태의 적분공식

97. $\displaystyle\int ue^{au}\, du = \frac{1}{a^2}(au-1)\,e^{au} + c$

98. $\displaystyle\int u^n e^{au}\, du = \frac{1}{a}u^n e^{au} - \frac{n}{a}\int u^{n-1}e^{au}\, du$

99. $\displaystyle\int e^{au}\sin bu\, du = \frac{e^{au}}{a^2+b^2}(a\sin bu - b\cos bu) + c$

100. $\displaystyle\int e^{au}\cos bu\, du = \frac{e^{au}}{a^2+b^2}(a\cos bu - b\sin bu) + c$

101. $\displaystyle\int \ln u\, du = u\ln u - u + c$

102. $\displaystyle\int u^n \ln u\, du = \frac{u^{n+1}}{(n+1)^2}\big((n+1)\ln u - 1\big) + c$

103. $\displaystyle\int \frac{1}{u\ln u}\, du = \ln|\ln u| + c$

정답과 해설

1.1 함수

1 (1) 함수 f와 g는 정의역과 공역이 같으면서 함숫값이 같다. 따라서 두 함수 f와 g는 같다.

(2) 함수 f의 정의역은 -1이 아닌 실수 전체이지만, 함수 g의 정의역은 실수 전체이다. 따라서 두 함수의 정의역이 같지 않으므로 두 함수는 같지 않다.

2 (1) 함수 f와 g가 단사함수이면

$$
\begin{aligned}
(g \circ f)(x_1) = (g \circ f)(x_2) &\Longleftrightarrow g(f(x_1)) = g(f(x_2)) \\
&\Longrightarrow f(x_1) = f(x_2) \qquad (g\text{가 단사함수이므로}) \\
&\Longrightarrow x_1 = x_2 \qquad (f\text{가 단사함수이므로})
\end{aligned}
$$

이다. 따라서 $g \circ f : X \to Z$도 단사함수이다.

(2) 임의의 $z \in Z$에 대하여 g가 전사함수이므로 $g(y) = z$을 만족시키는 $y \in Y$가 존재한다. 이 y에 대하여 f 또한 전사함수이므로 $f(x) = y$을 만족시키는 $x \in X$가 존재한다. 따라서 $(g \circ f)(x) = g\big(f(x)\big) = g(y) = z$이다. 즉, 임의의 $z \in Z$에 대하여 $(g \circ f)(x) = z$를 만족시키는 $x \in X$가 존재한다. 따라서 $g \circ f : X \to Z$도 전사함수이다.

1.2 삼각함수

1 $\dfrac{5\pi}{12} = \dfrac{\pi}{6} + \dfrac{\pi}{4}$를 이용하여

$$\sin\left(\frac{\pi}{6} + \frac{\pi}{4}\right) = \sin\frac{\pi}{6}\cos\frac{\pi}{4} + \cos\frac{\pi}{6}\sin\frac{\pi}{4} = \frac{\sqrt{6}+\sqrt{2}}{4}$$

임을 알 수 있다. 마찬가지 방법으로, $\cos\left(\dfrac{\pi}{6} + \dfrac{\pi}{4}\right) = \dfrac{\sqrt{6}-\sqrt{2}}{4}$, $\tan\left(\dfrac{\pi}{6} + \dfrac{\pi}{4}\right) = 2 + \sqrt{3}$을 얻는다.

5 C와 D의 거리를 x라 할 때, $\tan\theta = \dfrac{30}{x}$이고 $\tan(2\theta) = \dfrac{90}{x}$임을 알 수 있다. 탄젠트함수의 배각공식을 이용하면

$$\frac{\frac{60}{x}}{1 - \frac{900}{x^2}} = \frac{90}{x}$$

을 얻는다. 위 식을 풀면, $x = 30\sqrt{3}$(m)이다.

6 $\sin\theta = \dfrac{5}{13}$ $(0 < \theta < \pi/2)$이므로

$$\cos\theta = \sqrt{1-(\sin\theta)^2} = \frac{12}{13},$$
$$\tan\theta = \frac{\sin\theta}{\cos\theta} = \frac{5}{12},$$
$$\sec\theta = \frac{1}{\cos\theta} = \frac{13}{12},$$
$$\csc\theta = \frac{1}{\sin\theta} = \frac{13}{5},$$
$$\cot\theta = \frac{1}{\tan\theta} = \frac{12}{5}$$

이다.

7 코사인함수의 배각의 공식을 활용하여 반각의 공식을 유도하면

$$f(x) = \cos^2 x = \frac{1}{2}\cos(2x) + \frac{1}{2}$$

이다. 따라서 $\cos^2 x$ 의 그래프는 $\frac{1}{2}\cos(2x)$ 의 그래프를 y축으로 $\frac{1}{2}$ 만큼 평행이동한 그래프이고, $\frac{1}{2}\cos(2x)$ 의 그래프는 $\cos(2x)$ 의 그래프를 $\frac{1}{2}$ 만큼 축소한 것이다. 또한, $\cos(2x)$ 의 그래프는 주기가 π 인 함수로 $\cos x$ 의 그래프와 유사하게 그린다.

1.3 함수의 극한

1 정리 1.39로부터 다음의 극한을 구할 수 있다.

(1) $\lim_{x\to a} x^n = \lim_{x\to a}(x\cdot x\cdot\cdots\cdot x\cdot x) = \left(\lim_{x\to a} x\right)\left(\lim_{x\to a} x\right)\cdots\left(\lim_{x\to a} x\right)\left(\lim_{x\to a} x\right)$
$= a\cdot a\cdots a\cdot a = a^n$

(2) $\lim_{x\to a}\frac{x^3+7x^2}{x^2+1} = \frac{\lim_{x\to a}(x^3+7x^2)}{\lim_{x\to a}(x^2+1)} = \frac{a^3+7a^2}{a^2+1}$

(3) $\lim_{x\to 1}\frac{x^2-1}{x-1} = \lim_{x\to 1}\frac{(x-1)(x+1)}{x-1} = \lim_{x\to 1}(x+1) = 1+1 = 2$

2 (1) 0 (2) 1/3 (3) 2 (4) 1/2

3 $-273.15(^\circ\mathrm{C})$

4 $\lim_{x\to 0+}\frac{|x|}{x} = \lim_{x\to 0+}\frac{x}{x} = \lim_{x\to 0+} 1 = 1$이고 $\lim_{x\to 0-}\frac{|x|}{x} = \lim_{x\to 0-}\frac{-x}{x} = \lim_{x\to 0-}(-1) = -1$이므로

$$\lim_{x\to 0+}\frac{|x|}{x} \neq \lim_{x\to 0-}\frac{|x|}{x}$$

이다. 따라서 $\lim_{x\to 0}\frac{|x|}{x}$ 은 존재하지 않는다.

5 $0 \le \left|f(x)\cos\left(\frac{1}{x}\right)\right| \le |f(x)|$이고 $\lim_{x\to 0} 0 = \lim_{x\to 0}|f(x)| = 0$이므로 조임정리에 의하여

$$\lim_{x\to 0} f(x)\cos\left(\frac{1}{x}\right) = 0$$

이 성립한다.

6 $x \geq 0$ 일 때 $x - \frac{x^3}{6} \leq \sin x \leq x$ 이므로 $x \leq 0$ 일 때 $x \leq \sin x \leq x - \frac{x^3}{6}$ 이다. 따라서 0이 아닌 모든 실수 x에 대하여

$$1 - \frac{x^2}{6} \leq \frac{\sin x}{x} \leq 1$$

이다. $\lim_{x \to 0} 1 = \lim_{x \to 0} \left(1 - \frac{x^2}{6}\right) = 1$이므로 조임정리에 의하여 $\lim_{x \to 0} \frac{\sin x}{x} = 1$ 이다.

1.4 함수의 연속

1 극한의 조임정리 1.52로부터

$$\lim_{x \to 0} x \sin \frac{1}{x} = 0$$

임을 확인할 수 있다. 따라서 $a = 0$이면

$$\lim_{x \to 0} f(x) = 0 = f(0)$$

이므로, $f(x)$는 $x = 0$에서 연속인 함수이다. 그러나 $a \neq 0$이면

$$\lim_{x \to 0} f(x) = 0, \qquad f(0) \neq 0$$

이므로, $f(x)$는 $x = 0$에서 불연속이다.

2 (1) 주어진 조건으로부터

$$-|x| \leq \sin x \leq |x|$$
$$-|x| \leq 1 - \cos x \leq |x|$$

이고, 극한의 조임정리 1.52에 의해 $\lim_{x \to 0} \sin x = 0 = \sin 0$, $\lim_{x \to 0} \cos x = 1 = \cos 0$임을 알 수 있다. 따라서 sin과 cos 함수가 $x = 0$에서 연속이다.

(2) 모든 실수 a에 대하여

$$\lim_{x \to a} \sin x = \lim_{h \to 0} \sin(a + h) = \lim_{h \to 0} (\sin a \cos h + \cos a \sin h) = \sin a$$

이므로, sin 함수는 $x = a$에서 연속이다.

3 (1) $\sin x$가 연속함수이므로, 연속함수들의 곱으로 표현된 함수

$$f(x) = \sin^2 x = (\sin x)(\sin x)$$

또한 연속함수이다.

(2) $|x| < \frac{\pi}{2}$에 대하여 $\cos x \neq 0$이므로

$$f(x) = \tan x = \frac{\sin x}{\cos x}$$

는 $\left(-\frac{\pi}{2}, \frac{\pi}{2}\right)$에서 연속함수이다.

(3) $a \in (-1, 1)$에 대하여

$$\lim_{x \to a} f(x) = -\lim_{x \to a} \frac{1}{\sqrt{1-x^2}} = -\frac{1}{\sqrt{1-a^2}} = f(a)$$

이므로 $f(x)$는 $(-1, 1)$에서 연속함수이다.

4 $g(x)$는 $[0, \infty)$에서 연속함수이고 $g(0) = -1 < 0 < g(1) = 1$이므로 중간값 정리에 의해서 $g(c) = 0$인 $c \in (0, 1)$가 존재한다.

5 함수 $h : [a, b] \to \mathbb{R}$를 $h(x) = f(x) - g(x)$로 정의하자. 그러면 h는 $[a, b]$ 위에서 연속이고 $h(a) < 0 < h(b)$를 만족한다. 따라서 중간값의 정리에 의해서 $h(c) = 0$을 만족하는 점 $c \in (a, b)$가 존재한다. 즉, $f(c) = g(c)$를 만족하는 점 $c \in (a, b)$가 존재한다.

2.1 미분계수

1 (1) $\bar{v} = -49.49\text{m/s}, \quad v(5) = -49\text{m/s}$

2 (1) 접선: $y = 12x + 16$, 법선: $y = -\frac{1}{12}x - \frac{49}{6}$

(2) 접선: $y = \frac{1}{6}x + \frac{3}{2}$, 법선: $y = -6x + 57$

3 $f'_-(0) = 1, \quad f'_+(0) = 0$

4 $\lim_{h \to 0} \frac{f(h) - f(0)}{h} = \lim_{h \to 0} h \sin \frac{1}{h} = 0$ 이므로, $f(x)$는 $x = 0$에서 미분가능하다.

5 (1) 함수 f는 $x = 0$에서 미분계수가 존재하고 $f'(0) = 1$이다.

(2) $f'_-(0) = -1$, $f'_+(0) = 1$로서 서로 다르기 때문에 함수 f는 $x = 0$에서 미분계수가 존재하지 않는다.

(3) 극한 $\lim_{h \to 0} \frac{f(h) - f(0)}{h} = \lim_{h \to 0} \frac{1}{h^{1/3}}$이 존재하지 않기 때문에 함수 f는 $x = 0$에서 미분계수가 존재하지 않는다.

(4) 함수 f는 $x = 0$에서 미분계수가 존재하고 $f'(0) = 0$이다.

6 (1) 4 (2) 0 (3) 3 (4) $\frac{4}{3}$

7 먼저 주어진 식에서 x, y에 모두 0을 대입하면 $f(0) = f(0+0) = f(0) + f(0) = 2f(0)$이므로 $f(0) = 0$이다. 따라서 구하는 미분계수는

$$\begin{aligned} f'(2) &= \lim_{h \to 0} \frac{f(2+h) - f(2)}{h} = \lim_{h \to 0} \frac{f(h) + 2h}{h} \\ &= 2 + \lim_{h \to 0} \frac{f(h) - f(0)}{h} = 2 + f'(0) = 3 \end{aligned}$$

이다.

2.2 도함수와 미분법

1 (1) 도함수의 정의를 이용하면

$$f'(x) = \lim_{h\to 0} \frac{f(x+h)-f(x)}{h} = \lim_{h\to 0} \frac{((x+h)-(x+h)^2)-(x-x^2)}{h}$$
$$= \lim_{h\to 0}(1-2x-h) = 1-2x.$$

(2) 도함수의 정의를 이용하면

$$f'(x) = \lim_{h\to 0} \frac{f(x+h)-f(x)}{h} = \lim_{h\to 0} \frac{1}{h}\left(\frac{1}{x+h} - \frac{1}{x}\right)$$
$$= \lim_{h\to 0} \frac{-1}{x(x+h)} = -\frac{1}{x^2}.$$

2 (1) $y' = -6x^2 + 8$ (2) $y' = x - \dfrac{4}{x^3}$

3 (1) 6 (2) $\dfrac{1}{6}$ (3) -1 (4) -1

4 4

5 (1) $\dfrac{2}{3}$ (2) $\dfrac{1}{12}$ (3) $\dfrac{1}{21}$ (4) $-\dfrac{1}{4}$

6 함수 f의 역함수 f^{-1}는 $f(a)$에서 미분가능하다고 하자. 함수 f가 역함수를 갖기 때문에 $(f^{-1} \circ f)(x) = x$를 만족한다. 함수 f는 $x = a$에서 미분가능하므로 연쇄법칙에 의해 $(f^{-1})'(f(a))f'(a) = 1$이다. 그러나 $f'(a) = 0$이므로 $(f^{-1})'(f(a))f'(a) = 1$은 모순이다. 따라서, f^{-1}는 $f(a)$에서 미분가능하지 않다.

7 (1) $\dfrac{dy}{dx} = -\dfrac{x}{y}$ 단, $y \neq 0$

(2) $\dfrac{dy}{dx} = \dfrac{y + \sqrt[3]{y^2}}{24y\sqrt[3]{x^2y^2} - x}$ 단, $24y\sqrt[3]{x^2y^2} - x \neq 0$

(3) $\dfrac{dy}{dx} = -\dfrac{y + 4\sqrt{xy}}{x - \sqrt{x}}$ 단, $x \neq 0, x \neq 1$

(4) $\dfrac{dy}{dx} = 2\sqrt{x}(\sqrt{x} - y)^2 + \dfrac{y}{2x}$ 단, $x \neq 0$

(5) $\dfrac{dy}{dx} = \dfrac{8y - 3x^2}{3y^2 - 8x}$ 단, $3y^2 - 8x \neq 0$

(6) $\dfrac{dy}{dx} = -\dfrac{y^2}{x^2}$ 단, $x \neq 0$

8 (1) $\dfrac{1}{8}$ (2) $\dfrac{1}{3}$ (3) $-\dfrac{1}{2}$ (4) $\dfrac{3}{5}$

9 $y = -\dfrac{b^2x_0}{a^2y_0}x + \dfrac{b^2}{y_0}$

10 (1) 접선의 방정식: $y = -\dfrac{4x-14}{5}$, 법선의 방정식: $y = \dfrac{5x+3}{4}$

(2) 접선의 방정식: $y = 4x - 7$, 법선의 방정식: $y = -\dfrac{1}{4}x + \dfrac{3}{2}$

(3) 접선의 방정식: $y = 3x + 6$, 법선의 방정식: $y = -\dfrac{x-8}{3}$

(4) 접선의 방정식: $y = \dfrac{3}{4}x - \dfrac{5}{2}$, 법선의 방정식: $y = -\dfrac{4}{3}x + 10$

(5) 접선의 방정식: $y = \dfrac{-7x+29}{5}$,　　법선의 방정식: $y = \dfrac{5x+11}{7}$

(6) 접선의 방정식: $y = -x+3$,　　법선의 방정식: $y = x$

11　$v(5) = 1$ cm/sec, $a(5) = -9.8$ cm/sec^2

12　(1) $f'(x) = \dfrac{1}{2}(1+x)^{-1/2}$, $f''(x) = -\dfrac{1}{4}(1+x)^{-3/2}$, $f'''(x) = \dfrac{3}{8}(1+x)^{-5/2}$

(2) $f'(x) = -\dfrac{2x}{(1+x^2)^2}$, $f''(x) = \dfrac{6x^2-2}{(1+x^2)^3}$, $f'''(x) = \dfrac{-24x^3+24x}{(1+x^2)^4}$

(3) $f'(x) = \dfrac{2x}{(a^2-x^2)^2}$, $f''(x) = \dfrac{2a^2+6x^2}{(a^2-x^2)^3}$, $f'''(x) = \dfrac{24x(a^2+x^2)}{(a^2-x^2)^4}$

13　$f(0) = \dfrac{1}{\sqrt{2}}$, $f'(0) = \dfrac{1}{4\sqrt{2}}$, $f''(0) = \dfrac{3}{16\sqrt{2}}$

14　$\dfrac{d^2y}{dx^2} = \dfrac{-2x^4y+12x^2y^2-2xy^4-16xy}{(y^2-2x)^3}$ 단, $y^2 \neq 2x$

15　$\dfrac{1}{40\pi}$ m/분

16　(1) 함수 f가 우함수라고 하자. 즉, $f(-x) = f(x)$를 만족한다. 양변을 두번 미분하면 $f''(-x) = f''(x)$이다. 따라서 이계도함수 f''도 우함수이다.

(2) 함수 f가 기함수라고 하자. 즉, $f(-x) = -f(x)$를 만족한다. 양변을 두번 미분하면 $f''(-x) = -f''(x)$이다. 따라서 이계도함수 f''도 기함수이다.

2.3 지수함수와 로그함수의 도함수

1　(1) $f'(x) = \dfrac{1}{x}$, $f''(x) = -\dfrac{1}{x^2}$, $f'''(x) = \dfrac{2}{x^3}$

(2) $f'(x) = x^2(3\ln x+1)$, $f''(x) = x(6\ln x+5)$, $f'''(x) = 6\ln x+11$

(3) $f'(x) = -2xe^{-x^2}$, $f''(x) = (4x^2-2)e^{-x^2}$, $f'''(x) = (12x-8x^3)e^{-x^2}$

2　(1) $f^{(3)}(0) = 0$　　(2) $f^{(3)}(0) = -2$

3　(1) $y' = 5^x \ln 5$　　(2) $y' = (5\ln 10)10^{5x-7}$

(3) $y' = \dfrac{15}{x}$　　(4) $y' = 2x\ln x + x$

(5) $y' = \dfrac{3(\ln x)^2}{x}$　　(6) $y' = \dfrac{2x}{(x^2+6)\ln 2}$

(7) $y' = \dfrac{1}{\ln 10\sqrt{x^2+a^2}}$

4　(1) $\dfrac{dy}{dx} = x^x(1+\ln x)$

(2) $\dfrac{dy}{dx} = 2x^{\frac{2}{x}-2}(1-\ln x)$

(3) $\dfrac{dy}{dx} = \dfrac{(2x+1)^3(x^4-8)^5}{\sqrt{x^2+1}}\left(\dfrac{6}{2x+1} + \dfrac{20x^3}{x^4-8} - \dfrac{x}{x^2+1}\right)$

5　주어진 식으로부터 음함수의 미분법을 이용하면

$$e^x + e^y \frac{dy}{dx} = e^{x+y}\left(1 + \frac{dy}{dx}\right)$$

을 얻는다. 이 식을 $\frac{dy}{dx}$에 대해 풀면

$$\frac{dy}{dx} = \frac{e^{x+y} - e^x}{e^y - e^{x+y}} = \frac{e^y}{-e^x} = -e^{y-x}$$

이 된다.

6 $\frac{d^2y}{dx^2} = \frac{e^{xy}(x^2 + y^2 - 2 + 2(x+y)e^{xy} - 2xy(e^{2xy}+1))}{(1 - xe^{xy})^3}$ 단, $xe^{xy} \neq 1$

7 $f^{(n)}(x) = (-1)^{n-1}(n-1)!x^{-n}$

8 박테리아 개체수의 성장률은 개체수 함수의 미분으로 나타내어진다. 즉,

$$\frac{d}{dt}P(t) = P_0 2^t \ln 2.$$

따라서, $P_0 = 25$일 때 5시간 후 개체수의 성장률은

$$\frac{d}{dt}P(t) = 25 \cdot 2^5 \cdot 0.69 = 552.$$

이것은 5시간 후에 박테리아 개체수는 시간당 약 552마리의 비율로 성장한다는 것을 의미한다.

2.4 삼각함수의 도함수

1 (1) $y' = -x^2 \sin x$

(2) $y' = \sec x(2\tan^2 x + 1)$

(3) $y' = \frac{2\cos x}{(1-\sin x)^2}$

(4) $y' = -\csc x \cot x(3\cot^2 x + 2)$

(5) $y' = 2\sec^2 x \tan^3 x + 2\sec^4 x \tan x$ 또는 $y' = 2\sec^2 x \tan x(2\tan^2 x + 1)$

(6) $y' = 4\csc^2 x \cot x$

(7) $y' = \frac{\cos x(3 - \cos^2 x)}{(\cos^2 x + 1)^2}$

(8) $y' = -4\cos x \sin(\sin x)$

(9) $y = \ln(\csc^2 x)$

(10) $y' = -2\cot x$

(11) $\frac{dy}{dx} = \frac{\sin^2 x \cos^3 x}{(x+1)^3}\left(2\cot x - 3\tan x - \frac{3}{x+1}\right)$

2 (1) $D_x w = 4(2x+1)\sin^3(x^2+x)\cos(x^2+x)$

(2) $D_x w = -3\sin x \cos(\cos x)\sin^2(\cos x)$

(3) $D_x w = -8x\cos x^2 \sin(\sin x^2)\cos^3(\sin x^2)$

(4) $D_x w = -2\cos 2x \sin(\sin 2x)\cos(\cos(\sin 2x))$

3 $\sin 1$

4 $y=x+1$

5 (1) -2 (2) $-\frac{1}{4}$ (3) 1

6 (1) $\frac{dy}{dx}=-\frac{\cos(x+y)+\cos(x-y)}{\cos(x+y)-\cos(x-y)}$ 단, $\cos(x+y)-\cos(x-y)\neq 0$

(2) $\frac{dy}{dx}=-\frac{y}{x+\sec^2 y}=-\frac{y}{1+x+x^2y^2}$ 단, $x+\sec^2 y\neq 0$ 또는 $1+x+x^2y^2\neq 0$

7 (1) $\frac{d}{dx}(2\sin x\cos x)=2(\cos^2 x-\sin^2 x)=2\cos 2x=\frac{d}{dx}(\sin 2x)$

(2) 몫의 미분법을 (a)에 적용하면

$$\begin{aligned}\frac{dy}{dx}&=\frac{2\sec^2 x(1-\tan^2 x)-2\tan x(-2\tan x\sec^2 x)}{(1-\tan^2 x)^2}\\&=\frac{2\sec^4 x}{(1-\tan^2 x)^2}=\frac{2}{(\cos^2 x-\sin^2 x)^2}=\frac{2}{\cos^2(2x)}\end{aligned}$$

를 얻는다. 또한 (b)로부터 $\frac{dy}{dx}=2\sec^2(2x)$이므로 (a)와 (b)의 도함수가 서로 같음을 알 수 있다.

8 (1) $f'(x)=a\cot ax,\ f''(x)=-a^2\csc^2 ax,\ f'''(x)=2a^3\csc^2 ax\cot ax$

(2) $f'(x)=e^x(\sin x+\cos x),\ f''(x)=2e^x\cos x,\ f'''(x)=2e^x(\cos x-\sin x)$

(3) $f'(x)=-\sin xe^{\cos x},\ f''(x)=(1-\cos x-\cos^2 x)e^{\cos x},\ f'''(x)=\sin x\cos x(3+\cos x)e^{\cos x}$

(4) $f'(x)=\sec^2 x,\ f''(x)=2\sec^2 x\tan x,\ f'''(x)=2\sec^2 x(3\tan^2 x+1)$

9 $f^{(3)}(0)=16$

10 $f^{(50)}(x)=-2^{50}\cos(2x)$

11 -80

12 $(a,b)=(2,-1),\ (-2,1)$

3.1 최댓값과 최솟값

1 최솟값은 $f(3)=f(5)=0$이고 최댓값은 없다. 극댓값은 $f(4)=1$이고 극솟값은 $f(0)=1, f(3)=0, f(5)=0$이다.

2 (1) $x=-4,\ 2$ (2) $x=0,\ -2$ (3) $x=0,\ \frac{4}{9}$

3 (1) 최댓값 $f(0)=5$, 최솟값 $f(-1)=0$

(2) 최댓값 $f(1)=\frac{1}{2}$, 최솟값 $f(0)=0$

(3) 최댓값 $f\left(\frac{5}{\sqrt{2}}\right)=\frac{25}{2}$, 최솟값 $f(-3)=-12$

(4) 최댓값 $f\left(\frac{\pi}{6}\right)=\frac{3\sqrt{3}}{2}$, 최솟값 $f\left(\frac{\pi}{2}\right)=0$

(5) 최댓값 $f\left(\frac{1}{\sqrt{2}}\right)=\frac{e^{-1/2}}{\sqrt{2}}$, 최솟값 $f(0)=0$

(6) 최댓값 $f(1)=\ln 3$, 최솟값 $f\left(-\frac{1}{2}\right)=\ln\frac{3}{4}$

4 $\dfrac{a^a b^b}{(a+b)^{a+b}}$

5 페르마 정리의 대우는 항상 참임을 이용한다. 함수 f는 모든 실수에서 미분가능하므로 $f'(x)=0$을 만족하는 x 값이 없다면 극값이 없음이 증명된다. 여기서 $f'(x)=101x^{100}+11x^{10}+1$이므로 항상 $f'(x)\geq 1$임을 알 수 있다. 따라서 $f'(x)=0$을 만족하는 x값이 없기 때문에 f의 극값은 없다.

6 가로, 세로 모두 100m

7 반지름: $\dfrac{10}{\sqrt[3]{2\pi}}$(cm), 높이: $\dfrac{20}{\sqrt[3]{2\pi}}$(cm)

8 $N=1$

9 $\dfrac{E^2}{4r}$

10 175만원

3.2 평균값의 정리

1 함수 $f(x)=2\sqrt{x}-x$는 $x>0$에서 항상 미분가능하므로, $(0,4)$에서도 미분가능하고 $[0,4]$에서 연속이다. 또한 $f(0)=0=f(4)$이므로, 롤의 정리의 가정을 모두 만족한다. 따라서 $f'(c)=0$을 만족하는 점 c가 $(0,4)$ 안에서 존재한다. $f'(x)=\dfrac{1}{\sqrt{x}}-1$이므로, 식 $f'(c)=0$으로부터 $\dfrac{1}{\sqrt{c}}=1$을 얻는다. 따라서 $c=1$이다.

2 (1) $c=\dfrac{3}{2}$ (2) $c=\ln\left(\dfrac{e^2-1}{2}\right)$ (3) $c=\cos^{-1}\dfrac{2}{\pi}$

3 함수 $f(x)=|x-1|$은 $x=1$에서 미분불가능이기 때문이다.

4 만약 $x=y$일 때, 부등식의 좌변과 우변이 모두 0이므로 등식이 성립한다.
만약 $x\neq y$일 때, $f(x)=\cos x$라 하면 함수 f는
(a) $x<y$일 때 개구간 (x,y)에서 미분가능하고 폐구간 $[x,y]$에서 연속이고
(b) $x>y$일 때 개구간 (y,x)에서 미분가능하고 폐구간 $[y,x]$에서 연속이다.
따라서 평균값의 정리로부터

$$\frac{\cos x-\cos y}{x-y}=\frac{f(x)-f(y)}{x-y}=f'(c)=-\sin c$$

를 만족시키는 c가 개구간 (x,y) 또는 (y,x)에서 존재한다. 양변에 절댓값을 취하면

$$\left|\frac{\cos x-\cos y}{x-y}\right|=|-\sin c|\leq 1$$

이다. 따라서 $|\cos x-\cos y|\leq|x-y|$가 성립한다.

5 (1) $\displaystyle\lim_{x\to 2}\frac{f(x^2)-f(4)}{x-2}=\lim_{x\to 2}(2xf'(x^2))=4f'(4)$

(2) $\lim_{x\to 1}\dfrac{x^2f(1)-f(x^2)}{x-1}=\lim_{x\to 1}(2xf(1)-2xf'(x^2))=2(f(1)-f'(1))$

6 로피탈의 정리를 반복하여 사용하면

$$\lim_{x\to\infty}\frac{x^n}{e^x}=\lim_{x\to\infty}\frac{nx^{n-1}}{e^x}=\cdots=\lim_{x\to\infty}\frac{n(n-1)\cdots 1}{e^x}=0$$

이다.

7 (1) $1-\ln 10$ (2) 1 (3) $\dfrac{1}{6}$

(4) 1 (5) 1 (6) $e^{-\frac{1}{6}}$

(7) e (8) 0

3.3 함수의 그래프 : 증가·감소, 오목·볼록, 점근선

1 (a) 함수 f는 구간 $[1,2)$와 $(4,5]$에서 증가하고, 구간 $(2,4)$에서 감소한다.

(b) 함수 f는 $x=2$에서 극댓값을, $x=4$에서 극솟값을 갖는다.

2 증가하는 구간: $(-\infty,-1),(4,\infty)$, 감소하는 구간: $(-1,4)$

3 (1) $f'(x)=3x^2+1$이므로 모든 실수 x에 대해 $f'(x)>0$이다. 따라서 모든 영역에서 함수 $f(x)$는 증가하고, 극값은 존재하지 않는다.

(2) $f(x)$는 $(-\infty,-1/6]$에서 감소하고, $[-1/6,\infty)$에서 증간하다. 또한 $x=-1/6$에서 극솟값 $f(-1/6)=5/6(-1/6)^{1/5}$을 갖는다.

(3) $f(x)$는 $[0,\pi/4]$와 $[5\pi/4,2\pi]$에서 증가하고, $[\pi/4,5\pi/4]$에서 감소한다. 또한 $x=\pi/4$에서 극댓값 $f(\pi/4)=\sqrt{2}$를 갖고, $x=5\pi/4$에서 극솟값 $f(5\pi/4)=-\sqrt{2}$를 갖는다.

(4) $f(x)$는 $(-\infty,0)$과 $(0,1/\sqrt[3]{2}]$에서 감소하고, $[1/\sqrt[3]{2},\infty)$에서 증가한다. 또한 $x=1/\sqrt[3]{2}$에서 극솟값 $f(1/\sqrt[3]{2})=3/\sqrt[3]{4}$을 갖는다.

(5) $f(x)$는 $[-1,-\sqrt{2}/2]$와 $[\sqrt{2}/2,1]$에서 감소하고, $[-\sqrt{2}/2,\sqrt{2}/2]$에서 증가한다. 또한 $x=-\sqrt{2}/2$에서 극솟값 $f(-\sqrt{2}/2)=-1/2$를 갖고, $x=\sqrt{2}/2$에서 극댓값 $f(\sqrt{2}/2)=1/2$를 갖는다.

(6) $f(x)$는 $(-\infty,0]$에서 증가하고, $[0,\infty)$에서 감소한다. 또한 $x=0$에서 극댓값 $f(0)=1$을 갖는다.

4 $a=6,b=9$

5 $f(x)=x^5+x^3+x-1$이라 두자. 모든 실수 x에 대하여 $f'(x)=5x^4+3x^2+1>0$이므로 순증가함수이다. 또한 $f(0)=-1<0$이고 $f(1)=2>0$이므로 중간값 정리 1.62에 의해 $f(x)=0$은 구간 $[0,1]$ 안에서 반드시 하나의 실근을 갖는다.

6 함수 $f(x)=\tan x-x$라 두자. 그러면 $f'(x)=\sec^2 x-1$이다. $0<x<\pi/2$에서 $\sec^2 x>1$이므로 $f'(x)>0$, 즉 f는 순증가함수이다. 또한 f는 $x=0$에서 연속이므로 $0<x<\pi/2$에 대해 $f(x)>f(0)=0$임을 알 수 있다. 따라서 $\tan x>x$이다.

7 $f(x)=e^x-x-1$이라 두자. 그러면 $f'(x)=e^x-1$이다. $x>0$에서 $e^x>1$이므로 $f'(x)>0$, 즉 f는 순증가함수이다. 또한 f는 $x=0$에서 연속이므로 $x>0$에 대해 $f(x)>f(0)=0$임을 알 수 있다. 따라서 $e^x>x+1$이다.

8 $y'(240)=\dfrac{\pi}{360}\cos\dfrac{2\pi}{3}<0$이므로 4분 후의 높이는 감소하고 있다.

9 (a) 함수 f는 구간 $[1, 2)$와 $(6, 7]$에서 아래로 볼록하고, 구간 $(2, 4)$와 $(4, 6)$에서 위로 볼록하다.

(b) 함수 f의 변곡점이 되는 x값은 $x = 2$와 $x = 6$이다.

10 (1) 극값은 존재하지 않는다. 이계도함수는 $f''(x) = 6x$이므로 $x = 0$에서 변곡점 $(0, 0)$을 갖는다. 또한 $x < 0$일 때 $f''(x) < 0$이므로 위로 볼록하고, $x > 0$일 때 $f''(x) > 0$이므로 아래로 볼록함을 알 수 있다.

(2) 극값은 존재하지 않는다. 이계도함수는 $f''(x) = -\sin x$이므로 변곡점 $(n\pi, n\pi)$ (n: 정수)를 갖는다. 또한 $x \in (2n\pi, (2n+1)\pi)$ (n: 정수)일 때 $f''(x) < 0$이므로 위로 볼록하고, $x \in ((2n+1)\pi, 2(n+1)\pi)$ (n: 정수)일 때 $f''(x) > 0$이므로 아래로 볼록하다.

(3) 극댓값은 $f(1) = 1/2$이고 극솟값은 $f(-1) = -1/2$이다. 변곡점은 $(-\sqrt{3}, -\sqrt{3}/4)$, $(0, 0)$, $(\sqrt{3}, \sqrt{3}/4)$이다. 또한 구간 $(-\infty, -\sqrt{3})$과 $(0, \sqrt{3})$에서 위로 볼록하고 구간 $(-\sqrt{3}, 0)$과 $(\sqrt{3}, \infty)$에서 아래로 볼록하다.

11 $f'_-(0) = f'_+(0) = 0$이므로 $f'(0) = 0$이다. 더욱이 $x < 0$일 때 $f'(x) = -2x$이고, $x > 0$일 때 $f'(x) = 2x$이므로 결국 함수 $f(x)$의 일계도함수는

$$f'(x) = \begin{cases} 2x, & x \geq 0 \\ -2x, & x < 0 \end{cases}$$

임을 알 수 있다. 그러나 $x = 0$에서 $f''_-(0) \neq f''_+(0)$이다. 따라서 $f''(0)$은 존재하지 않는다. 그럼에도 불구하고 $x < 0$일 때 $f''(x) = -2 < 0$이므로 아래로 오목하고, $x > 0$일 때 $f''(x) = 2 > 0$이므로 위로 오목하다. 따라서 $(0, 0)$의 좌우에서 오목의 방향이 바뀌기 때문에 $(0, 0)$은 변곡점이다.

12 (1) 수직점근선은 $x = -1$과 $x = 1$이다. 수평점근선은 $y = 1$이다.

(2) 수직점근선은 $x = -2$와 $x = 0$이다. 수평점근선은 $y = 0$이다.

(3) 수직점근선은 $x = 2$이다.

(4) 수직점근선은 $x = -3$이다. 수평점근선은 $y = -1$과 $y = 1$이다.

(5) 수직점근선은 없다. 수평점근선은 $y = -1$과 $y = 1$이다.

(6) 수직점근선은 없다. 수평점근선은 $y = 0$이다.

13 (1) 극댓값: $f(-2) = -4$, 극솟값: $f(2) = 4$, 변곡점은 없다.

(2) 극댓값: $f\left(\frac{1}{2}\right) = 1$, 극솟값: $f\left(-\frac{1}{2}\right) = -1$, 변곡점: $\left(-\frac{\sqrt{3}}{2}, -\frac{\sqrt{3}}{2}\right)$, $(0, 0)$, $\left(\frac{\sqrt{3}}{2}, \frac{\sqrt{3}}{2}\right)$

(3) 극값은 없다. 변곡점: $(0, 0)$

(4) 극댓값: $f\left(\frac{\pi}{4} + 2n\pi\right) = \sqrt{2}$, 극솟값: $f\left(\frac{5\pi}{4} + 2n\pi\right) = -\sqrt{2}$, 변곡점: $\left(\frac{3\pi}{4} + n\pi, 0\right)$ (n은 정수)

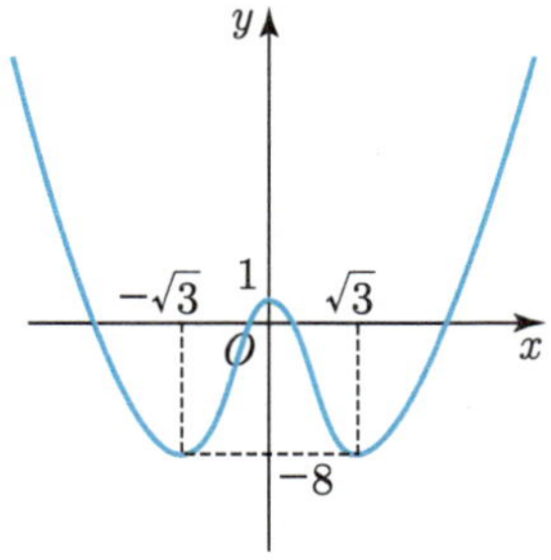

(1)

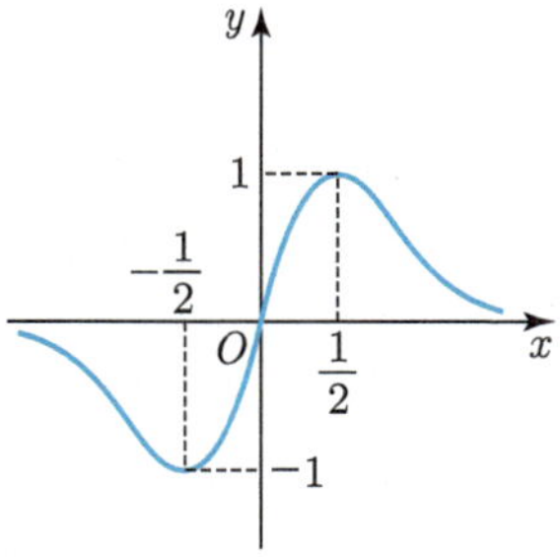

(3)

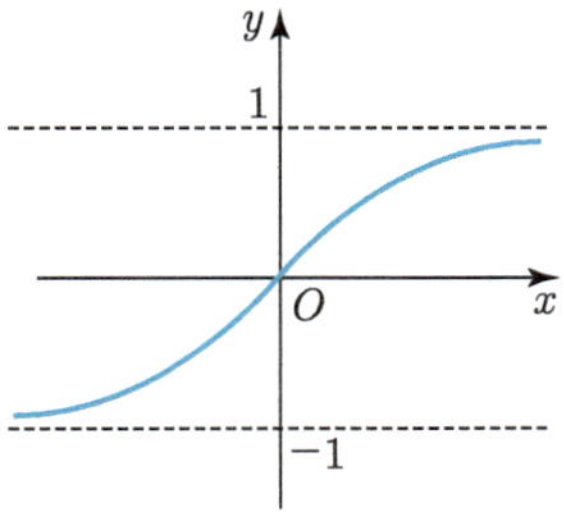

(5)

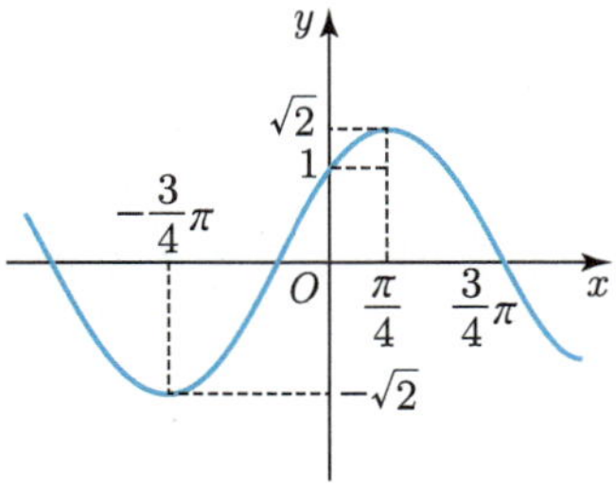

(7)

3.4 미분과 근삿값 : 증분, 뉴턴의 방법

1 (a) $\Delta f = 0.19531,\ f'(x)\Delta x = 0.2,\ \Delta f - f'(x)\Delta x = -0.00469$

(b) $\Delta f = 0.01995,\ f'(x)\Delta x = 0.02,\ \Delta f - f'(x)\Delta x = -0.00005$

2 (1) 9.995 (2) $\frac{193}{48}$ (3) $1 - \frac{\pi}{90}$ (4) $\frac{121}{40}$

3 $f(x) = x^n$ 일 때, $x = 1$, $\Delta x = h$이면 $f'(x) = nx^{n-1}$이므로 $f(x + \Delta x) \approx f(x) + f'(x)\Delta x$에 의하여 $(1 + h)^n \approx 1 + nh$ 이다.

5 28%

6 (1) 2.0945 (2) 0.7390

7 1.12

8 점화식 (3.8)이 성립하기 위해서 모든 자연수 n에 대해 $f'(x_n) \neq 0$이어야 한다. 함수 $f(x) = x^3 - 3x + 5$에 대해 $f'(x) = 3x^2 - 3$이므로 초기값 $x_1 = 1$을 대입하면 $f'(x_1) = 0$이다. 따라서 뉴턴의 방법이 성립하지 않는다.

9 0.6662

4.1 부정적분의 정의와 기본 적분법

1 (1) $2x^5 + 2x^3 + C$ (2) $3\ln|x| - 2x^{-1} + C$ (3) $2x^{\frac{3}{2}} + C$

(4) $2x^2 + x + C$ (5) $\frac{2}{3}x^{\frac{3}{2}} + \frac{2}{9}x^{\frac{9}{2}} + C$ (6) $-4\cos x + 2\sin x + C$

2 (1) $\ln|x| - 4x^{-\frac{1}{2}} - x^{-1} + C$ (2) $\frac{x^2}{2} + \ln|x| + 2x + C$

(3) $\frac{x^2}{2} + x + C$ (4) $\sin x + C$

3 (1) $\tan x - x + C$ (2) $\sin x + C$

4 (1) $-4\cos\frac{x}{4} + C$ (2) $\frac{1}{3}(x^2+2x+1)^{\frac{3}{2}} + C$ (3) $\ln|\sin x| + C$

(4) $\frac{1}{4}\sin(x^4+2) + C$ (5) $\frac{3}{2}(x^2-1)^{\frac{2}{3}} + C$ (6) $2\sqrt{\ln x} + C$

5 (1) $x\sin x + \cos x + C$ (2) $\frac{1}{4}e^{2x}(2x-1) + C$ (3) $\frac{1}{64}x^8(8\ln x - 1) + C$

(4) $x\tan x + \ln|\cos x| + C$

6 (1) $e^x(x^2-2x+2) + C$ (2) $(x^2-2)\sin x + 2x\cos x + C$

4.2 삼각 치환과 유리함수의 적분

1 (1) $\ln\left|x + \sqrt{x^2+7}\right| + C$ (2) $\ln\left|x + \sqrt{x^2-16}\right| + C$

2 (1) $\frac{1}{x-2} - \frac{1}{2x+1}$ (2) $\frac{6}{x} - \frac{1}{x+1} + \frac{9}{(x+1)^2}$

(3) $\frac{2}{x} + \frac{1-x}{x^2+1}$ (4) $\frac{-2}{x-1} + \frac{1}{(x-1)^2} + \frac{2x+1}{x^2+1}$

3 (1) $\frac{x^2}{2} - x + 2\ln|x+1| + C$ (2) $\ln|x| + \ln|x+1| + C$

(3) $\frac{1}{x+1} + \ln|x| - \ln|x+1| + C$ (4) $\frac{3}{2}\ln|x| - \frac{1}{4}\ln(x^2+2) + C$

5.1 정적분의 정의와 기본성질

1 (1) $361/16$ (2) $1527/64$ (3) $(1+\sqrt{3})\pi/4$

2 (1) $\int_0^1 \frac{1}{1+x}\,dx$ (2) $\int_0^1 x\,dx$

4 (1) 2π (2) $\frac{13}{2}$

5.2 미적분학의 기본정리

1 (1) 3 (2) $\frac{7}{2} + \ln 2$ (3) $1 + \frac{\sqrt{2}}{2}$

(4) $\frac{123}{44}$ (5) 0 (6) $\ln 9$

(7) -8 (8) $\frac{3124}{5}$

2 (1) $\frac{1}{2}$ (2) 5

3 0

4 $\int_0^2 f(x)\,dx = 1,\quad \int_0^2 g(x)\,dx = -1$

5 (1) $3x^2\cos^3(x^3)$ (2) $-x^2-1$ (3) $-\frac{\cos\sqrt{x}}{2}$ (4) $e^x\sqrt{1+e^{2x}}$

6 $\frac{2}{\pi}+\frac{\pi}{2}$

7 $\frac{84}{5}{}^{\circ}C$

8 $c=0,\ 2$

5.3 정적분의 계산법

1 (1) $\frac{1}{3}(2\sqrt{2}-1)$ (2) 21 (3) $\frac{2}{3}(2+\sqrt{2})$ (4) $2-\sqrt{2}$

2 (1) $-\frac{\sqrt{2}}{2}$ (2) $\frac{1}{3}$ (3) $\frac{1}{2}$ (4) $\sqrt{3}$

3 (1) $\frac{\pi}{4}$ (2) $\frac{1}{9}(8\ln 8-7)$ (3) $e-2$

5 0

5.4 이상적분

1 (1) $\frac{3}{\sqrt[3]{2}}$ (2) 발산 (3) $\frac{8\sqrt{2}}{3}$

2 (1) $3(1+\sqrt[3]{2})$ (2) 발산

3 (1) $\frac{1}{2}$ (2) -1

4 (1) $-\frac{1}{2}$ (2) 발산

6.1 두 곡선 사이의 넓이

1 (1) $A=\frac{23}{3}$ (2) $A=\frac{15}{2}$ (3) $A=\frac{3}{2}$
(4) $A=3+\frac{\sqrt{3}}{2}$ (5) $A=\frac{4}{3}$ (6) $A=2-\frac{2}{e}$

2 (1) $A=e^{\pi}-3$ (2) $A=\frac{4}{3}$ (3) $A=1+3\sqrt{2}$

3 (1) $A=\frac{4}{3}$ (2) $A=\frac{125}{6}$

4 $A=16$

5 $A=2/3$

6 $A=\frac{\pi}{2}-\frac{1}{3}$

6.2 입체도형의 부피

1 $\frac{3}{2}$

2 (1) π (2) $\frac{93}{5}\pi$ (3) $\frac{1-e^{-4}}{4}\pi$ (4) $\frac{56}{15}\pi$

3 $\frac{72}{5}\pi$

4 $\frac{203}{15}\pi$

5 $8\pi^2$

6 $\dfrac{16}{5}\pi$

7 $\frac{56}{15}\pi$

8 (1) $\dfrac{484}{5}\pi$ (2) $2\pi^2$ (3) 8π (4) 2π

6.3 곡선의 길이

1 8

2 $\frac{14}{3}$

4 $\frac{14}{3}$

7.1 수열

1 $(-1)^{n+1}\dfrac{n^2}{2n+1}$

2 $b_n = 8n+4$

3 (1) 유계수열 (2) 유계수열 (3) 유계수열

4 (1) 수렴, 극한 $\frac{5}{3}$ (2) 수렴, 극한 3 (3) 수렴, 극한 1 (4) 수렴, 극한 $\sqrt{3}$

5 (1) 발산 (2) 발산 (3) 발산

6 (1) 1 (2) $e^{1/2}$ (3) 0 (4) e^{-3} (5) 1 (6) 0

7 $-1 < r \leq 1$이면 수렴하고, $r \leq -1$ 또는 $r > 1$이면 발산

8 (1) 이항정리로부터 a_n은

$$\begin{aligned}
a_n =& \left(1+\frac{1}{n}\right)^n \\
=& 1 + n\left(\frac{1}{n}\right) + \frac{1}{2!}n(n-1)\left(\frac{1}{n}\right)^2 + \frac{1}{3!}n(n-1)(n-2)\left(\frac{1}{n}\right)^3 + \cdots \\
& + \frac{1}{r!}n(n-1)(n-2)\cdots(n-r+1)\left(\frac{1}{n}\right)^r + \cdots + \frac{1}{n!}n!\left(\frac{1}{n}\right)^n \\
=& 1 + 1 + \frac{1}{2!}\left(1-\frac{1}{n}\right) + \frac{1}{3!}\left(1-\frac{1}{n}\right)\left(1-\frac{2}{n}\right) + \cdots \\
& + \frac{1}{r!}\left(1-\frac{1}{n}\right)\cdots\left(1-\frac{r-1}{n}\right) + \cdots \\
& + \frac{1}{n!}\left(1-\frac{1}{n}\right)\cdots\left(1-\frac{n-1}{n}\right) \qquad (1)
\end{aligned}$$

이고, 또한 위와 같은 방법에 의해 a_{n+1}은

$$\begin{aligned} a_{n+1} =& 1+1+\frac{1}{2!}\left(1-\frac{1}{n+1}\right)+\frac{1}{3!}\left(1-\frac{1}{n+1}\right)\left(1-\frac{2}{n+1}\right)+\cdots \\ &+\frac{1}{r!}\left(1-\frac{1}{n+1}\right)\cdots\left(1-\frac{r-1}{n+1}\right)+\cdots \\ &+\frac{1}{n!}\left(1-\frac{1}{n+1}\right)\cdots\left(1-\frac{n-1}{n+1}\right) \\ &+\frac{1}{(n+1)!}\left(1-\frac{1}{n+1}\right)\cdots\left(1-\frac{n}{n+1}\right) \end{aligned} \tag{2}$$

이다. 그러므로 식 (1)과 (2)의 결과로부터 모든 자연수 n에 대하여 $a_n < a_{n+1}$이 성립한다. 즉, 수열 $\{a_n\}$은 증가수열인 단조수열이다.

(2) 식 (1)로부터 부등식

$$\begin{aligned} a_n &= 1+1+\frac{1}{2!}\left(1-\frac{1}{n}\right)+\cdots+\frac{1}{n!}\left(1-\frac{1}{n}\right)\cdots\left(1-\frac{n-1}{n}\right) \\ &< 1+\frac{1}{1!}+\frac{1}{2!}+\frac{1}{3!}+\cdots+\frac{1}{n!} < 1+1+\left(\frac{1}{2}+\frac{1}{2^2}+\cdots+\frac{1}{2^{n-1}}\right) \\ &= 2+\frac{\frac{1}{2}\left(1-\left(\frac{1}{2}\right)^{n-1}\right)}{1-\frac{1}{2}} = 3-\frac{1}{2^{n-1}} < 3 \end{aligned}$$

이 성립하므로 주어진 수열 $\{a_n\}$은 유계수열이다.

(3) (1)과 (2)의 결과로 수열 $\{a_n\}$은 유계인 단조수열이므로 정리 7.14에 의해 수렴한다.

9 모든 자연수 n에 대하여

$$a_n = \frac{n!}{n^n} = \frac{1\cdot 2\cdot 3\cdots n}{n\cdot n\cdot n\cdots n} = \frac{1}{n}\left(\frac{2\cdot 3\cdots n}{n\cdot n\cdots n}\right)$$

이므로 $n \geq 2$에 대하여

$$0 < a_n \leq \frac{1}{n}$$

이다. 그런데

$$\lim_{n\to\infty} 0 = 0 \quad \text{이고} \quad \lim_{n\to\infty}\frac{1}{n} = 0$$

이므로 조임정리 의하여 $\lim_{n\to\infty} a_n = 0$이다. 따라서 수열 $\{a_n\}$은 수렴하고, 그 극한은 0이다.

7.2 급수의 수렴과 발산

1 (1) 수렴 (2) 발산 (3) 수렴 (4) 발산 (5) 발산 (6) 수렴

2 (1) 수렴 (2) 발산 (3) 수렴 (4) 수렴 (5) 발산 (6) 발산

3 (1) 수렴, 합 4 (2) 수렴, 합 $\frac{\sqrt{5}}{\sqrt{5}+1}$ (3) 수렴, 합 $\frac{37}{99}$
(4) 발산 (5) 발산 (6) 수렴, 합 1

4 (1) $\frac{567}{990}$ (2) $\frac{123}{999}$

5 총거리: $\frac{1+r}{1-r}a$

6

$$\sum_{k=1}^{\infty}\frac{1}{4k^2-1}=\sum_{k=1}^{\infty}\frac{1}{(2k-1)(2k+1)}$$
$$=\frac{1}{2}\lim_{n\to\infty}\sum_{k=1}^{n}\left(\frac{1}{2k-1}-\frac{1}{2k+1}\right)=\frac{1}{2}\lim_{n\to\infty}\left(1-\frac{1}{2n+1}\right)=\frac{1}{2}$$

급수의 합: $\frac{1}{2}$

7

$$\sum_{n=1}^{\infty}\left(3\left(\frac{1}{8}\right)^n-5\left(\frac{1}{3}\right)^n\right)=3\sum_{n=1}^{\infty}\left(\frac{1}{8}\right)^n-5\sum_{n=1}^{\infty}\left(\frac{1}{3}\right)^n$$
$$=\frac{3/8}{1-1/8}-\frac{5/3}{1-1/3}=\frac{3}{7}-\frac{5}{2}=-\frac{29}{14}$$

합: $-\frac{29}{14}$

7.3 양항급수

1 (1) 발산 (2) 수렴 (3) 발산 (4) 수렴 (5) 발산 (6) 수렴

2 (1) 수렴 (2) 발산 (3) 수렴 (4) 수렴 (5) 발산 (6) 발산

3 (1) 수렴 (2) 발산 (3) 수렴 (4) 수렴 (5) 수렴 (6) 수렴
(7) 발산 (8) 발산 (9) 수렴

4 $p>1$일 때 수렴함

5 (1) 조건 $\lim_{n\to\infty}\frac{a_n}{b_n}=0$과 극한의 정의에 의해 적당한 자연수 N이 존재하여 $n\geq N$인 모든 자연수 n에 대하여 $\frac{a_n}{b_n}<1$이 성립한다. 즉 $n\geq N$인 모든 자연수 n에 대하여 $a_n<b_n$이다. 따라서 $\sum b_n$이 수렴하면 비교판정법에 의해 $\sum a_n$도 수렴한다.

(2) 5 − (1)의 대우로서 자명하다.

(3) $a_n=\frac{1}{n^3}$, $b_n=\frac{1}{n^2}$이면 $\lim_{n\to\infty}\frac{a_n}{b_n}=\lim_{n\to\infty}\frac{1}{n}=0$이다. 그리고 p-급수판정법에 의해 $\sum a_n$과 $\sum b_n$이 모두 수렴한다. 반면에 $a_n=\frac{1}{n^3}$, $b_n=\frac{1}{n}$인 경우에 $\lim_{n\to\infty}\frac{a_n}{b_n}=\lim_{n\to\infty}\frac{1}{n^2}=0$이고, p-급수판정법에 의해 $\sum a_n$은 수렴한다. 그러나 $\sum b_n$은 조화수열로서 발산한다.

(4) $a_n=\frac{1}{n^2}$, $b_n=n^2$이면 $\lim_{n\to\infty}\frac{a_n}{b_n}=\lim_{n\to\infty}\frac{1}{n^4}=0$이고, $\sum b_n$은 발산하고, p-급수판정법에 의해 $\sum a_n$은 수렴한다. 반면에 $a_n=n$, $b_n=n^2$인 경우 $\lim_{n\to\infty}\frac{a_n}{b_n}=\lim_{n\to\infty}\frac{1}{n}=0$이고 $\sum a_n$과 $\sum b_n$ 모두 발산한다.

7.4 절대수렴과 교대급수의 수렴 발산

1 (1) 수렴 (2) 발산(발산판정법 이용) (3) 수렴
(4) 수렴 (5) 발산(발산판정법 이용) (6) 발산(발산판정법 이용)
(7) 수렴 (8) 수렴

2 (1) 절대수렴 (2) 절대수렴 (3) 조건수렴
(4) 절대수렴 (5) 절대수렴 (6) 발산
(7) 절대수렴 (8) 조건수렴 (9) 발산
(10) 조건수렴 (11) 조건수렴 (12) 조건수렴

8.1 멱급수

1 (1) $[-1, 1]$ (2) $(-1, \frac{1}{3})$ (3) $(-1, 1)$
(4) $(-1, 1]$ (5) $[-1, 1]$ (6) $(-2, 2)$
(7) $(-3, 1)$ (8) $[-6, -4]$ (9) $(-\infty, \infty)$

2 (1) $\sum_{n=0}^{\infty}(-x)^n, \quad r=1$ (2) $\sum_{n=1}^{\infty}n(-x)^{n-1}, \quad r=1$
(3) $\sum_{n=0}^{\infty}(-x^7)^n, \quad r=1$ (4) $\sum_{n=0}^{\infty}\frac{1}{2}(\frac{3x}{2})^n, \quad r=\frac{2}{3}$
(5) $\sum_{n=0}^{\infty}x^{4n+2}, \quad r=1$
(6) $1+3x+6x^2+10x^3+15x^4+\cdots=\sum_{n=0}^{\infty}\frac{1}{2}(n+1)(n+2)x^n, \quad r=1$

3 2

4 $C+x-\frac{x^8}{8}+\frac{x^{15}}{15}-\frac{x^{22}}{22}+\cdots \quad (|x|<1)$

5 수렴구간 $(-1, 1)$, $S(x)=\frac{c_0+c_1x+c_2x^2}{1-x^3}$

6 멱급수 $\sum c_n x^n$에 대하여 $a_n = c_n x^n$라고 놓고, 조건 $\lim_{n\to\infty}\sqrt[n]{|c_n|}=c\ (c>0)$을 이용하면

$$\lim_{n\to\infty}\sqrt[n]{|a_n|}=|x|\lim_{n\to\infty}\sqrt[n]{|c_n|}=|x|c$$

가 성립한다. 따라서 정리 7.50의 절대근판정법에 의해 $|x|c<1$이면 즉, $|x|<\frac{1}{c}$이면 주어진 멱급수는 절대수렴하고, $|x|c>1$이면 즉, $|x|>\frac{1}{c}$이면 발산하므로, 이 급수의 수렴반경은 $\frac{1}{c}$이다.

8.2 테일러급수와 매클로린급수

1 (1) $\sum_{n=0}^{\infty}x^n,\ r=1$ (2) $\sum_{n=0}^{\infty}(-1)^n\frac{x^{2n+2}}{n+1},\ r=1$ (3) $1+\sum_{n=1}^{\infty}(-1)^n 2x^n,\ r=1$
(4) $\sum_{n=0}^{\infty}\frac{(2x)^n}{n!},\ r=\infty$ (5) $\sum_{n=0}^{\infty}(-1)^n\frac{(\pi x)^{2n}}{(2n)!},\ r=\infty$ (6) $\sum_{n=0}^{\infty}(-1)^{n+1}nx^{n-1},\ r=1$

(7) $\sum_{n=0}^{\infty} \frac{x^{2n}}{n!}$, $r=\infty$

2 $\sum_{n=0}^{\infty}(-1)^n \frac{1}{n!} e^2 (x+2)^n$

3 $\int \cos(x^2)\, dx = C + x - \frac{x^5}{5\cdot 2!} + \frac{x^9}{9\cdot 4!} - \frac{x^{13}}{13\cdot 6!} + \frac{x^{17}}{17\cdot 8!} - \cdots$

4 (1) $-\frac{9!}{7!}$ (2) $\frac{9!}{4!}$

5 $xe^{-x} = \sum_{n=0}^{\infty}(-1)^n \frac{x^{n+1}}{n!}$ $(-\infty < x < \infty)$, $f^{(100)}(0) = -100$

6 $\frac{1}{2}$

7 매클로린급수: $2\ln 2 + \sum_{n=0}^{\infty} \frac{(-1)^n x^{4n+4}}{4^n(4n+4)}$

수렴반경: $\sqrt{2}$

9.1 벡터와 벡터공간

1 (1) (0, 2, 4) (2) (5, 4, 3) (3) (10, 6, 2) (4) (1, −2, −5)

2 $a=-4,\ b=6,\ c=5$

3 (1) $\sqrt{73}$ (2) $\sqrt{14}+3\sqrt{7}$ (3) $4\sqrt{14}$
(4) $\sqrt{1801}$ (5) $\left(\frac{2}{\sqrt{6}},\ 0,\ \frac{1}{\sqrt{6}},\ \frac{1}{\sqrt{6}}\right)$ (6) 1

4 (1) $\left(\frac{3}{5}, -\frac{4}{5}\right)$, $\left(-\frac{3}{5}, \frac{4}{5}\right)$ (2) $\frac{1}{\sqrt{14}}(1,2,3)$, $-\frac{1}{\sqrt{14}}(1,2,3)$
(3) $\left(\frac{1}{\sqrt{2}}, 0, -\frac{1}{\sqrt{2}}\right)$, $\left(-\frac{1}{\sqrt{2}}, 0, \frac{1}{\sqrt{2}}\right)$

5 $\theta = \frac{2}{3}\pi$

6 (1) 10 (2) −9 (3) −6 (4) −5

7 $\left(\frac{2}{\sqrt{5}}, \frac{1}{\sqrt{5}}\right)$, $\left(-\frac{2}{\sqrt{5}}, -\frac{1}{\sqrt{5}}\right)$

8 $(1,\ -2,\ 4)\cdot(x,\ y,\ z) = 1x - 2y + 4z = 0$이면서, $\|(x,\ y,\ z)\| = \sqrt{x^2+y^2+z^2} = 1$이 되는 벡터 $(x,\ y,\ z)$를 구하면 되는데 이런 벡터는 무수히 많다.

9 $\left(\frac{3}{7}, -\frac{2}{7}, \frac{6}{7}\right)$, $\left(-\frac{3}{7}, \frac{2}{7}, -\frac{6}{7}\right)$

10 예를 들어 $(1,0,0)$, $\left(0, \frac{3}{\sqrt{13}}, -\frac{2}{\sqrt{13}}\right)$

9.2 행렬

1 $A+B=\begin{pmatrix}5 & -4\\ 4 & 6\end{pmatrix}$, $3A=\begin{pmatrix}9 & -3\\ 9 & 12\end{pmatrix}$, $B^2=\begin{pmatrix}1 & -12\\ 4 & 1\end{pmatrix}$, $B^3=\begin{pmatrix}-10 & -27\\ 9 & -10\end{pmatrix}$

2 (1) $(AB)C=\begin{pmatrix}15 & 12\\ 3 & 6\end{pmatrix}=A(BC)$ (2) $(AB)C=\begin{pmatrix}5 & 17\\ -4 & -8\end{pmatrix}=A(BC)$

3 (1) $AB=\begin{pmatrix}x+z\\ 2x+y-z\\ x+2y+5z\end{pmatrix}$ (2) $x=\dfrac{7}{10}$, $y=-\dfrac{11}{10}$, $z=\dfrac{3}{10}$

4 $A^n=\begin{pmatrix}a^n & 2na^{n-1}\\ 0 & a^n\end{pmatrix}$, $B^n=\begin{pmatrix}a^n & na^{n-1} & \frac{n(n-1)}{2}a^{n-2}\\ 0 & a^n & na^{n-1}\\ 0 & 0 & a^n\end{pmatrix}$

5 $5A=\begin{pmatrix}5\cos\theta & -5\sin\theta\\ 5\sin\theta & 5\cos\theta\end{pmatrix}$ $(5A)^{\mathsf{T}}=\begin{pmatrix}5\cos\theta & 5\sin\theta\\ -5\sin\theta & 5\cos\theta\end{pmatrix}$

$\frac{1}{3}A=\begin{pmatrix}\frac{1}{3}\cos\theta & -\frac{1}{3}\sin\theta\\ \frac{1}{3}\sin\theta & \frac{1}{3}\cos\theta\end{pmatrix}$, $(\frac{1}{3}A)^{\mathsf{T}}=\begin{pmatrix}\frac{1}{3}\cos\theta & \frac{1}{3}\sin\theta\\ -\frac{1}{3}\sin\theta & \frac{1}{3}\cos\theta\end{pmatrix}$

$A^n=\begin{pmatrix}\cos n\theta & -\sin n\theta\\ \sin n\theta & \cos n\theta\end{pmatrix}$ $(A^n)^{\mathsf{T}}=\begin{pmatrix}\cos n\theta & \sin n\theta\\ -\sin n\theta & \cos n\theta\end{pmatrix}$

6 $(A+B)(A-B)=\begin{pmatrix}-7 & 2\\ 2 & -7\end{pmatrix}$, $A^2-B^2=\begin{pmatrix}-8 & 0\\ 1 & -6\end{pmatrix}$ 이므로

$(A+B)(A-B)\neq A^2-B^2$ 이다.

7 $A=\begin{pmatrix}1 & 3\\ -2 & 0\end{pmatrix}$, $B=\begin{pmatrix}2 & 1\\ -1 & 1\end{pmatrix}$

8 $A=\begin{pmatrix}0 & 0\\ 1 & 0\end{pmatrix}$

9 $A=\begin{pmatrix}1 & 1\\ -1 & -1\end{pmatrix}$ $B=\begin{pmatrix}1 & 1\\ 0 & 0\end{pmatrix}$ $C=\begin{pmatrix}0 & 0\\ 1 & 1\end{pmatrix}$ 이면

$AB=\begin{pmatrix}1 & 1\\ -1 & -1\end{pmatrix}=AC$ 이지만 $B\neq C$ 이다.

10 $A=\begin{pmatrix}1 & 1\\ -1 & 1\end{pmatrix}$, $B=\begin{pmatrix}-1 & 1\\ 1 & 1\end{pmatrix}$ 이라 하면, 둘 다 가역행렬이고

$AB=\begin{pmatrix}0 & 2\\ 2 & 0\end{pmatrix}\neq\begin{pmatrix}-2 & 0\\ 0 & 2\end{pmatrix}=BA$

9.3 행렬식

1 (1) $\begin{pmatrix}1 & 2 & 3 & 4\\ 3 & 4 & 2 & 1\end{pmatrix}=(1\ 3\ 2\ 4)$ (2) $\begin{pmatrix}1 & 2 & 3 & 4\\ 2 & 3 & 4 & 1\end{pmatrix}=(1\ 2\ 3\ 4)$

(3) $\begin{pmatrix}1 & 2 & 3 & 4 & 5\\ 3 & 2 & 5 & 1 & 4\end{pmatrix}=(1\ 3\ 5\ 4)$ (4) $\begin{pmatrix}1 & 2 & 3 & 4 & 5\\ 5 & 4 & 3 & 1 & 2\end{pmatrix}=(1\ 5\ 2\ 4)$

2 (1) $(1\ 2\ 3\ 4\ 5)=(1\ 5)(1\ 4)(1\ 3)(1\ 2)$, $\operatorname{sgn}((1\ 2\ 3\ 4\ 5))=+1$
(2) $(1\ 4\ 5)(2\ 3)=(1\ 5)(1\ 4)(2\ 3)$, $\operatorname{sgn}((1\ 4\ 5)(2\ 3))=-1$

3 (1) 44 (2) -66 (3) $(a-b)(b-c)(c-a)(a+b+c)$ (4) $4a^2b^2c^2$

4 (1) $(-1+x)(x-y)(-1+xy)$ (2) $(a+b+c)(a^2+b^2+c^2)$
(3) $2(a+b)(a+c)(b+c)$ (4) $2abc(a+b+c)^3$

5 (1) 2, 3 (2) ±2, -5 (3) 1, 2
(4) $\pm\frac{n}{2}\pi$ $(n=0,\ 1,\ 2,\ \ldots)$

9.4 여인수 전개와 역행렬

1 (1) 0 (2) 17 (3) $-(a-x)(b-x)(c-x)$
(4) $1-a^2b$

2 (1) -154 (2) -18 (3) -3 (4) $\prod_{1\le j<i\le n}(a_i-a_j)$
(5) $(a-b)(a-c)(a-d)(b-c)(b-d)(c-d)$

3 (1) $2^8 3^3 5 = 34560$ (2) 삼각행렬로 만들면 $(-1)^{n-1}(n-1)$이 얻어진다.

4 (1) $A^{-1}=\begin{pmatrix}1&-1&-1\\0&1&-1\\0&0&1\end{pmatrix}$ (2) $B^{-1}=\begin{pmatrix}-40&16&9\\13&-5&-3\\5&-2&-1\end{pmatrix}$

(3) $C^{-1}=\begin{pmatrix}2&0&-1\\-1&2&-1\\0&-1&1\end{pmatrix}$ (4) $D^{-1}=\begin{pmatrix}\cos x&\sin x&0\\-\sin x&\cos x&0\\0&0&1\end{pmatrix}$

5 첫째 행에 대하여 여인수전개를 해서 계산하면 된다.

6 (1) $3^n 5$ (2) $\frac{2^n}{5}$ (3) $\frac{5}{2^n}$ (4) 5^3

9.5 연립방정식과 행렬

1 (1) $x=-\frac{1}{3}$, $y=-\frac{2}{3}$ (2) $x=y=1$

2 (1) $x=1,\ y=2,\ z=-2$ (2) $x=2,\ y=-2,\ z=1$
(3) $x=-\frac{1}{2}, y=\frac{3}{2}, z=-\frac{1}{2}$ (4) $x=0,\ y=1,\ z=1$

3 (1) $x=1,\ y=2,\ z=-2$ (2) $x=2,\ y=-2,\ z=1$
(3) $x=2t+1,\ y=t,\ z=1,\ w=2,\ t\in\mathbb{R}$ (4) $x=3t+2,\ y=t,\ z=0,\ t\in\mathbb{R}$

4 (1) $A^{-1}=\begin{pmatrix}1&-1&-1\\0&1&-1\\0&0&1\end{pmatrix}$ (2) $B^{-1}=\begin{pmatrix}-40&16&9\\13&-5&-3\\5&-2&-1\end{pmatrix}$

(3) $C^{-1}=\begin{pmatrix}2&0&-1\\-1&2&-1\\0&-1&1\end{pmatrix}$ (4) $D^{-1}=\begin{pmatrix}\cos x&\sin x&0\\-\sin x&\cos x&0\\0&0&1\end{pmatrix}$

5 (1) $x=1,\ y=1,\ z=1$ (2) $x=1,\ y=3,\ z=-1$
(3) $x=-2,\ y=0,\ z=2$ (4) $x=1,\ y=-11,\ z=16$

9.6 벡터공간 $\mathbb{R}^n$의 기저

1 (1) 일차독립 (2) 일차독립 (3) 일차종속 (4) 일차종속

2 (1) 생성 (2) 생성 (3) 생성 못함 (4) 생성 못함

3 (1) $(1, -1, 1) = 2\cdot(1, 0, 0) + (-2)\cdot(1, 1, 0) + 1\cdot(1, 1, 1)$ 이므로, 주어진 기저에 관한 $(1, -1, 1)$의 좌표는 $(2, -2, 1)$이다.
(2) $(1, -1, 1) = 1\cdot(1, 1, 0) + 1\cdot(0, 0, 1) + (-2)\cdot(0, 1, 0)$이므로, 주어진 기저에 관한 $(1, -1, 1)$의 좌표는 $(1, 1, -2)$이다.

4 일차독립이고, $\mathbb{R}^3$을 생성하므로 기저이다.

9.7 선형사상과 행렬

1 (1), (3), (4), (5), (7), (8)는 선형사상이다.
(2), (6)은 선형사상이 아니다.

2 (1), (2), (3), (4)는 선형사상이다. (5), (6)은 선형사상이 아니다.

3 (1) $T(x, y) = (2x + y, y)$
(2) $T(x, y, z) = (x + z, x - y - z)$
(3) $T(x, y, z, w) = (-x - z + 4w, y - z, 2x + y + w)$
(4) $T(x, y, z) = (2x + y + 3z, y, x - y, y + z)$

4 (1) $\begin{pmatrix} 1 & 1 \\ 2 & 0 \end{pmatrix}$ (2) $\begin{pmatrix} 2 & 3 & -4 \\ -2 & 5 & 4 \end{pmatrix}$ (3) $\begin{pmatrix} 1 & 1 & 0 \\ 0 & 3 & 0 \\ 0 & 0 & 2 \end{pmatrix}$ (4) $\begin{pmatrix} 3 \\ 4 \end{pmatrix}$

5 (1) $\begin{pmatrix} 1 & 0 \\ 0 & -1 \end{pmatrix}$ (2) $\begin{pmatrix} -1 & 0 \\ 0 & 1 \end{pmatrix}$ (3) $\begin{pmatrix} 0 & -1 \\ -1 & 0 \end{pmatrix}$
(4) $\begin{pmatrix} \frac{\sqrt{3}}{2} & -\frac{1}{2} \\ \frac{1}{2} & \frac{\sqrt{3}}{2} \end{pmatrix}$ (5) $\begin{pmatrix} -1 & 0 \\ 0 & -1 \end{pmatrix}$ (6) $\begin{pmatrix} 1 & 0 \\ 0 & 1 \\ 0 & 0 \end{pmatrix}$

6 (1) $\begin{pmatrix} 1 & 0 & 0 \\ 0 & 1 & 0 \\ 0 & 0 & 0 \end{pmatrix}$ (2) $\begin{pmatrix} 0 & 0 & 1 \\ 0 & 1 & 0 \\ 1 & 0 & 0 \end{pmatrix}$ (3) $\begin{pmatrix} 0 & 0 & 1 \\ 1 & 0 & 0 \\ 0 & 1 & 0 \end{pmatrix}$
(4) $\begin{pmatrix} 0 & -1 & 0 \\ 1 & 0 & 0 \\ 0 & 0 & 1 \end{pmatrix}$ (5) $\begin{pmatrix} 1 & 0 & 0 \\ 0 & \frac{1}{\sqrt{2}} & -\frac{1}{\sqrt{2}} \\ 0 & \frac{1}{\sqrt{2}} & \frac{1}{\sqrt{2}} \end{pmatrix}$ (6) $\begin{pmatrix} \cos\theta & 0 & -\sin\theta \\ 0 & 1 & 0 \\ \sin\theta & 0 & \cos\theta \end{pmatrix}$

7 $\begin{pmatrix} \alpha & 0 & \dots & 0 \\ 0 & \alpha & \dots & 0 \\ \vdots & \vdots & \vdots & \vdots \\ 0 & 0 & \dots & \alpha \end{pmatrix}$

8 $\mathbf{u} = \mathbf{0}$

9 (1) $\begin{pmatrix} 1 & 1 & 0 \\ 0 & 1 & 1 \\ 1 & 0 & 1 \end{pmatrix}$ (2) 기저이다.

10 (1) $\begin{pmatrix} 1 & 0 & 0 & 0 \\ 0 & 0 & 1 & 0 \\ 0 & 0 & 0 & 1 \end{pmatrix}$ (2) $\begin{pmatrix} 0 & 0 & 1 \\ 1 & 1 & 0 \end{pmatrix}$ (3) $\begin{pmatrix} 0 & 0 & 0 & 1 \\ 1 & 0 & 1 & 0 \end{pmatrix}$ (4) 같다

찾아보기

ㅂ

ㅅ

ㅊ

ㅋ

ㅌ

ㅍ

ㅎ

E

F

G

H

I

L

M

N

O

P

R

대학수학

지은이 고두원, 권오상, 김선광, 김세정, 박병도, 신재민, 양창훈, 류미수, 윤영호, 이은정, 정대웅, 지운식, 진상돈, 황숙정
펴낸이 조경희
펴낸곳 경문사
펴낸날 2024년 3월 4일 1판 1쇄
등 록 1979년 11월 9일 제1979-000023호
주 소 04057, 서울특별시 마포구 와우산로 174
전 화 (02)332-2004 팩스 (02)336-5193
이메일 kyungmoon@kyungmoon.com

값 28,000원

ISBN 979-11-6073-692-2